用罐頭鵝肉打勝仗，靠，都是為了鳥事……搶錢，搶糧，搶女

Authority

楚雲 — 著

權力的影子

戰爭背後的故事，征服與貪婪的權力遊戲

從特洛伊戰爭到伊拉克戰爭，「戰爭」發生了什麼改

權力爭奪 × 慾望擴張 × 自由抗

結合社會學、心理學、歷史學、人類學，
揭開硝煙背後的貪婪恐懼，深入挖掘戰役的政治經濟導因，
那一天，人類終於又想起被戰爭支配的恐懼！

序

戰爭，雖然不一定是人類永恆的話題，但它的確是迄今為止，人類數千年文明史經久不衰的話題。

什麼是戰爭？古今中外有各種各樣的闡釋：「兵者，詭道也。」其意是說，戰爭是關於謀略的藝術；孫武子在《孫子兵法》中說：「兵者，國之大事，死生之地，存亡之道，不可不察也。」是說戰爭是關係國家生死存亡的大事；古希臘哲學家亞里斯多德說：「戰爭是創造者，是萬物的起源」；日本教授長谷川說：「世界是戰爭的一部分，而在戰爭中看不到任何特殊的東西。」

這些論述從不同的視角分析戰爭，有其出彩的成分、合理的內核，但都不是對戰爭完整的政治解釋；真正對戰爭作完整的政治解釋，並被中外引為權威的，是普魯士軍事理論家克勞塞維茲。他在其軍事理論名篇《戰爭論》中說：「戰爭是一種社會政治現象，是政治透過暴力手段的延續。」

在人類的歷史長河中，戰爭始終綿延不斷，並構成人類歷史的一幅獨特篇章。據統計，從地球出現文明以來的五千多年，人類先後發生了一萬五千多次各種類型的戰爭和武裝衝突，有幾十億人在戰爭中喪生。在這五千多年中，人類只有三百年是生活在和平環境——也就是說，每一百年，人類有九十年是生活在戰爭狀態中。一九九〇年代，全世界發生了一百多場戰爭，有九十多個國家捲入其中；二十一世紀剛開局，人類就經歷了阿富汗戰爭、伊拉克戰爭和利比亞內戰：二〇一一年，雖然以北非政治狂人格達費斃命為代表，利比亞內戰基本落幕，而美國也宣布要從伊拉克完全撤軍，並於二〇一四年從阿富汗撤軍。

美國和歐洲各國更因經濟困難，再三表示要裁減軍備、軍費；但是，戰爭及戰爭陰雲遠未消除，利比亞硝煙未散，敘利亞又罩上了爆發新戰爭的陰影，而朝鮮最高領導人金正日的去世，也增加了朝鮮半島局勢的不確定性，而反恐更是一場沒有邊際、不見盡頭的戰爭。

二〇一一年以來，美國加速戰略東移步伐，很可能意味著國際戰爭的陰雲將飄向亞太。美國蘭德公司發表一份報告，題為〈對華衝突——威懾的前景、後果和戰略〉，認為今後中美之間有可能引發直接軍事對抗的戰略危機引爆點有五個，分別是朝鮮半島、臺灣海峽、南海、網路以及海上通道。美國國防部部長潘內達，在訪問亞洲日本、韓國和印尼時，也宣稱美國雖然在裁減軍費、軍備，但絕不裁減在亞太的駐軍和軍事能力。美國甚至在從大中東收縮力量、大幅裁減軍費的背景下，宣布要向澳洲的達爾文港派駐兩千五百名海軍陸戰隊官兵。這表明，即使和平與發展依然是世界主題，正在崛起的中國仍不能放鬆對戰爭與戰略問題的研究，更不能放鬆應對戰爭危險性的必要警覺。

所謂「經濟相互依賴和平論」、「合作安全論」、「核威懾保障和平論」都不是百分之百的絕對真理。以「核威懾保障和平論」為例，根據戰爭史和戰略理論，任何一種進攻性武器，不論其多強大、多先進，一定有其「命門」，存在對其殺傷力加以克制的手段；核武也是如此，也一定有它的「命門」。如今核武已經問世近七十年，克制核攻擊的手段差不多也該問世了。美國一直未放棄研製克制核攻擊、打贏核戰的新手段，如研製巨型鑽地炸彈、超高音速飛行器等，顯然都是在為打贏核戰爭做準備。凡此種種，說明戰爭的陰雲依然揮之不去。古羅馬人所謂「為了和平，就要備戰」之說或許殺氣太重、太僵硬，但是《司馬法》所說「故國雖大，好戰必亡；天下雖安，忘戰必憂」的名句，卻需要我們謹記於心。

儘管戰爭自古就有，但在不同的經濟、政治與技術的時代，有不同形態、不同性質以及不同特徵的戰爭。在封建社會以前，由於技術水準低，人類尚處於冷兵器時代，這一時期發生的戰爭可歸類於第一代戰爭，其特點是使用刀、槍、箭、矛等冷兵器和笨重的鎧甲，進行近距離格鬥。第一代戰爭中，人的體能是最重要的戰鬥力，步兵、騎兵以及戰車兵是主要兵種。本書所記述的特洛伊戰爭、馬拉松戰役、漢尼拔進軍義大利、凱撒兩征不列顛、馬其頓王亞歷山大東征戰役等戰例，屬於典型的第一代戰爭範疇。

歷史上第二代戰爭出現於十二到十三世紀。此時人類進入火器時代，火藥、滑膛武器投入戰爭，改變了戰爭形態。人們可以用火器遠距離射殺敵軍，而不必徒手格鬥。但早期的火器發射距離不過幾百公尺，發射速度慢，精確度低，威力有限，冷兵器還沒有完全退出戰場，戰爭仍保持冷兵器時代向火器時代過渡的痕跡。一些落後民族甚至到了二十世紀還在用冷兵器打仗，如阿富汗抗英戰爭等。十八、十九世紀，資本主義的發展刺激了工業革命，工業革命又為軍事革命奠定了經濟、技術基礎。火器的射程、射速、威力、精確度有了長足發展，出現了線膛裝藥火器，諸兵種合成兵團的壕溝戰，開始成為主要的戰爭形態，第二代戰爭由此進入全盛時期。本書中所記述的三十年戰爭、拿破崙戰爭，就是典型的第二代戰爭。

第三代戰爭出現於十九世紀末、二十世紀初，亦即列寧所說的帝國主義形成時期。兩次世界大戰均屬於第三代戰爭範疇，而美西戰爭、日俄戰爭則是第三代戰爭的雛形，也可以說是從第二代戰爭向第三代戰爭過渡的過渡性戰爭。在第三代戰爭中，快速和遠距離射擊的自動火器、火箭、能快速機動的坦克、飛機、戰艦以及各種現代化運輸工具，大量裝備部隊，擴大了軍隊的交戰距離、交戰規模和軍事行動範圍。大兵團、遠距離、高速機動、陸海空協同和空前規模的破壞力、殘酷性是其主要特點。本書所記述的史達林格勒戰役、中途島戰役、不列顛空戰、萬家嶺戰役、騰衝攻防戰、崑崙關戰役等是典型的第三代戰爭。

第四代戰爭是以戰略威懾為主的核戰爭，或核威懾條件下的局部戰爭。美國向日本廣島、長崎投放核彈，展示了第四代戰爭毀滅一切、分不出勝利與失敗的破壞力量。正是第四代戰爭毀滅一切、玉石俱焚的恐怖後果，促成人類進入近半個世紀的「冷戰」時期。本書所記述的韓戰、古巴導彈危機、越南戰爭等，雖然都未使用核武，在戰役戰鬥形式上及直接投入戰場的兵器、火器，與第三代戰爭類似。

這些戰爭在核時代的陰影中展開，戰爭的發動、發展與結束，戰爭與政治的關係，無不受核戰爭陰影的制約。比如：蘇聯為什麼要把中程導彈運進古巴部署？美國國家安全委員會為什麼針對蘇聯在古巴建立導彈基地，提出多達六種政策選擇，而甘迺迪選擇了海上封鎖建議，而不是轟炸古巴？蘇聯為什麼在常規力量極強大的條件下，一槍不發忍受巨大的屈辱，而接受美國在加勒比海「船靠船」的檢查，並狼狽地從古巴撤回中程導彈？所有這些，都與核武和核戰爭的危險性有關。核武未直接投入戰爭，但核武的影響無處不在，為這些戰爭打上了核時代的印記。決策者不得不謹記其決策，將對核武投入戰爭產生什麼樣的刺激，以及引發核戰爭的嚴重政治與戰略後果。因此，這類局部戰爭就具有了第四代戰爭的特徵。

「冷戰」結束後，第五代戰爭進入戰略家的視野。在第五代戰爭中，關鍵不再是龐大的陸、海、空軍，不再是黑壓壓的坦克群、機群和看不見盡頭的艦隊和巨型戰艦，也不再是毀滅一切的狂轟濫炸或投擲核武，而是從不同作戰平台，遠距離發射的高精確度、高速、大殺傷力的常規突擊武器、防禦武器、新物理原理武器以及資訊武器、太空武器等。在戰爭中擁有技術優勢的一方，可以向對手進行「超視距」攻擊，甚至能在己方「零傷亡」的情況下戰勝對手。本書記述的科索沃戰爭、阿富汗戰爭和伊拉克戰爭就是第五代戰爭的雛形，初步展示了第五代戰爭的基本形態。從這個意義上說，二十一世紀的戰爭將是第五代戰爭。而美國等西方已開發國家，正醞釀軍事戰略轉型，其軍事力量建設根據轉型要求，開始從傳統的「大而少」轉向「小而多」，追求遠程、精確、即時打擊能力，宣稱要「一小時打遍全球」。

總之，「兵無常勢，水無常形」，一切皆變，這是認識戰略問題和軍事革命的要訣之一。正是「一切皆變」的邏輯，推動戰爭形態不斷轉型，現在是第五代，未來還可能向第六代轉型。認清戰爭形態不斷轉型的必然性，即使在和平發展的時代、在國力上揚的階段，也不要放鬆對戰爭與戰略問題的研究，保持對戰爭危險性的高度警覺。

楚雲

CONTENTS

目錄

三、第三代戰爭——機械化時代的戰爭 050

CONTENTS

CONTENTS

CONTENTS

一、第一代戰爭——冷兵器時代的戰爭

1、十年征戰為紅顏——荷馬史詩中的特洛伊戰爭

【楚雲戰評】人類在脫離原始社會以後，戰爭愈益頻繁，而且戰爭規模日益擴大，戰爭手段日益殘酷。到西元前十三世紀，在歐洲文明發祥地的古希臘，戰爭更成為家常便飯，刺激古希臘文明與社會向前發展。特洛伊戰爭的發生，從時間、空間兩大方面，結束了原始民族爭鬥中的部落械鬥色彩，開啟了人類戰爭史的古典時代。在特洛伊戰爭中誕生的「木馬屠城計」，更為歷代戰爭史著作稱道，也為歷代用兵大師模仿。從軍事技術發展歷程看，特洛伊戰爭憑刀、矛、劍、盾等冷兵器獲勝，是典型的第一代戰爭。除特洛伊戰爭外，本書精選的馬拉松戰役、亞歷

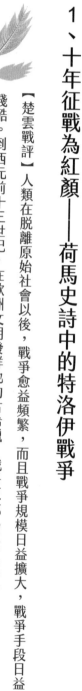

山大東征、漢尼拔進軍義大利、凱撒兩征不列顛等，也是第一代戰爭的典型範例。

根據希臘文學名篇，兩部荷馬史詩中的其中一部——〈伊利亞德〉的描繪，古希臘世界的第一美人是斯巴達城邦的海倫。海倫金髮碧眼，肌膚欺霜賽雪，笑如二月桃花，言談若嬌若癡，不知曾驚倒多少王公顯貴，海倫的貌美，成為古希臘人的驕傲。後來，海倫進了王宮，成為斯巴達國王墨涅拉俄斯的王后。而在愛琴海東岸，特洛伊王國的王子帕里斯仰慕海倫的美貌，用盡計謀到斯巴達王宮拜謁海倫。帕里斯能說會道、風流倜儻，用花言巧語騙取了海倫的愛情。一個月黑風高之夜，海倫拋棄了年老鬢白的斯巴達王墨涅拉俄斯，隨帕里斯王子乘船渡過風急浪高的愛琴海，私奔逃回特洛伊。

特洛伊王子帕里斯拐走希臘第一美人海倫的新聞，震驚了整個希臘界，斯巴達人尤其羞愧憤怒。在古希臘數百個城邦中，斯巴達王國最強大、斯巴達武士最勇武善戰。每個斯巴達嬰兒出生後，第一件大事就是接受烈酒洗浴，檢查健康狀況和發展潛力，經長老認可的健壯嬰兒，方可繼續撫養成人；而經受不住烈酒刺激的嬰兒被認為是弱者，其命運是立即被扔進山谷餵狼。

斯巴達男童滿七歲後，一律送進兒童營，由國家安排軍事訓練。在精神方面，這些兒童必須知足愉快，不哭不鬧，不怕孤獨黑暗，無所畏懼；在生活上，必須粗茶淡飯，赤腳光頭，常年用冷水淋浴；在體能上，必須學習奔跑、拳擊、劍術、馬術、擲標槍鐵餅。每到節日祭神時，兒童還要接受一次殘酷的鞭笞，考驗他們肉體與精神的忍耐力。紋絲不動，不哭不求饒者，才稱得上勇敢的「小斯巴達」。十二歲以後，男童又要轉入少年隊，接受更全面嚴酷的體能、精神和軍事訓練。斯巴達男性滿二十歲後，一律要服兵役，成為軍人，斯巴達女孩也同樣要接受各種軍事和體能訓練。整個斯巴達王國就是一座軍營，斯巴達武士和軍隊因而在希臘世界領袖群雄，為斯巴達贏得了霸主之名。

海倫被拐走後，斯巴達人為了雪恥，傾國出動，決定遠征特洛伊，奪回海倫王后；因失去希臘第一美人，而同樣羞愧的希臘各城邦也群起響應，紛紛出船，與斯巴達人合組希臘聯軍，並推舉墨涅拉俄斯國王的兄弟、邁錫尼國王阿伽門農為聯軍統帥。西元前一二六〇年，十萬希臘聯軍，分乘一千兩百條戰船，在阿伽門農指揮下，由希臘各海港起航，浩浩蕩蕩，直殺特洛伊。

特洛伊城在小亞細亞半島西部，緊靠愛琴海的礁崖上，城垣堅固，居高臨下，厚厚的城牆外，又有深深的護壕。由於戰場狹窄，人多勢眾的希臘聯軍難以展開，特洛伊城強攻不克；久而久之，希臘人糧食供應困難，各城邦採用車輪戰法，輪流圍困特洛伊城，以待其糧絕水乾，不戰自降。

不料，特洛伊城東邊有一條祕道，不為希臘人所知。特洛伊國王普里阿摩斯利用這一祕道，從小亞細亞半島上的各盟國得到源源不絕的接濟，與希臘聯軍長期相抗。特洛伊圍城戰持續整整十年，雙方武士在特洛伊城下日夜廝殺，屍橫遍野，希臘聯軍始終對特洛伊城無可奈何。

特洛伊戰爭進入第十年，希臘聯軍最勇猛善戰的斯巴達武士阿基里斯與特洛伊人交戰，殺死應戰的特洛伊武士，在追擊中奪得一名特洛伊女戰俘。女戰俘也像斯巴達王后海倫一樣豔美絕倫，好色的阿基里斯理所當然地要把女戰俘據為己有；但同樣好色的聯軍統帥阿伽門農卻倚仗權力，奪占了女戰俘。阿基里斯一怒之下，拒絕出戰。

實際上，女戰俘被俘是特洛伊人設下的美人計，意在利用阿基里斯和阿伽門農的好色，挑起二人衝突。正當二人相爭、阿基里斯拒絕出戰時，特洛伊軍隊乘勢打開城門，直撲希臘聯軍陣地。希臘聯軍因將帥不和，措手不及，死傷慘重，全線動搖。正岌岌可危時，阿基里斯的戰友，另一個斯巴達武士帕特羅克洛斯穿戴阿基里斯的甲冑、頭盔，突然衝上陣地，揮軍前進。特洛伊人不疑有詐，認為阿基里斯真的重返戰場，驚恐萬分，趕緊回撤，一直退到特洛伊城下。帕特羅克洛斯率兵尾追而至，正要乘勢攻城，卻被另一位特洛伊王子、智勇雙全的赫克托爾察覺。赫克托爾發現穿戴阿基里斯甲冑的希臘武士並非阿基里斯本人後，他不動聲色，利用人潮掩護，突然舉槍猛撲過去，一擊成功，殺死帕特羅克洛斯，剝下其甲冑、頭盔，偽稱已殺死阿基里斯。希臘人也信以為真，士氣頓時瓦解，在赫克托爾和特洛伊軍隊追殺下，四散奔逃，希臘人面臨全軍覆沒的滅頂之災。

負氣拒戰的阿基里斯得知帕特羅克洛斯被赫克托爾殺死的消息後，悲痛萬分，悔恨不已，決心重上戰場，親手殺死赫克托爾，為死去的戰友報仇。在工藝之神赫菲斯托斯的幫助下，阿基里斯穿戴一副新趕製的甲冑，披掛上陣，與赫克托爾決鬥。經過艱苦拚搏，滿懷仇恨和悲憤的阿基里斯殺了赫克托爾。希臘人見阿基里斯重新上陣，士氣大振，紛紛回身反攻，戰場形勢逆轉。特洛伊人在希臘人的反攻面前，望風披靡，趕緊退回城垣，緊閉特洛伊城門，希臘人則繼續叩城，日夜攻打。

過了不久，阿伽門農根據一位智者的建議，召集能工巧匠製造了一匹巨大的木馬，繪上一些奇怪的圖案，拉到特洛伊城下，供上各種祭品，假裝把大木馬當神靈供奉，引起城頭上特洛伊人的注意。特洛伊人忍不住好奇，突然打開城門，殺退獻祭的希臘人，把大木馬拉回城內，作為戰利品得意洋洋地玩賞。

入夜後，特洛伊城涼風陣陣，伸手不見五指，而城內大木馬的腹部突然打開一洞，鑽出隱藏於馬腹的阿基里斯和一群驍勇善戰的希臘武士。他們消滅了特洛伊看守和哨兵後，悄悄打開特洛伊城門，候在門外的希臘人遂一湧而上，衝進特洛伊城。一城軍民，除死者外，悉數被希臘人俘獲為奴。

特洛伊城被夷為平地，而美人海倫，生不見人，死不見屍，再沒有任何蹤跡。

十年特洛伊戰爭，以希臘聯軍夷平特洛伊城告終。戰爭後的希臘人雖然沒有奪回海倫，卻被戰時悲壯的傳說和英雄故事所牽動。這些傳說和故事經白髮老者之口，一代一代流傳下來，又在口傳過程中添進美麗的神話和想像。

雙目失明的希臘大詩人荷馬，被特洛伊戰爭傳奇故事所激勵，耗盡心血，創作了一萬五千六百五十三行的長篇不朽史詩〈伊利亞德〉，歌頌特洛伊戰爭中的英雄；幾千年後，考古學家掘開了特洛伊城的遺址，印證了特洛伊戰爭和特洛伊英雄的豐功偉業。

2、以弱勝強的典範——馬拉松戰役

【楚雲戰評】經過特洛伊戰爭的洗禮，希臘城邦社會進入經濟、文化的全面繁榮時期。在亞洲興起的波斯帝國，覬覦希臘世界的土地與財富，從西元前四九二年到西元前四四九年近半個世紀時間，三次大規模入侵希臘。希臘各城邦以雅典和斯巴達為核心結成同盟，為生存奮戰，終於打敗強大的波斯帝國，保全了希臘文明。馬拉松戰役是希臘人三次反波斯戰爭中的重要一役，並因希臘人以弱勝強的結局著稱於戰爭史。著名的「馬拉松長跑」也典出於此。

西元前四九〇年九月十二日，古希臘雅典衛城的山崖、高地和中心廣場，黑壓壓聚集著成千上萬的雅典婦女、兒童和老人。他們個個心急如焚，正默默地等待信使送來戰報，也默默地為雅典禱告。在距城東北四十二公里的海岸邊馬拉松平原上，雅典所有成年男人組成的一支小小軍隊，正與強大的波斯侵略軍鏖戰。波斯大軍號稱百萬，戰艦千艘，據説射出的箭黑壓壓像烏雲一樣，能遮住光芒四射的太陽。而雅典人傾城出動，加上援軍，也只有一萬人。一萬雅典戰士能擋住占壓倒優勢的波斯大軍，保住城中婦女兒童不受殘忍的波斯人蹂躪嗎？即使全能的天神宙斯也不能未卜先知！

時間一刻一刻過去。人群鴉雀無聲，每個人的心臟都在無情的沉默和等待中收縮。正在這時，黃昏的山道上，一團黑影如離弦之箭，向衛城靠近。全希臘最著名的「快跑健將」菲迪皮德斯滿身浴血，衝進廣場，雙手高舉激動地高喊：「歡樂吧，同胞們，我們勝利了，雅典得救了！」緊跟著菲迪皮德斯的呼喊，廣場上爆出雷鳴般的歡呼聲。而菲迪皮德斯，這位給雅典人帶來勝利消息的信使和「快跑健將」，卻因為創傷、過度勞累與興奮，心力衰竭，永遠停止了呼吸。

馬拉松之戰是第二次波希戰爭中的一次決定性戰役。西元前五百年，愛琴海對岸小亞細亞半島上，波斯人統治下的米利都人民發動武裝起義，反抗波斯人統治。雅典和希臘各城邦派艦派軍，支援米利都人的反波斯鬥爭。不久，米利都起義被鎮壓。波斯帝國騰出手後，便積聚糧草，打造戰船，調集大軍，要向希臘各城邦興師問罪。希臘各城邦在雅典和斯巴達兩個最強大城邦的推動下，也紛紛厲兵秣馬，準備應戰。愛琴海兩岸戰雲密布，大戰一觸即發。

西元前四九二年，波斯大軍由馬多尼俄斯率領，強渡達達尼爾海峽，發動了第一次侵希戰爭。但這一次神靈保佑了希臘人，波斯艦隊在愛琴海遭遇百年難得一遇的颶風，小山一樣的海浪猛撲艦隊，有三百艘波斯運兵艦船連同所載人員、物資一併沉下愛琴海。波斯人損失慘重，自動退兵，希臘人不戰而勝。

第二年，波斯派使者遍遊希臘各城邦，向他們索要「水和土」，遭到希臘人一致拒絕。雅典人把波斯使者拋下了衛城旁邊高高的懸崖，斯巴達人則把波斯使者丟進了乾枯的古井。到其他城邦索要「水和土」的波斯使者也受到了各種各樣的懲罰。波斯國王因侵略要求被拒絕，勃然大怒，下令重新集結兵馬、艦船，準備再次遠征希臘各城邦。

西元前四九〇年春，波斯王命令大將達季斯和阿爾塔費連統帥步騎數萬，分乘六百艘戰艦，號稱十萬大軍，橫渡愛琴海，第二次入侵希臘。波斯軍隊登上希臘海岸後，一路燒殺搶掠，連續占領納克索斯、卡里斯托斯、愛勒特里亞等城邦，衝過馬拉松山谷，進至距雅典衛城僅一日路程的馬拉松平原。

波斯大軍的洶洶氣勢，確實使一些意志薄弱的希臘人恐懼。雅典十大軍事指揮官中，有一半反對應戰，他們認為雅典城小兵少，難與強大波斯軍隊對峙，因而主張向波斯人求和，滿足波斯王的各種要求。只有米太亞德堅決主張迎戰波斯人。米太亞德曾因反對暴君而被流放，後來積極參加米利都人的反波斯起義，有與波斯軍隊作戰的寶貴經驗。他文武雙全，能言善辯，設法使其他軍事指揮官相信波斯軍隊並非不可戰勝，最終說服大家同意迎戰。波斯軍隊進至馬拉松平原時，正逢米太亞德值星指揮雅典軍隊，他決心傾全力與波斯侵略軍決戰。

雅典軍隊連同前來支援作戰的盟邦軍隊，步騎兵總共不過萬人，波斯軍隊是雅典軍隊的數倍，占有數量上的絕對優勢。米太亞德面對漫山遍野紮營的波斯大軍，全無懼色。他根據雙方力量對比和作戰特點，制定了正面佯攻誘敵、兩翼包抄埋伏的戰術，把部隊帶到馬拉松平原面對波斯大營的一片斜坡上。斜坡兩邊各有一串小山丘，如九龜相連。山上長滿灌木，可以伏兵。坡下是波斯軍隊營帳，地勢開闊，可以布陣。他把主要兵力分散隱蔽在兩翼小山丘上，命令輕騎兵和輕步兵衝下斜坡，向波斯人挑戰。波斯大將達季斯不知是計，按波斯軍隊迎敵的習慣戰法，結成方陣，重裝步兵在前衝擊，騎兵在兩翼掩護。雙方剛一接戰，雅典人便轉身回撤。達季斯一面令重裝步兵步步緊逼，一面令兩翼騎兵衝鋒，追殺回撤的雅典軍隊。雅典人且戰且退，把波斯人引進兩列小山丘之間的夾角。

米太亞德隱藏在高處，見波斯人趾高氣揚，一步步鑽進圈套，下令埋伏兩邊山包叢林中的雅典重裝步兵出擊，向波斯軍隊側翼穿插。原來向斜坡撤退誘敵的雅典輕騎兵和輕步兵也回身反攻，三路夾擊，猛衝猛殺。波斯軍隊猝不及防，幾萬人擠在低窪地，亂成一團，成為雅典士兵弓箭、標槍、拋石機的攻擊目標。雅典將士同仇敵愾，以一當十，個個奮勇爭先，為保衛家園拼死作戰。波斯人幾面受敵，被困在核心，陣前屍橫遍野。達季斯手忙腳亂，急令殘部奪路突圍。米太亞德指揮雅典軍隊乘勢猛追，在海邊咬住波斯殘軍後隊，又一陣衝殺，俘獲七艘敵艦。波斯殘敵落荒而逃。

經過一天惡戰，雅典人打死波斯五千官兵，以劣勢兵力取得了馬拉松之戰勝利。波斯人由於在馬拉松之戰中損失慘重，失去勝利信心，被迫從希臘退兵。第二次波希戰爭也以波斯慘敗告終。

十年以後，波斯人捲土重來，在其國王薛西斯親自指揮下，出兵二十萬，第三次遠征希臘。雅典和斯巴達聯合希臘各城邦組成反波斯同盟。馬拉松戰役的勝利，奠定了雅典人在反波斯同盟中的領袖地位。在雅典和斯巴達領導下，希臘各城邦協同作戰，終於戰勝薛西斯大軍，取得了第三次波希戰爭的勝利，消除了波斯人對希臘各城邦根本上的威脅。

過了兩千多年，在一八九六年舉行的第一屆現代奧林匹克運動會上，為了紀念馬拉松戰役和為報告勝利消息而捐軀的「快跑健將」菲迪皮德斯，國際上推出一個新的競賽項目——馬拉松長跑。長跑路線由馬拉松戰場，沿菲迪皮德斯當年跑過的路線，到達雅典，全程正好四十二點一九五公里。

3、常勝不敗——亞歷山大東征戰役

【楚雲戰評】波希戰爭結束後，希臘社會因外患暫時消失，陷入內部紛爭。歷時近三十年的伯羅奔尼撒內戰，使希臘城邦社會在自相殘殺中削弱，而希臘北部山區興起的山中王國馬其頓，在軍事改革後日漸強大。馬其頓王亞歷山大繼承父業，用武力統一希臘全境後，於西元前三三四年裹挾希臘各城邦發動東侵，滅亡波斯帝國，並把希臘文明的影響推進到印度河流域，建立起橫跨歐、亞、非三大洲的亞歷山大帝國。馬其頓王亞歷山大也以其常勝不敗的軍事統帥聲威而彪炳史冊，他的點斜式戰術更為後世軍事家稱道。

馬其頓王亞歷山大，少年師從於古希臘哲學家亞里斯多德，學習人文科學、地理、自然和其他各門科學，又追隨其父親腓力二世學習軍事知識，深通戰略和馬其頓方陣陣法。他體格強健，勇猛剛毅，堪稱文武全才。十六歲時，亞歷山大參加有名的喀羅尼亞會戰，指揮馬其頓騎兵的突擊部隊打垮希臘聯軍騎兵，為會戰勝利奠定了基礎。他本人則由此初展軍事才華。

西元前三三六年，腓力二世遇刺身亡，二十歲的亞歷山大繼承馬其頓王位。新征服的希臘各邦國見腓力新逝、亞歷山大年少，乘機叛亂，企圖推翻馬其頓對希臘世界的統治。亞歷山大指揮馬其頓軍隊，縱橫希臘全境，用兩年時間平定叛亂，鞏固了馬其頓人對全希臘的統治。然後，崇尚武功的馬其頓王亞歷山大，積蓄力量，準備進兵馬其頓「東方」的西亞地區，消滅波斯帝國，把馬其頓人的統治擴展到富庶的東方世界。

經歷過三次波希戰爭的波斯帝國，此時已老弱衰朽，如一棟行將倒塌的破房子。西元前三三四年春，亞歷山大安頓好國務後，親率三萬步兵、五千騎兵、一百六十艘戰艦，號稱天兵十萬，離開希臘，渡過波濤洶湧的達達尼爾海峽，踏上東征之路。波斯王大流士三世得報亞歷山大親率馬其頓大軍渡過海峽，在小亞細亞半島登岸，立即派一支萬人大軍，配合駐紮地中海的四百艘海軍戰艦，海陸並進，企圖消滅馬其頓軍隊於海灘陣地。亞歷山大用重裝步兵擺成方陣迎敵，重裝騎兵包抄，輕裝騎兵追擊，只幾天時間，盡數消滅來攻的波斯陸軍部隊。又沿地中海東岸往南進軍，連續奪取沿海四十座波斯城市和所有海港，使波斯艦隊失去基地。

第二年，大流士三世調集步騎兵十萬，進至馬其頓軍隊後方交通線上的伊蘇斯，切斷亞歷山大南進大軍的補給線和退路。亞歷山大審時度勢，迅速轉換正面，回兵伊蘇斯，北上迎戰波斯軍隊。兩軍在伊蘇斯擺下大陣。波斯軍隊步兵居中，騎兵掩護側翼，步兵前面有戰車掩護，戰車前面還有勇猛的印度象。亞歷山大充分應用其嫻熟的「點斜式」戰術，在正面部署少量步兵，占領高地，阻住波斯主力進兵，令重騎兵從一翼衝出，形成局部優勢，猛衝猛殺，打垮了波斯軍隊翼側陣地的騎兵掩護部隊，從背後橫掃波斯步兵大陣，再迂迴到波斯人陣地的另一翼。正面的馬其頓重裝步兵乘勢反攻，與騎兵配合，前後夾擊。波斯人陣形大亂，紛紛後撤，一時間，人擠車，車撞馬，馬踏人，潰不成軍，死傷無數。大流士三世在親兵護持下，連夜奔逃幾百里，才勉強保住性命。

伊蘇斯大捷以後，亞歷山大指揮馬其頓軍隊擴大戰果，連下敘利亞、埃及、利比亞等波斯帝國邊緣省區，一直進至尼羅河西岸，在尼羅河口建立起雄偉的亞歷山卓，控制了地中海。一年以後，亞歷山大揮師向東，進軍美索不達米亞平原，準備最後推翻波斯帝國。

美索不達米亞平原位於幼發拉底河和底格里斯河之間，掩護著波斯的政治中心。波斯王大流士三世為保住波斯帝國基業，又從全國各地調來十萬大軍，兩百輛戰車和十五頭戰象，在底格里斯河畔的高加米拉村搶占要道，擺下第二個大陣：成兩線配置的八萬步兵居中，騎兵掩護兩翼，戰象居前衝陣。另派一支分隊向幼發拉底河方向警戒，掩護大陣。

亞歷山大率軍急進，先以優勢兵力圍殲了波斯警戒部隊。然後趕到高加米拉，正對波斯大陣，擺下馬其頓方陣。在方陣中，馬其頓步兵成兩線配置，第一線進攻，第二線作預備隊，兩翼騎兵，一翼較弱，另一翼卻集中全部重裝騎兵，構成進攻突擊部隊。

西元前三三一年春，兩軍在高加米拉惡戰。波斯人驅使戰象首先衝陣，以為馬其頓人無以抵擋，不料從馬其頓方陣中突然衝出一群大公牛，牛角上皆綁有燃燒的木柴捆，煙火瀰漫，衝向波斯大陣。波斯人的印度象懼怕被煙火籠罩的牛群，受驚嚇掉頭逃竄，把波斯大陣撞得人仰馬翻。馬其頓重裝騎兵乘勢猛衝，席捲波斯軍左翼陣地。接著，馬其頓重裝步兵也適時出擊，潮水般向前推進，標槍、帶火的箭紛紛落向波斯大陣。波斯人經不起馬其頓重裝步兵攻擊，全線潰退。亞歷山大親率輕騎兵追殲逃敵，到五十公里外才收兵。大流士三世雖然逃脫了馬其頓人追殺，卻被自己的部下乘亂殺死。亞歷山大統軍一舉奪取波斯名城巴比倫、修澤和波斯波利斯，推翻波斯帝國，建立起空前強大的亞歷山大帝國，其版圖西起愛琴海，東達波斯灣，南抵尼羅河，北到中亞沙漠，包括西亞和中亞廣大地區，縱橫數千公里。

西元前三二七年，亞歷山大帶領步騎十五萬繼續東征，向印度進軍。馬其頓大軍一路穿沙漠，過叢林，跋山涉水，戰勝重重險阻，進至印度河流域。在印度河支流海達斯帕斯河，亞歷山大遭遇印度王波羅斯的激烈抵抗。波羅斯有三萬步兵、一萬騎兵、三百輛戰車、兩百頭戰象，依傍在海達斯帕斯河左岸紮下大營，踞城死守。

海達斯帕斯河河寬水深，渡河十分困難。亞歷山大經過仔細偵察，決定繞道進軍，奇襲制勝。他留步騎一萬人偽裝主力，利用玉米田掩護，來往調動，迷惑印度王，隔河與印度軍隊主力對峙。亞歷山大親率馬其頓軍隊主力，藉青紗帳和夜幕掩護，繞道河流上游，偷渡海達斯帕斯河，再沿河左岸順流而下，逼迫波羅斯率軍離開營寨，與馬其頓軍隊擺陣決戰。波羅斯王把兩百頭戰象擺在第一線，步兵擺在第二線，戰車和騎兵部署在側翼，企圖利用象兵優勢，衝散馬其頓大軍。亞歷山大針鋒相對，以訓練有素，有作戰經驗的輕裝步兵與印度象兵周旋，重裝步兵組成方陣從正面壓迫，騎兵避開印度象兵，在敵陣中穿插。雙方激戰正酣時，右岸馬其頓軍隊迅速渡河，趕到戰場，從側後猛擊。印度軍隊在前後夾擊下，全線崩潰，逃回城內。馬其頓軍隊追至，四面圍城攻打。亞歷山大身先士卒，第一個從雲梯上爬上城頭，揮劍劈刺，手刃十餘名印度兵。馬其頓士兵見主帥親自披掛上陣，愈加以一當十，奮勇爭先，湧上城頭，與印度軍混戰。波羅斯王四萬大軍，三萬戰死，餘皆帶傷。波羅斯王本人在惡戰之後被亞歷山大生擒。亞歷山大本人則在惡戰中身受重傷，血透鎧甲。

擊敗波羅斯王後，亞歷山大不顧傷重，打算繼續東進，進兵印度腹地，征服印度全境。這時，部屬們因隨軍征戰幾近十年，早已疲憊不堪，思鄉心切；加上印度河流域氣候酷熱，將士多不服水土，軍中疾病流行，減員日增，幾員心腹大將一致請求停止東征。亞歷山大無奈之下，只得放棄繼續東進。他令一支軍隊沿印度河乘船順流而下，再由印度洋沿海岸航渡波斯灣。自己統帥主力沿陸路橫穿西亞沙漠腹地，返回巴比倫，把巴比倫作為新帝國的首都。

西元前三二三年六月，馬其頓王亞歷山大厲兵秣馬，準備繼續東征，完成未竟事業，不料染上熱帶傳染病，一代名將含恨歸天。這一年，亞歷山大三十三歲。

4、來自北非的獨目將——漢尼拔進軍義大利

【楚雲戰評】亞歷山大帝國解體後，希臘社會全面衰落。這時，地中海中部的義大利半島和北非沿岸，興起了羅馬和迦太基兩大城邦。為爭奪西地中海霸權，羅馬和迦太基進行了長達一百一十八年的戰爭，從西元前二六四年持續到西元前一四六年，其間形成三次高潮，最後以羅馬獲勝告終。漢尼拔遠征義大利，發生在雙方長期戰爭的第二次高潮時期。

西元前二一九年，北非古城邦迦太基的軍隊剛剛奪取庇里牛斯半島上的薩貢托城邦，羅馬元老院就下令向迦太基宣戰。因為薩貢托城邦是羅馬的盟友。迦太基奪取薩貢托對羅馬直接構成威脅。根據元老院的命令，七萬羅馬大軍分三路出擊：第一路經西西里橫渡地中海進攻地中海南岸的迦太基本土；第二路進駐義大利北部，掩護羅馬後方基地；第三路直接進兵庇里牛斯半島，與奪占薩貢托的迦太基野戰軍決戰。

指揮與羅馬軍隊作戰的迦太基軍隊統帥，是一位二十八歲的年輕人，他的名字叫漢尼拔，是迦太基名將哈米爾卡的兒子。漢尼拔不僅繼承了父親的軍人氣質，而且也繼承了父親對羅馬人的仇恨。漢尼拔出生時，迦

太基與羅馬之間的第一次長期戰爭已斷斷續續進行了十七年。幾年以後，迦太基戰敗求和，割讓西西里島給羅馬，並要償付一大筆賠款。這一年，漢尼拔九歲。因失敗而倍覺羞慚的哈米爾卡拉著九歲兒子的右手，走上祭壇，要這個小男孩舉手對神靈起誓：絕不與羅馬人為友。

不久，哈米爾卡含恨歸天。漢尼拔繼承父親遺志，二十六歲即接任迦太基軍隊統帥。家仇國恨，刺激他發兵奪占了薩貢托，引發了迦太基與羅馬之間的第二次長期戰爭。

羅馬大軍三路出動的消息沒有引起漢尼拔的一絲恐慌。他斷定羅馬後方必因大軍出動而空虛，定下計策：敵進我也進，把戰火直接引向義大利半島，威逼羅馬城！

西元前二一八年五月，經過幾年周密準備的漢尼拔，滿懷對羅馬人的深仇大恨，統率五萬步兵，一萬騎兵，四十頭戰象，離開基地，向東進發，於八月下旬進抵羅納河，開始了遠征義大利的冒險進軍。

羅納河位於高盧西部，河寬流急，對岸還有敵對的高盧部落兵日夜巡防。漢尼拔抵達羅納河西岸後，指揮部隊就地取材，紮製渡河木筏，同時密遣一支輕裝騎兵，從上游偷渡過河，潛入河對岸部落兵背後隱蔽待機。渡河日這天，漢尼拔大軍乘坐自製木筏沿河一字排開，衝過河心，強行登岸。部落兵成千上萬，紛紛從對岸高地衝下來，撲向河邊，準備乘漢尼拔大軍半渡而擊之。正危急時，潛入敵後的漢尼拔部隊從部落兵背後殺出，左衝右撞，亂砍亂殺，河心筏上的迦太基渡河部隊乘機一湧而上。部落兵腹背受敵，立刻人仰馬翻，趕緊奪路逃竄。迦太基軍隊步、騎兵六萬一舉渡河成功，其四十頭戰象卻恐懼河水，不肯渡河，成為難題。漢尼拔思慮良久，指揮士兵把一組木筏串緊繫牢，鋪上一層沙土，用草皮樹枝偽裝成草地，把倔強的大象哄上大筏，再划動拖曳，使大象安全渡河。

過羅納河不久，漢尼拔大軍正碰上當地高盧部落中有兩兄弟爭奪酋長位。漢尼拔有心籠絡部落民，減少進軍途中的阻力，用計幫助那個兄長打敗弟弟，成為部落酋長。酋長感恩，幫漢尼拔送來大量食品、衣物、冬靴，又一路護送漢尼拔大軍東進，平安通過許多部落轄區，進抵阿爾卑斯山腳下。

經過休整，漢尼拔在十一月末指揮迦太基大軍踏上攀越阿爾卑斯山的艱難旅程。時值冬初，天寒地凍，大雪紛飛，隘路行軍，馱畜尤其不便。迦太基大軍行軍時以步兵開路，把道路踩平，供軍馬、大象通行，以防馬蹄被冰塊和封凍的石稜劃傷，或大象滑下深谷。進山以後，步步登高，困難日增。一群山地部落代表攜帶牛羊和珠寶作貢品，晉見漢尼拔，並表示願為迦太基人引路。兩天以後，大軍隨部落代表急進至一處峽谷，兩側高崖聳立，中間夾一條羊腸小徑。風雪瀰漫中，埋伏在高崖上的部落兵一湧而出，滾木擂石亂放，猛攻漢尼拔大軍行軍縱隊。這時，一支迦太基輕步兵如天兵下凡，從更高的山崖上衝下來，殺向部落伏兵。部落兵大驚，以為迦太基人天佑神助，紛紛繳械投降。原來漢尼拔察言觀色，從一開始就發現部落民遣使進貢有詐，於是不動聲色，一面接受禮物，一面將計就計，暗中派遣兩支輕步兵，攀懸崖，抄近路，在部落兵伏擊圈外另設埋伏，掩護全軍。當部落兵攻擊在峽谷中行軍的漢尼拔大軍主力時，高崖上的伏兵突然發動反擊，不但打敗部落伏兵，而且震懾住蠢蠢欲動的其他部落。自此以後，部落兵再也不敢向迦太基軍隊發難。

經過半年征戰，漢尼拔統領迦太基遠征軍，不辭暑熱酷寒，無數次戰勝沿途高盧部落的襲擾攔截，長途行軍幾千公里，連續跨過伊比魯斯河、羅納河、德龍河、德魯恩提亞河、波河等大小數十條河流，攀越庇里牛斯山和天險阿爾卑斯山，終於抵達義大利北部，創造了古代軍事奇蹟。

羅馬元老院得知漢尼拔統領的迦太基大軍長途跋涉，渡過重重天險，進至義大利北部以後，也以為漢尼拔有天佑神助，驚懼萬分，趕緊選派古羅馬著名戰將西庇阿統率一支精銳部隊，由羅馬啟程，前往義大利北部迎戰漢尼拔。西庇阿部隊日夜兼程，渡過波河，進至波河支流提基努斯河西岸，擺開一個典型的羅馬大方陣，向漢尼拔大軍挑戰。

根據古羅馬軍制，一百名士兵組成一個百人隊，兩個百人隊組成一個中隊，三個中隊組成一個大隊，十個大隊組成一個軍團。每個軍團約六千士兵。西庇阿部隊擺在提基努斯河西岸大方陣的中央，是四個羅馬步兵軍團，兩翼各兩個臣服羅馬人的高盧騎兵軍團，步騎兵計八個軍團近五萬人，看似堅不可摧。

漢尼拔指揮的迦太基軍隊由於長期行軍作戰，待進至義大利北部時，六萬大軍已減員至兩萬人。戰馬、大象早已瘦骨嶙峋，將士更是疲憊不堪。而且，漢尼拔軍隊的組成也比羅馬軍隊複雜，種族語言各異，武器種類五花八門，戰法也各不相同。利比亞腓尼基人以重長矛為主要兵器，是漢尼拔的親兵部隊；西班牙步、騎兵使用長劍，擅長近戰砍刺；高盧人使用長矛砍刀，幾乎裸體步戰；來自巴利亞利的士兵擅用投石器，飛石傷人；來自努米底亞部落的非洲騎兵，一手持標槍或劍，一手披一豹皮或獅皮，慣於衝殺。

漢尼拔仔細觀察羅馬人布下的方陣，尋找其弱點，又根據地形和自己部隊的特點，也在西庇阿方陣對面擺下一個方陣：步兵居中，擅長衝陣的努米底亞騎兵擺在左右兩翼，與羅馬軍隊中的高盧騎兵對峙。戰鬥開始後，漢尼拔指揮戰象首先從陣門衝出，撲向高盧騎兵。這些來自印度的龐然大物，不懼弓箭、標槍，不懼飛刀、長矛，拖著一條水桶粗的大鼻子，巨無霸一般，嚇得高盧騎兵的戰馬四散奔逃；努米底亞騎士，右手持劍，左手披豹皮，半裸地坐在馬背上，一面奮勇追殺高盧騎兵，一面分兵向羅馬方陣中央的羅馬步兵軍團背後迂迴。雙方步、騎兵近十萬人混在一起，刀槍劍戟，亂砍亂殺，血流成河。羅馬步兵擋不住迦太基步兵的以一當十和努米底亞騎手的背後砍殺，首先潰敗，高盧騎兵隨之也潰散。西庇阿在混戰中受傷，隨潰軍狼狽逃過提基努斯河。他下令拆毀河上的橋梁，然後又一路退過波河。漢尼拔初戰告捷，斬獲無數。

提基努斯河戰役結束以後，漢尼拔率軍在義大利境內機動作戰，又先後取得特雷比亞河戰役、特拉西梅諾湖戰役大捷，打敗羅馬人十餘萬隊，越過亞平寧山脈，直逼羅馬城。原來追隨羅馬人與漢尼拔對抗的高盧各部落紛紛叛離羅馬人，不但向漢尼拔提供糧食、冬裝、武器及作戰物資，而且還出兵參加迦太基軍隊，在漢尼拔指揮下共同反抗羅馬人。漢尼拔因連戰皆捷，聲威大震。

迭遭軍事失敗引發了羅馬政治危機。為了防止進一步慘敗，羅馬元老院任命費邊擔任獨裁官，授以獨掌兵符、統率全軍對抗漢尼拔的全權。費邊上任後，一邊收拾殘兵敗將，一邊招募新兵，重新組建八個羅馬軍團。但他的部隊缺乏訓練，士氣低落。費邊因而改變戰略，避開漢尼拔軍隊鋒芒，一心利用後勤優勢，與漢尼拔周旋，避免決戰。費邊的部下送給他一個「拖延者」的綽號，而他以拖延獲勝的戰略則以「費邊戰略」著稱。

漢尼拔恰在這時染上眼疾，不久一目失明。羅馬人毫不客氣地送給他一個「獨目將軍」的綽號，以打擊他的尊嚴。「獨目將軍」漢尼拔並未因失去一目而失去戰略家的智慧和迦太基人的求勝信心。他看透了「拖延者」費邊的伎倆，用盡心機刺激羅馬人投入決戰。他辱　羅馬人失去了戰神瑪爾斯的勇敢精神，揚言要進兵羅馬；他派兵襲擾費邊的後方交通線，還派兵到羅馬各個省份，當著羅馬軍團的面肆意劫掠蹂躪。有一次，漢尼拔還徵集兩千頭公牛，在牛角上綁上乾柴，乘夜黑點燃驅向羅馬人營地，刺激羅馬軍隊出戰。「拖延者」費邊打定主意，按兵不動。

漢尼拔的種種誘敵之計雖然沒有動搖費邊的信念，卻動搖了大多數羅馬人的信念。羅馬軍民紛紛要求與迦太基人決戰，出一口惡氣。羅馬元老院也責備費邊長期避戰，是因為懼怕漢尼拔，有損羅馬威望。不久，費邊獨裁官任屆期滿，被解除獨裁官職務，失去了對羅馬軍隊的指揮權。

「拖延者」費邊解職使漢尼拔暗鬆了一口氣，他決心利用費邊去職之機，誘使羅馬軍隊投入決戰。西元前二一六年六月，漢尼拔深思熟慮後，突襲並占領了羅馬人一個重要城堡坎尼。坎尼不但儲備有大量糧食和各種作戰物資，還處在一個富庶農業區的中心，而且當地的農作物已進入收穫期。

接替費邊出任羅馬軍隊統帥的瓦羅將軍邀功心切，決心奪回坎尼，與漢尼拔決一雌雄。他安排一萬人留守大營，其餘主力步、騎兵八萬悉數出動，在坎尼城外擺成方陣。陣中央照例是輕裝步兵，排成三線，右翼部署羅馬騎兵，左翼部署盟友的騎兵。

漢尼拔此時雖然只有五萬軍隊，卻擁有優勢騎兵。他把騎兵主力集中於正對羅馬騎兵的左翼陣，形成局部巨大優勢，中央陣地的步兵成凸形部署，凸頂正對羅馬步兵。戰鬥開始後，雙方步、騎兵同時出擊。漢尼拔指揮中央陣地的迦太基步兵邊打邊撤，陣形很快由凸形變為凹形，羅馬步兵大隊竟在不知不覺中被引入迦太基軍隊凹形陣地的半包圍圈中。左翼陣地的迦太基騎兵根據漢尼拔命令，猛衝猛殺，迅速擊敗羅馬騎兵，然後從羅馬方陣背後迂迴，出現在羅馬方陣左翼羅馬同盟國騎兵背後，一陣衝鋒，驅散了羅馬人盟友的騎兵，完成了對羅馬步兵主力的合圍。被圍的羅馬士兵雖然奮勇衝殺，終因失去指揮，陣形混亂，經不起努米底亞騎兵鐵蹄踐踏。激戰一夜，坎尼城外屍橫遍野。羅馬人除一萬五千人僥倖逃生外，有四萬人戰死，餘皆被俘。戰死者包括八十名羅馬元老院議員。留守大營的一萬名羅馬人也被迦太基追兵乘勢俘獲。

坎尼會戰消滅了羅馬野戰軍主力，為漢尼拔在義大利十五年轉戰並繼續獲勝創造了有利條件。坎尼會戰也是漢尼拔軍事生涯的輝煌頂點。後來迦太基本土發生內亂，羅馬乘機發大軍攻打迦太基本土。漢尼拔被迫率遠征軍回救本土，遠征羅馬之戰方告結束。

5、失敗是成功之母——凱撒兩征不列顛

【楚雲戰評】羅馬戰勝迦太基後，成為西地中海最強大的霸權國家。經過多次政治與社會改革，羅馬社會全面繁榮，軍事力量空前強大。羅馬人開始倚仗其軍事力量不斷發動對外戰爭，征服其他民族，擴大羅馬版圖，逐步建立起一個環繞地中海的龐大帝國。凱撒兩征不列顛是其八征高盧戰爭的組成部分。而八征高盧則把阿爾卑斯山以北直達英倫三島的西歐納入羅馬帝國版圖之內，是羅馬帝國擴張的重要階段。

羅馬軍團征服了外高盧和萊茵河沿岸的日爾曼人部落後，羅馬統帥凱撒開始把下一個攻擊目標移向不列顛島上的蠻族。不列顛是一片神祕的海外方域，物產豐饒，人煙輻輳。凱撒極想征服不列顛，擴大羅馬聲威，也好促使羅馬元老院為凱撒的新武功再舉行二十天感恩祭禮。為此，凱撒專門招來所有到過不列顛的歐洲商人開會，要他們提供有關不列顛的各方面情報。

這些商人們津津樂道的是不列顛蠻族的社會生活特點：群婚制。在不列顛蠻族中，妻子們由每一群十個甚至更多的男子共有。兄弟之間甚至父子之間皆可共妻，如妻子們懷孕，第一個破她身的男人，便被認為是嬰兒的父親；但他們對於凱撒急於了解的關鍵情報，如不列顛距離歐洲有多遠？島有多大？島上有多少居民、部

落和軍隊？商人們眾說紛紜。不得已，凱撒只好派遣一員大將，帶一艘戰艦親臨不列顛實地偵察。偵察艦冒險航行至不列顛海岸，懾於蠻族部落的聲威，未敢登岸，因而也不能提供更具體的報告。

凱撒決意親自走一趟。根據他的想像，不列顛島不會太大。兩個羅馬軍團一萬士兵，用一個夏季，足以讓不列顛各蠻族部落臣服羅馬。西元前五十五年夏，凱撒匆匆徵集一百條戰船，選擇一個適於航行的大晴天，帶著他的兩個羅馬軍團，從法國布倫起航，發動了征服不列顛蠻族的戰爭。

英吉利海峽風急浪高，載運百人的小木船隨波逐流，航行十分困難。船隊千辛萬苦，經過大半日航行，在午後時分掙扎的航至不列顛海岸，卻不敢靠岸。岸邊高地上人山人海，擠滿了不列顛蠻族部落兵，他們個個幾乎赤身裸體，用菘藍染身，全身上下呈現恐怖的天藍色，而且除了長髮和上唇髭鬚外，其餘部位的毛髮一概剃光。這些蠻族士兵手持刀矛、木棍以及一些說不出名字的奇怪兵器，手舞足蹈，用尖利的語調大喊大叫，大約是在叫羅馬人滾回去。在他們身後，隱約可以看到埋伏的騎兵和戰車。

凱撒選擇一處適於登岸的灘頭，下令士兵強行離船登陸。士兵們剛跳下齊腰深的海水，守候在岸上的蠻族兵就發動了排山倒海般的攻勢，弓箭、標槍、石頭等雨點般投向羅馬士兵。海水中的羅馬士兵急忙舉起盾牌，結成龜陣，頂著不列顛人雨點般飛來的投擲器，奮勇向岸邊推進。剛進入淺水區，不列顛人又出動騎兵和戰車向羅馬士兵進攻，習慣於陸戰的羅馬軍團一時手足無措，人仰馬翻。

凱撒見狀，急令士兵們乘小艇快速駛抵不列顛人側翼，發射飛石和箭，救援被困在灘頭的士兵，同時搶過一面軍團鷹旗，跳下海水，帶頭向岸邊衝擊。士兵們看見統帥擎軍旗衝鋒，士氣大振，紛紛跳下戰船，簇擁著軍旗和凱撒，發出雷鳴般的吼聲，再次向岸上衝擊。士兵們很快衝上海灘，擺開羅馬方陣。從未見過羅馬方陣的蠻族士兵一時驚呆，以為神兵從天而至，沒命地四散逃竄。一些部落趕緊派使者求和，答應提供貢品和人質，臣服羅馬。

凱撒因騎兵未到，不敢向縱深追擊蠻族潰兵，只令部隊在灘頭結陣紮營，又令把戰船拖上灘頭存放，等待騎兵到來，再作打算。不料當夜正值滿月，海潮大漲，山一般的巨浪湧上海灘，撲向羅馬人的運輸船，許多船被海浪撞成碎片，倖存下來的船隻也破爛不堪。正在這時，又有噩耗傳來，運送騎兵的二十條船迷航後遭遇海潮襲擊，損失慘重，殘部剛登上海岸，就被不列顛蠻族圍殲。真是禍不單行。羅馬人沒有了戰船，沒有了騎兵，也沒有過冬的糧食和衣服。

狡猾的蠻族酋長卻為海潮撞毀羅馬人的三排槳大戰船暗中額手稱慶，以為是天佑神助，是上天叫羅馬人放棄征服不列顛的企圖。他們還發現羅馬人沒有騎兵，營寨也很小，因而軍隊一定不多。那些答應送貢品和人質的不列顛部落暗中取消了承諾，已經成為人質的島民則三三兩兩，溜出羅馬人營寨，逃回部落。部落酋長們重新制定密約，試圖聯手消滅凱撒和他的軍團，使羅馬人恐懼，不敢再侵犯不列顛。

凱撒明察秋毫，心知危機在即，下令徵集糧食，嚴密布防，提防蠻族襲擊。同時下令工匠們拆掉最破的船，修補其他的船，又從歐洲大陸緊急運來各種修船材料，搶修戰船。

不出凱撒所料，蠻族部落很快從四面八方湧向羅馬人營寨，反覆進攻。部落兵蒙有獸皮的馬拉戰車在陣前馳騁，向羅馬人發射各種投擲器，衝撞羅馬軍團的陣形。騎兵左出右入，來往廝殺。步兵更結成一圈，發出驚天動地的吼聲，步步緊逼。一撥打敗了，又有一撥替換上來。羅馬士兵雖然裝備精良，訓練有素，終究寡不敵眾。加上連日惡戰，士兵們疲憊不堪，恐懼情緒漸生。

不久，寒冬降臨，羅馬人軍中糧盡，將士無以禦寒。凱撒料定再留在不列顛必定全軍覆沒。待船隻整理好後，他便令將士結成龜陣，邊打邊退，撤向海灘，交替掩護上船，乘夜撤離不列顛，退回歐洲大陸。羅馬人第一次進攻不列顛失敗。

凱撒退回歐洲大陸後，認真分析了遠征失敗的原因，採取一系列新措施，為第二次遠征不列顛做充分準備。他下令從義大利本土招募新的軍團，又四處募集工匠，抓緊冬季休戰期，大造戰船。根據英吉利海峽的風浪情況和不列顛海岸特徵，他要求所有新戰船一律製造成平底，便於多載馬匹、糧食、搶灘並適於在沙灘上拖曳。他還要求所有戰船既配備槳，也掛帆，以便槳帆並用。

第二年剛剛入夏，羅馬人一切準備就緒。凱撒帶領新招募的五個羅馬軍團，共三萬步兵以及數千騎兵，分乘八百艘戰船，選擇一個月明星稀、風平浪靜之夜，再次由布倫港起航，槳帆並用，向不列顛進發。經過一夜航行，凱撒的軍隊於次日清晨駛抵不列顛海岸，乘不列顛守岸部落兵不備，一舉登岸成功。他們把戰船、物資拖往岸邊高地，紮下大營，準備持久作戰。

不列顛酋長們懾於羅馬軍團的作戰威力，設法避免決戰，只以小股軍隊，利用地形地物，不斷騷擾羅馬人。他們攻擊羅馬人的徵糧隊，截擊通信兵，使羅馬人一日三驚，步步是險。凱撒為擺脫困境，有心籠絡部落民，每捕捉到俘虜，一律善待，飽食以後，允他們帶武器回原部落。不料這些部落兵和酋長們在俘虜營中皆表示臣服，一出了俘虜營，照樣向羅馬人進攻。凱撒對部落兵屢捉屢放，反覆多次，有如諸葛亮對南蠻王孟獲七擒七縱，仍然不能消除不列顛各部落的敵意。對此，凱撒百思不得其解。

不久，透過一名被俘的部落酋長之口，凱撒方知曉不列顛部落民不肯臣服羅馬的原因：他們都懼怕一位叫凱西維隆弩斯的酋長。凱西維隆弩斯的部落位於不列顛腹地的泰米西斯河流域，疆域遼闊，物產富饒，人多兵多，在不列顛各部落中勢力最大。各部落酋長臣服於凱西維隆弩斯。對付羅馬軍團的麻雀戰術，也由凱西維隆弩斯一手策劃。

凱撒明白事情的來龍去脈後，決定擒賊先擒王。他留下一個軍團看守大營和船隻，帶領其餘四個軍團和全部騎兵，長途奔襲，一夜急進百餘公里，天明進抵泰米西斯河南岸，乘勢一舉渡過河底密布暗樁和各種障礙的泰米西斯河。凱西維隆弩斯未料凱撒突然進兵，一時措手不及，慌忙帶領萬餘部落兵退守一處有原始森林和沼澤掩護的要塞陣地，環要塞擺開四千輛不列顛戰車，並掘出一條又寬又深的護壕。

凱撒花了半天時間，策馬圍攻凱西維隆弩斯的要塞，巡視一周，找出要塞的薄弱點，很快制訂好攻打計畫。他用兩個軍團步兵猛攻要塞正面，密遣一個軍團和騎兵守住要塞出口。然後派剩餘的一個軍團從沼澤中尋路突進要塞中央陣地。幾路配合，不出兩天就大破凱西維隆弩斯的不列顛車陣，攻進要塞。凱西維隆弩斯率殘部突圍，被埋伏在出口的羅馬人生擒。

凱西維隆弩斯被擒的消息傳出後，不列顛各部落紛紛放下武器，遣使到凱撒營中求和。俘虜營中的凱西維隆弩斯也表示臣服。羅馬人以區區五個軍團步兵，完成了征服不列顛蠻族的宏偉計畫。冬季來臨前，凱撒帶著他的得勝之師，連同徵集的大量貢品和不列顛部落送來的人質，勝利返回高盧。羅馬元老院為表彰凱撒征服不列顛蠻族，真的舉行了長達二十天的感恩祭禮。

二、第二代戰爭——火器時代的戰爭

6、十字軍東征——文明的衝突

【楚雲戰評】中世紀是歐洲歷史上的黑暗時期，封建騎士想炫耀劍術，商人和小農想發財，封建領主想擴張土地，而羅馬教皇想威播四方，於是就發生了所謂「十字征新月」的典型宗教戰爭。十字軍東征前後有八次高潮，歷時兩百年，是信奉基督教的歐洲羅馬教廷、封建主、商人、騎士，對信奉伊斯蘭教的塞爾柱土耳其人的大規模征戰，也是人類歷史上第一場大規模「文明的衝突」，迄今仍然對基督教與伊斯蘭教兩大文明體系的關係有著深刻的影響。從軍事技術發展歷程看，十字軍東征仍屬於以冷兵器為主要制勝武器的第一代戰爭，但在十字軍東征的後期，火

藥、火器透過十字軍東征傳到歐洲，後期的十字軍東征戰役中開始出現火器。而此時，火器在東方已廣泛應用於戰爭。因此，十字軍東征戰役在軍事技術發展進程中具有承先啟後的過渡作用，人類戰爭的樣式從第一代過渡到第二代，從冷兵器時代過渡到火器時代。本書精選的三十年戰爭、拿破崙戰爭等，都屬於第二代戰爭範疇。

西元一〇九五年十一月，羅馬教皇烏爾班二世在法國南部城市克萊芒召開的宗教會議上，以教皇名義向與會者發表演說，號召組織遠征，從異教徒手上奪回基督教聖地耶路撒冷和「主的墳墓」。西歐的封建主、僧侶、騎士和農民紛紛響應，組成軍隊。出征者皆在征衣上綴有十字標記，以示為「主」而戰。自此以後，成千上萬的十字軍騎士一波又一波向東湧進，開始了歷時兩百年的十字軍之戰，也開啟了歷史上第一場「十字征新月」的戰爭。

十字軍東征的背景，是塞爾柱土耳其人的興起並向歐洲擴張。當時，羅馬帝國盛極而衰，分裂為東西兩部分。東方的拜占庭帝國直接受到塞爾柱土耳其人的進攻，甚至基督教傳統聖地耶路撒冷，也被信奉伊斯蘭教的塞爾柱土耳其人占領。在此情況下，拜占庭皇帝麥可七世、阿歷克塞一世先後向羅馬教皇求救，於是就有了一〇九五年十一月的克萊芒宗教會議，以及教皇有關奪回聖地耶路撒冷的號召。

但是，十字軍東征有比奪回「聖地」耶路撒冷更深刻的原因。

首先，西歐封建主要對外掠奪財富，擴張領地。十一世紀，西歐封建化基本完成，封建領主已將西歐土地瓜分完畢，並確立了長子繼承制的宗法制度，封建領主家無繼承權的餘子均成為無地騎士。這時，商品貨幣關係開始發展，封建領主日益奢侈，開支日絀。大批無地騎士為領主作戰，收入微薄，債台高築，常以搶劫商旅為生，並不斷襲擊富有的大貴族，掠奪教堂和修道院，歐洲可以說是秩序大亂。在當時生產力水準較低的情況下，大小封建主難以滿足貪婪欲望，唯有暴力掠奪一途。

其次，羅馬教皇企圖擴大基督教的統治範圍，恢復大一統的宗教權威。西元一〇五四年，基督教分裂為東西兩大部分，一度削弱了羅馬教皇的權力。但不久，教會隨著克呂尼改革興起而重振。羅馬教廷遂謀求控制拜占庭控制下的東正教，甚至還企圖迫使東方穆斯林改宗，以建立基督教的「世界主義」神權統治。同時，羅馬教皇還有一個算盤，就是藉十字軍東征消弭基督教內部的混亂，把封建騎士們的好戰狂熱消蝕於東征中，將野蠻好戰的禍水引向東方。

再次，西歐城市商人力圖奪取近東市場，獨占東西方仲介貿易。此時的東方，經濟富庶，各種奢侈品應有盡有。西歐城市商人，特別是義大利的熱那亞、威尼斯、比薩和阿瑪菲等城市的商人，早在十世紀前後，即在東西方貿易中獲利豐厚。當他們在同阿拉伯人的角逐中奪取了西地中海的商業優勢後，更希望染指東地中海的商業活動，排擠拜占庭和阿拉伯人的商業勢力，壟斷東西方貿易。

最後，西歐廣大農民處境惡化，渴望到東方尋找出路。十一世紀，西歐農民大部淪為農奴。苛捐雜稅、封建混戰、饑饉瘟疫交相並襲，使農奴處境悲慘，在法國等地甚至出現人相食的慘劇。廣大農奴渴望自由和土地，更希望擺脫債務，逃出領主魔掌，到東方尋求安身立命的「樂土」。正因為如此，大批農民成為十字軍的盲從者。

總之，十字軍東征，是西歐教、俗封建主在宗教口號掩飾下，對地中海東岸各國發動的一場持久、帶有封建軍事殖民性質的侵略戰爭。戰爭目的表面上是要奪回「聖地」，是為「主」而戰，實則是為了掠奪土地與財富。教皇在克萊芒宗教會議上毫不隱諱地指出，近東地區是「充滿歡娛和快樂的天堂」，那裡「遍地流著乳和蜜」，他號召封建主停止爭吵和混戰，到東方去尋求「永恆的報酬」。

十一世紀，塞爾柱土耳其人在西亞崛起。一〇五五年，塞爾柱土耳其人實際已滅亡了巴格達的阿拔斯王朝，基本上控制了近東地區；隨後，塞爾柱土耳其人向拜占庭進攻。一〇七一年，雙方會戰於亞美尼亞的曼西克特，拜占庭軍隊慘敗。塞爾柱土耳其人遂占領小亞細亞大部，建立起塞爾柱土耳其帝國，定都於尼西亞，時刻威脅著拜占庭的生存。一〇九二年，塞爾柱土耳其帝國的蘇丹馬立克沙死後，塞爾柱隨即分裂，彼此交兵，自我削弱，然而拜占庭仍引以為患。於是，拜占庭皇帝亞歷克塞便遣使向羅馬教皇求救，為羅馬教皇發動十字軍遠征提供了藉口，使之師出有名。

十字軍東征斷斷續續地進行了兩百年之久。其間除一〇九六年春的農民十字軍、一二一二年的兒童十字軍純屬盲動，使大批無辜農民和兒童成為東征的殉葬品外，以西歐騎士為主力的十字軍東征活動共有八次，尤以第一次和第四次最著名。

一〇九六年秋，法國、德國、義大利三國騎士十萬多人，在大封建主的領導下，分四路開始第一次東征。一〇九七年春，他們匯合於拜占庭首都君士坦丁堡。拜占庭皇帝亞歷克塞強迫十字軍首領向自己宣誓效忠，並利用十字軍渡過海峽，收復尼西亞城。一〇九七年夏，在多里列會戰中，十字軍擊敗土耳其人主力，直驅敘利亞。但是，在爭城掠地過程中，十字軍因分贓不均而發生內訌，並與拜占庭決裂。一〇九八年六月，十字軍攻占近東重鎮安條克。一〇九九年七月，十字軍透過猛攻，占領並血洗聖城耶路撒冷，屠殺當地居民達七萬人之多，無分婦孺，以致遍地汙血，沒及腳踝。為掠取居民死前吞下的黃金，野蠻的十字軍騎士甚至不惜對死者剖腹掏腸、焚屍揚灰，兇殘暴行令人髮指。

經過第一次十字軍東征，西歐侵略者占領了地中海東岸南北長達一千兩百公里的土地，建立了耶路撒冷、艾德薩、安條克和的黎波里四個十字軍國家。十字軍在占領區按照西歐封建模式統治，向占領區移植了西歐的農奴制度，並制定《耶路撒冷條例》。羅馬教皇還在十字軍東征過程中建立了宗教性的軍事組織——僧侶騎士團，常駐東方，以鞏固新建立的十字軍國家，維護教皇在占領區的權威。因此，十字軍東征又具有封建軍事殖民的特點。與此同時，義大利的威尼斯、熱那亞和比薩等城市的商人分得了被占領城市的三分之一土地，控制了海岸港口，建立了商站，取得了近東貿易特權。

然而，十字軍國家內部矛盾重重，並不鞏固。西元一一四四年，艾德薩在塞爾柱土耳其人的反攻中被攻滅。西元一一八七年，聖城耶路撒冷等沿海城市，也被埃及蘇丹薩拉丁奪占。為扭轉這一局勢，信奉基督教的歐洲人先後進行了第二次和第三次十字軍東征，但均無進展，傳為笑柄。在第三次十字軍東征中，德國皇帝甚至被淹死。

十三世紀初，教皇依諾增爵三世組織了以攻取埃及、收復聖城為目標的第四次十字軍東征。但是，威尼斯總督丹多洛以商人的眼光和政客的手腕，扭轉了遠征方向，「變十字軍的愚蠢行徑為商業活動」，用來對抗其商業勁敵拜占庭。一二〇二年十一月，十字軍為威尼斯攻占亞德里亞海東岸的薩拉城，以此抵償威尼斯為十字軍提供所需費用的部分回報。隨後，威尼斯又以幫助拜占庭廢帝伊薩克二世復位為由，慫恿十字軍在一二〇三年六月進兵君士坦丁堡。伊薩克二世為酬謝十字軍，在首都拚命搜刮，激起民變，以致被推翻。一二〇四年四月十三日，十字軍攻陷君士坦丁堡，縱兵劫掠七日，屠殺居民，侮辱婦女，搶劫財物。城內宮殿教堂的藝術珍品悉遭破壞，藏書豐富的圖書館亦被焚為灰燼。十字軍在君士坦丁堡掠奪的戰利品不計其數，僅分配給士兵的財物，價值即達四萬銀馬克。十字軍對信奉同一基督教的薩拉城和君士坦丁堡的野蠻劫掠，暴露了十字軍東征「為宗教而戰」是表，為財富而戰是質。

十字軍占領君士坦丁堡以後，建立了拉丁帝國。教皇依諾增爵三世對於十字軍的「業績」起初表示「憤怒」，繼則躊躇滿志，重新任命了君士坦丁堡大主教。威尼斯由此占有八分之三的拜占庭土地和克里特等愛琴海許多島嶼，成為海上強國，壟斷了近東貿易。曾經盛極一時的拜占庭帝國，在十字軍的沉重打擊下，從此一蹶不振，日趨衰落。

此後，從西元一二一七年到一二七〇年，十字軍又先後進行了第五次、第六次、第七次和第八次東征，但攻勢日益式微，漸成強弩之末。在近東各國抗擊下，在東征過程中建立的各十字軍國家風雨飄搖，疆土日蹙，相繼覆沒。西元一二九一年，十字軍在東方建立的最後一個據點阿克失陷，耶路撒冷王國滅亡，十字軍東征遂以徹底失敗而告終。

從戰爭史角度看，十字軍失敗，除了其侵略性戰爭不得人心外，還在於參戰者組成複雜，意圖不一，指揮混亂，且勞師遠征，不適應當地氣候。而與十字軍對峙的土耳其人和阿拉伯人不但占有地利，熟悉環境，適應氣候，且其裝備弓弩、馬刀的輕騎兵作戰靈活機動，戰術上優於裝備笨重的十字軍重騎兵。

有歷史學家評論說，十字軍在歷史上留下的只是一座「人類瘋狂和愚蠢的可怕紀念碑」。十字軍東征雖然嚴重破壞了近東各國和拜占庭的社會生產力，給近東和西歐人民帶來了極大的苦難，但它也促進了東西方文化、經濟與軍事學術、技術交流。正是在十字軍東征過程中，歐洲人學會使用從中國傳到近東的火藥和指南針。

7、三十年戰爭——歐洲第一場超級宗教戰爭

【楚雲戰評】三十年戰爭發生於西元一六一八到一六四八年，歷時三十年。它以德國為中心戰場，涉及歐洲主要的君主國。參戰國按宗教信仰差異，分別組成以奧地利哈布斯堡王朝為首的天主教同盟，和以法國為首的新教同盟，故三十年戰爭不但是歐洲歷史上第一場大規模宗教戰爭，也是一場大國戰爭、王朝戰爭和同盟戰爭。三十年戰爭的意義還在於，西元一六四八年，參戰各方簽署了著名的《西發里亞條約》，不但開啟了召開國際會議處理國際爭端的國際法先例，也由此催生了一個不同於封建時代的、全新的歐洲近代國際體系。

三十年戰爭的主要策源地在德國，而德國又是歐洲歷史上有名無實的「神聖羅馬帝國」的中心。這個所謂的「神聖羅馬帝國」以羅馬帝國的繼承者自居，但它既不神聖，也非羅馬，更非帝國，而是對一個由數百大大小小的王朝、諸侯組成的地理區域的表述。神聖羅馬帝國自從宣告建立後，就沒有對這些地區形成權威，建立起有效統治，而在神聖羅馬帝國境內，始終是戰亂連綿、糾紛不斷。

在神聖羅馬帝國的中心地區，德意志仍處於諸侯割據狀態。幾百個大大小小的諸侯國，因宗教信仰不同以及圍繞宗教教產的矛盾，分別組成了新教同盟和天主教同盟。歐洲英國、法國、西班牙、奧地利、俄國、波蘭、荷蘭、瑞典、丹麥等大國以及羅馬教皇、神聖羅馬帝國皇帝也各按自己的利益捲入其中，歐洲因而「天下

大亂」。

在西元一五五五年的《奧格斯堡和約》後，德意志新、舊教諸侯圍繞宗教信仰和教產的矛盾仍在繼續發展。一六〇八年，以普法茲選帝侯腓特烈大帝為首的新教諸侯組成了「新教同盟」。第二年，以巴伐利亞公爵馬克西米連為首的舊教諸侯則成立「天主教同盟」與「新教同盟」抗衡。雙方都積極擴軍、備戰，爭取歐洲大國做後盾，德意志內戰一觸即發。

德國新、舊教諸侯同盟之間的鬥爭，折射了歐洲大國的矛盾。圍繞德意志新、舊教同盟的對立，歐洲大國也分裂成相互對立的兩大集團。一個是哈布斯堡集團，由奧地利、西班牙等所謂天主教國家組成，支援德意志天主教諸侯，並得到羅馬教皇與波蘭的支持。另一個是反哈布斯堡集團，由法國、丹麥、瑞典、荷蘭等所謂新教國家組成，支持德意志新教諸侯。兩大集團的目的則是力圖瓜分神聖羅馬帝國遺產，控制德國、擴張領土、擴大影響、爭霸歐洲。而德國，就成了歐洲這場國際衝突的中心戰場。

三十年戰爭的導火線是捷克事件。經過胡司戰爭，捷克從神聖羅馬帝國中獨立。一五二六年，捷克又重新合併於神聖羅馬帝國，國王由德意志「神聖羅馬帝國」皇帝兼任。一六一七年，德皇馬提亞指定耶穌會士斐迪南為自己的繼承人，並兼任捷克國王。次年，斐迪南下令禁止布拉格新教徒舉行宗教活動，並拆毀新教教堂，引起捷克新教徒的反抗。於是，德皇馬提亞宣布捷克新教徒為暴徒，決定嚴加懲辦。一六一八年五月二十三日，布拉格人民發動武裝起義，衝進王宮，把斐迪南的兩名使者從窗戶拋入壕溝，這就是歐洲宗教史上有名的「拋窗事件」，以此為起點，開始了捷克民族大起義和三十年戰爭。

三十年戰爭前後分為四個階段：第一階段從一六一八年至一六二四年，稱作波希米亞階段；第二階段從一六二五年至一六二九年，稱作丹麥階段；第三階段從一六三〇年至一六三五年，稱作瑞典階段；第四階段從一六三五年至一六四八年，稱作法國—瑞典階段。

布拉格起義後，捷克起義者成立了臨時政府，再次宣布獨立。不久，捷克議會又選舉新教同盟首領普法茲選帝侯腓特烈為國王，與德皇斐迪南作戰。捷克—普法茲聯軍出師得勝，一直打到維也納城下。斐迪南在天主教同盟的支持下還擊，令舊教聯軍司令蒂利伯爵統兩萬四千大軍入侵捷克「平亂」。一六二〇年十一月八日，在布拉格附近的白山戰役中，兩軍決戰，蒂利伯爵擊潰捷克—普法茲聯軍兩萬人，占領了布拉格，捷克再次淪為奧地利哈布斯堡王朝的一個行省，直到一九一八年才恢復獨立。腓特烈逃往荷蘭，普法茲則被西班牙軍隊占領，其選帝侯資格被轉歸巴伐利亞公爵。這是三十年戰爭的第一階段。舊教同盟暫占上風。

德皇斐迪南在軍事上的勝利，不僅引起德意志新教諸侯的不安，而且加劇了歐洲形勢的緊張。英國、法國、荷蘭三國深感德國強大的威脅，決定支持新教同盟反擊。丹麥、瑞典等北歐強國早已對德意志北部諸侯國的領土垂涎三尺，乘機出兵援助新教諸侯，打擊其勁敵哈布斯堡王朝。俄國則希望藉機削弱波蘭的勢力，以便吞併烏克蘭，因此也表示聲援德意志新教諸侯。這樣，德國內戰便以宗教劃線，擴大為一場國際戰爭。三十年戰爭進入第二階段，由德意志新、舊教諸侯間的內戰擴大為歐洲戰爭。

一六二五年，法國宰相黎塞留撮合英國、荷蘭、丹麥三國締造反德同盟，並資助丹麥出兵德國。丹麥國王克里斯蒂安四世聯合德國北部新教諸侯，向德皇斐迪南宣戰，出兵占領德國境內的盧特城。英軍也乘機出兵，占領捷克西部。在兩面受敵的危急時刻，德皇斐迪南起用德國化的捷克貴族華倫斯坦為武裝部隊總司令，抗擊英國、丹麥軍隊進攻。一六二六年四月，華倫斯坦率軍在德紹與英軍決戰，擊敗了英軍，孤立了丹麥。八月，蒂利伯爵也乘勢反攻，擊敗入侵德意志的丹麥軍隊，收復盧特城。此後，華倫斯坦與蒂利伯爵合兵一處，直搗丹麥腹地日德蘭半島，占領丹麥要地梅克倫堡、波美拉尼亞等地，取得了決定性勝利。一六二九年，丹麥求和，被迫接受《盧貝克和約》，保證此後不再干涉德意志事務。三十年戰爭第二階段又以舊教勝利而結束。

但是，此時德意志天主教同盟發生內訌。經過對丹麥的戰爭，華倫斯坦聲名大振，他打敗英國軍隊更使他獲得了軍事天才的讚譽。德皇以及眾天主教諸侯對捷克貴族出身的華倫斯坦不放心，害怕他的實力過於強大，便於一六三〇年免除了他的職務。瑞典國王古斯塔夫對天主教勢力向波羅的海方向發展一直心懷不滿，此時見有機可乘，便在法國的支持下，聯合薩克森等新教諸侯出兵德意志，企圖一舉打敗天主教聯軍，稱霸北歐。於是，三十年戰爭進入第三階段。

一六三〇年七月，瑞典軍隊在古斯塔夫指揮下，在奧德河口登陸，一路打敗擋路的德意志舊教諸侯聯軍，勢如破竹，直趨德意志腹地。一六三一年九月十七日，在布萊登菲爾德會戰中，瑞典－薩克森聯軍重創蒂利伯爵，向西推進到萊茵河畔，占領了布拉格。次年春，古斯塔夫指揮瑞典－薩克森聯軍回師巴伐利亞，在萊茵河會戰中，一舉擊斃舊教聯軍統帥蒂利伯爵，震動維也納。德皇斐迪南驚恐萬狀，不得不重新起用華倫斯坦為統帥。五月，華倫斯坦重組舊教軍隊，力挽頹勢，初時獲勝，相繼收復維也納，出師巴伐利亞，迫使瑞典軍隊退往薩克森。但在十一月十六日的呂岑會戰中，華倫斯坦戰敗，古斯塔夫戰死。雙方已筋疲力盡。一六三四年，正在戰局相持不下時，西班牙出兵德意志，支持德皇。同年九月，兵疲師勞的瑞典軍與西班牙在訥德林根會戰，瑞軍大敗，不得不放棄前期占領的德意志領土，向北撤退。一六三五年五月，薩克森和布蘭登堡選帝侯脫離瑞典陣營，與德皇斐迪南簽訂《布拉格和約》。三十年戰爭第三階段仍以天主教同盟獲勝而告終。

一六三五年五月，法國因瑞典失敗，天主教同盟迭獲勝利，只得從幕後走上台前，直接投入戰爭，向西班牙宣戰。瑞典、荷蘭、薩伏依、威尼斯、匈牙利等皆支持法國。於是，三十年戰爭進入第四階段。

戰爭初期，法軍從德意志、荷蘭、義大利三路出擊。瑞典休整後，也恢復攻勢，出兵重占德意志北部和中部。戰局天平開始倒向新教同盟一邊。在義大利戰場，法軍重創西班牙主力，切斷了西班牙與荷蘭的陸上聯繫；在荷蘭，法軍與荷蘭軍隊協同作戰，奪取阿圖瓦等地；在德意志，法瑞聯軍占領阿爾薩斯及梅克倫堡等地。一六四三年五月十九日，法國將領孔代統率法軍兩萬三千人，在法國北部邊境要地羅克魯瓦與兩萬七千西班牙軍隊相遇，法軍一翼迂迴，並發揮炮兵優勢，轟擊西班牙軍步兵，殲滅西班牙一萬五千人，取得決定性勝利。瑞典軍隊在捷克南部的揚科夫重創神聖羅馬帝國軍隊。一六四八年五月，法瑞聯軍又在楚斯馬斯豪森會戰中大敗天主教聯軍。經此連續打擊，德皇無力再戰，斐迪南三世被迫向新教同盟求和。一六四八年十月，參戰各方簽訂了歷史上極有名的《西發里亞條約》，結束了三十年戰爭。

《西發里亞條約》主要內容有五條：

（1）承認包括喀爾文教和路德教在內的新教與天主教享有平等權利。在法庭中，新教、舊教的法官人數相等。教會財產的歸屬以一六二四年年初持有的情況為準。諸侯在領地內有規定信奉宗教自由之權；

（2）正式承認荷蘭和瑞士獨立，但荷蘭南部仍屬西班牙；

（3）法國獲得大部分的阿爾薩斯，並追認法國對一五五二年被其占領的洛林地區的麥次、土爾、凡爾登的所有權。法國有權參加「神聖羅馬帝國」的帝國會議；

（4）瑞典占有西波美拉尼亞，包括奧德河口、斯臺丁和魯根島，以及不來梅、維爾登兩個主教區和威斯馬城。它還得到五百萬塔勒的賠款，並有權參加「神聖羅馬帝國」的帝國會議；

（5）承認德意志幾個強大諸侯獲得的新領土。布蘭登堡占有東波美拉尼亞和馬德堡大主教區，以及哈布斯達、卡明、明登等主教區。巴伐利亞得到上普法茲，仍保有選帝侯地位。薩克森合併魯沙提亞。腓特烈之子查理·路易繼承下普法茲，列為帝國第八選帝侯。諸侯有與外國締約的自由。不經諸侯同意，皇帝無權對外宣戰、媾和、課稅和徵兵。

三十年戰爭及戰後簽訂的《西發里亞條約》沉重打擊了哈布斯堡王朝。在三十年戰爭中，法國、瑞典兩國獲利最多，成為歐洲強國。

三十年戰爭的直接後果是簽訂了《西發里亞條約》，透過和約劃定了歐洲各國的國界。正是《西發里亞條約》，勾勒出了歐洲的基本政治地圖，奠定了近代歐洲國際體系的基礎，也開創了透過國際會議、條約解決國際爭端的先例。

8、土倫港之役中的拿破崙——初出茅廬第一功

【楚雲戰評】羅馬社會繁榮了數百年。到西元四七六年，羅馬帝國因擴張過度、內部紛爭、社會腐敗和蠻族入侵而崩潰。西歐社會中世紀封建制度在經歷一千年後由盛轉衰，終於在十六世紀末進入資本主義時代，戰爭手段也由冷兵器時代轉向火器時代，戰爭形式發生變化。三十年戰

爭是戰爭形式變化的一個代表，而十八世紀末從法國崛起的拿破崙，其指揮的歷次戰爭便代表這種變化的最高點。在拿破崙指揮的大小戰役中，土倫港之役最有經典意義。正是土倫一戰，使拿破崙能從默默無聞之輩，一舉登上戰爭大舞台，成為叱吒風雲的一代名將。拿破崙的軍事思想，在克勞塞維茲的不朽著作《戰爭論》中有集中論述，並成為此後歷代軍事名將堅信不疑的圭臬。施里芬、毛奇、霞飛、福煦等人，甚至梟雄人物如希特勒，無不受拿破崙軍事思想的影響。

西元一七九三年八月，轟轟烈烈的法國大革命進入第五個年頭，法國全境仍然在大震盪的痛苦中呻吟。法國南部歷史名城土倫的保皇黨人驚懼革命聲威，發動叛亂，引狼入室，把土倫拱手交給了敵視法國革命的英軍和歐洲反法聯軍。英軍和反法聯軍共一萬四千人迅速占據土倫，港口、軍械庫、炮台，泊於土倫軍港的法國海軍三十一艘主力艦都成為其戰利品。

土倫位於地中海岸邊，是法國南部面對地中海的門戶和最大的港口要塞，戰略地位極為重要。巴黎的法國革命政府任命卡爾托將軍為司令官，要求其指揮三萬軍隊盡快收復土倫。由於卡爾托部隊原先的炮兵指揮官負重傷離隊，卡爾托將軍便任命當時還默默無聞的炮兵少校拿破崙指揮攻城的炮兵部隊。這一個偶然決定，不但影響了土倫港之役的進程，而且還引發了法國和歐洲的長期猛烈震盪。土倫港之役把拿破崙推上了法國、歐洲以至世界歷史大舞台。

拿破崙於一七六九年八月，出生於地中海西部科西嘉島阿雅克修城的一個沒落貴族家庭，其父親是個窮律師，母親出身於義大利貴族。如果不是在拿破崙出生前一年，法國出重價買下科西嘉島的話，拿破崙就是義大利人而不是法國人，因而也就永遠沒有機會登上法國歷史舞台了。

拿破崙是家中次子。在義大利語中，拿破崙這一名字是「荒野雄獅」的意思。一七七九年，拿破崙十歲，以國家公費生身分考入法國布里安陸軍小學。因家境貧寒，受到貴族歧視，拿破崙發憤讀書，各科成績全優，尤其是歷史、數學兩科，始終穩拿全班第一。一七八四年，拿破崙考入巴黎軍校，修習炮兵專業，並於次年提前畢業，被授予炮兵少尉軍銜。以後在法國大革命進程中，又逐級晉升為炮兵少校。

在當時的歐洲軍隊中，炮兵是最重要的兵種，炮兵指揮官的責任，與攻城部隊副總指揮相當。在土倫港之役中，二十四歲的拿破崙受命後，恪盡職守，想方設法募集有經驗的軍官、士兵、技師和各種物資、裝備，組織起強大的攻城炮兵。他很快收集到一百門大口徑大炮，炮彈供應也非常充足，還設立了設施齊全的炮兵修械工廠。此外，他還兼任工程處長和輜重主任兩項技術職務。在拿破崙親自督促下，炮兵在前線要害建造了火炮陣地，每日與守城的反法聯軍炮戰，掩護法軍進攻，壓制敵方火力，消滅敵方步兵，對維持法軍攻勢作戰發揮了關鍵作用。

法軍攻城部隊司令官卡爾托將軍是寫生畫家出身，因為政治立場可靠，才被革命政府逐級晉升為旅長、師長，直至司令官。他不諳軍機陣法，尤其對炮兵的運用和相關技術問題更是一竅不通，因而給拿破崙的指揮造成諸多麻煩。他有時要求炮兵發炮摧毀幾幢市區房屋，有時又要求炮兵漫無目的地轟擊敵方炮台。有一回，卡爾托將軍把拿破崙帶到反法聯軍三座炮台之間的一處高地上，要求拿破崙趕築一座炮壘，用於同時轟擊敵方三座炮台。拿破崙反覆說明，在敵方三座永久性炮台之間匆匆趕築一座簡單炮壘，不消一刻鐘，就會被敵方三座炮台的交叉火力徹底摧毀，除了無謂犧牲炮手和大炮外，於法軍攻城部隊沒有任何好處；又有一回，卡爾托將軍指示在一棟石頭建築物前構築炮壘，由於空間有限，大炮的後座力必然撞碎石頭，飛起的石片瓦礫將殺傷炮手；還有一回，卡爾托將軍趁拿破崙不在場，以傷亡為由，下令撤下一個重要炮壘上的大炮。

拿破崙對卡爾托將軍屢次的外行干預哭笑不得，他多次拒絕司令官的荒唐指示，並很正規地用文書請求卡爾托將軍只下達總的指示，不要干預炮兵作戰的技術問題。卡爾托將軍的回答是，命令他將所有瞄準港口要塞區的大炮轉向土倫城區，進行三天飽和炮擊，再令步兵縱隊強攻港口要塞。拿破崙忍無可忍，只得寫信給上級機關，陳述自己的見解，要求撤換卡爾托將軍。不久，巴黎革命政府接受拿破崙的意見，調走卡爾托將軍，另委派了一名新司令官。

新來的部隊司令官多普將軍是醫生出身，雖然比卡爾托聰明，但同樣不懂作戰指揮。新司令官到任不久，碰上英軍炮擊，法軍一彈藥庫中彈爆炸，幾名法軍士兵陣亡，正在現場的拿破崙險遭不測。新司令官不承認是英軍炮彈擊中彈藥庫，非要向上級報告彈藥庫是被貴族分子燒毀。拿破崙無可奈何，只能暗暗搖頭。

幾天之後，陣地上風傳聯軍虐待法軍戰俘，引起法軍官兵憤怒。一支法軍部隊自發進攻聯軍陣地，引起連鎖反應，成千上萬名法軍官兵跟著捲入戰鬥。多普將軍一時手足無措。拿破崙當機立斷，說了一句名言：「酒瓶既已打開，就該把酒喝乾。」說完提槍衝上陣地，帶隊衝鋒。士兵們早建立了對拿破崙的信任感，見狀立刻士氣大振，山呼海嘯般猛衝猛殺，眼見就要突破聯軍防線，忽從後方傳來緊急命令，要求立即撤退。額角受傷、血流滿面的拿破崙跑下陣地，打探撤退原因，竟是因為司令官的一名副官在後方中彈身亡，促使多普將軍下令撤退，致使法軍進攻功敗垂成。

撤軍事件不久，又發生了一件令拿破崙更加惱火的事情。土倫港口的幾何圖形看去像一個大葫蘆。葫蘆小頭深深楔入陸地，構成港口內碇泊場；大頭與地中海相連，構成外碇泊場。葫蘆腰部有個克爾海角，楔入內外兩個碇泊場之間，地勢險要。英軍在克爾海角的制高點上修築了一個極為堅固的炮壘陣地，自稱小直布羅陀堡，用於保障內外兩碇泊場內英國艦隊的安全。拿破崙有心摧毀直布羅陀堡的英國炮兵陣地，奪取克爾海角，因而祕密運來八門可以發射二十四磅重炮彈的重炮，在小直布羅陀堡對面的小高地上修築祕密炮台，並用橄欖樹枝嚴密偽裝，以便等待時機成熟時，突然打擊小直布羅陀堡的英軍炮兵陣地。不料剛部署完畢回到炮兵指揮所，喘息未定的拿破崙猛然聽到陣地上炮聲隆隆，大驚失色，急忙跑上陣地察看，竟然是新來的攻城部隊司令官多普將軍視察陣地，下令試一試炮兵新陣地的威力，糊塗暴露了目標和法軍意圖。拿破崙見狀怒不可遏，卻又無可奈何。

第二天，感受到法軍新炮台威脅的英軍和歐洲反法聯軍總司令奧哈臘將軍，親率七千名士兵強攻法軍炮台。法軍寡不敵眾，拿破崙只得帶領炮手們沿一條專為運送炮彈設計的祕密通道回撤。通道兩邊高地皆被聯軍占領，左邊是那不勒斯軍隊，右邊是英國軍隊。拿破崙命令士兵先向左邊那不勒斯軍隊猛烈射擊，再向右邊英軍射擊，待那不勒斯軍隊與英軍對射之後，法軍潛入下方被叢林覆蓋的通道。行至半途，士兵透過叢林縫隙，看到右側高坡上有一名穿紅制服的英國軍官很神氣地巡察戰場。拿破崙命令狙擊手瞄準，一個點射，那軍官滾下高坡。法軍士兵一湧而上生擒，押至拿破崙面前。那軍官主動交出佩劍，自我介紹，竟是英軍和聯軍總司令奧哈臘將軍。聯軍很晚才知道自己的司令官失蹤。拿破崙也因撤退時無意中俘獲敵軍司令官，被巴黎革命政府破格晉升為炮兵上校。多普將軍則因指揮無能，土倫城久攻不克，被杜戈梅將軍替代。

為了盡快奪取土倫，法軍指揮部召開高級軍事會議，制訂總攻計畫。多數人主張沿土倫要塞周邊構築環形工事，東西對進，逐一攻占聯軍炮台，沿陸地奪取城區。拿破崙先一言不發，等大家敘完見解，他卻出語驚人，提出了一個完全不同的計畫。他認為法軍如單從陸地圍攻土倫，即使得手，聯軍也能從容由海上撤退，並在撤退前燒毀城內倉庫、軍械庫，炸毀港口船塢，洗劫市區，攜走泊於港內的三十一艘法國主力艦，因而是下策。他提出，上策應是出敵不意，摧毀英軍小直布羅陀堡，奪占克爾海角，構築炮兵陣地，迫使英軍和聯軍艦隊從內、外碇泊場撤走。一旦失去海上艦隊支援，土倫守軍將不戰自亂。此外，為了爭取寬大的投降條件，他們必不敢破壞土倫市區和港口設施。拿破崙的計畫條理分明，頭頭是道，立即為大家接受。第三任攻城部隊司令官杜戈梅將軍尤其倍加讚賞。

杜戈梅將軍是職業軍人出身，已有四十年軍齡，久經沙場，為人公正又具有軍事眼光。他看準拿破崙具有軍事才能，令他指揮突擊部隊攻克小直布羅陀堡，奪取克爾海角。拿破崙不負重托，乘夜把十五門攻城火炮和三十門發射二十四磅炮彈的重炮埋伏在正對小直布羅陀堡的聯軍陣地前，築好掩體，靜候總攻。

十二月十四日，嚴陣以待的法軍炮兵突然開火，連續四十八小時不停開炮，炮彈雨點般落向聯軍陣地，小直布羅陀堡濃煙滾滾，化成火海。十六日夜，烏雲四合，大雨如注，拿破崙在炮火掩護下，親率突擊部隊，攀崖過澗，鑽過被炮彈炸穿的牆洞，殺入小直布羅陀堡，奪占聯軍工事。他調轉小直布羅陀堡敵軍大炮炮口，轟擊聯軍反攻部隊。天明時分，法軍奪占小直布羅陀堡，並連夜把六十門大炮運到剛奪占的克爾海角，乘勢猛烈炮擊內、外碇泊場內的英軍和聯軍艦艇。英國海軍司令官深恐艦隊被封鎖在碇泊場內，急令各艦拔錨張帆，乘天陰多霧、法軍炮台尚未完工之機，趕緊逃竄，撤到法軍炮台射程之外。幾天以後，失去海軍艦艇支援的土倫市區守軍，四面被圍，只得打出白旗，向法軍投降。歷時四個月的土倫港之役以法軍勝利告終。拿破崙率軍奪取小直布羅陀堡和克爾海角是法軍獲勝的關鍵原因。拿破崙本人在戰鬥中英勇負傷，他的坐騎也被英軍炮彈打死。

奪取土倫以後，法軍繳獲了一份聯軍高級軍事會議紀錄，紀錄中有三個有趣的問題與法方攻城軍事會議內容恰成對照。其中第一個問題是會議詢問炮兵和工兵軍官，如果法軍奪占小直布羅陀堡和克爾海角，聯軍艦隊能不能在外碇泊場找到避開法軍陸上炮火的駐泊地？回答是不能。第二個問題是：聯軍艦隊從內、外碇泊場撤走後，土倫還能守多久？回答是一萬八千名守軍，如有足夠的糧食，可守四十天。當然，聯軍沒有一萬八千名守軍，也沒有足夠的糧食。第三個問題是，應不應該立即從土倫城區撤退，焚毀一切戰略物資和目標？答案是肯定的，因為繼續拖延，城區守軍將投降，艦船、倉庫、船塢和一切設備勢必落入法軍之手。由於拿破崙行動迅猛，搶先占領小直布羅陀堡和克爾海角，英軍和反法聯軍沒有來得及執行毀城和撤退計畫，土倫城區和港內艦船及各種設施完好無損地落入法軍之手。

杜戈梅將軍讀完聯軍這份軍事會議紀錄後，感慨萬千，衷心讚歎道，拿破崙早已預見一切。他親筆寫信給巴黎，呈請晉升二十四歲的拿破崙準將旅長軍銜。他在信中動情地寫道：「請你們獎勵、提升這位年輕人，因為如果不酬謝他，他也會靠自己出人頭地。」以後，杜戈梅將軍相繼出任法軍幾個方面軍的司令官。每到一地，老將軍都不忘反覆稱頌拿破崙的軍事天才。每當打了勝仗，老將軍總要打發通信兵，把自己打勝仗的消息告訴年輕的拿破崙。

在日後的歲月裡，拿破崙果然沒有辜負老將軍的垂青、賞識。一七九六年，拿破崙被任命為義大利軍司令官；一七九八年，他被任命為東方軍司令官；一七九九年，年僅三十歲的拿破崙被任命為法蘭西共和國第一執政，成為法軍最高統帥；一八〇四年，三十五歲的拿破崙宣布建立法蘭西帝國，自稱帝國皇帝和首席大元帥。二十多年時間，拿破崙指揮法軍大小數十戰，打遍歐洲大陸，創造了許多戰爭奇蹟，並創造了整整一個歷史時代。

9、滑鐵盧戰役——拿破崙的垓下歌

【楚雲戰評】士倫港之役後，拿破崙青雲直上，統率法軍遠征義大利和埃及，席捲中歐和東歐平原，血戰俄羅斯，十幾年間，大小數十戰，橫掃大半個歐洲，用武力建立起法蘭西帝國，沉重打擊了歐洲封建殘餘。但拿破崙長期用兵，擴張過度，殘酷壓迫占領區各民族，引起歐洲各民族普遍反抗。在英、俄策劃下，歐洲各國先後七次結成反法同盟，與拿破崙領導下的法國作戰，終於取得滑鐵盧戰役的勝利，徹底打敗了不可一世的拿破崙。

拿破崙第一次放棄帝位後，被歐洲反法同盟囚禁在厄爾巴島。厄爾巴島面積約兩百二十平方公里，位於拿破崙出生地科西嘉東北的地中海西部。拿破崙在島上保留皇帝稱號，維持一個小朝廷和五艘軍艦以及三千親隨部隊。他平時讀書，偶爾也在島上巡視，獎勵農桑，到田間耕作，草場放牧，看似萬念俱灰。

這時，戰勝了拿破崙的歐洲反法同盟各國在奧地利首都維也納開會，瓜分勝利成果，卻因為分贓不均，引起重重矛盾。英國和奧地利積極締結密約，反對俄羅斯和普魯士兩國，反法同盟因此發生分裂。在法國國內，復辟封建制度的波旁王朝大肆反攻，奪走農民從革命中分得的土地，增加賦稅和什一奉獻，裁撤軍政官員，對英俄各國卑躬屈膝，引起社會普遍不滿，法國人民和軍隊對拿破崙的懷念情緒與日俱增。

拿破崙表面上聲稱從此不問政事，要老死孤島，實則如神龍蟄伏海底，猛虎潛臥荒丘，密切注視時局變化，待機而動。他的老母親也深知兒子非池中之物，不忍見他英雄末路，囚死孤島，備受精神折磨，因而鼓勵他東山再起，戰死沙場。反法同盟分裂波旁王朝不得人心的消息，使拿破崙認定時機成熟。他便祕密籌集經費、武器，在徵得母親同意後，於一八一五年二月二十六日夜，躲開英國監督官和在附近巡邏的聯軍艦隊，率領一千零五十名親兵，搭乘七艘戰艦，悄然離開厄爾巴島，於三月一日下午在法國南部儒昂灣坎內港登陸。

拿破崙登陸後，沿山路北進，沿途印發《為逃離厄爾巴島告法國人民書》和《告將士書》，說明他東山再起的宗旨。沿途農民聞風而起，主動為拿破崙和他的小部隊提供食宿糧草。成千上萬的農民自動扛起刀叉、鋤頭和各種舊式武器，高呼「打倒貴族」、「打倒僧侶」的口號，跟隨拿破崙北進。被波旁王朝派來阻擋拿破崙前進的軍隊也接二連三倒轉槍口，歡呼著湧向拿破崙。士兵吻老皇帝的手和膝蓋，熱淚盈眶，官員也紛紛表示效忠拿破崙。原來離散的拿破崙軍隊舊部將士，趨之若鶩，千里萬里來歸。波旁王朝的軍隊一隊一隊倒戈，法國各城市自南而北，一個一個自動易幟。待進抵里昂時，拿破崙身後已有一萬五千名正規軍和無以計數的大批農民。巴黎的報紙也急遽改變態度，三月二日報稱，科西嘉惡魔在坎內港登陸；第二天報稱，殺人妖怪向格拉斯挺進；第三天報稱，篡奪者進入格列諾伯；第四天報稱，波拿巴將軍攻抵里昂；第五天報稱，拿破崙將軍光復楓丹白露；第六天則報稱，歡呼皇帝陛下即將凱旋巴黎。

一八一五年三月二十日，巴黎換下波旁王朝的薔薇花標幟，升起拿破崙帝國的鷲章旗和蜂的標幟。拿破崙在成千成萬巴黎市民的熱烈歡迎下，重返巴黎。自離開厄爾巴島後不過二十三天時間，拿破崙兵不血刃，趕走了波旁復辟王朝，恢復了被歐洲反法同盟百萬大軍剝奪的對法國的最高統治權。

拿破崙逃離厄爾巴島、重返法國的消息傳到維也納時，反法同盟各國認為拿破崙不過是被拔除尖牙利爪的病貓，「鎩羽之鷲」，難以有所作為，因而未予重視；及至了解到法國人民舉國歡迎，軍隊紛紛倒戈等情況，才驚恐萬狀，趕緊中止內部紛爭，宣布拿破崙「不受法律保護」，並於三月二十五日組成第七次歐洲反法同盟，調集大軍，制訂了五路進攻計畫，準備殺進法國，重新推翻拿破崙帝國。

聯軍五路進攻軍隊自萊茵河下游溯河而上，直到義大利與法國邊界，部署成新月狀，密集布陣，三面包圍法國。第一路是英國與荷蘭聯軍，共十萬人，部署在比利時北部，由英將威靈頓公爵指揮；第二路是普魯士軍隊，十二萬人，部署在比利時南部，由布呂歇爾元帥指揮；第三路是奧地利軍隊，二十一萬人，由施瓦岑貝元帥指揮，部署在萊茵河上游；第四路是俄羅斯軍隊，十五萬人，由俄將巴爾克雷指揮，部署在萊茵河中游；第五路是奧地利和義大利聯軍，八萬人，由弗里蒙特將軍指揮，部署在義大利北部。五路大軍步、騎、工、炮計約六十六萬人，一集中完畢，將於六月底或七月初從南、東、北三面同時進兵，越過法國國境線，會攻巴黎。除此以外，另組三十萬後備部隊，擬在秋季隨第一線部隊跟進。

拿破崙返回巴黎後，深知不可避免與反法同盟決戰，便積極重組軍隊，迅速徵召了三十萬正規軍，二十萬輔助兵。昔日流散的法國老兵和放回的戰俘紛紛歸隊，使部隊有了足夠的骨幹。但連年征戰造成物資匱乏，槍械、彈藥、馬匹供應尤其不足，部隊也缺乏訓練，尤其是將帥不足。拿破崙軍隊的水準，已與昔日不可同日而語。

拿破崙也深知力量對比對法軍不利，不能坐以待斃。他決定以攻為守，機動作戰，乘反法聯軍還未全部集中以前，先進攻已在比利時境內集結完畢的英國和普魯士軍隊，得手後，再攻擊其他各路敵軍。為此，拿破崙先安排好各處駐防部隊，牽制次要方向的反法聯軍和保障後方安全的軍隊，然後集中步、騎、炮三兵種精銳十二萬五千人，三百五十門大炮，組成北方軍，編成七個軍團，於六月十二日向比利時開進。出發前，拿破崙利用馬倫哥戰役勝利紀念日發表演說，鼓動將士為重振法蘭西帝國雄風而戰，宣稱法軍將在比利時與英普聯軍決一死戰，不是征服，就是滅亡。

這時，英將威靈頓公爵指揮的十萬英軍，分散部署在比利時北部布魯塞爾到蒙斯六十五公里長的戰線上。布呂歇爾元帥指揮的十二萬普軍分散部署在比利時南部沙勒羅瓦、那慕爾、列日直達下萊茵河之間八十公里長的戰線上。

拿破崙率十二萬五千名法軍，日夜兼程，以迅雷不及掩耳的突擊，從中央突破，突然插入英普兩軍防線之間，割斷了兩軍聯繫。然後法軍分為兩支，左翼一支以兩個軍團步兵並輔以騎兵兩師，步騎共五萬人，由猛將納伊元帥指揮，控制通往布魯塞爾的通道，牽制英軍。主力四個軍團和三個騎兵師共七萬人部署在右翼，由另一員猛將格魯希指揮，圍殲退守林尼陣地的普軍主力。

六月十六日清晨，右翼法軍向駐守林尼的普軍發動進攻。拿破崙根據偵察得來的情報，認為林尼普軍約四萬人，法軍勝算在握，他命令騎兵軍團進攻普軍左翼，一個步兵軍團進攻普軍右翼，近衛軍團進攻普軍中央陣地，三路配合，爭取消滅普軍大部，迫其殘部退往列日，孤立英軍。不料普將布呂歇爾元帥的後備軍團源源不絕，使林尼普軍達到八萬七千人，超過法軍攻擊部隊。戰鬥陷入膠著狀態。拿破崙心中焦慮，感到情報有誤，急令納伊元帥從法軍左翼部隊抽調一個軍團向東進軍，迂迴普軍側後，支援右翼法軍。又令後備軍團開上前線，立即投入戰鬥。

黃昏時分，布呂歇爾元帥為應付法軍三路進攻，左右頻頻調動，中路出現空檔，法軍實力最強的近衛軍團乘機奮勇楔入，突入普軍中央陣地，攔腰截斷普軍戰線。普軍首尾不能相顧，布呂歇爾元帥也因坐騎中彈而墜馬負傷。八萬七千普軍損失近三萬，餘皆潰逃。拿破崙見天黑夜暗，法軍又疲憊，未連夜追擊。待次晨天明，方令格魯希元帥率步、騎兵三萬五千人，大炮一百門，向普軍逃竄方向追擊，但為時已晚。

六月十七日清晨，英將威靈頓公爵得報普軍潰敗的消息後，深恐勢孤被圍，趕緊率軍向北方布魯塞爾方向撤退。拿破崙一面令納伊率法軍左翼部隊追擊英軍，一面親率右翼法軍剩餘部隊，隨納伊部隊跟進。正在這時，烏雲四合，狂風大作，暴雨傾盆，道路皆被沖毀，田野化為泥塘，法軍騎兵被迫暫停追擊，英軍得以從容退到布魯塞爾大道中段的小村莊滑鐵盧附近。

滑鐵盧北距比利時首都布魯塞爾二十餘公里，地勢由西北高地向東南傾斜。聖讓山如一道長栓，橫跨布魯塞爾大道。兩翼各有一列小山伸向前方，間距六公里，而且叢林密布，利於防守。英荷聯軍退到滑鐵盧時，尚有步騎工炮六萬八千人，大炮一百五十門。威靈頓公爵決定利用滑鐵盧的有利地形，阻截法軍進攻，等待布呂歇爾元帥率普軍回師，夾擊法軍。他把部隊成梯次作縱深配置，步兵占領制高點，騎兵緊隨其後，預備隊置於聖讓山之後，嚴陣以待。

六月十八日，拿破崙率領法軍主力共七萬兩千人，攜帶兩百五十門大炮，窮追英軍至滑鐵盧以南。他採用聲東擊西戰術，先在右翼佯攻，迷惑和牽制英軍，然後從中央突破，沿布魯塞爾大道奪取聖讓山。

中午時分，隨著三聲號炮沖天而起，法軍右翼首先向英軍左翼猛攻。威靈頓看透了拿破崙的詭計，不為其迷惑，只令左翼英軍堅守陣地。一小時後，左翼法軍也發起進攻。法軍百門大炮先排山倒海般猛轟英軍右翼陣地，步兵排成師縱隊，正面兩百人，前後二十四列，奮勇衝殺。在中央陣地，法軍騎兵也在炮火掩護下發起攻擊。一時間，滑鐵盧戰場十餘公里戰線，炮聲隆隆，硝煙瀰漫，雙方十餘萬軍隊，來往衝殺，步、騎、炮混戰，陣地失而復得，得而復失，反覆易手。

下午三點半，法軍猛將納伊根據拿破崙命令，指揮預備軍團投入中路，兩翼法軍預備隊也投入戰鬥。戰況愈加激烈，英軍戰線多處被突破，尤其中央戰線岌岌可危，眼見全線崩潰在即。到六點多，紅日即將西沉，法軍側後忽然塵土大起。威靈頓透過望遠鏡看到是企盼已久的普魯士援軍趕到，英軍頓時士氣大振。

布呂歇爾元帥十六日在林尼失敗後，連夜東撤，收拾殘部，得步、騎、炮兵三萬餘人。他擺脫法將格魯希的追擊，繞道北進，及時趕到滑鐵盧戰場。拿破崙未曾料到布呂歇爾能逃脫格魯希的追擊，趕來救援英軍，心中暗驚，卻不動聲色。他相信格魯希元帥指揮的法軍必然會尾隨布呂歇爾趕到現場。因而除調少量部隊阻擊布呂歇爾部隊外，又投入最後十個近衛軍營，企圖攻克英軍防線，擺脫危局。僵持到晚上八點，普軍突破法軍阻擊線，進至法軍主陣地背後。威靈頓公爵乘機調動預備隊，指揮英荷軍隊反攻。法軍腹背受敵，仍然苦苦支撐，期待格魯希指揮的三萬五千法軍和一百門大炮救星般從普魯士軍隊背後攻到。入夜以後，格魯希部隊依然杳無音信，拿破崙由焦躁而恐慌，由恐慌轉為絕望。法軍經過連日苦戰，傷亡慘重，經不起英、普、荷國十餘萬軍隊徹夜攻擊，終於全線崩潰，連夜後撤。英、普、荷軍隊銜尾窮追。法軍在滑鐵盧惡戰一整天，折損官兵近三萬人，終於徹底失敗。

一八一五年六月二十一日，拿破崙敗歸巴黎。反法聯軍隨後越過法國邊境，源源而至。法軍因在滑鐵盧元氣大傷，失去戰勝反法聯軍的力量和信心。拿破崙見大勢已去，再次宣布退位，被反法同盟強行放逐到大西洋聖赫勒拿島，幾年後鬱鬱而終。滑鐵盧之戰不但是戰神拿破崙的最後一戰，而且法軍在滑鐵盧慘敗，也決定了拿破崙最後被流放的命運。

三、第三代戰爭——機械化時代的戰爭

10、美西戰爭——歷史上第一場帝國主義戰爭

【楚雲戰評】歷史上戰爭不斷，但什麼是帝國主義戰爭，卻有其特定的規定性。第一個規定是其時限，它必須發生於帝國主義時期。第二個規定是其目標，它必須是由帝國主義國家發動，以爭奪戰略優勢、戰略控制權和重新瓜分世界為目標的戰爭。十九世紀末，人類進入帝國主義時代，世界已經被列強瓜分完畢。美西戰爭恰在此時發生。發生戰爭的一方是後起的美國帝國主義，它力圖透過戰爭奪取老牌殖民帝國西班牙的殖民地，因而挑起了這場重新瓜分世界的戰爭。因此，美西戰爭也就成為歷史上第一場帝國主義戰爭，並因此被載入人類編年史。

從軍事技術的發展歷程看，美西戰爭也是工業化時代的第一場戰爭。工業革命和新技術的應用，使軍事技術出現革命性變化，機關槍等速射武器，以及汽車、坦克、飛機等投入戰爭，大大改變了戰爭樣式，戰爭的強度、速度、範圍大幅提高、擴大，大縱深、寬正面、高速度以及陸海空配合成為第三代戰爭的特點。本書精選的第一次世界大戰及第二次世界大戰時期的各次戰役，都屬於第三代戰爭的範疇。

一八九八年二月十五日，停泊在西班牙屬地古巴哈瓦那港的美國戰艦「緬因號」突然爆炸沉沒。美國宣稱該艦是被西班牙人用水雷炸沉，宣示「要為『緬因號』復仇」，向西班牙施加強大壓力。四月二十日，美國發出最後通牒，逼迫西班牙撤出古巴，遭到西班牙拒絕。四月二十五日，美國便以西班牙炸沉「緬因號」戰艦這一不實指控為藉口，正式向西班牙宣戰。第一場帝國主義重新瓜分世界的戰爭就這樣開始了。

從表面看，美國對西班牙發動戰爭的起因在於「緬因號」戰艦沉沒這一偶發事件，但偶然中有必然。實際上，一八九八年四月至八月的美西戰爭，是後起的美帝主義和老牌的殖民帝國西班牙之間，為重新分割殖民地而爆發的第一場帝國主義戰爭。列寧稱它為三場早期的帝國主義戰爭中的第一場戰爭，其他兩場是一八九九年的第二次波耳戰爭和一九〇四年爆發的日俄戰爭。這三場戰爭代表資本主義已發展到一個新的階段，帝國主義時代來臨了。就其戰爭本質而言，奪取西班牙的殖民地古巴和菲律賓，是美國向帝國主義過渡過程中必不可少的一步，是一種擴張需求。

美國內戰結束後，資本主義在美國迅速發展。到了十九世紀末，美國的工業生產已從世界第四位躍居第一位。一九〇〇年，美國在世界製造業產值占了世界四分之一的比重，比英國多五個百分點。可是，當它憑藉其膨脹的經濟實力登上國際舞台時，發現世界殖民地已經瓜分完畢，美國成了後來者，遲了一步。於是，它急不可耐地要按照資本和軍事實力重新瓜分殖民地和爭奪世界霸權。當時在其兩洋近側擁有殖民地，而且老大衰朽的西班牙就成了它的第一個打擊目標。因此，一八九八年爆發的美西戰爭，正是美國參與重新瓜分殖民地的國際盛宴的第一戰。奪取西班牙在拉丁美洲和亞洲的殖民地古巴、波多黎各和菲律賓，是美國發動美西戰爭的直接目標。

菲律賓是西班牙在亞洲最富饒的殖民地，素稱「東方海洋中的珍珠」，也是美國向亞洲，特別是向中國擴張的跳板。古巴是西印度群島中最大的島嶼，土地肥沃，物產豐饒，有「安德列斯的明珠」之稱。古巴是控制通往巴拿馬地峽的咽喉要道，和向拉丁美洲進攻的橋頭堡。經濟上和軍事上日益膨脹的美國，妄圖把太平洋變成它的「內海」，把加勒比海變成它的「內湖」，必欲呑併古巴和菲律賓而後快。

此時，古巴和菲律賓人民，先後興起反抗西班牙殖民統治的民族解放運動。在古巴人民和菲律賓人民長期流血鬥爭後，即將取得決定性勝利的關鍵時刻，美國玩弄兩手戰略，企圖假古巴、菲律賓人民之手，替代西班牙對古巴與菲律賓的殖民統治。它一方面打著「盟友」和「援助」的旗號，宣稱承認「菲律賓獨立」，並虛偽地宣稱「合眾國領土廣大，歲收富饒，不必求殖民地於國外」，同時又詭稱「古巴人民是自由和獨立的」，「美國……絕無在該島行使主權、管轄權或干預古巴政府的任何意圖或野心」。另一方面，它又乘機出兵古巴和菲律賓，伺機挑起戰爭。

一八九八年年初，美國以「保護僑民」安全為由，派「緬因號」巡洋艦開赴古巴哈瓦那港。「緬因號」進駐哈瓦那後，其艦長在美國領事的陪同下，兩次大搖大擺地到哈瓦那鬥牛場向西班牙人挑釁鬧事，一心想激怒西班牙人。但因鬥牛場上的人只對鬥牛感興趣，此計未成。

二月八日，又發生了另外一件事。《紐約時報》突然刊登西班牙駐美大使德洛梅一封寫給西班牙馬德里《先驅報》一位編輯的私人信件。這位編輯住在哈瓦那旅館時，信件不慎被一名古巴青年偷走，並轉給了古巴駐紐約的代表。在此信中，有一些攻擊美國總統麥金利的話，如說麥金利是「一個譁眾取寵的人，同時又是一個自命不凡的政客」。這封信公開後，馬上在美國掀起一場軒然大波。美國政府指責西班牙外交使節侮辱駐在國國家元首。西班牙為息事寧人，立即賠禮道歉，並召回大使。但美國並不就此甘休，而是不斷在公眾中製造反西班牙輿論，為對西班牙開戰準備輿論。

美西戰爭首先在菲律賓開局。一八九八年五月一日，美國亞洲分艦隊七艘軍艦在杜威將軍的指揮下，突襲馬尼拉灣，進攻駐在那裡的西班牙艦隊。西班牙艦隊全軍覆沒，損失七艘戰艦，死傷三百八十一人。稍後，美國遠征軍一萬五千人在馬尼拉灣登陸，在菲律賓起義軍的支持下，與西班牙軍隊決戰，擊敗擁有四萬兩千人的西班牙軍隊，占領馬尼拉，控制了菲律賓。

在古巴戰場，美軍陸、海並進，首先封鎖了聖地牙哥。而後，美軍一萬八千人在沙夫特的率領下，在聖地牙哥以東登陸，向西班牙軍隊猛攻。此時，被封鎖在聖地牙哥灣的西班牙分艦隊突圍失敗，也被美海軍悉數殲滅。聖地牙哥西班牙守軍兩萬四千人，因其艦隊被殲，陸上勢孤，只得向美軍投降。不久，美軍占領了波多黎各。

美西戰爭歷時十週，以西班牙的徹底失敗而結束。一八九八年十二月十日，美國和西班牙雙方在法國巴黎簽訂和約。和約規定：

（1）西班牙放棄對古巴的統治；

（2）西班牙將波多黎各、西印度群島的其他島嶼和關島割讓給美國；

（3）西班牙將菲律賓群島割讓給美國，美國向西班牙交付兩千萬美元作為「補償」。

美西戰爭歷時很短，規模有限，卻是美國從自由資本主義，發展為壟斷資本主義的分水嶺。經過美西戰爭，美國確立了帝國主義強國地位。在美西戰爭中，美國之所以能以輕微代價迅速戰勝西班牙，主要原因是美國巧妙地利用了古巴和菲律賓人民的反殖民鬥爭。另一個原因是，美軍裝備精良，海軍準備充分，以新式戰艦迅速奪得了制海權，為陸戰勝利打下基礎。

11、日俄戰爭——野獸撕咬，草地遭殃

【楚雲戰評】日俄戰爭是代表帝國主義正式形成的三場國際戰爭之一，但它比另外兩場戰爭——第二次波耳戰爭、美西戰爭，更典型地展示了帝國主義戰爭的特點。第二次波耳戰爭和美西戰爭，都是一個帝國主義強國對一個老牌殖民帝國的戰爭，一強對一弱，戰爭強度有限，而日俄戰爭則在兩個帝國主義強國之間展開，戰爭目的是兩強爭奪在華勢力範圍及遠東霸權，其規模、強度、影響，遠非前兩場戰爭可比。日俄戰爭的另一個特點是，戰爭雖然在日俄之間，卻以中國為戰場，而中國則在戰爭中宣布中立。持續一年多的日俄戰爭使戰區的中國人民流離失所，飽受戰禍，人民生命和物質財富的損失不計其數，正所謂兩隻野獸相爭，遭殃的是草地和其他小動物。

日俄戰爭爆發的遠因，可追溯到中日甲午戰爭。甲午戰爭後，中日於一八九五年簽署《馬關條約》，條約中除規定中國向日本賠償戰費及割讓臺灣等地外，還規定中國向日本割讓遼東半島。早覬覦中國東北已久的沙俄，對日本企圖割占遼東半島、進而獨占東北的野心怒不可遏，便聯合德、法兩強，以戰爭相威脅，迫使日本放棄割占遼東半島的要求，代之以中國向日本額外交付三千萬兩白銀賠款。此後，沙俄以「干涉還遼」有功為由，取得在中國東北建立中東鐵路、南滿鐵路，並租借旅順、大連等特權，把中國東北變成了自己的獨占勢力範圍。日本一八九五年因久戰後兵疲師勞，被迫吐出已吞下肚的遼東半島，從此對俄懷恨在心。眼見俄國在中國東北的勢力一天天增長，日本更是處心積慮，磨刀霍霍，準備對俄開戰，既報一箭之仇，又奪取中國東北。因此為了爭奪中國東北，日俄之戰勢難避免。

日俄開戰前，日本經過十年精心準備，陸軍總兵力從七萬人增至二十萬人，海軍擁有各種戰艦一百五十二艘，總噸位達二十六萬噸。日本大本營的作戰企圖是：陸軍一部從朝鮮出擊，渡過鴨綠江，從東面佯攻遼東半島，牽制俄軍；陸軍主力則從遼東半島登陸，直接奪取俄軍占領的旅順、大連；另以海軍與俄遠東海軍決戰，奪取制海權，支持陸上作戰。

與日本相比，俄軍數量上占有很大優勢。俄軍陸軍總兵力達一百一十三萬人，是日本陸軍的五六倍；俄海軍各種作戰艦艇三百六十一艘，總噸位達八十多萬噸，是日本的三四倍。但俄國國土廣袤，戰略重心在歐洲，在遠東方面只部署陸軍兩軍十萬人，駐旅順口的俄海軍太平洋分艦隊，僅擁有戰艦六十二艘，共計十九萬噸，數量上不及日本海軍，且作戰裝備陳舊、作戰艦艇無論是航速、裝甲還是火炮射程、精確度，都不及日本海軍。此外，俄軍戰略、戰術都陳舊過時，部隊紀律鬆弛，準備不足。

沙皇雖然野心勃勃，卻對日俄力量對比缺乏清醒的認識，甚至對日本有一種盲目的種族優越感，認為日本不敢主動發動對俄戰爭。一九〇三年十月，沙皇尼古拉二世對當時來訪的德皇威廉二世說：日俄之間的戰爭不會在一九〇四年發生，俄國還沒有準備好。俄國軍官也預計日本人「不敢打」。在旅順口等地的俄國艦隊對即將來臨的戰爭毫無戒備，也毫無察覺。

一九〇四年二月八日晚，俄國太平洋艦隊司令斯達爾克將軍，在旅順口為他的夫人舉行命名日慶祝會，全體艦隊指揮官都被邀請到旅順口俄國海軍俱樂部參加慶典。正當俄國軍官們摟著貴婦興高采烈地跳著華爾滋、大喝伏特加，以至爛醉如泥的時候，日本艦隊對旅順口俄國海軍基地發動突擊。日海軍突入旅順口軍港，施放炮彈和魚雷，率先炸毀了俄國兩艘戰鬥艦，一艘巡洋艦，揭開了日俄戰爭的序幕。

當日本海軍襲擊旅順港，俄國戰艦的炮聲傳入舞廳時，俄國軍官還以為是在鳴放向總司令夫人祝賀的禮炮。

日俄開戰後，日本在旅順港外三次「沉船堵口」，布設了四道封鎖線，把港口封鎖，使旅順軍港成了死港，駐泊在旅順的俄國戰艦成了不能活動的「死魚」，從而控制了制海權。同時，日本陸軍按計畫兵分兩路，一路由朝鮮過鴨綠江進入中國，一路直接在遼東半島登陸，取得了戰爭主動權。

戰爭開局後，沙皇急派陸軍大臣庫羅巴特金為俄滿洲軍總司令，全權指揮對日作戰。俄在東北的陸軍兵力增至三十多萬人，在數量上略多於日軍。但是，俄軍戰鬥水準卻低於日軍，一些年過四十的俄軍士兵早已不習慣行軍打仗，有的甚至不會使用新式的三英寸口徑連發步槍。

日俄戰爭前後打了一年多，主要戰場在中國領土，中國人民的生命財產蒙受了重大損失。積貧積弱的清政府無力阻止日俄兩頭野獸在中國肆虐，只得宣布「局外中立」，並劃定「交戰區」，讓這兩頭野獸獲得在中國土地上廝殺的合法依據。

日俄戰爭先後經歷了黃海海戰、遼陽之戰、沙河之戰、旅順口之戰、奉天之戰、對馬海戰等戰役。俄軍在戰爭中處於守勢，處處被動，屢戰屢敗。一九〇四年八月四日，日本在陸上首先攻占遼陽。同時，日軍對旅順展開了猛烈的進攻。

旅順之戰是日俄戰爭的關鍵戰役。從開戰到旅順易手，日俄雙方在旅順血戰達一百三十五天，戰況之慘烈，可謂歷史上絕無僅有。一九〇五年一月二日，俄軍旅順口要塞司令開城投降。攻陷旅順，代表日本已經贏得了戰爭。在旅順戰役中，日軍俘獲俄軍三萬兩千人，繳獲五百多門大炮、四艘裝甲艦、兩艘巡洋艦和二十多艘二級艦艇。

攻陷旅順後，日軍於二月下旬在瀋陽與俄軍會戰，雙方共投入六十萬大軍展開了規模空前的大會戰。由於庫羅巴特金指揮失誤，俄軍連吃敗仗。一九〇五年三月十日，日軍攻陷瀋陽，俄軍北撤。這時，雙方都打得精疲力竭，無力再在陸上大規模戰鬥，戰爭重心轉向海上戰場。

一九〇四年八月，當俄軍太平洋艦隊在旅順被日軍包圍時，沙皇政府命令萬里之外的俄波羅的海艦隊組成第二太平洋艦隊，由羅日斯特文斯基將軍指揮，赴遠東參戰，支援俄太平洋艦隊。這支艦隊包括一些戰爭開始時還沒有建造好的新式裝甲艦。這些戰艦雖然設計優良，但因匆忙趕工，不盡如人意。艦隊中還包括一部分超齡舊軍艦，這支艦隊官兵的水準甚至不及俄太平洋艦隊，很多人是後備役，他們習慣舊式艦艇的操作，不善於最新的海軍技術。

一九〇四年十月，俄第二太平洋艦隊起航遠征，沙皇親自到碼頭為艦隊送行，指望這支艦隊能扭轉戰局。但直到當年十二月底，第二太平洋艦隊才繞過好望角，進入印度洋。幾天後，傳來旅順失陷的消息。

沙皇為挽救殘局，又令波羅的海艦隊組成第三太平洋艦隊出征。這支艦隊狀況更差，甚至包括一些殘舊軍艦，有人把這些舊軍艦稱為「舊式膠皮套鞋」。

一九〇五年五月，俄軍第二太平洋艦隊與第三太平洋艦隊在越南西貢灣會合。這支聯合艦隊雖有三十八艘艦船，但經過為時七個月、行程一萬多公里的遠航，早已疲憊不堪。一九〇五年五月二十七日，俄國艦隊行至對馬海峽時，遭遇東鄉平八郎指揮的日本聯合艦隊突擊。俄艦倉促應戰。經過兩天海戰，俄艦隊不敵，被日軍一舉擊潰。至此，沙俄再也無力挽回敗局。

日俄戰爭歷時十九個月，俄軍參戰兵力達一百二十餘萬，損失二十餘萬，並損失了三支艦隊近百艘戰艦；日軍參戰總兵力達一百零九萬人，損失二十餘萬人，雖取得了戰場優勢，但無力繼續擴張戰果。因雙方已無力再戰，便由美國總統狄奧多．羅斯福出面調停，日俄雙方在美國樸茨茅斯議和，於一九〇五年九月五日簽訂了《樸茨茅斯和約》。和約規定：俄國承認日本在朝鮮擁有政治、經濟和軍事特權；俄國把對中國遼東半島的租借權轉讓給日本，同時割讓庫頁島南部給日本。日俄戰爭後，日本正式躋身帝國主義強國行列。中國東北則出現日本控制南部、沙俄控制北部的複雜局面。

12、施里芬伯爵遺囑——切莫削弱我的右翼

【楚雲戰評】施里芬計畫是十九世紀末德國名將施里芬伯爵為德國對俄法同盟作戰精心準備的一份軍事計畫。該計畫的要點有兩層：

第一，先集中主力於西線德法邊境，擊敗法國，而後移師東線，與俄軍決戰。

第二，在西線對法作戰中，德軍分為左右兩個縱隊，左縱隊佯攻，牽制法軍主力。德軍主要兵力集中在右翼，力求以優勢兵力攻入法境，再與左縱隊合殲法軍重兵集團。在這個計畫中，成功的關鍵是德軍右翼足夠強大。施里芬伯爵死時，對其後繼者只留下一句話：「切莫削弱我的右翼。」但他的繼任者毛奇將軍在對俄法同盟作戰時，恰恰削弱了德軍的「右翼」。有人批評說，德軍在第一次世界大戰中之所以失敗，就在於毛奇未遵守施里芬伯爵的遺囑，削弱了德軍「右翼」。是焉？非焉？

施里芬伯爵是德意志帝國陸軍參謀本部第三任參謀長。他畢業於柏林陸軍學校，早年曾參加過普奧戰爭與普法戰爭，立有軍功。從一八九一年至一九〇五年，他擔任德國陸軍參謀總長達十五年之久。在其任內，德國無大戰，但他斷定德國與法國、俄國必有一戰。俄法處於外線，東西呼應，陸上向心包圍德國。德國要戰勝總實力超過德國的俄法同盟，只能靠軍隊水準和精心構思的戰略計畫。於是，他嘔盡心血，制訂了針對俄法同盟的施里芬計畫。

施里芬計畫的核心，是根據德國著名軍事理論家克勞塞維茲在《戰爭論》中的戰略，包括集中優勢兵力，速戰速決等原則，利用德軍素養高、機動能力強、處於內線作戰易於調動、而俄軍動員遲緩等條件，先集中優勢兵力於西線，趕在俄軍主力開上前線前，用四～六週時間擊敗法國，而後再集中主力，在東線與俄軍決戰，擊敗俄軍，奪取兩線勝利，在三～四個月內結束戰爭。在西線作戰中，則要集中主力於右翼，以大迂迴突入法境，迅速奪取巴黎，然後迂迴到法軍主力背後，與左翼協同，夾擊法軍主力於阿爾薩斯和洛林。據此，施里芬規定德國陸軍在東線部署十分之一的兵力，計九師，牽制俄軍；在西線部署十分之九的兵力，計七十八師，進攻法國。而在西線七十八師中，又按左輕右重原則，在左翼正對法軍主力的阿爾薩斯—洛林方面使用八師，牽制法軍；其餘七十師全部用於正對法國西北部的右翼，以突擊動作，衝過中立國荷蘭、比利時與盧森堡，向未設防的法國北部進逼，先占領多佛爾海峽地區，切斷英國與歐洲大陸的聯繫，然後從巴黎西北的盧昂南下，渡過塞納河，從巴黎的西面與南面繞過，將法軍主力逼到東部洛林地域，再以德軍的左縱隊和右翼相互協同，一舉消滅法軍主力，奪取對法戰爭的勝利。

施里芬死後，小毛奇繼施里芬出任德軍參謀總長。他根據戰略形勢的變化，修改了施里芬計畫，一是在東線，將德軍兵力由施里芬計畫中的九師增至十六師；二是在西線，左縱隊也增加七師，使之達到十五師。雖然在修改後的施里芬計畫中，德軍右翼達到七十二師，較原計畫增加了兩師，但按德軍總數的比重看，德軍右翼實際上被毛奇削弱了。

此時，法俄等國也相繼制訂了自己的祕密軍事計畫，與德國抗衡。法國總參謀長霞飛於一九一四年四月制訂了「第十七號計畫」，把主要兵力放在東部，準備在戰爭初期奪回阿爾薩斯—洛林，並從東線攻入德國，而在東北部法比邊界未設防。這是法軍初期失敗的原因。俄國於一九一〇年制訂了「第十九號作戰計畫」，準備從西北和西南兩翼分別向德奧進攻。英國的作戰計畫是利用海軍優勢對德國進行海上封鎖，派遣遠征軍到法國西北地方協同法軍對德作戰。

一九一四年八月第一次世界大戰爆發後，德軍按修改後的施里芬計畫，在東線取守勢，在西線取攻勢。戰爭一開始，德軍右翼一百五十萬大軍以牛刀殺雞之勢，侵入中立國比利時，欲從比利時借道進攻法國。德軍一向瞧不起比利時軍隊，認為它們是「巧克力兵」，不堪一擊。但出人意料的是，比利時軍隊對德軍頑強抵抗。列日一戰，德軍傷亡四萬人，攻勢受阻。直到二十日，德軍才占領布魯塞爾，大大利於英法軍隊調配兵力。隨後，德國右翼分五路向法國北部邊境挺進，英法聯軍連連失敗。最危急時，德軍前鋒距巴黎只有十五英里，法國政府急忙遷都波爾多。

在西線左翼，法軍在阿爾薩斯—洛林一帶主動進攻德國。但當霞飛發現德軍主力在法國北部時，及時重新部署兵力，從右翼調兵到左翼，加強巴黎防衛。同時，他還將法國北路軍南撤。德軍因此受到法軍兩面夾擊。一九一四年九月，德法兩軍主力在巴黎到凡爾登長達兩百公里的戰線上進行了有名的「馬恩河會戰」。雙方投入兵力兩百萬人，火炮六千六百多門。戰鬥持續四天，結果德軍全線撤退，法英聯軍取得勝利。馬恩河會戰之後，雙方經過三個多月互有勝負的激戰，各自在德法邊境長達七百多公里的戰線上構築強固的堡壘，第一次世界大戰的西線戰場由運動戰轉入陣地戰。

馬恩河會戰代表著施里芬的速決戰計畫失敗。此戰剛結束，德軍參謀總長小毛奇就向德皇呈報說：「陛下，我們輸掉了戰爭。」德皇盛怒之下，以健康不佳為由，撤去毛奇的參謀總長職務，派陸軍大臣法爾根漢繼任。此後，由於西線閃電戰的失敗，德軍不得不放棄施里芬計畫。一九一五年，德國改變戰略，決定主力東調，企圖首先在東線決戰，打垮俄國，迫使俄國單獨媾和，然後再集中兵力對付英法，以挽救戰局。

一九一五年，德軍在東線雖然取得了很大的勝利，但沒有達到制伏俄國的目的。而西線的法軍始終是德國最大的威脅。一九一六年，德國又將突擊方向轉向西線。但是，由於兵力不足，德軍雖狼奔豕突，卻不能奪回戰略主動權。德軍在西線不可能再全面進攻，只能指望選擇某一有利陣地，以「消滅和消耗其預備隊」的方法打敗法國，其突擊目標就是凡爾登。一九一六年，德國發動了歷時十個月的凡爾登戰役。在這次戰役中，作戰雙方損失了近一百二十師，死傷近一百萬人。但德軍未能拿下凡爾登。此後，德軍士氣低落，內外交困，一步步走上失敗之路。

一九一七年以後，美國派兵歐洲，支援法軍對德軍作戰。戰局發展對德國更加不利。德國本土也因連年戰爭，經濟凋敝，民不聊生，爆發了人民起義。在內外交困中，德國不得不派談判代表到巴黎東北的康比涅森林，在協約國聯軍總司令福煦將軍的行軍火車上接受了停戰協定。一九一八年十一月十一日，德國正式投降，第一次世界大戰結束。

戰後，研究第一次世界大戰史的人們，常把德國戰敗歸因於小毛奇，說他違背了施里芬遺囑，削弱了德軍右翼，致使德軍在西線未能速戰速決，導致全盤失敗，其實是不公正的。小毛奇削弱右翼有不得已的苦衷，是適應當時客觀形勢變化的正確調整。

第一，當時俄國受日俄戰爭失敗影響，加速軍事改革，軍事實力大大提高，尤其是其動員體制、鐵路運輸系統改進很多。德軍以九師在東線與俄軍周旋，兵力確實太單薄。

第二，法國自普法戰爭失敗後，一心復仇，經濟、工業、軍事實力大大加強。德軍左縱隊憑七師，也難以抵擋法國百萬大軍從阿爾薩斯—洛林發動的攻勢。因此，小毛奇不得已才被迫加強這兩個方向的兵力。德軍右翼從絕對意義上說並未真正削弱，反而增加了兩個師。

德國失敗的真正原因不在於小毛奇修改了施里芬計畫，也不在於施里芬計畫有漏洞、不嚴密，而在於德國野心太大，超出了其實力的承受力。僅憑德國一國，戰勝俄、法、英甚至於整個歐洲的軍隊，無異於癡人說夢。可以說，打敗德國的不是別的什麼力量，而是德國自己的野心。

13、一將功成萬骨枯——列日攻防戰

【楚雲戰評】拿破崙帝國垮台後，英國成為歐洲霸主。一八七一年，德意志帝國從普法戰爭的硝煙中崛起，向英國霸權挑戰，歐洲俄、法等國以英德畫線，結成協約國和同盟國兩個軍事集團。雙方整軍經武，積極備戰，終於在一九一四年爆發第一次世界大戰。德國為迅速擊敗法國，奪取戰爭勝利，不顧比利時反覆聲明的中立宣告，強攻比利時列日要塞，拉開了西線作戰的戰幕。

一九一四年八月三日，德國向法國宣戰，第一次世界大戰正式爆發。宣戰當日，西線德軍前鋒默茲河部隊十萬官兵，攜帶兩百門大炮，由司令官馮·埃姆米希將軍指揮，拔營起程。德軍騎兵揮舞馬刀當先，步兵各旅魚貫跟進，乘曙色進攻比利時，企圖一舉擊敗比利時邊防駐軍，取道比利時，向法國腹地推進。

戰爭開始，德軍進展似乎很順利，只兩天時間，就突進五十公里，進抵比利時境內天險默茲河東岸。馮．埃姆米希將軍以為大功告成，乘騎來到默茲河邊，指揮大軍乘勝渡河。不料德軍大隊人馬剛到橋中央，就聽到驚天動地一連串巨響，河對岸駐守列日要塞各炮台的比利時守軍突然開始炮擊，沿河上下頓時濃煙滾滾，默茲河上的五座大橋頃刻間被炸成數段。德軍已經衝上橋的部隊血肉橫飛，死傷無數。已到橋頭的部隊來不及收步，自相踐踏，一片混亂。

比利時是歐洲小國，只有幾百萬居民。但它正當西歐交通要衝，處在德國和法國兩大敵國之間。儘管比利時一再宣布永久保持中立，歐洲一旦發生戰事，它依然首先成為德法兩國必爭之地。為防止德國從東方入侵，比利時在戰前不惜動用巨額資金和人力，依傍國境東部的默茲河天險，修建了以列日城為中間的環形要塞體系。

列日要塞由十二座炮台組成，各炮台距城中心約六公里，炮台之間的距離也約為六公里。十二座炮台呈放射狀，在列日周圍散開，如眾星捧月一般，把古城列日圍在中間，跨默茲河構成一道環形火力網，周長五十公里，直徑十五公里。

列日要塞的每座炮台都自成體系。炮台頂部呈三角形，用三公尺厚的鋼筋混凝土整體澆鑄而成。炮台內有八門從法國購置的一百二十毫米要塞炮，八門從德國購置的兩百一十毫米榴彈炮。所有的炮塔都用鋼甲防護，可三百六十度旋轉，還可以自動升降，平時深藏地底，戰時升出地表。炮台裡有探照燈供夜間指示射擊，還有輕、重機關槍封鎖炮台四周曠野。炮台之下，有隧道與巨大的地下室相通，地下室裡儲有大量糧食、飲水、彈藥、醫藥用品以及供電設施，以保證長期防守需要。

列日各炮台四周還有十公尺深的環形防護壕，壕外布設帶刺鐵絲網和各種障礙物，以防敵軍步兵偷襲。每座炮台分別由兩個炮兵連、一個步兵連共四百人守衛。炮台之間的曠野另有野戰步兵機動防守。列日城連同周圍十二座巨型炮台，共由三萬官兵、四百門大炮守衛，真正是金城湯池，火網陷阱。

德軍默茲河部隊司令官馮．埃姆米希將軍見進攻受阻，不禁怒氣沖沖，急調全軍兩百門大炮，沿默茲河東岸一線擺開，向列日要塞射擊。列日要塞各炮台的比利時守軍也紛紛發炮還擊。德比兩軍幾百門大炮你來我往，相互對轟，自晨至午，各發炮彈數萬枚。自午至晚，又各發炮彈數萬枚。默茲河兩岸，終日炮聲隆隆，煙塵蔽日。

德軍炮兵訓練有素，射擊精確，命中率極高。德軍所用大炮，清一色都是克虜伯兵工廠所生產的一九零九式野戰榴彈炮，口徑一百零五毫米，彈重十五餘公斤。不料德軍炮彈雖急如雨點，紛紛擊中比軍炮台，卻對比利時炮台幾公尺厚的鋼筋水泥頂蓋無可奈何，炮台內的比利時守軍傷亡較少。與之對照，德軍駐紮在野戰陣地上，戰壕匆匆掘就，隱蔽不嚴。比利時炮台守軍對要塞區地形瞭若指掌。炮台火力配置經過精確計算、嚴格校射，因而與德軍炮戰時，炮彈像長了眼睛一樣，一枚枚直飛德軍陣地，在德軍官兵中間爆炸。黃昏時，馮．埃姆米希又調來幾門特別攻城巨炮，口徑兩百一十毫米，使用一百餘公斤重的炮彈，劈頭猛轟，仍然不能奏效。

入夜以後，東南風大起，天空陰雲四合，似有大雨將至。德將馮．埃姆米希將軍因列日要塞久攻不下，無法奪取默茲河各渡口，深恐貽誤軍令，阻礙後續德軍百萬主力進軍，心中十分焦慮。他見暴風雨即將來臨，推斷比利時軍隊所仗不過是炮台堅固，必不善野戰，更不敢夜戰。況且白天炮戰中小勝，夜間必然鬆懈。當下招來各步兵旅旅長，令夜間出擊，襲擊列日要塞各炮台。

午夜時分，狂風大作，暴雨傾盆，德軍幾萬步兵在夜幕和暴風雨掩護下，徑直插向比利時各炮台之間的曠野。德軍偷襲部隊未見比軍動靜，正暗自慶幸得手，比利時各炮台忽然強光探照燈齊明，穿透重重雨幕，映照出曠野中落湯雞般的德軍大隊人馬。埃姆米希將軍見狀不妙，正要傳令大軍後撤，列日要塞各炮台已搶先開火，遠則炮轟，近則機槍、步槍橫掃，德軍陣形大亂。伏在野戰工事內的比軍步兵也端槍反擊。德軍夜襲部隊被打得丟盔卸甲，死傷無數，匆忙潰逃。

接下來三天三夜，馮．埃姆米希將軍指揮默茲河部隊白天與列日各炮台炮戰，夜間照樣派兵偷襲，連輸數陣，十萬官兵傷亡過半，比利時炮台卻毫髮未傷。埃姆米希將軍原以為統十萬大軍進攻小小的列日要塞，搶占默茲河渡口，為全軍開闢通路，不過是舉手之勞。德軍所到之處，比利時人必望風而逃。未曾想進攻連連受挫。眼見取城時限即到，德軍仍然在列日炮台面前進退不得。埃姆米希心下煩躁，無計可施，只得向德軍總參謀部報告，請求火速增派重炮兵支援默茲河部隊攻城。

德軍總參謀長毛奇得報默茲河部隊猛攻三日三夜，未能摧毀列日要塞，打開橫渡默茲河天險的進軍通道，吃驚不小。考慮後，毛奇連夜召見德軍西線部隊第二集團軍副參謀長魯登道夫上校，面授機宜：德奧同盟國與英法俄協約國之間的戰爭是生死決戰。海陸相比，陸戰是關鍵；陸戰各線，西線是關鍵；西線關鍵，又在於默茲河部隊能否按計畫迅速奪取列日要塞，為德軍西線百萬部隊打開西進通道。不能奪取列日，就不能實現六個星期打敗法國的計畫。如不能迅速擊敗法國，就不能回師東線進攻俄國；如不能擊敗法、俄，控制歐陸，就不能在海上打敗英國。毛奇要求魯登道夫指揮一支援軍，攜帶新式攻城祕密武器，即刻啟程，趕到列日前線，幫助埃姆米希將軍盡快攻占列日。

魯登道夫四十多歲，中等偏下身材，體魄健壯，蓄一撮黃色小鬍鬚。他原籍德國東部波森地區，兼具混血兒各種優勢，智商很高。他先後畢業於德意志帝國陸軍幼年學校、陸軍士官學校、帝國陸軍大學，由少尉升至上校，先在參謀部任職，後外放作過野戰部隊旅長。

魯登道夫接到攻打列日的命令後，連夜啟程，天色未明已率軍趕到列日前線。會見過默茲河部隊司令官埃姆米希將軍，了解了前幾日戰況後，魯登道夫便左掛德皇威廉二世御賜軍刀，右挎左輪短槍，帶幾名隨從衛士，親到前沿督戰。從望遠鏡中看去，列日城東，沿默茲河東岸十數公里地段，炮聲隆隆，殺聲震天，煙塵滾滾，遍地殘肢、斷腿、傷兵，人馬屍骨以及被炮火擊毀的各種車輛器械，狼藉不堪。魯登道夫想一試身手，親自督令炮兵瞄準炮台密集射擊。待炮火延伸，又督令大隊步兵拼死衝殺。初時順利，一路無阻，及至德軍大隊人馬衝近比利時炮台鐵絲網和壕溝，忽從比軍炮台迎面射來鋪天蓋地的彈雨，德軍官兵暴露在開闊地，無處藏身，死傷累累。

魯登道夫經此一陣折損，心知埃姆米希向總參謀部求援事出有因，並非無能。斷定按平常野戰條令攻擊，絕不可能摧毀列日要塞炮台，占領列日，控制默茲河渡口。便令侍從傳令，火速將從總參謀部帶來的特種攻城祕密武器調往前線。

魯登道夫的特種攻城祕密武器有兩樣：一是齊柏林飛艇，一是「大貝爾塔」攻城巨炮。

齊柏林飛艇由德國退伍將軍齊柏林伯爵設計建造，內以金屬條為骨架，外包織物蒙皮，再充進氫氣。充氣後的齊柏林飛艇，中腹溜圓，兩端尖滑，容積約兩萬立方公尺，長寬高可包容一棟五層大樓。飛艇腹內可載大炮、機槍、炸彈和人員若干，每小時可飛行九十公里，飛行高度三千公尺。德國陸軍總共不過五十艘飛艇，為攻取列日，毛奇破例撥來兩艘。飛艇在魯登道夫將令發出前，已潛入前線祕密基地，隨時準備出擊。

「大貝爾塔」巨炮由歐洲著名槍炮設計大師馮．克虜伯設計、歐洲第一大兵工廠克虜伯兵工廠鑄造，專用於攻擊列日炮台這樣的超級堡壘。「大貝爾塔」巨炮炮管內徑四百二十毫米，一次裝藥兩百公斤，可將一枚九百公斤的巨型彈丸拋至十四公里以外。炮彈彈頭又裝有延發引信，待彈丸在重力加速度作用下穿透目標堅殼，鑽入內層後，延發引信再引爆彈頭，因而破壞力加倍。「大貝爾塔」巨炮重幾百噸，先經鐵路運送，由一輛火車頭牽引。運至鐵路線盡頭，再鋪設專用公路，由三十六匹健馬拖曳，移入發射陣地。當時德國陸軍總共有「大貝爾塔」巨炮五門，毛奇一次撥出四門，交魯登道夫指揮，專用於攻打列日要塞。

魯登道夫命令到時，四門「大貝爾塔」巨炮正在運送途中。炮兵指揮官接到命令後，趕緊指揮官兵套馬、裝車，又指揮護路部隊緊急鋪路。一時馬走炮動，炮到路成，黎明時分才千辛萬苦趕到陣前。官兵們不敢歇息，當即選好陣地，架設大炮。先是挖一個幾公尺深的大坑，用速凝水泥澆鑄一個大底座，再裝炮架。天明時分，萬事俱備，只待一聲令下，便可大展神威。

八月八日清晨，魯登道夫得報飛艇和巨炮已準備完畢，精神振奮，傳令飛艇首先出擊，攻擊列日城區。集中四門巨炮，先摧毀列日要塞十二座炮台中最堅固的弗萊龍炮台，打開缺口，步兵再隨後跟進。

將令傳出，飛艇首先升空。不消一刻，便飛越幾十公里，抵達戰地。遠遠看去，先見天際冒出兩個黑色飛行物，大鳥般由東方日出方向鑽出，眨眼已到近前，然後徑飛列日上空。列日城內的比利時官兵、居民皆不知飛艇為何物，紛紛上街觀看，頑童們甚至攀樹登高，想看個仔細。正吵吵嚷嚷、比畫指點時，飛艇中腹開門，母雞下蛋一樣，拋下一串串黑色炸彈，觸地便炸。投彈的同時，飛艇腹部又吐出一條條火舌，橫掃過來。列日城頓時彈片橫飛，硝煙四起。比利時軍民人仰馬翻，四處逃竄，竟覺得無一處不在飛艇攻擊之下。

飛艇出動後，魯登道夫又下令「大貝爾塔」巨炮開火。炮手們得令，瞄準弗萊龍炮台三角形頂蓋，裝滿藥，填好彈，又用護塞護好耳朵，退到離巨炮三百公尺之外的防護壕內，一聲令下，啟動電鈕。旋即一聲巨響，地動山搖，宛如驟發地震，鄰近樹木落葉紛飛，周圍房舍門窗多被震碎。伴隨巨響，一枚彈丸從濃煙中鑽出，直衝上三百公尺高空，拋物線飛行，一分鐘後落地爆炸，眨眼間煙霧升上一千公尺高空。

儘管德軍「大貝爾塔」巨炮第一發炮彈距炮台一千公尺爆炸，守炮台的比利時官兵也為之恐懼。經過搭乘氣球在高空觀察的德國炮兵觀察員校正，德軍第二發炮彈落點靠近炮台五百公尺處。以後幾發又逐漸前移。至第八發炮彈，正好命中弗萊龍炮台頂部正中。彈丸從高空落下，借助慣性，徑直穿透整三公尺厚的混凝土頂蓋，在炮台內炸裂，頓時濃煙四起，烈焰騰空，守軍死傷累累。魯登道夫見巨炮奏效，急令四門巨炮一齊發射。各炮依令校好尺規，對好射角，調好藥包，連連發炮。不一刻，每炮各發射九發炮彈，彈彈命中。弗萊龍炮台縱然鋼打鐵鑄，也經不起三十六枚巨型炮彈在中心開花，頃刻土崩瓦解，化作一片瓦礫場，亂石堆。待德軍大隊步兵衝到，炮台守軍已無一人生存。滿目之間，盡是殘肢斷體，血淋淋，一片烏黑，在硝煙中發出焦臭。

摧毀弗萊龍炮台後，魯登道夫將四門巨炮分為兩組，每組兩門，分左右兩路橫掃，逐次蕩平比軍各炮台。炮手們在一週內推動兩組巨炮沿列日要塞炮台線各反向運動半圈，相繼摧毀十座炮台。八月十六日，四門巨炮在列日城西會師，合攻列日要塞最後一座炮台。幾次齊射過後，最後一座炮台也被命中起火，大火又引燃炮台地下室裡的彈藥庫，猛烈的內部爆炸把炮台頂蓋衝開，飛到幾十公尺外的曠野上。

十二座炮台既破，列日城當天就被德軍攻陷。德軍占領默茲河各渡口後，百萬大軍便蜂擁西進，直撲法國邊境，掌握了戰略主動權。魯登道夫因破列日要塞十二座炮台有功，蒙德皇威廉二世召見，被授予一枚藍白黃三色相間的十字形最高軍功獎章，破格晉升為陸軍少將。此後，魯登道夫青雲直上，先後被任命為德軍第八集團軍參謀長、司令官，德軍參謀總長等職務，成為德國軍界一顆新星。

14、大將難過美人關——馬恩河會戰中的克盧格將軍

【楚雲戰評】德軍在一九一四年八月奪占比利時列日要塞後，穿越比利時，在法國東北邊境四戰四捷，迫使法軍由邊境倉皇後撤。但法軍主力並未受創。法軍總司令霞飛審時度勢，把法軍主力撤至馬恩河一線，收縮兵力，拱衛巴黎，改善局勢。德軍各部隊在窮追法軍主力時，各自為戰，戰線出現漏洞。待德軍進至馬恩河一線，兵疲將驕，態勢虛弱時，法軍乘勢反攻，擊退德軍，扭轉了戰局。

年屆古稀的德國陸軍第一集團軍司令官馮·克盧格看上去體魄魁偉，皮膚黝黑，豹頭環眼，吼聲如雷，在德軍中素有日爾曼黑豹之稱。將軍的性情和傳奇經歷，一如外形，也像一頭日爾曼黑豹。一八七〇年普法兩軍大戰，馮·克盧格率一營步兵參戰，正碰上法軍一個炮兵陣地橫擋在德軍進攻路線上，火力猛烈。德軍大隊屢次衝鋒，屍橫遍野，卻不能越雷池半步。克盧格臨危受命，率自己一營步兵乘夜偷襲，攀過刀削斧劈的百丈高崖，突然從法軍炮兵陣地背後衝出，一氣奪取法軍二十五門大炮。他令士兵掉轉炮口，猛轟法國守軍陣地，終

於為德軍數十萬主力打通前進道路。參加偷襲的一營德國步兵十折其九，生還者不過三四十人，還個個帶傷。克盧格更幾處重傷，血浴全身。他在戰鬥中連續擊斃法軍十餘人，立下奇功。那一年，克盧格年僅二十六歲。五十歲時，克盧格因屢立軍功，蒙德皇威廉二世恩典，賜姓為馮。

克盧格指揮的德國陸軍第一集團軍轄步兵五軍，另有三個後備旅，共計一十一萬官兵，擁有八百門大炮。第一集團軍齊裝滿員，訓練有素，是三百萬德國陸軍主力中的主力。在這次歐洲大戰中，第一集團軍為西線德軍右翼部隊，負有迂迴法國首都巴黎，掩護全軍之責。

根據德軍已故參謀總長施里芬伯爵生前擬定的軍事計畫，一旦德國對法、俄兩強國同時開戰，德軍將先以一支偏師牽制東線的俄軍，集中主力，先在西線進攻法軍。在西線對法軍作戰時，將主要兵力集中在右翼，穿越比利時狹道，由法國東北邊境迂迴巴黎，爭取在六個星期之內消滅法國，再回師東線，消滅俄軍。

一九一四年八月三日第一次世界大戰爆發後，德軍根據施里芬計畫，迅速擊潰比利時軍隊，奪占列日、那慕爾兩大要塞，又在法國邊境與法軍惡戰四場：一戰洛林；二戰亞爾登；三戰沙勒羅瓦；四戰蒙斯。德軍四戰四勝，擊潰法軍百萬，連占法國境內大小百餘座城鎮。克盧格統領第一集團軍各部一馬當先，勢如破竹，接連下拿比利時十餘座城，又與英國遠征軍大戰三天三夜，占領法國東北部重鎮蒙斯。

剛占蒙斯，克盧格忽然收到德軍總參謀部急電，令他統率所部繼續沿阿臘斯、亞眠、盧昂軸線，沿外圈單獨向巴黎以北迂迴。原來與之並列的德軍其餘各集團軍皆受命折而向南，向巴黎正東方向進兵。

參謀總部的命令不但修改了施里芬伯爵原先計畫，而且令克盧格一軍迂迴巴黎，把奪取巴黎的使命交給了其他部隊。克盧格大為不快，他希望第一集團軍首先進入巴黎。簡單用過晚餐，克盧格隻身離開司令部，沿蒙斯城街道信步漫行。這是將軍的習慣，每當心中有事，便出司令部信步漫遊。此時衛士只能遠遠跟隨，暗中護衛，絕不許打擾。

蒙斯城經過幾日血戰已經破爛不堪，斷壁殘垣，瓦礫成堆，煙火不絕。街道上血跡斑斑，人體殘肢隨處可見，惡臭沖天。克盧格信步而行，竟至郊外。暮色中，前面一大片梨園，枝葉茂盛，碩果累累，清香撲鼻，已熟至九成。梨樹叢中，隱隱露出幾處圓頂建築，竟如中世紀古堡。克盧格不禁走近幾步，眼前出現一棟別墅，門側有一大銅牌，上書「香檳伯爵宅第」字樣。將軍正打量時，聞得有清脆的嬌笑聲。梨樹林中轉出一位中年美婦，約四十歲，穿曳地白色長裙，風姿綽約，笑靨如花。旁隨一名少女，從裝扮上看應是貼身女僕。及至來人走近，克盧格仔細打量，見中年美婦雙眼碧藍，髮如金絲，膚如霜雪，似曾相識。

克盧格正要出語相詢，中年美婦卻搶先開口，尊呼其名，向克盧格問安，請其入室。克盧格大是驚奇，猶豫一陣，禁不住中年美婦姿色誘惑，隨其進入宅內。

這時天已黑定，女僕點起蠟燭，滿屋生輝。中年美婦又端來冰鎮香檳，親自把盞，二人邊飲香檳，邊說閒話。克盧格透過談話得知中年美婦名叫路易斯，原是巴黎上流社會交際花，現下嫁香檳伯爵。克盧格曾在巴黎待過一段時日，與路易斯有過一段交情。戰地重逢，更禁不住中年美婦燈下風姿，警覺盡消。中年美婦路易斯卻是有心之人。一面搔首弄姿調情，說些巴黎舊話，一面頻頻敬酒。三杯兩盞之間，克盧格醉態漸生，竟任由婦人伺候，倒在婦人床上，折騰一陣，沉沉睡去。婦人卻乘機摸出克盧格衣袋中的記事本，仔細翻看，記下德軍變更部署及其他重大軍情，再從從容容放回記事本。

次日天色微明，克盧格醒來，見婦人還在夢中，便悄然起身，很禮貌地留下紙條，書面告辭，即起身回營。將軍對軍情洩露渾然不覺，他也不知道此刻的路易斯只是裝睡。不消片刻，中年美婦便匆匆起床，把竊來的情報送往法軍司令部。

法軍總司令霞飛將軍根據路易斯用美色從克盧格處得來的情報，準確地推斷出調整後的德軍新部署和戰略意圖，將計就計，設下陷阱，引誘克盧格一步一步上當。克盧格離開香檳伯爵宅第後，統領第一集團軍二十萬大軍，出蒙斯城，銜尾追殺英法潰軍。英法軍後衛部隊據險節節阻擊，退而不亂。德軍從蒙斯追至勒卡托，五十公里地連打十餘陣，費時三日三夜。然後又一路西進，連取聖康坦、努瓦榮各城，不知不覺間，在英法佯敗引誘下，竟脫離德軍參謀總部指定的進攻路線，孤軍進至巴黎城東。

這時，英法軍主力佯裝潰敗不支，繞過巴黎城東，渡過埃納河，繼續南撤。克盧格一路追蹤英法軍後尾前進，雖連占數十城，總不能消滅英法軍主力，一時興起，把德軍參謀總部關於沿阿臘斯經亞眠至盧昂軸線，渡塞納河下游，迂迴巴黎城西，掩護全軍右翼的戰略指示，拋到九霄雲外。除留一支部隊在右翼烏爾克河占領陣地，警戒巴黎法軍外，親統主力離開阿臘斯、亞眠、盧昂軸線，向南急進，一路渡過埃納河，又進至馬恩河南岸，窮追英法主力。

法軍總司令霞飛見克盧格第一集團軍脫離德軍主力，孤軍進至馬恩河南岸，下令法軍反攻。巴黎城內的法國守軍，由六百輛民用計程車運送到烏爾克河前線，包圍了克盧格留在烏爾克河的警戒部隊。

遠在馬恩河南岸的克盧格聞報法軍主力由巴黎城出擊，猛攻德國第一集團軍右翼陣地，心知不妙，深恐法軍切斷其後路，趕緊指揮第一集團軍主力撤離馬恩河前線，回救烏爾克河。這時德軍第一集團軍官兵出征一個多月，繞全軍周邊運動，每日行軍打仗，少則一日行進十餘公里，多則一日進軍數十公里。適逢八月天氣，驕陽似火，將士負重行軍，日夜征戰，早已精疲力竭。忽然奉令由馬恩河後撤，士氣頓解。二十萬大軍潰向烏爾克河。原來退向馬恩河南岸的法軍主力，在精銳部隊支援下，反守為攻，強渡馬恩河，銜尾追殺，把克盧格第一集團軍主力緊緊圍困在巴黎城東。

克盧格部隊先孤軍冒進，後又擅自從馬恩河南岸撤退，徹底打亂了德軍戰略部署。德軍戰線被撕開了幾個大裂口。法軍乘機而入，有包抄德軍全軍之勢，德軍陷入被動。德軍參謀總部深恐全軍覆沒，只得下令進至馬恩河一線的所有德軍部隊，往北退過埃納河。克盧格部隊也放棄烏爾克河陣地，突破法軍包圍圈，從巴黎城東後撤。

由於在馬恩河會戰中失敗，德軍失去六週戰勝法軍的機會，從此失去了戰略主動權。克盧格也因剛愎自用、不服從指揮、招致德軍在馬恩河失敗而被解職。

15、印度洋上的變色狐——德艦「埃姆登號」的破襲戰

【楚雲戰評】馬恩河戰役後，德軍喪失了戰略主動權。第一次世界大戰陷入僵局，戰爭轉化為比人力物力、比工業生產水準和原料物資供應能力的總體戰。德國為削弱協約國的總體戰力，出動潛艇和水面艦艇攻擊英國海上運輸線，取得豐碩的戰果。在印度洋活動的德國襲擊艦「埃姆登號」戰績尤佳。後來，英國和協約國海軍積極開展反潛戰，大舉搜捕德國襲擊艦，取得海洋運輸線作戰勝利。由於海洋運輸線暢通無阻，協約國獲勝就有了可靠的物資保障。

中國青島在一九一四年十月被日本攻占後，失去基地的德國海軍太平洋分艦隊只得冒險出海，駛離青島，準備橫渡太平洋，經南美繞道大西洋返回本土。「埃姆登號」的艦長卡爾．馮．米勒上校請求自統「埃姆登號」戰艦，到印度洋活動，破壞英國印度洋運輸線。得到批准後，米勒上校便率領「埃姆登號」戰艦脫離本隊，掉頭向西，往印度洋駛去。

「埃姆登號」是德國海軍的一艘輕巡洋艦，專為襲擊英國的海上運輸線而設計。戰艦排水量三千六百噸，裝備一百零五毫米的艦炮十門，航速三十節，乘員三百六十人。米勒艦長深知大海茫茫，敵艦雲集，孤艦深入龍潭虎穴，存亡難測，因而分外機警。「埃姆登號」在米勒艦長指揮下，一路保持無線電靜默，避開協約國艦船出沒的航線，晝伏夜行，航行十餘日，悄悄潛入印度洋。

印度洋是世界四大洋之一，位於亞洲、非洲、大洋洲、南極洲之間，面積近七千五百萬平方公里。大英帝國的海外殖民地大部分環繞印度洋。英國作戰所需兵員、糧食、原料和各種軍事裝備，大部分須從印度、馬來半島、澳洲、紐西蘭、非洲和中東各地徵集，經印度洋運回本土。因此，印度洋航線繼大西洋航線之後，是英帝國生存的又一條海洋運輸生命線。每天有成百艘巨輪載運各種作戰物資和人員，在印度洋往來穿梭。

米勒上校指揮「埃姆登號」進入印度洋後，一路遊弋，不斷襲擊協約國運輸船。第一日，遇上一艘英國貨船，不下萬噸，米勒艦長令發信號迫其停航。船長見是德國軍艦，急令貨船全速逃跑。奈何「埃姆登號」更快，不消一刻，便繞行到英船前方，截住去路，只一炮便擊中英船駕駛艙。英國船長見「埃姆登號」來勢兇猛，不敢再逃，連忙掛出白旗投降。「埃姆登號」靠上英船，德國水兵一湧而上，將英船上的淡水、燃料、食品等航行、生活物品盡行搬上「埃姆登號」。臨行，米勒艦長見英船上各式油漆堆積如山，也令一併捎上。隨即令戰艦駛離，引燃船上爆炸物。在轟轟隆隆一陣巨響聲中，英國貨船頃刻沉入海底，「埃姆登號」揚長而去。

自此，米勒艦長指揮「埃姆登號」沿印度洋航道，忽進忽退，忽左忽右，神出鬼沒，像一隻狡猾兇險的狐狸，不停襲擊協約國商船。有時三日俘兩船，有時又一日俘三船，總有斬獲。進入印度洋前兩週，就擊沉協約國十五艘商船，不下五萬噸。「埃姆登號」所載俘獲來的協約國船員，已超過艦上德國官兵人數，將艦上擠得水洩不通。艦上德國官兵多有怨言，甚而有人建議將俘虜推下海或射殺，一概被米勒上校拒絕。他下令德軍官兵務必善待俘虜，保證其生活用品無虞，醫藥治療也與艦上德軍官兵同等對待。

又過幾日，再擊沉幾艘協約國船舶，艦上俘虜已不下五百人，遠遠超過「埃姆登號」供應能力。艦上還必須抽調大批官兵日夜看守。米勒艦長也覺得這是一個棘手難題，開始琢磨解決辦法。這日午後，瞭望哨報前方有一艘協約國貨輪正朝印度駛去。米勒心生一計，令戰艦全速追趕，同時連連發炮示警，迫貨船停航。米勒令水兵登上貨船，搗毀船上的無線電通訊設備。把「埃姆登號」上的俘虜全部押解上貨船，任其開走。隨即率「埃姆登號」全速駛離現場。俘虜們目送「埃姆登號」遠去，恍若做了一場夢，驚嚇之餘，尋思米勒上校其人，像一隻狐狸，既狡猾又兇惡，狡猾兇惡背後又略有幾分人味。他們感謝米勒優待，上岸之後，亦絕不多提「埃姆登號」內情。

遠在倫敦的英國海軍部，每天都接到英國商船在印度洋航線失蹤的報告。海軍大臣邱吉爾既惱且怒，下令查明商船失蹤原因。英國海軍情報部門立即著手調查。經過反覆偵察、搜尋、訊問被俘歸來的船員，才明白是德國襲擊艦所為。在印度洋航線活動的幾艘德國襲擊艦中，又以「埃姆登號」最兇險。它忽東忽西，飄忽不定，狡猾異常。邱吉爾特別調來有關德艦「埃姆登號」的檔案，見對該艦艦型、顏色、噸位、航速、性能、外部特徵、指揮官性格等各項記載十分詳盡，大喜過望，令速將「埃姆登號」襲擊艦的有關資料發往印度洋水域的英國各分遣艦隊，按圖索驥，迅速剿滅。又從英國本土和地中海抽調艦隻，並請求日本、法國、俄國等國海軍也出動艦隊，一齊開赴印度洋，參加搜捕圍剿行動。

十日之內，英國支援艦艇和日、法、俄各國艦隊紛紛趕到。總計印度洋水域協約國戰艦不下百餘艘，分為護航艦隊和搜尋艦隊兩支，護航艦隊專為商船護航，隨商船行動；搜尋艦隊則機動巡航，專往德艦經常出沒的水域搜尋追殲。不過數日，便捷報頻傳，接連有幾艘德國襲擊艦落入協約國艦隊撒下的大網，被協約國海軍捕獲、擊沉。印度洋航線危機一時緩解。只有「埃姆登號」仍下落不明。

米勒艦長聞報協約國英國、日本、法國、俄國並澳洲、紐西蘭、南非等國一百餘艘戰艦雲集印度洋，展開大搜捕，初時並不在意，以為茫茫印度洋，多幾條協約國戰艦，無妨德艦繼續進行打了就跑的海上游擊戰。不料數日過後，噩耗接踵而至，德國襲擊艦盡被協約國海軍俘獲、擊沉，米勒頓時警覺。一日，乘天氣陰沉，雲低霧重，米勒指揮「埃姆登號」出航。不久，遇到英國貨船兩艘，米勒驅艦冒險衝過去，正要攻擊，忽見兩艘英國巡洋艦，一左一右夾擊。米勒見勢不妙，指揮「埃姆登號」丟下獵物，掉頭逃遁。幸虧英國戰艦航速不快，追趕不及，「埃姆登號」方逃出劫難。此後「埃姆登號」幾番出擊，皆遇到協約國軍艦追捕，兇險異常。

米勒艦長見協約國海軍四面撒網設伏，防衛無懈可擊，「埃姆登號」連番出擊，一無所獲，每次都落荒而逃，心中焦躁，苦思無計。這日無事，到甲板漫步，見一水兵正在為戰艦傷痕除鏽刷漆，頓時眼睛發亮，心生一計。他令將戰艦駛往僻靜處，動員全艦官兵一齊動手，變換艦體顏色，用繳獲的油漆，將海藍色的戰艦漆成鉛灰色。官兵們會意，全力以赴，一夜之間，便將戰艦油漆一新。米勒上校乘小艇繞艦一周，感到戰艦面目大變，只「埃姆登號」幾字暴露實情，略一沉思，親用漆刷將艦名改為「紐倫堡號」。改完又繞行一周，方覺十分滿意，遂令戰艦啟錨出航。

不出半日，果然遇上協約國一艘商船。那船長已得通報，印度洋水域有德軍艦艇「埃姆登號」艦體海藍色。遠遠望見水天相接處一艘鉛灰色戰艦破浪駛來，以為是協約國戰艦巡航，並不在意。不料那艦駛近後，突然打開炮衣，連連發炮。船長欲駕舵轉向，已然不及，只報出「遭遇鉛灰色戰艦襲擊」等語，電台便被擊中。隨後又一陣彈雨襲來，商船便連人帶貨一併沉入印度洋。一連幾日，「埃姆登號」用同樣辦法攻擊，頻頻得手。

又過三週，米勒上校思量事不過三，須再為「埃姆登號」化裝。便再次將戰艦駛往僻靜處，將艦體漆成黑色，加裝一根假煙囪，再次更換艦名，掛上俄國海軍軍旗，偽裝成一艘俄國巡洋艦，然後大搖大擺，向東航行。幾天以後，二度化裝的「埃姆登號」駛入馬來西亞海岸的檳榔嶼，撞見俄國巡洋艦「珍珠號」泊於港內，一陣急襲，擊沉「珍珠號」巡洋艦。出港時，又迎面撞上法國戰艦「摩斯克號」打旗語，米勒也不回覆，只令開炮。法艦還沒反應過來，就連中數彈沉入海底。

英國海軍部聞報德國襲擊艦在印度洋重新活躍，「埃姆登號」之外，又有鉛灰色、黑色襲擊艦若干，皆在印度洋活動，不知德艦究竟有多少，從何處來，大是迷惑。查遍海軍檔案，仍然不得要領。只得頭痛醫頭，腳痛醫腳，將所有戰艦開往商船新失事地點，拉網搜捕。

米勒襲擊檳榔嶼後，顧慮行蹤暴露，愈加小心翼翼。不數日，無線電竊聽到附近海域有大批電台活動。米勒料是協約國戰艦撒網圍捕，下令關閉艦上無線電台，悄無聲息地向東急駛，溜出協約國海上包圍線，進抵印度洋東部的一個小島群駐泊，等候約定的補給船運送燃料，並乘機再為「埃姆登號」化裝。

午後時分，遠處海面，黑煙滾滾，有艦船迎著「埃姆登號」駐泊處駛來。米勒艦長抬腕看表，正是與補給船會合的時刻，也不在意。片刻之間，那船駛近，卻是澳洲海軍的「雪梨號」巡洋艦。米勒和艦上官兵大驚失色，正要拔錨起航，對面「雪梨號」已迎面射來一排重磅炮彈。

原來，附近島上有一座英軍通訊站。英軍人員見「埃姆登號」通體漆黑，煙囪怪異，既似戰艦，又似商船，不倫不類，行動詭祕異常，便發出訊號，招來附近的協約國戰艦。「雪梨號」正在附近水域為商船護航，得報發現怪船行蹤，便全速駛來，正撞上「埃姆登號」，便搶先攻擊。

米勒艦長見「雪梨號」來勢兇猛，欲待逃遁，出路已被封住，只得令官兵開炮還擊。海面上頓時水柱沖天，硝煙瀰漫。和「埃姆登號」相比，「雪梨號」噸位多兩千噸，航速快三節；其上的八門一百五十二毫米的艦炮，不但炮彈大得多，而且射程也比「埃姆登號」的艦炮遠。兩艦激戰半日，「埃姆登號」連中數彈，化成火海，「雪梨號」卻在「埃姆登號」射程之外，完好無損。米勒上校見逃無可逃，戰不能戰，再掙扎無益，只得下令掛出白旗，向「雪梨號」投降。艦上三百六十名官兵，十七名陣亡，餘皆被「雪梨號」俘獲。

捷報傳至倫敦，英國海軍部上下既高興，又驚奇。根據海軍部掌握的德艦檔案資料，「埃姆登號」是海藍色艦體，為何俘獲的卻是黑色戰艦？再三探詢，方知如狐狸般狡猾的米勒艦長為逃脫協約國搜捕，將「埃姆登號」多次改裝。海軍部這才恍然大悟，印度洋出沒無常的藍、灰、黑各色軍艦，實際是同一艘戰艦，即是像狐狸一樣狡猾的「埃姆登號」襲擊艦。

16、最後一場戰艦大決戰——日德蘭海戰

【楚雲戰評】一九一五年，德軍把戰略重點轉向東線，企圖首先打敗俄國，奪回戰略主動權，但沒有成功。一九一六年，德軍又把作戰重點移回西線，猛攻法國中部要鎮凡爾登，以求打破戰爭僵局。為配合凡爾登作戰，德國海軍冒險出海，在日德蘭海域與英國海軍決戰。但是，德國海軍在日德蘭海戰中未能戰勝英國艦隊，奪取制海權，凡爾登戰役也變成曠日持久的消耗戰。此後，德軍日益被動，終於在一九一八年十一月戰敗投降。

北海位於歐洲英國、德國、比利時、荷蘭、丹麥、挪威六國之間，水深幾百公尺，東西長一千公里，南北寬六百公里，面積約五十七萬平方公里；萊茵河、易北河、泰晤士河分從東西岸注入；周圍安特衛普、鹿特丹、漢堡諸港環立。北海東有斯卡格拉克海峽，可直通波羅的海；西有丹麥海峽，連接大西洋；南經英吉利海峽，可達西歐、地中海；北越挪威海，可航至俄國北極地區。中部又有多格爾沙灘，水深僅十公尺，曾為歐洲漁場，又是海軍艦艇巡航歇息之所。

一九一五年，北海東西岸有兩支敵對的世界頭號和二號海軍艦隊。

一支是東岸的德國公海艦隊，擁有二十四艘戰艦、五艘戰列巡洋艦、十一艘巡洋艦、六十三艘驅逐艦，總計一百零三艘大型水面戰艦、共七十萬噸排水量。艦上共裝有三百毫米以上大炮兩百四十四門，一次舷炮齊射總量超過八十噸。共編為戰艦分隊五個、裝甲艦分隊一個、巡洋艦隊分五個、驅逐艦分隊八個。另有潛艇、布雷艦、掃雷艦若干助戰，德國公海艦隊以英格諾爾上將為司令官。

北海的另一支強大艦隊是英國海軍的主力艦隊。該艦隊擁有戰艦二十八艘、戰列巡洋艦九艘、巡洋艦三十四艘、驅逐艦八十艘，總計大型水面戰艦一百五十一艘、共一百二十五萬噸排水量。艦上裝有三百毫米以上大炮三百三十四門，一次舷炮齊射總量比德國公海艦隊多一百噸。

第一次世界大戰爆發後，英國主力艦隊迅速移駐英倫北端、北海西岸的斯卡帕灣，封鎖北海通向北大西洋的出口。又遣分艦隊一支，在英吉利海峽巡航，鎖住北海通往南大西洋和地中海的出口。英國主力艦隊的意圖是要困死德國公海艦隊。英格諾爾海軍上將幾度試探，企圖衝破英軍主力艦隊封鎖，都以失敗告終，此後公海艦隊便困守威廉港。

一九一六年新年剛過，德國陸軍計畫猛攻法國要鎮凡爾登，要求海軍配合凡爾登作戰，加緊海上攻勢。海軍上將舍爾乘機向德皇威廉二世提交一份奏摺，批評公海艦隊開戰兩年多一直泊於威廉港內，無所作為，主張冒險出擊，與英國海軍決戰，奪取制海權，從而切斷英國海上運輸線，消滅英國海軍，制伏英國。

威廉二世讀過舍爾的奏摺後頗為贊許，當即召見舍爾海軍上將，詢問如何海戰。舍爾海軍上將提出，先用潛艇封鎖英國海運，用飛艇、飛機攻擊英國軍港，迫英國主力艦隊分散兵力。再出動公海艦隊，與英國主力艦隊決戰。威廉二世大喜過望，當即敕令舍爾接任德國公海艦隊司令，部署與英國海軍決戰。

舍爾海軍上將走馬上任後，立功心切，便加緊整頓公海艦隊，準備出戰。恰好海軍部又增撥兩艘新造的巴登級戰艦給公海艦隊，每艦排水量為兩萬八千六百噸，裝甲厚達三百五十毫米，裝有三百八十一毫米巨型艦炮八門，魚雷發射器五具、防水雷炮十六門。另有巡洋艦、驅逐艦若干，一併增撥，公海艦隊實力大增。舍爾便照計畫，派遣潛艇、飛機、飛艇協同作戰，連續襲擊英國海運線和海軍基地。英國主力艦隊果然分兵應付。舍爾乘機於一九一六年五月三十一日午夜，命令海軍上將希佩爾，指揮一支擁有四十艘戰艦的巡洋艦編隊駛出威廉港，進入北海，搜尋英國主力艦隊。一小時後，舍爾坐鎮「柯羅斯號」戰艦，親率主力艦隊二十四艘戰艦和其他輔助艦隨後跟進。舍爾的意圖是，用希佩爾分艦隊作誘餌，誘使英國主力艦隊出戰，並把英國艦隊騙進德國戰艦伏擊圈內殲滅。

英國海軍主力艦隊司令官約翰·傑利科海軍上將，見德國潛艇、飛機、飛艇連日騷擾英國艦隊駐泊地和運輸線，心下不安。將艦隊分為幾支在英國沿海作扇形展開，卻不見德國公海艦隊蹤影。正大惑不解時，無線電竊聽站探到北海東岸威廉港內無線電訊號往來頻繁，大大超過平常。未久，解碼中心根據繳獲的德國海軍密碼本，破解了攔截的無線電訊號。傑利科獲悉德國公海艦隊即將出動，準備尋找英國主力艦隊決戰。

傑利科與眾將商議以後，決定出海迎戰。先由海軍中將貝蒂指揮一支戰艦分艦隊，計轄戰艦四艘、戰列巡洋艦六艘、水上飛機母艦一艘、輕巡洋艦十四艘、驅逐艦二十七艘，總計大小五十二艘戰艦，在五月三十日出海，自西而東，駛進北海，迎擊德國公海艦隊。主力艦隊其餘大小戰艦共九十八艘，由傑利科親自指揮，隨後跟進。傑利科的意圖與舍爾大同小異。貝蒂艦隊若遭遇小股德國海軍分遣隊，便獨立將其殲滅。如遭遇舍爾主力艦隊，便佯裝潰敗，將舍爾主力誘至傑利科主力艦隊的伏擊圈。

貝蒂艦隊航行一日，於次日午時，駛近北海東岸的日德蘭半島附近海域。海軍中將貝蒂歪戴一頂戰鬥帽，登高眺望，看見遠處雲海相接處霧濛濛似有蒸氣團，便令隨行的水上飛機母艦派飛機偵察，不料水上飛機母艦航速太慢，已經脫隊。貝蒂改派輕巡洋艦「加拉蒂號」前往偵察。十分鐘後，「加拉蒂號」高速駛近目標，發現是一艘丹麥商船。一條德國驅逐艦因為同樣的原因前來探查，並先於英艦「加拉蒂號」趕到現場。「加拉蒂號」見狀，一面向德國驅逐艦開火，一面電告貝蒂。

貝蒂坐鎮「獅號」戰列巡洋艦，聞報發現德艦，再登高遠眺，見東南海面有黑煙冉冉升起，又漸漸轉濃。知是德國艦隊駛來。再仔細觀察，見德國分艦隊有戰列巡洋艦五艘、輕巡洋艦五艘、驅逐艦三十艘，共計四十艘戰艦，卻不見戰艦。貝蒂艦隊卻有四艘戰艦、六艘戰列巡洋艦等共五十二艘戰艦，不但比德國分艦隊多十二艘戰艦，而且還有裝甲厚重、火力威猛的戰艦。貝蒂略一估算，斷定英國分艦隊占有優勢，下令各艦全速前進，迎戰德艦。

希佩爾海軍上將坐鎮「呂措號」巡洋艦，遠遠望見英國艦隊駛來，共計有大小戰艦五十二艘，其中戰艦，戰列巡洋艦若干，以為英軍中計。一面通報跟在後面的舍爾海軍上將，速率主力趕來參戰；一面指令各艦以攻擊姿態全速開進，設法把英國分艦隊誘至舍爾主力艦隊的炮口下。

兩支敵對的艦隊，近百艘戰艦，各以二十八節航速相向行駛。隔二十公里海面，貝蒂下令英艦搶先開炮。希佩爾艦隊也發炮還擊，卻因戰艦噸位小、大炮射程較近，對英艦威脅不大。貝蒂艦隊卻擁有三百八十一毫米巨炮，不但威力大，而且射程也遠。雙方炮戰，英艦占盡上風。貝蒂正暗中得意時，希佩爾艦隊忽然急轉一百八十度，全速向東退去。貝蒂見狀，不知是計，以為德艦懼怕英艦火力，準備逃跑，便指揮各艦全速追趕。

貝蒂親率六艘快速戰列巡洋艦一馬當先，企圖超越希佩爾艦隊，迎頭攔截，不知不覺中把戰艦分隊甩到後尾。德將希佩爾見英國戰艦在海上追逐中脫隊，只幾艘英國戰列巡洋艦不知死活趕來，畏懼之情頓減，急令各艦重新展開，再次迎戰貝蒂的戰列巡洋艦。

失去戰艦支持的貝蒂艦隊，現在與希佩爾艦隊旗鼓相當，六艘戰列巡洋艦對五艘戰列巡洋艦。英艦多一艘，但德艦訓練水準高，戰艦樣式新。兩支艦隊重新接近，隔二十公里，各以艦炮對射，邊射擊邊相向行駛。海面上頓時炮聲隆隆，硝煙滾滾，水柱排空。德國戰艦「馮．德爾．塔恩號」一馬當先，率先衝入英艦隊列，十門兩百八十毫米舷炮瞄準英艦「不屈號」一齊發射。濃煙起處，「不屈號」連中兩彈，其中一發穿透「不屈號」兩百毫米厚的甲板，直落彈藥庫，引起連環爆炸。在驚天動地的巨響聲中，「不屈號」艦體開裂，無數屍骨、雜物隨氣浪飛騰翻滾。一艘十五公尺長的艦載魚雷艇當時被拋上六十公尺高空，再墜入大海。不出半分鐘，「不屈號」連同來不及撤離的一千名艦員一齊沉入北海。德艦旗開得勝，先得一分。

英艦「瑪麗王后號」排水量兩萬六千噸，裝有八門三百八十一毫米的巨炮，甲板厚三百毫米，見「馮．德爾．塔恩號」兇猛，便恃船堅炮利，直撲「馮．德爾．塔恩號」，巨炮齊發。「馮．德爾．塔恩號」也中數彈，水線以下被擊穿一個大洞，海水如潮湧進。眼看難以支持，另外兩艘德艦趕到，一左一右，截住英艦「瑪麗王后號」，救應「馮．德爾．塔恩號」。「瑪麗王后號」只顧攻擊，不及閃避，也連中德艦數枚重磅炮彈，其三百毫米厚裝甲被穿體，艦體毀壞嚴重。不消片刻，「瑪麗王后號」也化成濃煙烈火，在一連串爆炸聲中斷為數截，依次下沉。一千兩百七十五名艦員，只九人生還。

貝蒂歪戴一頂戰鬥帽，在旗艦艦橋上指揮作戰，親眼見前後不過幾分鐘，兩艘英國巨艦被擊沉，觸目驚心。正焦慮時，又聽一聲巨響，卻是坐艦「獅號」也被一彈擊中。目力所及，艦體破損，大炮變成廢鐵。破爛的甲板上下盡是死屍、傷患、斷肢殘臂。貝蒂的戰鬥帽也被炸飛。貝蒂心驚膽戰，正欲令驅逐艦施放魚雷煙幕，掩護艦隊後撤，這時脫隊的四艘戰艦趕到，開始啟動艦上巨炮猛攻德艦。貝蒂得戰艦支援，聲勢復振，海戰形勢逆轉。英艦又將希佩爾艦隊圍在核心，猛烈攻擊。希佩爾的輕型戰艦經不起英國戰艦敲打，急切中又不能脫身，趕緊一面施放煙幕逃避攻擊，一面向舍爾海軍上將求救。

舍爾海軍上將正統率德國公海艦隊主力，在希佩爾艦隊一小時航程之外。接到希佩爾求援報告，又隱隱聽到遠方海面傳來隆隆炮聲，舍爾海軍上將下令艦隊全速航行，飛赴戰場，遠遠向貝蒂分艦隊包抄。貝蒂久經沙場，見勢不妙，一面向傑利科報告戰況，一面率領各艦佯作潰敗，慌不擇路，向傑利科艦隊方向回駛。

舍爾遙見英艦潰逃，率德國公海艦隊一百餘艘戰艦銜尾窮追。趕上時正要下令攻擊，忽見西方海面濃煙蔽日，數十艘巨型戰艦破浪駛來，卻是傑利科指揮的英國主力艦隊趕到。舍爾海軍上將從旗艦「柯羅斯號」遠遠看去，傑利科艦隊的二十四艘戰艦排成六行，每行四艦，艦距一百五十公尺，行距六百公尺，形成正面寬四公里，側面寬一公里的戰艦大方陣，浩浩蕩蕩，排山倒海。舍爾吃驚，卻不慌亂，下令各艦加緊攻擊，搶在傑利科戰艦大方陣趕到以前，消滅貝蒂分艦隊。德國海軍官兵訓練有素，瞄準發炮，貝蒂艦隊又在德軍炮火攻擊下連失四艦，只「勇敢號」和「紐西蘭號」尚能戰鬥。

正當貝蒂艦隊在德軍彈雨下苦苦掙扎時，傑利科艦隊趕到。英國主力艦隊的二十四艘戰艦排成單行，列陣四公里，橫切過舍爾艦隊前衛艦，在海面上劃出一道巨型丁字艦艇線。一聲號令，二十四艘巨型戰艦右舷巨炮一齊發射，一百餘發重磅炮彈一齊砸向德艦，立刻就有幾艘德艦中彈受創。舍爾坐艦「柯羅斯號」也連中幾枚三百八十一毫米重磅炸彈，引起沖天大火。舍爾思慮一陣，深感英艦勢大，再戰對德方不利，便下令驅逐艦施放魚雷煙幕，掩護撤退。各艦聽令，一齊左轉掉頭，循來路飛速回撤。傑利科剛占上風，正要猛敲猛打，扳回損失，煙幕中德國公海艦隊就失去蹤影，急率艦隊窮追一程。已然入夜，慮及德國海軍長於夜戰，又恐遭魚雷、潛艇暗算，不敢再追，只得率主力艦隊快快返回母港。

日德蘭海戰，是歷史上最後一場大規模的戰艦大編隊之間的艦隊決戰，英德雙方兩百餘艘大型水面戰艦，在數十公里海面上往來交戰，用巨型艦炮相互轟擊，驚心動魄。半日激戰，英國主力艦隊陣亡六千人，損失十四艘戰艦，人員艦艇損失是德國公海艦隊的兩倍。不過，德國公海艦隊雖然險勝，卻未能突破英國的海上封鎖。

17、「曙光號」炮打冬宮——十月革命之夜

【楚雲戰評】十月革命是世界上第一場勝利的無產階級革命，也是世界現代史的開端，對二十世紀人類歷史產生了重大影響。十月革命以布爾什維克黨領導革命的士兵、革命的工人，以武裝起義形式推翻反動政府、奪取政權、建立工農蘇維埃政權、實行無產階級專政而載入史冊。十月武裝起義的成功有其特定的歷史條件。起義之夜，戰鬥並不特別激烈，傷亡、流血也不算多。「曙光號」巡洋艦只向冬宮發射了三發教練彈，反動分子便望風而逃。在當時的革命大潮中，革命力量的「勢」壓垮了俄國反動派。經過十月革命，俄國成為世界上第一個社會主義國家，並成為全世界無產階級社會主義革命的大本營。十月革命武裝奪取政權的道路，也為不少殖民地半殖民地國家的革命人民效仿。

西元一九一七年十月二十四日午夜，俄國第一大海港城市彼得格勒烏雲漫天，寒風呼嘯，夜黑如墨。從城

郊看去，本該萬籟俱寂的彼得格勒城區，這時忽然人聲鼎沸，火光映天，不時夾雜一兩聲槍響劃破夜空。

在這不尋常之夜，城郊小街上出現了一高一矮兩個身影，高個子工人裝扮，穿一件短大衣，走在前面引路。矮個子裹一件長大衣，戴一頂俄國隨處可見的鴨舌帽，頭上還纏一條白繃帶，連脖子帶臉嚴密包裹，風絲不漏。矮個子看似受重傷，卻緊隨高個子前進，行動依然十分敏捷。二人沿街巷疾走如風，行色匆匆。前行者身材高大粗壯，眼神透露著機警。

二人潛行約一小時，來到縱貫城區的涅瓦河大橋橋頭。橋邊馬路上熙熙攘攘擠滿了行人，兩名忠於俄國資產階級政府的士官，橫槍攔在橋上，檢查證件，阻遏通行。高個子見盤查嚴格，想改道過橋。矮個子卻不動聲色，悄悄鼓動眾人說：「我們忙了一天，哪有時間在這裡傻等，衝過去吧！」眾人一聽此言，覺得有理，一湧而上，紛紛擠過崗哨。士官顧此失彼，急得罵人，也不敢開槍。混亂之中，矮個子和高個子快步走過崗哨，通過大橋，鑽入夜幕中。

二人前後相隨，又開始趕路，來到市中心的斯莫爾尼宮。高個子暗鬆一口氣，矮個子一把撕開纏在脖子上的繃帶，仰天哈哈大笑。這個矮個子便是俄國著名的無產階級革命領袖列寧，高個子是他的保鏢瓦西里。

列寧和瓦西里來到斯莫爾尼宮時，這裡已是人來人往，燈火通明，氣氛異常熱烈而緊張。列寧快步走進一個大房間，與幾位熟人打過招呼，又匆匆交談一陣，然後發出了一道影響俄國命運的著名命令。幾百名候在走廊裡的便裝聯絡官銜命出發，迅速消失在漆黑的大街小巷。隨後，幾百支由工人、士兵、水兵組成的隊伍，高擎火炬，攜槍帶刀，衝出工廠和兵營，分頭奔向彼得格勒火車站、電報局、警察局等資產階級臨時政府控制的要害部門，十月革命正式發動。

十月革命前，俄國由沙皇統治，既貧窮又落後，工人農民過著饑寒交迫、暗無天日的痛苦生活。一九一四年第一次世界大戰爆發，沙俄不顧人民死活，徵調幾百萬大軍開赴前線，卻迭遭失敗。俄國在對德、奧兩國作戰中死傷幾百萬人，後方更是田地荒蕪，百業凋零，家家戴孝，戶戶含悲。列寧和俄國布爾什維克黨利用俄國人民的不滿情緒，提出變帝國主義戰爭為國內革命戰爭的口號，在一九一七年二月發動革命，推翻沙皇統治。

但是，革命成果卻被狡猾的資產階級篡奪。二月革命後建立的資產階級臨時政府，繼承沙皇的政策，繼續投入幾百萬軍隊，在前線與德、奧軍隊作戰，同時又在後方血腥鎮壓革命群眾。俄國人民的處境在二月革命後沒有一絲一毫改進。列寧和布爾什維克黨忍無可忍，決定發動武裝起義，從臨時政府手中奪取政權。布爾什維克黨員紛紛響應列寧的號召，深入工廠車間以及前線戰壕，向工人發表演說，與前線士兵接觸，宣傳布爾什維克的革命理想。經過幾個月艱苦的宣傳、組織工作，彼得格勒幾十萬工人和軍隊紛紛轉向革命，前線水兵和士兵也成團、成師地倒向布爾什維克，革命時機日益成熟。經過認真討論，布爾什維克黨根據列寧的提議，決定在十月二十四日發動彼得格勒起義。

列寧的總起義命令下達後，幾十萬工人、水兵、士兵，迅速占領全城。資產階級臨時政府所屬的反動軍隊望風披靡，紛紛繳械投降。臨時政府的一群資產階級部長老爺，見勢不妙，由一個婦女突擊營和兩連反動士官生護衛，倉皇逃進沙皇昔日的行宮冬宮，依傍冬宮的高大建築，築起街壘，架起機關槍，企圖負隅頑抗，以待增援。成千上萬的工人、士兵，追殲殘敵，來到冬宮，團團圍住臨時政府在彼得格勒的最後據點，等待總攻命令。

十月二十五日晚，天色剛暗，列寧下達一定要奪取冬宮的最後命令。泊在涅瓦河上、尼古拉橋下的「阿芙樂爾」號巡洋艦上的起義水兵，立即為艦上巨炮裝上教練彈，瞄準冬宮，連發三炮，一炮擊中冬宮前庭，兩發炮彈落在冬宮前的廣場上。隨著轟轟隆隆三聲炮響，在冬宮外面等候已久的工人、士兵殺聲震天，從各個宮門湧入，沿一百一十七級雪白的大理石階梯進入冬宮，在一千零五個大小房間短兵相接，惡戰到午夜，終於占領冬宮，把勝利的紅旗插上冬宮高聳入雲的尖頂。臨時政府的十六名資產階級部長嚇得面如土色，抖如篩糠，與護衛他們的士官和婦女突擊營一起束手就擒。在冬宮戰鬥中，一共有六人死亡，五十人受傷，十月革命取得了決定性勝利。

18、酋長們的戰爭——里夫共和國的故事

【楚雲戰評】里夫共和國從成立到解體，前後不過數年，在歷史長河中，它只是一滴水、一瞬間，但里夫精神是不朽的。里夫精神最少有兩層，第一，不畏強暴，敢於以弱勝強。法國是第一次世界大戰的戰勝國，「一戰」後初期正是法國陸軍的鼎盛時期。西班牙也是殖民大國。面對里夫人民的不屈不撓，法國和西班牙在一敗再敗後，決定聯合出兵四十萬，最後勉強戰勝只有弓箭、刀矛的里夫人民。第二，嚮往現代化。里夫人雖然還處在部落時代，但「外面的世界很精彩」，里夫十二個部落成立了共和國，積極現代化，說明現代化起於內部。如果沒有西方侵略，每一個民族都會按自己的步伐，依據本民族的特性，選擇適合的現代化路徑。

一九二三年二月一日，北非摩洛哥山區重鎮安瓦爾張燈結綵，歡歌笑語，熱鬧非凡。里夫人的十二個部落

酋長聚集一堂，召開部落代表大會，決定關係里夫人未來命運的方針大政。按照複雜的宗教儀式，十二個部落酋長一齊跪拜，面朝東方克爾白神廟方向，喝過祭神酒，向真主禱告。一位頭纏阿拉伯方格頭巾、滿臉落腮鬍的高個子里夫青年走到眾人面前，莊嚴宣布：里夫共和國正式成立！

這位高個子青年名叫阿卜杜·克里姆，是里夫山區烏里阿格勒部落酋長的兒子。一九二〇年，老酋長率領部落民與入侵里夫山區的西班牙殖民者惡戰，因受殖民者誘騙，喝了西班牙人的毒酒，全身潰爛而亡。老酋長死後，受過西式教育的克里姆按照部落慣例，繼承酋長之位。他不忘父親臨終遺訓，絕不屈服於西班牙人，立志為亡父報仇。他以從西班牙學校學來的知識，結合古老的里夫部落戰術，與西班牙侵略軍英勇搏鬥，屢戰屢勝，聲名卓著，被里夫十二個部落公推為新生的里夫共和國「埃米爾」國王。

里夫共和國位於摩洛哥北部，緊靠地中海，山巒起伏，物產豐盛，戰略地位極為重要。二十世紀以後，人類雖然進入電氣化和航空時代，里夫山區還盛行部落制，人民過著與現代社會隔絕的游牧生活。一九一二年，侵略成性的法國和西班牙殖民者入侵摩洛哥，把里夫山區劃為他們的「保護地」。

第一次世界大戰結束後，西班牙決定進兵里夫山區，牢牢控制里夫部落。一九二一年年初，西班牙殖民軍將領西爾維斯特指揮一支由兩萬四千人組成的西班牙殖民軍，氣勢洶洶地大舉進犯里夫山區的戰略重鎮安瓦爾。里夫人雖然處在部落時代，卻英勇善戰，長於謀略。與西班牙軍隊交戰，部落兵初戰不利。新接過指揮權的阿卜杜·克里姆及時總結經驗教訓，決定揚長避短，誘敵深入，用小股部落兵採用麻雀鬧林戰術，引誘西班牙軍隊一步一步深入里夫山區。及至九月，天氣酷熱，西爾維斯特率部冒進至安瓦爾附近。沙漠氣候和長途行軍使其兵將疲乏。銳氣正盛的十二部落騎兵，突然從四面山林中和沙漠深處衝出來，和侵略軍勇猛拼殺。侵略軍陷入重圍，進退失據，死傷累累。西爾維斯特將軍因兵敗於部落民，羞愧難當，當場舉槍自斃。之後，十二個部落聯軍在克里姆領導下，連續作戰，以一當十，繼續重創西班牙殖民軍。在稍後的一次戰鬥中，部落兵生俘了西班牙司令官。軍事上的一連串勝利使里夫部落民自豪感倍增，建立新國家的時機逐漸成熟。

共和國成立後，受過西式教育的克里姆，模仿著名的土耳其基瑪律革命，領導新生的里夫共和國進行了一系列現代化改革。他首先制定《國家憲章》，口授憲法草案，要求西班牙人撤出里夫山區；同時，他把里夫社會傳統的部落體制與現代共和制相結合，建立新式國家集權機構，各部落仍然是地方組織的基本單位，中央設各部管理日常事務，各部落代表組成國民議會，掌握國家方針大政。在軍事上，他模仿西方軍制，實行義務兵役制，建立常備軍和通訊系統。此外，克里姆還發起社會革命，宣布廢除里夫傳統社會的陳規陋習，實行統一的伊斯蘭法規，創辦學校，按人口分配土地。經過這一系列改革，里夫社會發生翻天覆地的變化，由傳統社會向現代化邁出了一大步。

新生的共和國和克里姆改革受到西班牙殖民者的仇視。西班牙人屢遭失敗，自知不敵，又勾引法國殖民者參戰。一九二四年夏，一支法國侵略軍從法屬摩洛哥出發，侵入里夫共和國要地韋爾加河谷。

韋爾加河谷盛產椰棗、小麥，是里夫共和國唯一的產糧區，素有「糧倉」之稱。克里姆決心迎戰法國殖民軍，奪回糧倉。這時，法軍沿韋爾加河谷長驅直入，形成一字長蛇陣，兵力分散。克里姆審時度勢，命令十二個部落的騎兵分頭穿插猛進，把法軍長蛇陣截為數節，各個殲滅。經兩個月惡戰，部落兵銳不可擋，接連拔除法軍四十三個據點。

法軍在韋爾加河谷的失敗震動了歐洲。法國和西班牙政府達成協議，決定聯合出兵摩洛哥，共同扼殺里夫共和國。一九二五年八月，因守衛凡爾登而名震西方軍界的法軍名將貝當元帥，指揮法國三十萬大軍進入摩洛哥，西班牙軍隊也增至十萬人。兩國四十萬軍隊分兵幾路，殺奔里夫共和國腹地。殖民軍的營帳密如繁星，漫山遍野。飛機像飛蝗一樣在天空橫行。地面上，坦克群像甲蟲一樣，亂衝亂撞。里夫共和國方面僅有七萬軍隊，主要的武器是第一次世界大戰後淘汰的步槍，而且還不能人手一支。儘管如此，克里姆英勇不屈，指揮共和國軍隊在法國、西班牙四十萬大軍夾擊下奮勇作戰，多次重創殖民軍。一九二五年九月，一支西班牙軍隊發動偷襲，從海上進兵，奪占了共和國首都阿傑迪爾。一些部落酋長經不住殖民者的收買，意志動搖，叛變投敵。加上饑荒和連年戰禍，供應日益困難，共和國軍隊戰鬥力大大減弱，失去了軍事上的主動權。

一九二六年五月，法國、西班牙軍隊發動總攻。優勢敵軍包圍了共和國軍隊大本營，克里姆和衛隊拒絕投降，奮力抵抗，最後彈盡糧絕，被殖民軍俘獲。克里姆被俘後，仍然英勇不屈。他盛讚部落人民不畏強暴的鬥爭精神。面對侵略者的屠刀，他高傲地宣布，年輕的共和國雖然被殖民軍的坦克大炮摧毀，但里夫精神卻如撒哈拉的沙海，萬古長存。

19、德魯茲人大起義——哪裡有壓迫，哪裡就有反抗

【楚雲戰評】德魯茲人，是阿拉伯民族一個只有五十萬人的分支，也可以說是部族。德魯茲人大起義的故事說明：第一，哪裡有壓迫，哪裡就有反抗。正是法國殖民者對德魯茲人民的殘酷壓迫，迫使德魯茲人忍無可忍，揭竿而起。第二，游擊戰是弱者的祕密武器，也是每個民族在遇

到強敵侵略時的本能反應之一。歷史上弱小民族以游擊戰對付強敵入侵的戰例不勝枚舉，德魯茲人大起義只是其中一例。第三，德魯茲人大起義是阿拉伯式游擊戰的範例，具有不屈不撓、機動靈活、全民皆兵、寓兵於民、兵民結合等特點。

德魯茲人分布在黎巴嫩南部和與之相鄰的敘利亞以及巴勒斯坦境內，主要活動中心在距敘利亞首都大馬士革以南幾十公里的德魯茲山區。德魯茲人雖然不超過五十萬人，卻以緊密團結、剽悍善戰聞名於阿拉伯世界。

第一次世界大戰期間，敘利亞變成炮火連天的戰場，德魯茲人再次遭到浩劫。大戰結束後，協約國把敘利亞變成委任統治地，交由法國治理，巴黎駐大馬士革的法國專員控制了敘利亞的一切權力。根據分而治之的原則，法國專員下令把德魯茲山區劃分出來，稱作傑貝爾．德魯茲王國，認可阿特拉什酋長擔任國王。

但是，法國派駐的總督卻控制著德魯茲王國的大小事務，阿特拉什國王形同傀儡。法國總督卡爾比上尉在德魯茲人中說一不二，胡作非為。他帶領法國衛隊劫掠村莊，課徵軍稅，強分村社土地，推行強迫勞動制，濫處罰金，任意踐踏德魯茲人的宗教習俗和教規，騷擾德魯茲人的宗教祈禱，隨意拘捕德魯茲公民和族長。這名法國上尉甚至提出要阿特拉什國王招其為駙馬。

卡爾比上尉的倒行逆施激起了德魯茲人的公憤。阿特拉什國王忍無可忍，派代表到大馬士革，堅決要求法國專員撤換卡爾比上尉。蠻橫的法國專員不但拒絕了阿特拉什國王的要求，而且下令逮捕德魯茲人代表，把他們流放到荒山野嶺，並當眾撕毀了法國人在一九二一年簽訂的保證德魯茲人自治的協定文本。

富於反抗精神的德魯茲人忍無可忍，又一次舉起反抗外族統治的戰旗。一九二五年七月十八日，阿特拉什國王揭竿而起，率領德魯茲族人起義。三天之內，起義軍攻占了德魯茲山間重鎮薩勒哈德城。一星期後，起義隊伍迅速發展到幾千人，並解放了自己的省會蘇韋達城。

駐大馬士革的法國專員得知阿特拉什國王率領德魯茲人大起義的消息後，勃然大怒，立即出動四千大軍，以裝甲車為前導，開進德魯茲山區。

面對強敵，阿特拉什國王毫無懼色。他指揮德魯茲起義軍採用「麻雀鬧林」戰術，依靠叢林、岩洞，處處設伏，消滅法軍力量，遲滯法軍進攻。同時堅壁清野，封閉水井，藏好糧食，在要害地點廣設地雷陣，使法軍寸步難行。入夜以後，法軍官兵欲待宿營，德魯茲游擊小組鳴槍　喊，不停騷擾。法軍官兵饑不得食，夜不能寐，不出半個月，已疲憊不堪。德魯茲人卻以逸待勞，乘機與法軍決戰。阿特拉什國王身先士卒，率領等待已久的起義軍主力，從山間谷地潮水般衝向法軍營地，用大刀投槍猛砍猛殺。法軍龜縮在一隅之地，兩山夾峙，被打得鬼哭狼嚎，當場折損一千六百人。殘餘軍隊倉皇奪路突圍，逃往大馬士革。德魯茲人大獲全勝，繳獲了兩千支步槍，一百萬發子彈和五輛裝甲車。

經過這次決戰勝利，阿特拉什國王和起義軍聲威大震，起義軍擴展到四萬人，游擊戰烽火燃燒到法軍巢穴大馬士革。阿特拉什國王以新成立的敘利亞臨時革命政府和敘利亞國民革命軍統帥的身分，向全體德魯茲人和敘利亞人發表宣言，號召大家拿起武器，解放祖國，並要求法國承認敘利亞獨立。

法國殖民者面對如火如荼的德魯茲人大起義，不甘拱手交出殖民統治權，又從本土調來大軍，並派在第一次世界大戰中軍功卓著的甘莫林將軍為總司令，偷襲德魯茲山區的起義軍根據地。阿特拉什國王根據派駐大馬士革的情報員送來的密報，將計就計，以小股部隊引誘法軍主力深入德魯茲山區，親統起義軍主力，按敵進我退原則，沿一條祕密河谷小徑撤離，避開法軍大隊，乘虛進攻大馬士革城。一九二五年十月，經過激烈巷戰，在城內居民配合下，德魯茲起義軍奪占大馬士革，又一次挫敗法國殖民軍。

法將甘莫林中計以後惱羞成怒，星夜回師，四面圍城，架炮猛轟大馬士革城區，城內濃煙滾滾，當場有兩萬五千居民慘死在法軍炮火下，起義軍卻從法軍包圍圈中脫身。

炮擊大馬士革慘案發生後，敘利亞人民更加仇視法國殖民者，反抗之火越燒越旺。法國政府無計可施，便改換戰略，軟硬兼施，一面假意撤換炮擊大馬士革的劊子手，誘使阿特拉什國王談判；一面又增調大軍，加緊軍事鎮壓。

一九二六年四月，經過充分準備，法國出動八萬大軍，在飛機坦克掩護下，猛攻德魯茲人腹地城鎮蘇韋達城。德魯茲人再一次發揮游擊戰專長，利用山區地形，節節抗擊，屢屢獲勝。游擊隊甚至又一次殺進大馬士革。

由於眾寡懸殊，蘇韋達城被法軍攻陷。不久，法軍又攻占德魯茲人另一個戰略重鎮薩拉哈德。入秋以後，法軍發動最後總攻。為保家衛國，阿特拉什國王率領起義軍戰士艱苦轉戰，浴血奮戰，與優勢法軍周旋。每一處山口，每一個岩洞，都成為打擊法軍的戰場。一九二七年三月，經過十三天惡戰，法軍奪取勒賈火山高原上的最後一塊起義軍根據地，控制了德魯茲全境。阿特拉什國王誤中奸計，率領六百起義軍戰士轉戰到外約旦，卻被控制外約旦的英國當局扣留。不久，他們被引渡給法國殖民者。

轟轟烈烈的德魯茲人大起義雖然失敗，法國殖民統治卻遭到沉重打擊。這次大起義揭示了一個事實：德魯茲人和敘利亞人民永遠不會甘當亡國奴，而法國殖民者也絕不能永久統治德魯茲和敘利亞人民。

20、自由人將軍——一個南美游擊戰天才的故事

【楚雲戰評】「桑地諾軍隊的物資基礎就是人民。農民供給他士兵和特派員。用一根韌性的樹枝，可以製作一根大彈弓，就可以打死敵人。武器、彈藥、服裝都來自於他們精彩的戰利品。」這是一位烏拉圭作家對桑地諾與他的游擊隊的真實描寫，這也是游擊戰的基本特點。不同的是，桑地諾是最早以游擊戰方式反抗美國侵略的游擊戰天才，他領導的反美游擊戰比越南戰爭早開展近半個世紀。在他的領導下，尼加拉瓜人民以游擊戰戰勝了美國的侵略者，實現了民族獨立。他是尼加拉瓜人民的驕傲。他提出的「分散隊伍，夜間出擊，利用障礙，伏擊敵人」游擊戰十六字方針，至今仍閃耀著智慧的光芒。

尼加拉瓜首都馬拉瓜城，位於馬拉瓜湖和尼加拉瓜湖之間，附近地區叢林密布，河渠縱橫，地勢險峻。一九三四年二月一個陰雨霏霏的日子，馬拉瓜郊外叢林深處的夾山小路上，一隊騎馬的槍手迎風狂奔，急如星火。馬隊來到一處隘口，兩山壁立，叢林愈加遮天蔽日。馬隊首領心生警惕，陡然勒馬，一雙鷹一樣的眼睛前後左右觀察良久，方令幾騎率先衝過隘口探路。

幾騎尖兵剛剛過去，林中一聲呼哨，四下忽然槍炮齊鳴，密如爆豆，向馬隊橫掃過來。馬隊立刻人仰馬翻，死傷過半。幾匹受驚的戰馬亂奔亂竄，又踏響路邊地雷，血肉橫飛。未受傷的騎手們趕緊策馬上前，靠攏首領，把他圍在核心，同時舉槍回擊。走在前面探路的幾騎也如飛回馳，趕來救應。馬隊首領臨戰不亂，鎮靜自如，指揮馬隊拼死衝陣，企圖突出重圍。雙方正惡戰時，忽然一發機槍子彈迎面飛來，鑽進首領胸腹。那首

領血浴全身，仍然怒目圓睜，揮槍猛掃猛射，最後終於傷重不支，一頭栽下馬背。一名騎手跳下戰馬，拼死把中彈的首領抱上馬背，口呼將軍，淚如雨下。但是，這位被稱為將軍的馬隊首領，此時已經停止了呼吸。

這位戰死的馬隊首領不是別人，正是自由人將軍，尼加拉瓜民族英雄桑地諾。

一八九五年五月，桑地諾出生於尼加拉瓜一個小莊園主家庭。母親是一個有印第安血統的女傭。青少年時代，桑地諾經常在莊園勞動，深知生活艱難和勞動者的痛苦。他還目睹過美軍入侵尼加拉瓜施暴和祖國被強盜蹂躪的慘劇，埋下了反抗侵略者的復仇火種。這之後，桑地諾在中美各國漂泊流浪，有時到礦山做採礦工，有時到莊園摘瓜果蔬菜，有時又在印刷廠做排字工、機械師、倉庫保管員，居無定所，半饑半飽。長期的漂泊生活，開闊了桑地諾的視野，練就了機警沉靜、深謀遠慮的良將風範。墨西哥人民興起收回石油開採權的反美鬥爭時，桑地諾正在墨西哥，他投身於墨西哥人民的反美鬥爭，積累了鬥爭經驗，也堅定了從祖國趕走侵略者的信念。

早在一九一四年，美國就強迫尼加拉瓜接受《布里安—莫洛條約》，把尼加拉瓜變成美國的保護國。根據條約，美國具有對尼加拉瓜事務的監督權，也取得了大片永租地，以供美國開鑿運河和修建海軍基地。美國軍隊長年駐紮在尼加拉瓜，稱王稱霸。一九二六年，尼加拉瓜人民為反對美國扶植的迪亞斯親美獨裁政權，在尼加拉瓜自由黨領導下，建立新的自由黨政府，並組建了一支民族解放軍。美國侵略者再一次出動陸海軍，在尼加拉瓜大舉登陸，武裝支持迪亞斯政權。尼加拉瓜人民怒不可遏，一場反對美國侵略者及其走狗迪亞斯政權的民族解放運動如暴風驟雨，席捲全國。正在這一年，桑地諾回到闊別五年的祖國，登上了尼加拉瓜現代政治鬥爭的舞台。

回到祖國後，桑地諾全力投身於反美武裝鬥爭。他用全部積蓄三千美元購買一批武器彈藥，組織起一支小小的游擊隊。剛開始，游擊隊只有二十九人，缺少槍支彈藥，也缺少糧食衣服。但這些難不倒在風風雨雨中歷練多年的桑地諾和他的隊員們。在桑地諾帶領下，游擊隊員們就地取材，製作了各種各樣的土製武器。一種用開礦炸藥和玻璃片裝進罐頭盒製成的桑地諾手榴彈，使用方便，威力巨大，成為戰士們的最佳武器。游擊隊員們還不斷繳獲敵人武器，壯大隊伍。在桑地諾領導下，這支小小的游擊隊炸毀了一家美國人辦的金礦，旗開得勝。從此，桑地諾舉起象徵自由的紅黑雙色旗，帶隊北上，進入重巒疊嶂的塞戈維亞斯山區，開始了反迪亞斯政權的游擊戰。不久，他與自由黨聯合，鬥爭聲勢更加波瀾壯闊。

桑地諾作戰勇敢，指揮靈活，他常常帶領游擊隊，利用複雜地形，大踏步進退，以少勝多，打得敵人鬼哭狼嚎。游擊隊越戰越強。一位烏拉圭作家這樣寫道：「桑地諾軍隊的物質基礎就是人民。農民供給他士兵和特派員。用一根韌性的樹枝，可以製作一根大彈弓，就可以打死敵人。武器、彈藥、服裝都來自於他們精彩的戰利品。」

不久，桑地諾就獲得尼加拉瓜「自由人將軍」的稱號，他的游擊隊擴大了十倍，成為尼加拉瓜反美反獨裁鬥爭中最強大的力量。一九二七年，桑地諾聯合其他革命武裝，準備會攻馬拉瓜，奪取最後勝利。這時，自由黨領袖們貪圖富貴，放下了武器，與敵人妥協。桑地諾對這種叛賣行為嗤之以鼻。他拒絕了自由黨人許以巨額金錢委以市長官職的誘惑，宣布寧可在戰鬥中死去，也不能像奴才那樣苟活。

當年七月，美國侵略軍向桑地諾發出通牒，要求他在四十八小時內投降，桑地諾以兩個月的連續進攻戰作答。在一次戰鬥中，桑地諾游擊隊攻克軍事重鎮奧科塔爾，炸毀了敵軍司令部、市政府和賣國賊的住宅，威震整個中美洲，敵人為之恐懼。

一九二七年九月，桑地諾利用戰鬥間隙整頓游擊隊。他明確提出趕走侵略者，把土地分給農民，組織合作社等政治綱領，規定游擊隊不得侵犯和平居民，不為薪水打仗。他還提出「分散隊伍，夜間出擊，利用障礙，伏擊敵人」的游擊戰方針。九月整軍後，桑地諾游擊隊面貌一新，進一步發展壯大。一九三一年，桑地諾指揮三千名游擊隊員，兵分八路，占領全國八個州，控制了全國一半領土。為消滅桑地諾游擊隊，美國出動一萬兩千軍隊，幾十架飛機，更換了幾任司令官，前後奔波六年，仍然一籌莫展。仕桑地諾游擊隊打擊下，美國胡佛政府不得不在一九三一年下令美軍從尼加拉瓜撤退，放棄對尼加拉瓜的干涉。一九三二年十二月，美國從尼加拉瓜撤出最後一支侵略軍，尼加拉瓜人民反美鬥爭取得了重大勝利。

由於在長期反美游擊戰中戰功卓著，自由人將軍桑地諾得到尼加拉瓜人民的愛戴，同時也引起敵人的嫉恨。一九三四年二月，尼加拉瓜國民警衛隊總司令索摩查設下圈套，假意邀請桑地諾前往馬拉瓜的「國事」談判，卻在桑地諾歸途中伏擊殺害。這位令敵人恐懼的自由人將軍，在反帝疆場上縱橫馳騁，卻不幸死於國內反動派的陰謀。

桑地諾死後，索摩查篡奪革命成果，建立起新的親美獨裁政權。尼加拉瓜人民不忘桑地諾的英雄業績。在一九六〇年組建桑地諾民族解放陣線，高舉桑地諾大旗，開始了反對索摩查獨裁政權的新一輪鬥爭。

21、戰艦比例之爭——大艦巨炮主義，福耶？禍耶？

【楚雲戰評】大艦巨炮主義，是美國海軍理論家馬漢準將海權理論的政策表現。馬漢總結十九世紀以前幾千年海戰史，尤其是近代海戰史，推出「大艦巨炮主義」學說。第一次世界大戰前，他的理論得到各國重視，各國紛紛投鉅資建造巨型戰艦，各型「無畏戰艦」的誕生則是大艦巨炮主義的最集中表現。但是，第一次世界大戰的經驗說明，海權及大艦巨炮並不像馬漢所描繪的那樣重要，他是用十九世紀以前的觀念觀察二十世紀的戰爭，已落後於時代。可悲的是，第一次世界大戰後的各國戰略界、軍界並未認識到這一變化，仍視「大艦巨炮主義」為戰略圭臬，戰略思維停留於建造戰艦的競賽上，軍事、外交及相關戰略活動皆圍繞建造戰艦展開。隨後的第二次世界大戰表明，因技術進步，戰爭形式已然變化，大艦巨炮主義成為過時觀念。航空母艦成為海戰之神，而戰艦則在淘汰之列。

一八九〇年，美國海軍準將馬漢發表一本戰略學巨著，書名是《海權對歷史的影響，一六〇〇—一七八三》。這本書很快轟動歐美，被譯成多種文字，暢銷全世界。各國君王宰相、海軍將佐，紛紛拜讀這本戰略學名著，將之奉為戰略指南。各國海軍學校也把它作為教科書。

在這本書中，馬漢根據近代英、法、荷、西各國海洋爭霸鬥爭的經驗與教訓，提出了有關海軍戰略的著名論斷：一國要稱雄世界，必須擁有廣大的疆土和殖民地；要擁有最大疆域和殖民地，必須擁有制海權；要擁有制海權，就必須擁有壓倒敵艦火力的優勢艦炮火力，因而要求裝有大口徑艦炮的巨型戰艦。這就是著名的「大艦巨炮主義」。

馬漢的大艦巨炮主義一提出，就被各國海軍界奉為海軍戰略中至高無上的信條。各國海軍據此修訂戰略，紛紛趕造無畏戰艦，戰艦艦體越造越大，艦炮口徑越造越粗，促成世紀之交的第一場海軍軍備大競賽。一九一四年建成下水的英國「伊莉莎白女王級」戰艦，排水量兩萬七千噸，艦體裝甲厚達三十公分，艦上裝有八門三百八十一毫米巨型艦炮，十二門一百五十二毫米的中型艦炮，所有艦炮一次齊射，可以發射幾噸炮彈，船堅炮利，堪稱會移動的海上堡壘。第一次世界大戰中，擁有戰艦優勢的英國海軍威名遠揚，成為英國在大戰中立於不敗之地的強大海上保障。

第一次世界大戰結束後，各國海軍總結戰時經驗與教訓，加重了對馬漢大艦巨炮主義的迷信，不惜投入鉅資，開展戰後新一輪海軍軍備競賽。這場新競賽主要在美、英、日、法、義五國海軍之間進行。

一九一九年，第一次世界大戰剛剛結束，已擁有一百四十萬噸戰艦的美國海軍就提出一個新的三年造艦計畫。該計畫要求美國海軍壓倒英國海軍，搶占第一海軍強國的寶座。擁有八十萬噸戰艦的日本，不甘二流海軍強國的地位，在一九二〇年擬訂好「八八計畫」，要求擁有兩支戰艦隊，每支艦隊八艘戰艦，所有戰艦每八年更新一次。日本還在從德國接收的太平洋各具有戰略意義的島嶼搶修海軍基地和其他海戰保障設施。擁有兩百三十萬噸戰艦的英國，雖然是第一海軍強國，卻希望更新舊艦，多造新型超級戰艦，以便坐穩海軍頭號強國之位。

一九二一年三月，英國決定建造四艘四萬噸級的巨型戰艦。第一次世界大戰以後的三年時間，美、英、日三大海軍強國共有三十五艘戰艦正在船台上建造或準備開工建造。法、義兩國也不甘示弱，設法參加競賽。不過，它們把競賽重點放在花錢少、效率高的潛艇上。

在所有的軍備競賽中，海軍競賽最花錢。建造一艘新型戰艦，僅優質鋼就需要幾萬噸。主機、艦炮、夜視鏡等無一不造價昂貴。訓練海軍軍官與水兵更是一筆鉅資。日本為執行「八八計畫」不得不動用國家預算的三分之一。而英國已因戰爭耗空國庫，欠下美國四十億美元戰爭債務，要撥鉅款建造新艦實在是力不從心。美國雖然是富國，國內反對為擴充海軍而把美元扔進大海的人為數不少。法、義兩國財政上更是捉襟見肘。各國都不反對達成國際海軍協定，限制戰艦競賽的規模、速度。

一九二一年十一月十二日，美國發起召開海軍軍備會議，邀約日、英、法、義四大海軍強國到美國首都華盛頓，與美共商限制海軍戰艦競賽。會議伊始，擔任會議主席的美國國務卿休斯，就利用任會議主席的優勢先發制人，首先拋出美國方案：以戰艦總噸位作為衡量五國海軍實力的尺度，確定各國海軍戰艦噸位比例。規定美、英兩國為一類海軍國，各允建造五十萬噸戰艦；日本為二類海軍國，允建造三十萬噸戰艦；法、義兩國為三類海軍國，各允造十七萬五千噸戰艦。美、英、日、法、義五國海軍戰艦噸位比為5：5：3：1.75：1.75。

美國方案一出，各國都不高興，日本海軍大臣加藤友三郎首先反對。他據理力爭，提出應允許日本建造三十五萬噸戰艦。法國總理白里安也聲稱法國需要擁有三十五萬噸戰艦。英國樞密院長巴爾福，對一向追隨英國的美國這位「堂兄弟」，居然要求在海軍力量方面與英國平起平坐大為不滿，卻不便明言。美國堅持己見，首先向日本施加壓力。休斯國務卿向日本代表發出威脅，如日本不接受美、英、日5：5：3的戰艦比例，日本每建造一艘戰艦，美國就建造四艘戰艦。日本海軍大臣加藤友三郎是著名的美國通，深知美國財力是日本的十倍，說得出便做得到，只得屈從美國。不過，加藤提出了一個附加條件：美、英不得在西太平洋建立新海軍基地。就是說，日本必須擁有西太平洋海軍優勢。英、法兩國各欠美國巨債，人窮志短，也只得讓步。美國方案便被各國接受。會議最後達成協議，美、英兩國各允建造戰艦五十二萬五千噸；日本可建造三十一萬五千噸；法國和義大利各建造十七萬五千噸。五國海軍航空母艦噸位比也按戰艦噸位比確定。

一九二二年二月六日，美、英、日、法、義五國爭吵三個月後，在華盛頓正式簽署《五國海軍協定》。5比5：3：1．75：1．75的戰艦噸位比得到五國確認，但它並不能真正限制海軍軍備競賽。英國不喜歡美國後來居上，以至其實力與英國海軍旗鼓相當；日本不甘心做二流海軍強國。各國都設法逃避義務，擴充海軍實力。不允許建造戰艦，就多造巡洋艦和潛水艇。巡洋艦越造越大，戰艦也盡量以新換舊。到太平洋戰爭爆發時，各國海上作戰艦隊已經幾倍於《五國海軍協定》規定的噸位限制。5：5：3：1．75：1．75的戰艦噸位比例也面目全非。然而，多造戰艦並未帶來多少戰略利益給各國海軍在即將到來的第二次世界大戰中。

22、不攻自破的鋼鐵防線——馬奇諾防線的悲哀

【楚雲戰評】「兵無常勢，水無常形」，這是古代中國兵家總結戰爭經驗與教訓得出的基本結論。法國修築馬奇諾防線顯然違背了這些總結幾千年戰爭經驗、用無數生命換來的戰略理論。第一次世界大戰後的法國，隨時面臨德國的復仇威脅。它既要守護剛從德國收回的阿爾薩斯—洛

林，又要以重兵部署在荷、比、盧三個中立國背後，防止德國故伎重演，越過三個中立國，從法國東北邊境突入，直撲巴黎。為了節約兵力，法國決定修築馬奇諾防線。法國的戰略家沒有考慮到的是，坦克、飛機等武器的出現，不但大大提高了進攻者的攻擊強度、速度，也使德軍能夠偷越被認為是大兵團不可逾越的亞爾登天險。結果，當第二次世界大戰爆發時，德軍出其不意地從亞爾登突破，先右轉消滅了法國部署在東北部的重兵集團，而後揮師南下，繞到馬奇諾防線背後，全盤打亂了法軍部署，使法軍潰不成軍。馬奇諾防線非但沒有阻擋德軍進攻，反而成為法軍的墳場，並成為軍事思想保守、落後的代名詞。

一九一九年，根據《凡爾賽條約》規定，法國收復了被東鄰德國奪占長達半個世紀之久的阿爾薩斯—洛林。但對失地的收復又增加了法國防衛上的負擔。阿爾薩斯—洛林邊境開闊，難以防守，德國能奪走第一次，就能奪走第二次。為了保衛阿爾薩斯—洛林，防止德國東山再起，發動新的對法戰爭，第一次世界大戰後的法國政府絞盡腦汁，卻想不出任何對策。

一九二九年，在第一次世界大戰中以擅長壕溝戰著稱的安德列．馬奇諾擔任法國國防部長，他根據第一次世界大戰的壕溝戰經驗，提出一個萬全之策，就是沿德法七百五十公里邊境線修一條永久性防禦工事，以期既節約用兵，又能保證阿爾薩斯—洛林的安全。

馬奇諾將軍的建議，立即得到法國政府和軍界領袖的一致贊成。儘管正碰上席捲歐美各國的經濟大危機，法國政府仍然為修建這項邊境防禦工程投資兩千億法郎巨額經費，這大致相當於一九一九年以後，二十年法國國防開支的總和。法國全國最好的設計師、工程師都被國防部徵用，參與設計施工。工廠日夜加班，為工程建設生產水泥、鋼材、專用槍炮和其他重裝備。經過五年努力，法國終於克服重重阻力，在一九三四年建成這項宏偉的防禦工程，為了表彰馬奇諾國防部部長的功績，這項工程被法國人稱為馬奇諾防線。

馬奇諾防線南起瑞士和德法邊界交匯處，沿德法邊界線向北延伸，直達兩國邊界盡頭，全長七百五十公里。防線前面，帶刺鐵絲網層層疊疊，綿亙不斷，地雷場星羅棋布。縱深三公里的防線上，依托山勢，修有成千上萬個鋼帽暗堡和永備火力點，位置隱祕，火力相互交叉。用鋼筋水泥整體澆鑄而成的壁壘和工事頂蓋，大都超過一公尺厚。根據工程師們的嚴格計算，這些永備工事絕對可以承受住德軍重型野戰炮的持續轟擊和空投炸彈的襲擊。在防線的地下，無數暗道縱橫交錯，把前沿工事、所有的暗堡和永備火力點與複雜的地下工程連接在一起。這些巨大的地下工程，不僅包括鐵道、公路、指揮部、彈藥庫、醫院、倉庫、日用品儲備和水源，還包括俱樂部、娛樂場、電影城。總而言之，持久抵禦敵人大規模進攻的一切必備措施，工程師們都考慮得面面俱到。整個馬奇諾防線渾然一體，固若金湯，堪稱軍事工程建設史上的一大奇觀。參觀過馬奇諾防線的法國軍政要員，一提起馬奇諾防線，無不得意洋洋。他們確信馬奇諾防線攻不破、炸不垮，絕對可以阻擋德軍的進攻。

在德法七百五十公里邊境線上，馬奇諾防線確實像銅牆鐵壁一樣，令德國人望而止步，無可奈何。但是，馬奇諾防線有一個明顯的先天性弱點：它的北端未能延伸至英吉利海峽。由馬奇諾防線北端往北，是林深路隘的亞爾登山地，再往北是比利時、荷蘭、盧森堡三個中立國。這樣，從防線北端到大海屏障之間，就有兩百五十公里戰線沒設防，從而給德國留下繞過馬奇諾防線、進攻法國的機會，而這正是一九一四年德國進攻法國的老路。

由於要設法堵住馬奇諾防線北端的缺口，法國除了固守馬奇諾防線以外，還必須維持一支龐大的野戰軍，法國人力、財力絕對辦不到。但是，法軍將領遲遲無法意識到其中的矛盾。德國進攻法國前夕，法國的部署是一面固守馬奇諾防線，一面在荷、比兩個中立國背後配置百萬重兵，擺出與荷、比軍隊會合，堵住防線北翼缺口的姿態。至於二者之間的亞爾登山地，法軍普遍認為那裡山高林密，地勢陡峭，德國的坦克群難以通過，因而未加注意。

德國參謀本部制訂的「曼施坦因計畫」，正好利用了馬奇諾防線和法國軍事部署中的弱點。一九四〇年的德、法之戰完全超出法國軍界領袖們的預想。在戰線南翼的馬奇諾防線對面，德軍僅以少量部隊，用冷槍冷炮牽制防線上的法軍；在戰線北翼，另一支德軍偏師也虛張聲勢，擺開決戰架勢，把法軍百萬主力拖入比利時境內，使其失去機動能力。德軍中路主攻部隊的一千七百輛坦克，卻以三天行程，偷越亞爾登山地，十天之內進抵大西洋岸邊，攔腰截斷法國領土上的軍隊，割斷了比、荷境內法軍野戰主力與馬奇諾防線的聯繫。在消滅法軍野戰主力後，德軍大隊人馬從六月五日開始，回兵南下，然後向左急轉，以摧枯拉朽之勢，突然出現在馬奇諾防線背後。馬奇諾防線不攻自破，不但未能成為抵禦德軍進攻的金城湯池，反而成為大批法軍的葬身之地。

一九四〇年德法之戰結束後，法國軍事領袖們才認識到：花費兩千億重金、耗費五年工時修築馬奇諾防線，不但是浪費，而且是犯罪。軍事評論家們評論說，修築馬奇諾防線是一九四〇年法國迅速敗亡的主要軍事原因。

第一次世界大戰和工業技術進步，使戰爭形式產生革命性變化。飛機、坦克投入實戰，為遠距離、高速度、大規模機動作戰提供了技術條件。法國的軍事首腦們拘泥於陳腐經驗，用一九一四年的頭腦，指揮一九四〇年的戰爭。他們相信即將到來的新戰爭像上次世界大戰一樣，也是一場持久的壕溝戰，念念不忘法軍在凡爾登的永備工事曾頂住德軍炮火十個月的飽和轟擊。他們仍然認為防禦是最有力的作戰形式，藏身於永備工事後的步兵永遠至高無上。根據這種軍事思想，他們不惜血本修築馬奇諾防線。結果，一個擁有數百萬大軍的軍事強國，竟然不堪一擊，在六個星期內土崩瓦解。

23、雪漫東京槍聲急——日本「二二六政變」流產記

【楚雲戰評】日本在明治維新後走上資本主義道路，迅速崛起為東亞強國。但是，資本主義的日本仍保持濃厚的封建殘餘，最突出的是軍人與財閥在日本享有特權。日本軍人因接連取得中日甲午戰爭和日俄戰爭的勝利，更加驕橫不可一世。軍人以下犯上，不斷策動流血政變，成為日本政治中的家常便飯。一部分日本少壯派軍人，尤其極力主張憑武力盡快征服中國與亞洲各國，建立「大日本帝國」。但他們的主張不為日軍中由上層將領構成的統制派及政界、財界的「穩健派」接受。後者在對外侵略擴張、征服中國與亞洲等總目標上，雖然與日軍少壯派軍人並無二致，但在戰略上主張從長計議。於是，急不可耐的日本少壯派軍人就發動了「二二六」政變，企圖奪取政權，推動日本加速對外侵略。

在櫻花之國日本流傳著一個故事，這個故事充分地表現了日本武士道精神的瘋狂，也一直是日本電影、戲劇久唱不衰的主題。這個故事的名稱是「四十七個浪人」。

十七世紀，有位日本大名（日本封建時代對一個較大地域領主的稱呼）受到幕府將軍儀典長的羞辱，憤而自殺。效忠於大名的武士大石在大名死後，指天而誓，一定要為主人報仇雪恨。在往後的七年中，他遵循武士的自我犧牲傳統，裝扮成醉鬼，暗中積聚力量，謀算如何報仇。七年後，武士集合四十七名效忠於大名的日本浪人，在一個大雪紛飛的早晨，強行攻進儀典長戒備森嚴的私宅，刺死儀典長，然後割下他的首級，放在神社中主人骨灰面前獻祭。報仇雪恨後，武士和四十七名浪人一齊在主人的神社前切腹自殺。

幾個世紀過後，一九三六年二月二十六日，又是一個大雪紛飛的清晨，日本帝都東京因連下三天三夜、五十年不遇的大雪，銀裝素裹，漫天皆白。清晨四點，在日本陸軍第一師團的兵營裡，香田清真陸軍大尉把他的士兵從睡夢中喚醒，命令他們荷槍實彈，全副武裝，列隊站在一尺厚積雪的練兵場上，發表慷慨激昂的訓示。他首先講述了「四十七個浪人」的故事，然後指責日本政界和財界領袖腐敗無能，阻礙日本擴軍和侵略中國。他說，日本陸軍代表進步力量，負有清除政界與財界腐敗勢力之責，以清君側，保證日本順利擴張，建立大東亞帝國。最後，他把部隊分為六支分隊，分頭攻占日本警視廳、首相官邸、陸軍大臣官邸及其他日本重臣居所，控制東京市區。他要刺殺日本首相和其他政界、財界領袖，迫使陸軍大臣接受擴大對外侵略的要求。命令既出，士兵們群情激昂，一齊揮槍低呼萬歲，然後迎著刺骨寒風和鵝毛大雪，按戰鬥隊形，穿行在積雪覆蓋、靜悄悄的東京大街上，分頭撲向各個目標。

香田大尉帶領一百七十名士兵，首先衝進日本陸相川島義之的官邸。士兵們用刺刀把睡夢中的川島陸相逼到天寒地凍的小院裡，讓他恭聽香田宣讀叛軍要求：逮捕統制派首領；提拔皇道派軍官；委派荒木貞夫為關東軍司令官，壓制俄國；下達戒嚴令。同時要求陸相立即前往皇宮，轉達叛軍的四大要求。

與此同時，安藤輝三大尉指揮一百五十名士兵衝進皇室侍從長鈴木貫太郎的官邸。年邁的侍從長聞訊趕緊回儲藏室取劍。但是，二十多支帶刺刀步槍頃刻之間團團圍住了他。一名士兵走上一步，禮貌地問道：「您是鈴木閣下嗎？」侍從長鎮定如常，給了肯定回答。話音剛落，叛軍三支手槍從不同角度同時向侍從長各開一槍，一彈擊中下腹，一彈穿過心窩，一彈打空。侍從長鈴木倒在地上，左右翻滾，血流如注。不知是誰喊了一聲：「再補幾槍！」砰砰又是一陣槍響，侍從長頭部、肩部又連中數彈，終於躺在地上無聲無息。

第三支叛軍小分隊由一名日軍中尉指揮，目標是總理大臣高橋是清的私宅。高橋主管財政，一向堅持削減軍費，最令陸軍少壯派憤恨。這隊日軍衝進高橋住宅，砸開二道門，俘獲門衛和僕人，然後踢開高橋臥室房門。一名士兵掀掉高橋身上的被子，中尉用手槍瞄準總理大臣只穿著睡衣的瘦胸脯，一扣扳機，一發子彈全部穿進老人的胸口。另一名軍官猶嫌不足，揮起軍刀橫劈，一刀削掉了高橋右臂，然後在狼一樣的嗥叫聲中，把軍刀捅進藏相腹部，左右搖曳，帶出五臟六腑，流滿一地，方肯甘休。

另外兩隊叛軍衝往市郊，一隊衝進陸軍教育總監寓所，先用手槍射擊，又用軍刀亂劈，殺死了教育總監渡邊。另一隊衝進一家山間旅館，放火焚燒，企圖殺死天皇心腹顧問牧野子爵。多虧子爵二十歲的孫女，帶著子爵從後門溜出旅館，鑽進叢林逃生。第六小分隊殺進首相官邸，忙亂中李代桃僵，誤把首相岡田啟介的妹夫當作首相本人槍殺。岡田首相九死一生，僥倖活了下來。

在第一聲槍響的同時，叛軍已在市中心布滿崗哨。叛軍在首相官邸掛起大橫幅，其上「尊王——義軍」四字，在白雪托襯下十分醒目。隨著東京市中心槍聲四起，京城交通阻隔，通訊中斷，學校停課，工廠停工。東京大街上空無一人，只有軍人在四處活動。叛軍用舊汽車、沙袋，在主要街道上築起路障，封鎖市區，準備惡戰。駐市郊的陸軍第一師團主力在營地觀望，準備見機行事。東京人心恐慌，謠言四起。

少壯派軍人發動「二二六」政變震驚了日本陸軍統制派。他們雖然不反對少壯派軍官的要求，卻不能容忍他們的政變行為。統制派趕緊從全國各地向東京調兵，準備鎮壓叛亂。陸軍坦克也開進市區，待命進攻。與此同時，滿掛炸彈的轟炸機被推上跑道，準備升空。日本海軍的聯合艦隊開進東京灣，戰艦上的巨炮已取下炮衣，瞄準市中心叛軍占據的國會大樓和陸軍部大樓，要為在叛亂中被殺死的幾名海軍將官報仇。裕仁天皇更是怒不可遏，二月二十八日，天皇親發敕令，要求叛軍撤離市中心，各回營地。大幅氣球標語在市中心上空升起：「敕令已頒，勿抗軍旗！」

聽到廣播電台播放的天皇敕令後，叛軍士兵面面相覷，士氣頓懈，大有上當受騙之慨，紛紛拖槍回營。二月二十九日，發動叛亂的少壯派軍官見大勢已去，也放下武器投降。

「二二六」政變流產後，日軍中的統制派趁機處死參加叛亂的少壯派將領，全面控制陸軍和政府，建立起軍部獨裁統治。此後，日本更加瘋狂地擴軍備戰，四處侵略擴張，一步步走上戰爭之路。日本少壯派雖然未能達到掌權的目的，但他們透過「二二六」政變推動日本加速了對外擴張的步伐。

24、萊茵賭國運——《洛迦諾公約》的葬禮

【楚雲戰評】德國軍事理論家克勞塞維茲說：戰爭是在迷霧中摸索；而在希特勒那裡，戰爭是一場輪盤賭博。迷霧也好，輪盤賭博也好，都是說戰爭充滿了不確定性。希特勒進軍萊茵非軍事

區時，德國只有三十六師，而法國有一百師，波蘭和捷克斯洛伐克有數十個師。它們還能得到英國和蘇聯的支援，因而對德國擁有壓倒性優勢。但當德國區區一支僅有三個營的小部隊公然違背《凡爾賽條約》和《洛迦諾公約》，向萊茵非軍事區開進時，強大的法國居然未作任何反對表示。結果，希特勒在極不利的情況下，獲得了這場輪盤賭博的勝利。此後他愈發大膽、愈加敢於冒險。他的戰爭機器經過一次次預熱，很快就要發動了。

一九三六年三月七日清晨，東方剛剛破曉，萊茵河兩岸的居民還在濃霧中沉睡。橫跨萊茵河的橋梁上，忽然人嘶馬叫，無數雙軍靴一齊起落，「喀嚓喀嚓」的腳步聲從濃霧中傳來，令人恐懼。三個營的德國步兵，頭戴閃亮的鋼盔，拿著希特勒密授的錦囊妙計，穿過濃霧，跨過萊茵河，開進萊茵河西岸非軍事區。

德軍進入萊茵河西岸非軍事區的消息在全世界迅速傳開，歐洲各國大驚失色。一家歐洲大報宣稱德國的行動代表著《凡爾賽條約》和《洛迦諾公約》壽終正寢。另一家歐洲大報乾脆把德軍進入萊茵河西岸非軍事區，比作塞拉耶佛事件再現，稱這「是歐洲和平大門的關閉，戰爭大門的開啟」。法國趕緊向法德邊界調去十三師，英國軍艦也頻頻調動。德國東鄰的波蘭、捷克斯洛伐克都鼓勵法國出兵，趕走幾營的德國部隊。

德國在進兵萊茵河西岸非軍事區的四十八小時內也十分緊張。萊茵河對面，德國的宿敵法國有一百師的精銳部隊；而在德國邊界的東邊，捷克斯洛伐克和波蘭也有幾十個師的部隊；再往東，與法國剛剛簽訂互助公約的蘇聯有幾百個師，這些軍隊全都虎視眈眈地盯著德國的一舉一動。除此之外，全世界最強大的英國海軍也支持法國。而德軍重整軍備剛剛開始，全國總共不過幾十萬軍隊，計畫用於占領萊茵河西岸非軍事區的部隊只有區區一師。如果法國反擊，只須動一個小指頭，就可以碾碎渡過萊茵河的幾營德軍，而希特勒絕無後援部隊可派。他下達給過河德軍的命令中有一句話：「若遇法軍反擊，立即撤回萊茵河東岸！」

德軍跨過萊茵河後，希特勒心神不寧，不吃不喝，目露凶光，像狼一樣，在辦公寓所的房間裡來回踱步，誰也不理。他自己後來回憶說：「在進軍萊茵河以後的四十八小時，是我一生中精神最緊張的時刻。如果當時法國人也開進萊茵河，我們就只好夾著尾巴撤退。」如果已渡過萊茵河的德軍真如希特勒所言，從萊茵河西岸狼狽撤回，第三帝國將蒙受奇恥大辱，希特勒個人威望將受到致命打擊。

萊茵河流經法、德兩個歐洲大國，河西岸有一片狹長地帶，與阿爾薩斯—洛林兩省毗鄰，戰略地位重要，歸德國所有。法國在第一次大戰後收復阿爾薩斯—洛林，要求協約國採取措施，防止德國東山再起，向法國復仇。為此，巴黎和會上簽署的《凡爾賽條約》，不但限制德國軍備，而且規定在萊茵河兩岸德法邊界建立非軍事區。根據這項規定，不但萊茵河的東五十公里劃為非軍事區，位於萊茵河西岸的那塊德國領土也被劃為非軍事區，由協約國占領五～十五年。和約規定德國可以管理萊茵河非軍事區，但在非軍事區內不得修建防務工事，不得駐屯軍隊。非軍事區從萊茵河上游德法邊境起，沿河而下，向北直達比利時與荷蘭東部國境。

六年以後，英、法、德、義、比、捷、波七國又簽訂《洛迦諾公約》，重申《凡爾賽條約》關於萊茵非軍事區的各項保證。德國在《洛迦諾公約》上簽字，保證遵守關於萊茵非軍事區的各項規定。英、法、義各國也保證將以武力維護萊茵非軍事區。

希特勒上台後，一心一意要撕毀《凡爾賽條約》和《洛迦諾公約》，恢復德國第一次世界大戰前的版圖和地位，消滅法國，征服歐洲，稱霸世界。一九三四年十月，希特勒祕密下令打破《凡爾賽條約》的限制，重建德國陸海空三軍。德國陸軍迅速由《凡爾賽條約》規定的十萬人限額增至三十萬人，海軍開始祕密建造潛水艇和排水量數萬噸的重型戰艦。空軍發展更快，一九三五年德國生產了三千架高性能飛機。一九三五年三月，希特勒頒令恢復普遍義務兵役制，使德國軍隊平時編制達到陸軍三十六師。

一九三五年五月二日，希特勒下令德國陸軍制訂代號為「訓練」的軍事計畫，準備「以閃電速度」突然出擊，公開違反《凡爾賽條約》和《洛迦諾公約》，武裝占領萊茵非軍事區，取消關於非軍事區的規定。德國陸軍深恐法國出兵干預，使陸軍蒙受失敗的屈辱，極力勸告希特勒不要冒險。希特勒卻大言不慚地告誡他的將領：「軍事必須服從政治。」又告訴他的親信：「政治就是賭博，賭徒膽子越大，賭注越大，贏的就越多。」他還保證說，德軍進兵萊茵非軍事區，「只會贏一個千秋帝國，絕不會輸一分一文」。

一九三六年三月二日，蘇聯和法國簽訂一個以德國為假想敵的互助公約。希特勒宣稱俄、法互助公約使《洛迦諾公約》失去效力，並以此為藉口，下令德軍前鋒三營步兵跨過萊茵河大橋，進入萊茵河西岸非軍事區。

三月七日，賭注終於投下。希特勒和德國陸軍將領們屏聲靜息，等待幾百萬法軍及其盟友的反應，準備一有風吹草動，就撤回過河德軍，以免蒙受失敗。出人意料的是，法國及其盟友的反應非同尋常地溫和。法軍向邊界調動部隊僅僅為了緊守邊界，絕不是要用一百師去消滅三個營的德軍。英國外交大臣發表談話，聲稱德軍是在自己的領土範圍內行軍，「他人無權說三道四」。

一切平安無事，希特勒贏了一大注。在確信法國不會出兵干預，英國也不會反對以後，希特勒鬆了一口氣，他又恢復了平日目空一切的自大狂個性，在德國國會發表演說，洋洋得意地宣布：德國政府從今天起，正式確立在萊茵非軍事區「不受任何限制的絕對主權」。他的話語剛落，全場歡聲雷動，六百名與會的納粹議員，全都身穿褐色制服和長筒皮靴，一式短髮，像一群機器人一樣，倏地起立，向上伸出右臂，口呼萬歲，向希特勒致意。

進軍萊茵非軍事區使希特勒贏得了德國陸軍、軍官團和其他反納粹勢力的全面支持，鞏固了希特勒的政治地位。法國和英國對德國的行動不作任何干預，不但默認希特勒公然撕毀《凡爾賽條約》和《洛迦諾公約》的行為，而且使比利時、波蘭、捷克、斯洛伐克這些德國的小鄰國寒心。英、法絕不會為這些小國的安全向德國開戰。

占領萊茵非軍事區後，希特勒摸清了英、法各國的底牌，從此更加得寸進尺，肆無忌憚。一九三八年三月，德軍進兵奧地利。不久，德國又吞併捷克斯洛伐克，歐洲一天天走向世界大戰的雷區。

25、普天堡大捷——積小勝為大勝

【楚雲戰評】就戰役規模與戰爭強度而論，普天堡戰役不能與史達林格勒戰役、莫斯科戰役、瓜達爾卡納爾戰役等大規模戰役相提並論，甚至也無法與中國抗日戰爭史上的臺兒莊戰役、平型關戰役、崑崙關戰役相提並論，它卻是抗日游擊戰的一種典型樣式。一支服裝不一的小隊伍，使用五花八門的落後武器，在伸手不見五指的黑夜，翻山過澗，疾奔如飛，偷襲一個日軍占領的據點，這就是游擊戰，一種弱者對抗強敵的戰爭模式。普天堡大捷殲敵數量雖然有限，但它使貌似強大的侵略者陷入游擊戰的泥潭，讓侵略軍日夜恐懼，防不勝防。它如寒夜明燈，鼓舞被侵略民族站起來與侵略者不屈不撓的鬥爭。正如金日成所言，普天堡大捷的意義在於，它說

明朝鮮人民並沒有被斬盡殺絕，他們還在鬥爭，且最終一定能勝利。

一九三七年六月四日夜，中朝邊界東段長白山東麓的鴨綠江邊，山高林密，夜黑如墨。在通往鴨綠江上游渡口的山路上，出現了一支神祕的隊伍。這支隊伍服裝奇特，有人穿著傳統的朝鮮大襠褲，有人身著四兜列寧裝，有人套著日本軍裝。武器也五花八門，有日本三八式步槍，有俄製馬槍，也有中國製九九式步槍，還有人身背大刀或提一把馬刀。這支隊伍一路翻山過澗，疾奔如飛，每個人只盯住前面同伴右臂上的白纏帶，悄無聲息地前進，他們的目的地是日本人占據的朝鮮要鎮普天堡。

普天堡位於朝鮮兩江道北部的鴨綠江畔，與中國吉林省長白縣隔鴨綠江相望。普天堡雖是彈丸小鎮，卻地處鴨綠江和圖們江兩江源頭之間和分水嶺下，扼守朝鮮通往中國東北的狹窄陸橋，是日本控制朝鮮北部和中朝交通的戰略要衝。為守住普天堡，日軍在這裡建立了事務所、警察局、山林經營所、農事試驗場等軍政機構，並派駐警衛部隊。這裡地形險要，日本人據險設防，工事堅固，易守難攻。

午夜時分，這支小部隊強渡鴨綠江天險，來到普天堡鎮外。指揮這支隊伍的指揮官約三十歲，身穿一件日本軍裝。他在鎮外一處制高點伏地觀察良久，方指示待在一旁的傳令兵發號聯絡。小傳令兵對左右兩邊各學了一聲蛙叫。片刻，左右兩邊也回應一聲蛙叫。另外兩支隊伍也按約定來到鎮外，進入陣地。年輕指揮官手往下一按，小傳令兵又學青蛙「呱！呱！呱！」連叫三聲。蛙聲剛落，三支隊伍按預先約定，如離弦之箭，撲向各自目標。尖兵首先溜進日軍崗哨，然後，一支隊伍偷襲日本駐軍，一支隊伍進攻警察局，第三支隊伍占領其他設施。此時，日本軍警和官員正在酣睡，渾然不知神兵天降，面對突然出現的刀槍，一個個抖如篩糠，趕緊舉起雙手，聽憑處置。這就是朝鮮抗日戰爭史上著名的普天堡大捷。指揮這次作戰並取得勝利的年輕指揮官就是金日成，後來成為朝鮮民主主義人民共和國的最高領導人。

金日成原名金成柱，一九一二年出生於朝鮮一個貧寒的農民家庭。那時，朝鮮三千里江山已淪為日本殖民地。日本殖民者在朝鮮橫行霸道，無惡不作，金日成也和千千萬萬朝鮮人民一樣，飽嘗亡國奴的痛苦，過著饑寒交迫的生活，自幼萌發了反抗日本侵略，爭取朝鮮獨立的崇高革命理想。

自從日本占領朝鮮後，朝鮮人民為反抗侵略，一直堅持反抗。一九一九年，兩百萬朝鮮工農發起「三一大暴動」。一九二六年，漢城四十萬人發動了「六十萬歲」運動。一九二九年，元山工人發動大罷工。不久，因日籍學生欺負朝鮮女學生，又有六萬朝鮮學生舉行反日大遊行，沉重地打擊了日本侵略者。金日成目睹並參與了這些鬥爭，深受教育和鼓舞。他從這些鬥爭的經驗教訓中悟出一條真理，要戰勝強大的日本侵略者，實現朝鮮獨立大業，必須拿起槍，組織人民開展武裝鬥爭。

一九三一年，日本發動「九一八事變」，占領中國東北。中國東北的抗日鬥爭風起雲湧。中、朝抗日鬥爭連成一體，相互呼應，相互支持。這使金日成認識到朝鮮抗日鬥爭並不孤立，朝鮮人民的抗日鬥爭一定能勝利。從此以後，朝鮮抗日鬥爭轉向武裝鬥爭的新階段。

一九三二年十二月，金日成創建了朝鮮第一支人民抗日游擊隊，不久，又以游擊隊為基礎，建立起正規的朝鮮人民軍。新的朝鮮人民軍在金日成領導下，與中國東北抗日聯軍相互配合，並肩作戰，威震敵膽。同時，朝鮮人民軍還在中朝邊境建立了與長白山毗連的抗日根據地和人民政權。

一九三六年五月，金日成宣導成立朝鮮「祖國光復會」，提出《抗日救國十大綱領》，主張中朝人民聯合起來，打倒日本帝國主義。朝鮮人民紛紛響應金日成號召，投身於抗日鬥爭。幾個月之內，光復會發展到二十多萬會員，朝鮮人民革命軍也成倍增加，多次挫敗日本軍隊的討伐和圍攻。抗日根據地在鬥爭中不斷擴大，抗日烽火映紅了三千里江山。

一九三七年六月，朝鮮人民革命軍粉碎了日寇的圍攻後，決定主動出擊，打擊日本侵略軍。他們選定鴨綠江上游的普天堡為突破口。占領普天堡後，人民軍搗毀日偽機關，發給歡呼的人民群眾《抗日救國十大綱領》和其他宣傳抗日的資料。金日成向群眾發表演說，號召他們與日本侵略軍反抗到底。他說，人民軍消滅日本駐軍，奪取普天堡說明，朝鮮人民並沒有被斬盡殺絕，他們還在反抗，他們最終一定能勝利。

第二天，駐朝日軍第十九師團派出野戰部隊向普天堡合圍，企圖尋機與人民革命軍決戰，消滅人民革命軍。金日成指揮部隊攜帶戰俘和戰利品，主動撤離普天堡，向長白山深山密林轉移。日軍銜尾窮追。金日成又指揮部隊利用險要地形，在中國長白縣三峰地區布下伏兵，打敗日寇追兵，為普天堡戰役全勝畫了一個完整句號。經過這一戰，朝鮮人民革命軍聲威大震，日寇愈加聞風喪膽，不得不處處謹慎小心，時刻提防朝鮮人民革命軍的下一次襲擊。

26、四保馬德里——一曲國際主義壯歌

【楚雲戰評】一九三〇年代，侵略與反侵略、法西斯與反法西斯、和平或戰爭，是當時國際政治鬥爭的主題。圍繞這場鬥爭，國際社會分裂為相互對立的兩個營壘，陣線分明。西班牙內戰是這場國際鬥爭的縮影。西班牙內戰不僅是西班牙國內進步力量與反動力量的較量，也是世界進

步力量與反動力量的較量。在軍事上，大國都多少被捲入西班牙內戰，或向西班牙交戰雙方提供各種軍事裝備，或派志願者直接參戰。因此，西班牙內戰實質上是一場國際戰爭，它同時還是歐美各國先進武器和軍事思想的實驗場。

一九三六年十一月八日，西班牙首都馬德里風雪瀰漫，狂風怒號，城區卻人潮湧動。各條大街上，一支支隊伍荷槍實彈，由坦克、裝甲車相伴，向城郊戰火紛飛的前線開進。他們膚色不同，種族各異，有黑皮膚的非洲人，黃皮膚的中國人，也有白皮膚的歐洲人。這些雜色隊伍一面健步行進，一面高唱激昂的戰歌：「馬德里你太有名，法西斯企圖把你占領，但你英勇的兒女，正浴血奮戰，絕不會辱沒你……」

伴隨著激越奔放的戰歌，保衛馬德里的號角正式吹響，號稱微型世界大戰的西班牙內戰進入決戰階段。

西班牙地處歐洲西南部的伊比利半島，北隔庇里牛斯山與法國相鄰，南隔寬僅十四公里的直布羅陀海峽與北非的摩洛哥相望。東北方向，渡地中海不遠，可達義大利。由於扼住地中海與大西洋之間航道要衝，西班牙的戰略地位一向為戰略家所重視。

一九三一年，西班牙發生資產階級革命，人民推翻君主專制政權，建立起資產階級共和國。不久，西班牙共產黨，聯合左派共和黨、社會黨等進步力量組成人民陣線，在一九三六年二月的選舉中獲勝，組成西班牙人民陣線政府。新政府對內推行民主改革，赦免政治犯，解散保皇黨和法西斯組織，實行八小時工作制，降低農民地租捐稅；對外與民主國家合作，反對法西斯侵略，因而得到西班牙人民和國際進步力量的支持。

西班牙人民陣線政府的內外政策和共和國政府的進步，引起國內外反動派的忌恨。一九三六年七月十八日，隱藏在共和國政府內部的法西斯分子、武裝部隊總參謀長佛朗哥將軍，在國內外法西斯勢力支持下，領導駐屯摩洛哥的西班牙軍隊發動武裝叛亂。他們渡過直布羅陀海峽，向人民陣線政府宣戰，企圖顛覆共和國。幾天之內，叛軍誘使共和國三分之二的軍隊投向佛朗哥。叛軍占領西屬摩洛哥及西班牙本土五個省，從南北兩個方向威脅首都馬德里。

共和國政府為粉碎佛朗哥叛軍，組織三十萬軍隊，奮起保衛共和國。經過多次血戰，挽救了危局。佛朗哥叛軍節節敗退，被共和國軍隊趕到幾處環形防線裡，苟延殘喘。

眼見佛朗哥叛軍潰敗在即，希特勒領導的法西斯德國，和墨索里尼領導的法西斯義大利憂心如焚，決定公開插手西班牙內戰。一九三六年十一月十八日，德、義兩國同時宣布斷絕與西班牙共和國人民陣線政府的外交關係，承認佛朗哥為西班牙政府首腦。墨索里尼尤其積極，他認為西班牙內戰結局對法西斯義大利的前途生死攸關，因而聯合德國法西斯，先後向佛朗哥叛軍政府提供了一千六百架飛機、一千一百輛坦克、兩千七百門火炮、七千六百輛汽車、七百五十萬發炮彈，以及幾十萬支步槍和其他軍需品，支持其作戰。不僅如此，墨索里尼還出動十五萬義大利軍隊，集合五萬德國軍隊、九萬摩洛哥軍隊、兩萬葡萄牙軍隊，累計三十多萬法西斯國際部隊，直接入侵西班牙，對人民陣線政府開戰。在德、義法西斯武力支持下，佛朗哥叛軍與法西斯國際部隊並肩作戰，分別從中部、南部、北部幾條戰線向共和國腹地推進，逼近馬德里。形勢萬分危急，人民陣線政府岌岌可危。

共和國人民陣線政府的生死存亡，受到全世界民主國家和進步力量的極大關注。德、義法西斯公開介入一國內戰引起國際公憤。全世界民主國家和紛紛支持西班牙人民陣線政府的救國鬥爭。全世界有五十四個國家的志願人員，一共有四萬兩千人，不遠萬里來到西班牙，投入保衛西班牙共和國的武裝戰鬥。他們有三萬五千人編成著名的國際縱隊，參與保衛馬德里的戰鬥。其餘的國際戰士編成幾個國際支隊，投入其他戰場。蘇聯尤其積極，蘇聯政府向西班牙人民陣線政府提供了八千五百萬美元的貸款和六千萬盧布贈款，向共和國軍隊提供了六百架飛機、四百輛坦克、一千兩百門火炮、兩萬挺機槍、五十萬支步槍。成千上萬名蘇聯軍事顧問、飛行員、坦克手參加共和國軍隊，與德、義法西斯和叛軍作戰。西班牙內戰很快由人民陣線政府與佛朗哥叛軍政府的血戰，轉化為世界民主、進步力量與德、義法西斯的武裝較量。各國競相把新研製的新型飛機、坦克和其他新式武器投入西班牙戰場，一顯神通。

一九三六年十一月，佛朗哥叛軍在德、義法西斯侵略軍支持下，向馬德里發動第一次總攻，共和國政府出動三十萬大軍迎戰，國際縱隊幾萬人在最艱苦的戰線衝鋒陷陣，很快擊退了叛軍第一次總攻。

一九三七年一月，佛朗哥叛軍在四萬義大利軍隊支持下，由南向北強攻馬德里，又被擊敗。二月六日，叛軍改變戰略，由東南方向包抄，進攻共和國軍隊防守的哈拉馬河防線。兩軍在哈拉馬河沿岸惡戰三個星期。共和國軍隊在國際縱隊支持下，消滅叛軍兩萬多人，打退了叛軍第三次進攻。

一九三七年三月八日，保衛馬德里的戰鬥進入最後決戰。德、義法西斯對於佛朗哥三攻馬德里慘遭失敗惱羞成怒。墨索里尼在希特勒支持下，派遣親信將領曼西尼指揮五萬德、義聯軍，由一百四十輛坦克、六十架飛機、兩百二十門大炮、四千五百輛軍車支持，與佛朗哥軍隊主力第四次合攻馬德里。法西斯軍隊進攻前，先出動飛機猛烈轟炸共和國軍隊駐守的壕溝、交通線、後方村莊以及平民，摧毀工事，製造恐怖；然後火炮齊射，坦克猛衝，步兵潮水般跟進。共和國軍隊沉著應戰，據守壕溝溝壘，節節抗擊，把法西斯軍隊先鋒部隊放進馬德里市區。精銳的國際縱隊乘敵軍疲憊、戰線拉長之機，向敵後出擊，一舉切斷敵軍後方供應線。法西斯軍隊糧餉不繼，只得倉皇退出剛剛占領的馬德里市區，潰不成軍。對於法西斯軍隊四戰四敗，墨索里尼哀歎道：「小小的馬德里鋼澆鐵鑄，竟成為歐洲又一個直布羅陀。」

一九三七年三月十八日，法西斯軍隊對馬德里的第四次進攻被粉碎。經過一百三十三個日夜的惡戰，英雄的西班牙共和國軍隊在國際縱隊支持下，擊敗幾十萬法西斯軍隊四次進攻，成功保衛了共和國首都。一萬名國際戰士、十幾萬西班牙人戰死疆場，用鮮血染紅了在馬德里上空高高飄揚的共和國戰旗。

27、將星隕落冤魂在——圖哈切夫斯基之死

【楚雲戰評】無論從哪方面看，圖哈切夫斯基元帥都是蘇聯當之無愧的帥才、軍事理論家。圖哈切夫斯基元帥被槍決，對蘇聯紅軍而言，既是一個悲劇，也是一個不可彌補的重大損失。雖然史達林決定處決圖哈切夫斯基是因為中了德國情報機關的反間計，但他為什麼不信任自己朝夕相處的同志和戰友？為什麼不加訊問，就暗殺了一位如此重要的將領？圖哈切夫斯基元帥的悲劇，與其說是德國的反間計所造成，還不如說是蘇聯缺少民主和權力制約機制。圖哈切夫斯基是久經沙場的年輕將領，是新軍事革命的宣導者。他的死，使蘇聯紅軍的軍事革命受到嚴重衝擊，也成為後來蘇聯紅軍在衛國戰爭初期嚴重損失的一個重要背景原因。

一九三七年一個淒涼的夏夜。

莫斯科火車站冷冷清清，路燈慘澹。一位身穿元帥服的年輕蘇聯紅軍將領，帶著簡單行裝和一位年輕女人

登上一列開往伏爾加格勒的火車。年輕女人因繫衣釦慢了幾步。當她就要追上前面穿元帥服的年輕將領時，從陰影中走出一個人站在她面前，拉了一下她的手說道：「尼娜同志，我來為你們送行。」年輕女人感激地望了他一眼。那人又對她說：「尼娜同志，為保險起見，請你把元帥槍卸空子彈。」那女人搖搖頭回答道：「我了解他，他不會因為小挫折自尋短見。」那人道：「還是保險一點好。」說話時拿過女人手上的皮包，從裡面拿出一支手槍，熟練地卸下彈夾，取出子彈，又把槍還原裝好，重新放入皮包，還給年輕女人，然後神祕地囑咐她：「請不要讓元帥知道。」

半夜時分，列車行至一個小車站，突然長時間停車。年輕的元帥心中煩躁，紮起皮帶，帶上手槍，走下火車，到月台散步。這時，陰影中忽然鑽出幾名便衣，悄無聲息地撲上來。年輕的元帥猛然警覺，伸手拔槍射擊，連扣扳機，卻無聲息。那幾個人一湧而上，捂嘴架胳膊，連拖帶拉，把年輕元帥架進一輛候在旁邊的小汽車，揚長而去。

這位蘇聯元帥是誰？為什麼有人敢在蘇聯境內綁架他？故事要追溯到一九三六年年初，而且與德國蓋世太保的情報活動有關。

一九三六年年初，德國祕密警察隊長海德里希透過間諜，從流亡在法國首都巴黎的白俄（在俄國革命和蘇俄國內革命戰爭爆發後離開俄羅斯的俄裔居民）手上，得到一份絕密情報：蘇聯正在起內訌，蘇聯紅軍新派將領領袖、最年輕的圖哈切夫斯基元帥企圖發動政變，推翻史達林的統治！長期從事情報活動的海德里希忽然靈機一動，認為這是反間計，加劇蘇聯內訌，削弱蘇聯紅軍實力的好機會。但當時德國和蘇聯關係不錯，此舉若敗露，可能影響德蘇關係。

海德里希舉棋不定，便把資料上報希特勒，請求裁處。希特勒看過資料後非常興奮，明確告訴海德里希，德蘇之間遲早必有一戰，如能散布假情報，挑動蘇聯內訌，不論是支持圖哈切夫斯基政變成功，還是鼓動史達林除掉圖哈切夫斯基，德軍在未來的對蘇戰爭中都將受益無窮。

海德里希受命後立即行動。他挑選一批精幹的技術幹部，根據俘獲的蘇聯特工提供的蘇聯內幕消息，在柏林蓋世太保總部地下室用專用設備中偽造了一系列假檔。這些檔案中，有偽造的圖哈切夫斯基與德軍高級將領之間的往來信件、偽造的圖哈切夫斯基簽名的收款收據、德國祕密警察首領為感謝圖哈切夫斯基提供紅軍情報的感謝信，真假難辨。

為確保萬無一失，海德里希對情報傳遞也做了精心安排。他選擇一名德國特工，偽裝成貪財的樣子，把情報出賣給捷克斯洛伐克情報機關，開價三百萬盧布。因為捷克斯洛伐克與蘇聯簽訂過互助條約，捷克斯洛伐克得到如此機密情報必然會轉給蘇聯。果然，好心的貝奈斯總統獲悉這份情報後，很為史達林政權的穩定擔憂，立即轉告莫斯科。史達林對此情報極為重視，立即派情報人員到布拉格，透過捷克斯洛伐克情報機關，一手交錢，一手交貨，用三百萬盧布買回了這份情報，並連夜送往莫斯科。在史達林親自過問下，蘇聯情報機關嚴格地核對每一份檔，每一個簽名，最後得出結論：這些情報證明圖哈切夫斯基確實與納粹勾結，企圖謀反，推翻蘇維埃政權。史達林知悉這一結論後，心中震怒，卻不動聲色，親自簽發一道命令，要正在外地的圖哈切夫斯基立即趕回莫斯科。

一八九三年二月，圖哈切夫斯基出生於一個家道中落的貴族之家。他自幼聰明好學，中學畢業後，先考進莫斯科第一武備學校，後轉入亞歷山大軍官學校。他熟讀兵書，深通謀略，參加過第一次世界大戰。十月革命後，他參加蘇聯紅軍，轉戰在各個戰場上，屢立戰功。國內戰爭結束後，圖哈切夫斯基先後出任紅軍軍事學院院長、紅軍參謀長。一九三五年，四十二歲的圖哈切夫斯基晉升為蘇聯元帥。第二年，他出任蘇聯第一副國防人民委員兼軍訓部部長。圖哈切夫斯基不但軍功卓著，還是蘇聯紅軍著名的軍事理論家。他積極宣導軍事改革，主張改變軍兵種結構，用新式坦克、飛機裝備部隊，以便適應軍事技術革命。他深得紅軍中年輕將領的支持，同時也遭到一些老派將領的嫉恨。

接到要求速返莫斯科的急電時，圖哈切夫斯基正在各軍區巡視，檢查紅軍新戰術演練情況。他十萬火急地趕回莫斯科，國防人民委員伏羅希洛夫卻冷冷告訴他，已調任他為伏爾加軍區司令員，即刻赴任。圖哈切夫斯基大驚失色，問道：「伏羅希洛夫同志，我犯了什麼錯嗎？」伏羅希洛夫冷淡地回覆說，這是正常工作調動。但是，在去伏爾加軍區的途中，圖哈切夫斯基被綁架，綁架者奉史達林令行事。

一九三七年六月十一日，經過簡單審訊後，圖哈切夫斯基和八名其他紅軍高級將領以「反蘇軍事中心」罪名被判處死刑。不允許辯白，更不允許申訴，隨著砰、砰的槍聲響起，一代名將含冤死去。圖哈切夫斯基死時年僅四十四歲。他至死都不清楚是誰在陷害他，更不明白史達林為什麼要槍決他。

遠在柏林的希特勒得知圖哈切夫斯基以謀反叛國罪名被處死的消息後，高興得跳了起來。他發給海德里希一大筆錢，獎勵他成功地消滅了一個軍事勁敵，同時得到史達林購買假情報付出的三百萬盧布。

28、將星初升——諾門罕戰役中的朱可夫將軍

【楚雲戰評】諾門罕戰役與張鼓峰戰役齊名，都起因於日本關東軍對遠東蘇聯紅軍的試探性進攻。太平洋戰爭前，日本軍閥在對外侵略擴張、稱霸亞洲問題上雖然高度一致，但圍繞對外侵略的戰略方向，其內部卻有「南進派」和「北進派」之分。「南進派」以海軍為主，主張占領中國後，向南轉攻東南亞，奪取東南亞的資源，對英美作戰。「北進派」以陸軍為主，主張向北進攻蘇聯，奪取蘇聯遠東地區和蒙古，對蘇聯開戰。諾門罕戰役是代表「北進派」的日本陸軍，對蘇聯的一次戰略偵察，其戰略意義遠遠超出這一戰役本身。如日軍在哈拉哈河得手，「北進派」可能占上風，日本可能會加速北進。史達林洞察此戰意義，調朱可夫擔此重任，也算是知人善用。朱可夫不負所托，在哈拉哈河大敗日本陸軍，不只是消滅了多少日本兵，而是在戰略上粉碎了日軍的北進企圖。此後，日本「南進派」開始占上風，日本一步步走上了對英美開戰的太平洋戰爭之路，蘇聯的遠東側翼得到了保障。對蘇聯而言，諾門罕戰役的戰略意義正在於此。如果不從這種戰略高度看諾門罕戰役，朱可夫在哈拉哈河之戰的表現就只是一個將軍的表演，而不是一位帥才的表現。

一九三九年八月下旬一個烈日炎炎的日子，蒙古人民共和國的千里荒漠，被炎炎烈日晒得滾滾發燙。荒漠深處，臨時搭成的巨大軍用帳篷裡端坐一位蘇聯將軍，看上去四十歲剛過，威風凜凜，渾身上下散發著強烈的蘇聯軍人氣息。

在蘇聯將軍對面，一名日軍士兵坐在一張木凳上。這名日軍士兵衣衫襤褸，塗滿泥水、血跡。他的臉上、胸脯上、手臂上，凡是肉眼可見之處，密密麻麻都是被沙漠毒蚊叮咬的小紅包。兩天前，這名日本兵奉命潛入蘇軍第一集團軍指揮部附近的蘆葦叢偵察蘇軍動向，被蚊蟲叮咬兩夜一天，又餓又累，昏死過去，被蘇軍俘獲，送到了蘇軍指揮部。

年輕的蘇聯將軍很同情日軍士兵的境況，親自倒了一大杯上好的伏特加酒，遞給日軍士兵，助他解渴消暑。日軍士兵看了看將軍手中的酒杯，卻不肯接，並且比畫，用日語說了半天。翻譯解釋說，日軍士兵擔心酒裡有毒藥。將軍聽完翻譯的話，哈哈大笑。然後找來一個酒杯，把酒一分為二，與日軍士兵同飲。這一回，日軍士兵才放心地接過酒杯，一飲而盡。這以後，日軍士兵對將軍的提問，有問必答，非常配合。

這位將軍就是蘇聯紅軍新編成的第一集團軍司令員朱可夫將軍。

一八九六年，朱可夫將軍出生於俄國卡盧加省一個偏僻的小村莊裡。父親原是一個棄兒，在孤兒院長大，後來以皮匠手藝為生。因為家境貧寒，朱可夫七歲就隨姐姐下田工作，割草、晒草、垛草，放牧，割麥。小學畢業後，朱可夫進了一家毛皮作坊當學徒，每天工作十幾個小時，過著半饑半飽的生活。一九一五年，十九歲的朱可夫應徵入伍，參加第一次世界大戰，當了一名沙俄騎兵。十月革命爆發後，朱可夫加入蘇聯紅軍，參加保衛蘇維埃政權的國內戰爭，轉戰各個戰場，屢立戰功。國內戰爭結束後，朱可夫繼續在紅軍服役，歷任騎兵連長、團長、旅長、師長和騎兵軍軍長。

一九三九年六月，朱可夫升任蘇聯白俄羅斯軍區副司令員。一日，正在組織部隊演習時，忽然接到命令，要他立即前往莫斯科接受國防人民委員的新命令。

根據情報，駐中國東北的日本陸軍第六軍調動五萬大軍，向中蒙邊境哈拉哈河一帶進兵，企圖向西渡過哈拉哈河，進攻蒙古人民共和國東部，將蘇聯紅軍趕出蒙古。日本飛機每天越界飛行，掃射蘇聯紅軍的車輛、人員。小股騎兵也經常越界偷襲紅軍小股部隊，惡戰一觸即發。蘇軍統帥史達林親下命令，調朱可夫到遠東地區，擔任新成立的第五十七特別軍軍長，負責指揮哈拉哈河地區對日軍作戰。

朱可夫領命後，當天搭飛機趕往駐遠東蒙古境內的第五十七特別軍赴任。六月五日，到達軍部的第二天，他便帶著參謀人員趕赴前線，了解地形、地貌，觀察日軍工事和火力配置，掌握了第一手資料，並相應調整作戰部署。

一九三九年七月三日，日軍第二十三師團一萬多人偷渡哈拉哈河，分路向哈拉哈河西岸蘇軍駐守的巴英查崗山發動進攻。日軍氣焰十分囂張，以為蘇聯紅軍的訓練、裝備不比日俄戰爭時期的沙俄軍隊更優越，消滅蘇聯紅軍是舉手之勞。日軍甚至邀請外國武官、記者到前方戰壕和掩蔽部，觀摩日軍如何消滅蘇軍。

駐守巴英查崗山的蘇軍只有一千多人，五十門火炮，難以擋住日軍進攻。朱可夫嚴令蘇軍部隊堅守巴英查崗山制高點，拖住日軍主力，等待援兵。自己親率主力趕往救援。

七月三日凌晨，日軍在飛機大炮掩護下，向巴英查崗山蘇軍陣地發動猛烈進攻。蘇聯守軍寡不敵眾，陣地接連失陷。正在危急時刻，朱可夫指揮兩個坦克旅的蘇聯援軍開到。三百輛紅軍坦克，排成橫陣，綿延幾公里，排山倒海般壓向日軍。日軍官兵驟見幾百輛紅軍坦克隆隆開過來，頓時驚慌失措。日軍汽車在坦克追擊下，奪路竄逃；戰馬受到鋼鐵龐然大物驚嚇，拖著火炮亂衝亂撞。萬餘日軍被蘇軍坦克衝散，潰不成軍。日軍本以為可輕取巴英查崗山，炫耀皇軍軍威，不料卻在外國武官和新聞記者面前大出其醜。

巴英查崗山戰鬥受挫後，日軍第六軍司令官荻州立兵中將，將其主力全部集中於哈拉哈河前線，準備與朱可夫決戰，報巴英查崗山受挫之仇。朱可夫及時總結經驗，認為蘇軍能在巴英查崗山獲勝，主要是因為擁有強大的裝甲兵和可靠的後勤保障。他向史達林要求增派幾千輛汽車和新銳裝甲部隊。哈拉哈河前線的蘇聯紅軍增至十多個旅十餘萬人，擁有上千輛坦克和幾百架飛機。朱可夫還從千餘公里外向前線調來幾萬噸作戰物資。蘇軍第五十七特別軍升格為第一集團軍，朱可夫被任命為集團軍司令員。

一九三九年八月二十日，朱可夫利用星期天假日，命令蘇軍先發制人，向日軍進攻，與日軍決戰。蘇軍飛機隆隆撲向日軍陣地，投彈轟炸。幾百門大炮一齊發射，摧毀了大部分日軍工事。一些類比噪音發生器模仿坦克引擎聲，在佯攻方向吸引日軍殘餘火力。大隊蘇軍真坦克卻突然出擊，插進敵軍各部隊接合部。步兵、騎兵潮水般跟進。日軍官兵先被炸彈炮彈炸得昏頭昏腦，又見大群蘇聯坦克蝗蟲一樣衝過來，膽戰心驚，鬥志全無。先還節節阻擊，抵抗蘇軍進攻，後來便拚命逃竄。五萬日軍很快被蘇軍各部隊分割包圍在幾個孤立陣地上。日軍第六軍司令官荻州立兵擔心全軍覆沒，急令各部隊設法突圍，與朱可夫部隊脫離接觸。

八月三十日，日軍殘部離開蒙古人民共和國疆域，退回哈拉哈河東岸。日軍洶洶而來，鎩羽而歸，損失了一萬九千餘人。真正認識了遠東蘇聯紅軍的威力。蘇軍大獲全勝，朱可夫打出了威風，贏得了常勝將軍的稱號。

諾門罕戰役勝利後，史達林親自召見朱可夫，表彰他在哈拉哈河作戰中的功績，任命他為基輔特別軍區司令員，指揮蘇軍最大的重兵集團。這以後，朱可夫如一顆璀璨的軍界明星，在戰爭大舞台上冉冉上升，成為譽滿全球的大軍事家。

29、張網捕鼠，巧在時機——萬家嶺大捷

【楚雲戰評】在一九三七到一九四五年的中日戰爭期間，中國軍隊能與萬家嶺大捷相提並論、稱得上「大捷」的戰役有臺兒莊大捷、平型關大捷、崑崙關大捷，四次長沙大捷，以及松山攻堅戰、騰衝攻堅戰等。但是，前述大捷都是以硬碰硬的血拼，只有萬家嶺大捷張網捕鼠，打的是巧仗。萬家嶺大捷之前的兩個月，中日兩軍數十萬大軍在南潯線鏖戰，日軍幾度採用包抄戰術，企圖從左右包抄中國軍隊後方，均被中國軍隊堪破，戰場上形成僵局。日軍鑒於其初期低估了中國軍隊的實力和抵抗意志，用「添油」戰術，以致勞而無功，陷入被動，只得走一步險惡棋，令其正面主力第一〇六師團偷越中國軍隊重兵雲集的間隙，繞至中國軍隊後方，以求畢其功於一役。不料中國軍隊洞察日軍意圖，待日軍第一〇六師團冒險突進，勢成孤軍時，各部一齊掉轉正面，鑽入中國軍隊間隙的日軍第一〇六師團轉眼間就變成了落入陷阱的野獸。在中國軍隊十幾師的優勢兵力圍攻下，日軍第一〇六師團呼天不應，呼地不靈，大部被殲。萬家嶺之戰中國軍隊的勝利，固然勝在「勇」字上，卻更勝在戰略運用的「巧」字上。

萬家嶺戰役是中日軍隊武漢會戰期間的一個插曲，其戰略意義在於拖住日軍會攻武漢的南路部隊，使其未能如期西取長沙、咸寧和粵漢線，以至日軍對武漢的大包圍計畫被打破，武漢守軍一百多個師得以在與日軍血戰數月後，從武漢向大後方從容撤退。更深遠的意義在於，儘管日軍在裝備和訓練方面均優於中國軍隊，但中國軍隊如戰術運用得當，仍有能力取得戰場優勢。

一九三八年八月，侵華日軍繼奪取南京、徐州後，又追蹤西撤的中國軍隊主力，沿長江兩岸逆江西上，西攻武漢，企圖在武漢及其遠郊與中國軍隊決戰，殲滅中國軍隊主力，迫中國政府投降，以盡快結束戰事，達成侵華目標。為此，日軍調集十四個陸軍師團、兩個支隊、海軍第三艦隊數十艘戰艦，和空軍數百架飛機，以及大量技術兵種，共三十餘萬人，由日軍華中派遣軍司令官畑俊六大將統一指揮，分三路逆江直撲武漢。北路日軍包括其第三、第十、第十三、第十六師團，屬日軍第二軍序列，由合肥經六安穿越大別山，進兵信陽、黃陂等地，從北面和西面包抄武漢；中路日軍包括日軍第六師團及實力與一個師團相當的波田支隊，在海軍第三艦隊支持下，沿長江南北兩岸從南面和東面直撲武漢；南路日軍包括日軍第一〇六、第一〇一、第九、第二十七師團，由其第十一軍司令官岡村寧次直接指揮，由九江取南潯線南進，再沿修水和幕阜山西進，大包圍姿態進兵長沙、咸寧，占領粵漢線，包圍武漢守軍。

為應對日軍進攻，中國最高統帥部集中了五十二個軍、一百二十師及若干獨立分隊，不下百萬大軍，分南北兩個戰區部署。兩個戰區以長江為界，長江以北屬第五戰區，以李宗仁為司令長官，下轄二十三個軍、五十一師；長江以南屬第九戰區，以陳誠為司令長官，由第一兵團司令官薛岳為前敵總指揮，負實際指揮責任。第九戰區部隊計有十九個軍、四十九師。其餘部隊分為江防軍和武漢衛戍區部隊，由統帥部直接指揮。鑒於日軍裝備精良、訓練有素，綜合戰鬥力強於中國軍隊，但數量上居於劣勢，又以客犯主，處於外線位置；中國軍隊數量占有優勢，熟悉地形，處於內線位置，但裝備與日軍差距很大，綜合戰力不及日軍，中國統帥部總的戰略指導原則是揚長避短，集中主力於豫南、鄂東、贛北的廣闊山嶽叢林與日軍打消耗戰，力避在武漢內圍與日軍交鋒。武漢周邊與內圍的戰略變換線大體以安陸、麻城、羅田、浠水、大冶、咸寧為界。即是說，中國軍隊應盡可能在該線以東與日軍血拼，延遲日軍進占武漢的時間，避免在該線以西的內圍地帶與日軍作戰。

就長江南北兩個戰區的重要性而言，江南第九戰區雖然戰場範圍不及江北第五戰區寬闊，但較之江北更重要，中國統帥部預計日軍進攻武漢的主要力量應在長江南岸，因而在廬山、鄱陽湖以西的南潯線及其近側集中了四十多個師，包括統帥部輕易不肯動用的整理師，即甲種師。日軍沒有充分認識南潯線的戰略重要性及迅速攻取長沙、切斷粵漢線的戰略重要性，而是長江南北兩岸平均用力，各部署四師團。不僅如此，用於南潯線的日軍四個師團戰鬥力遠不及用於長江北岸大別山區的四個師團，這就埋下了日軍在萬家嶺受挫的第一顆種子。

一九三八年八月一日，日軍第一〇六師團在其師團長松浦淳六郎的指揮下，由九江沿廬山西麓的南潯線而下，企圖突破中國軍隊防線，經金官橋、黃老門、馬回嶺、烏石門占領德安，直下南昌，拉開了中日軍隊南潯線大戰的戰幕。

從中國方面觀察，南潯線戰區如同一個等腰三角形，三角形的頂角是九江，底邊是幕阜山南麓自西而東注入鄱陽湖的修水；南潯線自九江經德安跨修水，是三角形的頂垂線；南潯線以東，從星子到德安的公路沿鄱陽湖西岸而下，是三角形的右斜邊；三角形的左斜邊則是南潯線以西從瑞昌到甯武的公路線。

因金官橋距三角形頂點的九江最近，又左倚城門湖，右倚廬山，形勢險要，易守難攻，中國第九戰區指揮部便在金官橋防線集中了三個最有戰鬥力的軍：第四軍、第六十四軍、第七十軍，令其死守不退。日軍第一〇六師團初時來勢洶洶，步騎工炮、天上地下，相互配合，甚至動用裝甲部隊和毒氣，苦戰近一個月，損失慘重，卻未能攻破金官橋防線。無奈之下，日軍統帥部只得增調第一〇一師團，令其在海軍艦隊支持下，沿等腰三角形右斜邊的廬山東麓南下，於八月二十一日從鄱陽湖西岸的星子鎮登岸，由南潯線以東的德星公路另闢戰線，企圖從東面占領德安，包抄金官橋防線的中國守軍。中國第九戰區指揮部令第二十五軍、第六十六軍等部死守德星公路，阻敵一〇一師團進兵，掩護南潯線守軍右側背。星子鎮距德安雖不過三十餘公里，卻地勢險要，易守難攻。中國第二十五軍、第六十六軍等部依山傍湖，死守不退。尤其在如同門栓的東孤嶺和西孤嶺兩處高地，中國守軍與日軍血戰兼旬，使日軍一〇一師團寸步難行。

差不多在此同時，日軍又調其第九師團從九江登岸，於八月二十三日占領金官橋防線以西的瑞昌，企圖從左側後包抄金官橋防線。第九戰區指揮部一面急調有力部隊阻敵第九師團，同時主動調整防線，令金官橋防線守軍沿南潯線南撤至黃老門防線。數日後又撤至烏石門防線。

烏石門在馬回嶺與德安之間，是馬回嶺通德安的必經關口。從地形上看，馬回嶺如同一個山間小盆地，其西面是白雲山，東面是廬山西麓山地，南面也有一串山嶺，左接白雲山，右接廬山西麓。這三道山嶺如同一個反「八」字，正好環抱馬回嶺盆地，是為烏石門反「八」字防線。中國軍隊退守烏石門防線後，加速構築工事，尤其是在反「八」字山嶺上部署大量重機槍和火炮，火力可覆蓋馬回嶺全境。日軍第一〇六師團進至馬回嶺，進不敢進，退又不敢退。為避開山上國軍的重機槍火力殺傷，日軍各部隊間甚至只敢依賴裝甲車聯絡。

此時，日軍沿長江北岸大別山區進兵的北路部隊，及沿長江進兵的中路部隊雖然迭遭重創，卻已突破國軍防線，向武漢方向節節推進。長江南岸日軍三個主力師團在南潯線、德星線和瑞昌方面與中國第九戰區部隊打成僵局，這大出日軍統帥部的預料。為打破僵局，日軍統帥部又調其第二十七師團出戰，令其由瑞昌出擊，沿瑞武公路南下，控制等腰三角形的西斜邊，占領修水中游的武甯，切斷南潯線中國守軍的後方補給線，或包圍南潯線中國重兵集團，或令國軍從南潯線不戰自退，讓出烏石門反「八」字防線和德安。第九戰區指揮部又及時察覺日軍意圖，急向瑞武路調集預備隊。總計不下十師的國軍沿瑞武路部署，阻敵南侵。在瑞武路上的麒麟峰一線，國軍扭住了日軍第二十七師團，使其無力南下武寧。瑞武路上也打成了僵局。

僵持局面有利於國軍而不利於日軍。日軍一〇六師團鑒於國軍防守的烏石門反「八」字防線固若金湯，不敢冒險進攻。又鑒於第一〇一、第九、第二十七師團在德星公路和瑞武公路的側翼攻勢，未能撼動南潯線國軍的鬥志，日軍一〇六師團只得決定走一步險棋。九月二十五日，日軍第一〇六師團師團長松浦淳六郎中將，留少數兵力於馬回嶺佯攻，牽制烏石門中國守軍，自己親率第一〇六師團萬餘人，只帶六日乾糧，輕裝急進，企圖繞過國軍左翼，從南潯線和瑞武路之間國軍的重兵集團中間祕密穿插，前出烏石門反「八」字防線背後，打破僵局，出奇制勝。

最初兩天，日軍似乎進展順利。但在第三天，烏石門反「八」字防線左翼翼尖上的中國第七十四軍察覺到日軍意圖，就勢一個「大轉身」，部隊由背西朝東轉為背東朝西，自東而西緊急攔截日軍第一〇六師團的行軍縱隊。與此同時，距離不到半日行程的瑞武路上，中國守軍也察覺到日軍在偷襲，同樣就勢「轉身」，由背東朝西轉為背西朝東，從西至東攔截日軍第一〇六師團。第九戰區指揮部又急從南潯、德星、瑞武各線調集部隊增援，終於把日軍第一〇六師團主力圍困在萬家嶺地區。

萬家嶺在南潯線與瑞武公路之間，雖說叫嶺，其實標高不過數十公尺，地勢開闊，無險可守。參與圍殲日軍第一〇六師團的國軍，計有第四軍、第七十四軍、第一八七師、一三九師、第九十一師以及新十三師、新十五師等十多個師的生力軍，對日軍享有十比一的優勢。且日軍輕裝急進，經國軍圍追堵截，傷亡慘重，糧彈不繼，陷入絕境。為解救第一〇六師團，日軍第十一軍司令部和中國派遣軍司令部在向被圍日軍緊急空投糧彈的同時，還特別向戰場緊急空投數百中下級軍官，以解決因中下級軍官傷亡太大，指揮不靈的困境。不僅如此，日軍又從德星線、南潯線和瑞武線抽調有力部隊，組織三個特別支隊，緊急馳援萬家嶺。日軍並由瑞武公路派兵東進，企圖從西面占領德安，圍困進攻萬家嶺的中國重兵集團。在日軍增援部隊接應下，日軍第一〇六師團殘部千辛萬苦，總算逃出了中國軍隊重圍。

一九三八年十月十日是辛亥革命紀念日，歷時半個月的萬家嶺戰役落幕。此戰雖未能全殲日軍一〇六師團，卻也殲其大部，日軍損失不下萬人，物資損失更不計其數。最重要的是，由於在萬家嶺受挫，南線日軍未能與中路和北路日軍齊頭並進，共取武漢。直到日軍中路和北路部隊占領武漢數日後，日軍南路部隊才以少量前哨部隊象徵性地前出粵漢線。而此時，中國軍隊早已成功跳出日軍包圍線，轉移到後方陣地。

萬家嶺戰役中國方面之所以獲勝，除了前述日軍兵力配置輕重失當外，第二個原因與其驕狂有關，符合驕兵必敗的戰略邏輯。日軍起初以為，中國軍隊經南京戰役和徐州戰役後，已不堪一擊，故只派一個師團進攻南潯線中國守軍，受阻後又調一個師團進攻德星線。日軍再受阻、再增兵，用的是「添油」戰術，這是兵家大忌。另一個原因還是與日軍驕狂有關，日軍第一〇六師團在烏石門防線受阻二十餘日後，為打破僵局竟然膽敢冒險從中國軍隊重兵集團間穿插，視中國軍隊為無物。不料中國軍隊側翼反應極其敏感，第九戰區指揮部迅速捕捉戰機，緊急調兵，使日軍第一〇六師團落入陷阱，造成了張網捕鼠的有利態勢。最後一個原因與中國軍隊的戰略指揮有關。第九戰區實際最高指揮官薛岳並非蔣介石親信，蔣能委以重兵重責，並不多見。單是薛岳直接統率的第一兵團就擁十個軍、二十六師，占武漢會戰中國參戰部隊的四分之一，薛岳也是個敢於擔當的人。

南潯線作戰最困難時刻，蔣介石曾以最高統帥名義急調第七十四軍赴後方修整、調第六十四軍赴粵作戰，均被薛岳一口拒絕。後來在萬家嶺圍殲戰中，第七十四軍和第六十四軍的第一八七師皆與日軍血戰，為圍殲日軍第一〇六師團立下了汗馬功勞。第七十四軍首先察覺日軍偷襲意圖，並迅速做出反應，在萬家嶺截住日軍，尤其立下了頭功。如果這兩支主力軍被調走，萬家嶺之戰是否能有後來的大勝，似在兩可之間。

30、奇怪的戰爭——奇怪的戰爭不奇怪

【楚雲戰評】歷史上曾有過形形色色的奇怪戰爭，但真正「奇怪的戰爭」要屬第二次世界大戰中的西線戰爭。第二次世界大戰像第一次世界大戰一樣，是一場同盟戰爭。英國、法國、波蘭是對德作戰的盟友。開戰前，英國、法國與波蘭簽訂了軍事互助條約。英、法兩個軍事大國對波蘭這個小盟友承擔了明確的軍事義務。從戰略上看，波蘭是英、法的一翼，波蘭的存在，對德軍有牽制作用。波蘭如果滅亡，德國就可以集中全部力量壓向西線。儘管如此，英、法眼見德軍以摧枯拉朽之勢壓向波蘭，卻坐山觀虎鬥，對德軍不發一槍一炮，靜待波蘭滅亡。這不僅在道德上不義，失信於人，戰略上也使自己陷入被動。英、法為何有如此愚蠢的行為，答案只有一個，當時英、法仍未放棄避戰的僥倖心理，指望德國占領波蘭後，德國戰爭機器會自動停下來。直到德國占領了丹麥、挪威，準備在西線發動全面攻勢時，英、法才認識到戰爭不可避免地要落到自己頭上。至此，兩國才走出「奇怪的戰爭」的怪圈，開始認真準備對德作戰。

一九三九年九月一日，希特勒悍然出動五十七師、一百五十萬大軍，在兩千五百輛坦克和兩千三百架飛機

支持下，兵分兩路，對波蘭全線進攻。九月三日，波蘭的盟國英國、法國相繼對德宣戰，第二次世界大戰全面爆發。可是，緊接著出現的，不是各國全面動員、全面戰爭的激烈場面，而是一個離奇的戰局：一方面，德國法西斯以牛刀殺雞之勢，壓向波蘭；另一方面，在西歐戰場，在法、德邊境上，波蘭的盟友、被德國視為主要對手的法國卻按兵不動，坐觀德國滅亡波蘭。德、法兩軍各自安守陣地，靜坐對峙，長達八個月之久。

一九三九年九月一日上午，波蘭政府透過其駐英國大使，將德國入侵波蘭一事正式通知英國政府，並請求英國政府根據英波間的條約，立即向波蘭提供援助。當天下午，波蘭向英、法提出十萬火急的要求，希望英、法派飛機轟炸德國的空軍基地和西部工業區，以便牽制德國空軍，使其不能全力進攻波蘭。但是，波蘭方面未能如願以償。接連幾天，波蘭大使求見張伯倫都未成功。九月三日，英、法雖然正式對德國宣戰，在政治上履行了對波蘭承擔的義務，但對波蘭根據條約提出的求援要求，既未明確回答，更未明確履行。

為爭取援助，波蘭派了一個軍事代表團前往倫敦，但一直等到九月九日，才受到英軍參謀總部的接見。波蘭代表要求英國空軍立即採取行動，向波蘭提供軍事行動急需的各種軍需品，尤其是武器、彈藥，但這些要求一個也沒有得到滿足。

法國在與波蘭簽署的條約中，對戰時援助波蘭有比英國更為明確、具體的規定。一九三九年五月九日，法國參謀總長甘莫林將軍與波蘭陸軍部部長簽訂了一份軍事行動議定書，其中規定：一旦波蘭遭到德國進攻，法國空軍應立即行動，並具體保證將派出六十架法國飛機轟炸德國境內目標，其活動半徑為一千五百公里；法國陸軍在宣布總動員令後的第三天應開始行動，對有限目標發動攻勢，牽制德軍；從總動員開始後的第十五天起，法國應以其主力部隊對德國發動攻勢。在談判中，波蘭副參謀總長雅克林茲上校曾問到，屆時法國能夠派出多少部隊參加這一進攻？甘莫林將軍回答說，屆時法國大約可以派出三十五～三十八個陸軍師，參與對德作戰。

戰前英、法各自都對波蘭許諾了軍事援助，可謂信誓旦旦；可是實際上，開戰後無論英國還是法國，都未對波蘭提供任何實際援助。它們除了政治上對德宣戰外，未敢多走半步，任由德國在波蘭橫衝直撞，消滅波蘭這個小盟友。

當時，德軍大部分主力都用於波蘭戰場，在西線處於劣勢。在面對法國的齊格菲防線上，德軍只有二十三個師用於對法作戰，完全處於守勢。英、法在西線雖然擁有一百一十師的陸軍，對德軍具有壓倒優勢，但英、法百萬大軍卻靜靜坐在馬奇諾防線的工事裡，按兵不動，眼睜睜看著自己的盟國被敵人消滅，法國甚至要求英國空軍不要轟炸德國，以免法國領土遭德國空軍報復。

開戰前半年，在德、法邊境線上，雙方基本保持「無戰事」狀態。交戰雙方的軍隊在步槍射程範圍內，可以毫無遮掩地行走，各做各的事。德國人在鐵路上裝卸槍炮、輜重，法國人並不去打擾他們。法軍在馬奇諾防線監視哨上的士兵，每天的例行功課是無聊地數著從萊茵河右岸通過的德軍列車，從不思攻擊。這些軍車有時在距離他們僅五百公尺的德國鐵路上安全運行。在前沿陣地上，德軍只要立起「我方不開槍」的標語牌，就可以不加掩蔽地作業。在西線戰場，英軍直到一九三九年十二月九日，也就是宣戰三個多月以後才第一次有了傷亡——一個出外巡邏的班長被流彈擊斃。針對長達半年之久的「西線無戰事」狀態，國際社會發明了一個專有名詞：「假戰爭」，也有媒體稱之為「奇怪的戰爭」。

奇怪的戰爭其實不奇怪，它不過是英、法兩國長期推行對德綏靖政策的自然延伸。英國首相張伯倫對波蘭的條約保證本來就是虛張聲勢，他從未準備認真履行，因而英軍也從未認真研究過援助波蘭的軍事計畫。早在一九三九年春，英、法總參謀部就針對援助波蘭問題達成過一個協議，認為「波蘭的命運將取決於戰爭的最後結局，而不取決於我們能否從一開始就減輕波蘭所受到的壓力」。即是說，英、法的戰略計畫已經準備在戰爭初期犧牲波蘭。德國的入侵，戳穿了英、法對波蘭保證的虛偽性。

戰爭爆發後，英、法綏靖政策雖然完全破滅，不得不被迫對德宣戰，但除了海上封鎖以外，兩國既沒有援助波蘭的應急計畫，國內也未做好戰爭準備。張伯倫從任財政大臣到任首相，對軍備歷來極不重視，當德國軍事預算每年達到十億英鎊之際，英國軍事預算僅為兩千萬英鎊。一九三九年，雖然戰禍將臨，英國仍然認為戰爭的第一個回合將是法國對德國。

英國的戰備工作既緩慢又缺乏效率。直到一九三九年四月，英國才通過徵兵法案；到戰爭爆發時，歐洲大陸還看不到英國部隊的蹤影。英軍新組建的四個陸軍師，直到十月才抵達法國。而到了此時，波蘭戰事早已結束。波蘭滅亡了，德軍主力已從東線騰出手來，可以放手對付英、法了。

波蘭滅亡後，英、法雖然拒絕了希特勒的和平建議，並在軍事、外交方面採取了一系列措施，但並未完全放棄綏靖政策。特別是此時爆發了冬季戰爭，英國首相張伯倫和法國總理達拉第利用輿論同情芬蘭和仇視蘇聯，對蘇聯展開了廣泛的誣衊宣傳運動，妄圖重新復活綏靖政策。英法還極力動員世界輿論，鼓吹反蘇戰爭，以開闢新的戰場，轉移德國對西線壓力。冬季戰爭結束以後，英、法的綏靖幻夢才徹底破滅，面對德國即將到來的進攻，英、法不得不下決心迎戰了。三月二十八日在倫敦召開的英、法最高軍事會議上，張伯倫提出必須立即執行「皇家海軍」作戰計畫，並在挪威海域布雷，以截斷德國的鐵礦石供應。可惜為時已晚。如在挪威沿海布雷的軍事計畫，早在一九三九年九月二十九日就已提出，英國內閣曾一致贊同，後來由於芬蘭戰爭影響，英國政府又撤銷原議。等到張伯倫再下決心在挪威沿海布雷時，希特勒已搶先一步行動，占領了挪威。

挪威失陷，使英、法終於認識到德國這個戰爭機器不會停止，英、法領導人才真正從綏靖情結走出來，準備認真對德作戰。「奇怪的戰爭」終因德國進攻挪威告結。英、法因玩弄「假戰爭」遊戲付出了慘痛的代價，現在不得不面對一場真正的戰爭，準備為不亡國投入「最後一個營」了。

31、與魔王共舞——《德蘇互不侵犯條約》的是與非

【楚雲戰評】對史達林與希特勒簽訂《德蘇互不侵犯條約》的功過是非，歷史學家一直眾說紛紜。對此爭論功者有、論過者有、功過各半者也有。歷史不能退回去、不能用立可白塗改後再寫。對此爭論要想有一個權威、公允的裁決，實在是「難於上青天」。從戰略上看，當時的蘇聯並不處於歐洲矛盾的中心。希特勒矛頭所向，首先是要摧毀《凡爾賽條約》強加給德國的各種束縛，而英、法作為《凡爾賽條約》的締造者、維護者和受益者，是德國的首要敵人，對此世人心知肚明。但英、法自希特勒上台後，一直對德國奉行綏靖政策，已經犧牲了捷克斯洛伐克，蘇聯能信任英、法嗎？能相信英、法不會繼續綏靖，禍水東引嗎？嚴酷的現實，使蘇聯選擇了與魔鬼結盟的政策。雖然此時與德國簽訂《德蘇互不侵犯條約》助長了德國的侵略氣焰，但沒有證據證明，如不簽訂此約，德國就會停止其戰爭政策、第二次世界大戰會不爆發。甚至也不能證明，蘇聯

不與德國簽訂此約，能保證德國不把侵略矛頭首先指向蘇聯。因此，史達林與魔鬼結盟，雖然政治原則上有所失，但在戰略上不失為得大於失的明智之舉。

一九三九年，世界各國政治家都心中雪亮：希特勒是個殺人不眨眼的混世魔王，正在有計畫、有步驟地把人類推向世界大戰。納粹政權因而也是人類歷史上最邪惡的獨裁政權。

但是，一九三九年八月二十一日夜十一點剛過，納粹廣播電台突然中斷正常音樂節目，向剛剛道過晚安、準備入睡的幾億歐洲人發布了一則令全世界震驚的消息：「德國政府和蘇聯政府已經協議締結一項互不侵犯條約，德國外交部部長將在八月二十三日，星期三，前往莫斯科完成這項談判。」這真令人難以置信！締約一方是魔王希特勒領導的納粹獨裁政權，嗜血成性；締約另一方是國際共產主義運動最高領袖史達林領導的社會主義蘇聯。史達林怎麼會犧牲社會主義的正義原則，與魔王共舞，簽訂德蘇間的互不侵犯條約？

第二天，也就是八月二十二日，納粹外交部長里賓特洛甫帶著魔王希特勒授予的全權證書，搭乘德製「禿鷲」式專機，飛抵莫斯科。蘇聯外交部部長莫洛托夫前往機場，歡天喜地地把里賓特洛甫迎入貴賓下榻處。史達林也破例抽出時間，親自會見這位代表魔王希特勒的納粹外交部長。八月二十三日晚，在克里姆林宮的祝酒聲中，德蘇兩國以最快的速度，簽署了令世人震驚的《德蘇互不侵犯條約》。在該條約中，雙方公開承諾：如果締約國一方成為第三國敵對行為的對象時，締約另一方將不給予該第三國以任何支持；締約任何一方將不加入旨在反對另一方的任何國家集團。這就是說，在即將爆發的德波戰爭和德國侵略西歐國家的戰爭中，蘇聯將保持中立，不支持波蘭，不與英、法結盟。

在條約正文之外，德蘇兩國還簽署了一項祕密附加議定書，劃分兩國在歐洲的勢力範圍。按照該附加議定書，兩國勢力線大體以波蘭中部納雷夫河、維斯杜拉河、桑河為界，該線以東的羅馬尼亞、東波蘭、波羅的海各國、芬蘭算作蘇聯勢力範圍，歐洲其餘部分則為希特勒的勢力範圍。歐洲持續半年的英、德、蘇三角外交遊戲，以德、蘇結盟告終。當天晚上，為慶祝德蘇條約成立，史達林在克里姆林宮親自為里賓特洛甫滿斟伏特加酒，慶祝簽約成功。他在宴會結束時舉杯發出了最驚人的倡議：為納粹元首希特勒乾杯！

《德蘇互不侵犯條約》簽字，使各大國驚恐不安。史達林的祝酒詞傳到唐寧街後，引起英國議會一片混亂、哀歎。議員們紛紛攻擊張伯倫政府。當時還未擔任首相的邱吉爾不無感慨地說：「史達林的祝酒詞，代表著幾年來英法兩國外交的絕頂失敗。」

許多年後，蘇聯仍然對條約諱莫如深，對簽約過程含糊其辭，一掩而過，好似真做過什麼見不得人的罪惡勾當。歷史學家們則對其功過是非爭論不休，莫衷一是。頌讚者說，條約麻痺了希特勒，推遲了德蘇戰爭，拯救了全世界；詛咒者則認為，條約是與魔王共舞，道德淪喪，犧牲了波蘭，加速了第二次世界大戰的爆發。

一九三九年的歐洲，戰雲密布，希特勒吞併了奧地利後，又占領捷克斯洛伐克。一九三九年五月，希特勒決定在當年九月一日對波蘭發動戰爭，吞併波蘭。波蘭是英、法的盟友，屆時英、法勢必介入德波戰爭。希特勒雖然狂妄自大，不懼英、法，卻捉摸不透蘇聯如何反應。如蘇聯與英、法結盟，支持波蘭，德國勢必陷入兩線作戰的覆轍，在英、法、蘇、波夾擊下失敗。他迫切希望與史達林妥協，求得東線平安，以便消滅波蘭，在西線大開殺戒。

因此之故，希特勒開始討好史達林。從一九三九年開始，德國報紙電台減少了對蘇聯的攻擊性宣傳，並以合作的態度與蘇聯貿易談判。八月十五日，德國駐蘇大使舒倫堡拜會莫洛托夫，要求蘇聯接受里賓特洛甫訪問莫斯科。史達林以不變應萬變，不予任何回覆。八月二十日，德軍對波蘭開戰期限已然迫近，仍未得到蘇聯方面的反應。希特勒急如熱鍋上的螞蟻，破例放下架子，屈尊降貴，發給史達林一份特急電報，請史達林最晚在八月二十三日以前接見里賓特洛甫，商談兩國間一項互不侵犯條約事宜。

該不該與德國簽約？史達林和蘇聯政府反覆權衡。一方面，若與希特勒簽約，無異於與狼共舞，將使社會主義蘇聯背上與納粹侵略同流合汙的惡名；但另一方面，當時蘇聯處境險惡，希特勒反蘇聯方針既定，占領奧地利和捷克斯洛伐克，則打開了向東進攻蘇聯的通路。在遠東，日本正把已占領的中國東北，營造為反蘇戰略基地。繼一九三八年張鼓峰事件後，一九三九年日軍又在諾門罕向蘇聯遠東陣地發起猛烈進攻。一九三九年八月，遠東蘇軍與日軍在諾門罕鏖戰正酣。聯繫到一九三六年簽訂的德、日反共產國際協定，人們不難想像德、日東西對進，夾攻蘇聯的險惡前景。

英、法的政策也讓蘇聯憂慮。在遠東，英、日兩國於一九三九年七月簽訂《有田—克萊琪協議》，英國默認了日本在亞洲擴張和對蘇聯挑釁。在歐洲，繼出賣捷克斯洛伐克後，英國又與德國勾搭，尋求妥協，企圖拋出誘餌，換取德國不先進攻西歐。這是一幅禍水東引，從中漁利的險惡圖景。史達林權衡利弊，決定接受里賓特洛甫訪蘇，與德國簽約。即使不想禍水西引，也要設法避開納粹魔王的第一刀。

《德蘇條約》的簽訂，粉碎了英法禍水東引的企圖。使德國侵蘇戰爭推遲一年半發動，為蘇聯加強國防建設爭取了寶貴時間。同時該條約的簽訂在德、日兩國間插進了一個楔子，破壞了德、日夾攻蘇聯的陰謀。日本內閣也由此更迭，放棄了北攻蘇聯的計畫。

但是，《德蘇條約》使希特勒獲利更大。希特勒因有德蘇條約作保障，無慮兩線作戰，去了一塊心病。史達林的祝酒詞落音後一星期，德國坦克群衝進了波蘭，魔王希特勒放膽發動了第二次世界大戰。

32、「罐頭鵝肉」行動——納粹為侵略波蘭找說法

【楚雲戰評】「罐頭鵝肉」行動是納粹進攻波蘭的序曲。隨著「罐頭鵝肉」行動的展開，納粹一百五十萬大軍、兩千五百輛坦克、兩千三百架飛機，分南北兩路，滾滾越過德、波邊界，對波蘭發動了全線進攻。面對優勢德軍的猛烈攻擊，波蘭軍隊展開了英勇抵抗，波蘭騎兵甚至對德軍坦克發動了一波又一波唐吉訶德式的勇敢衝鋒。血肉之軀當然不敵鋼鐵。不出一個月，華沙淪陷；僅僅五個星期，擁有百萬大軍的波蘭被納粹滅亡。波蘭之戰拉開了第二次世界大戰的序幕，也揭示了第二次世界大戰歐洲戰場的基本模式：程序上先由飛機、大炮炸毀敵軍防線，再由坦克群衝陣，並向敵軍縱深突破、包抄，而後是摩托化步兵跟進，擴張戰果。大兵團、大縱深、高速、多兵種協同、立體交叉作戰，是其主要特點。

德國西里西亞格萊維茨廣播電台位於德、波邊界德國一側，距邊界約十公里。一九三九年八月三十一日清晨五點，天交拂曉，夜色朦朧，小鎮居民尚在夢鄉之中。忽然間，槍聲四起，密如爆豆。驚恐的居民透過夜幕發現，一大群武裝分子向戒備森嚴的格萊維茨電台發起衝鋒，並迅速占領了電台。緊接著，居民們就聽到了從格萊維茨電台發出的波蘭語廣播，大意說電台已被波蘭人占領，波蘭決心與德國開戰。

天亮時分，一群外國記者受邀前往格萊維茨電台現場考察真相。他們發現電台建築物上到處都有槍彈留下

的痕跡，建築物前的廣場、通道上，零散分布有十餘具身穿波蘭軍隊制服的死者，鮮血淋漓。

這是怎麼回事？如果說波蘭有意進攻德國電台、挑釁生事，外國記者們無論如何也不能相信。但德國電台確實遭到了襲擊。電台建築物前的屍體也確實身著波軍正規軍制服，屍體旁還有波蘭製步兵武器，記者們百思不得其解。

要了解事情真相，必須從德國對波蘭的政策意圖說起。希特勒上台後，一直處心積慮想滅亡波蘭。一九三九年八月二十三日，德國與蘇聯簽署密約，達成了武力瓜分波蘭的協定。同時，德軍參謀部門也擬訂出一份入侵波蘭的軍事計畫，代號為「白色方案」。計畫動用五十三師、一百五十萬軍隊，由三千輛坦克支持，分路插進波蘭國土，以鉗形攻勢，分割包圍和消滅波軍主力，迅速呑併波蘭。計畫規定：一九三九年九月一日為發動侵波戰爭的最後期限。

但是，希特勒要實現呑併波蘭的計畫，也不無顧慮，因為英、法兩大國與波蘭有軍事同盟關係。德軍實力固然較之波蘭占有很大優勢，卻不及英、法、波三國軍隊之和。一九三九年大戰爆發前，德國共擁有兩百六十萬陸軍、三千一百九十輛坦克、四千四百零五架作戰飛機。而英、法、波三國擁有約五百萬陸軍、七千兩百輛坦克、四千兩百架作戰飛機。希特勒雖然心存滅亡英、法、波各國，統治歐洲之念，但採用的是各個擊破的戰略，深恐陷入兩線作戰的困境。德國如貿然進攻波蘭，英、法勢必出兵援救，屆時德國將處於兩線作戰之中。如能製造波蘭挑起戰爭的假象，使輿論譴責波蘭挑動戰爭，即使不能阻止英、法參戰，也可遲滯英、法的軍事行動速度，為迅速消滅波蘭軍隊爭取有利時機。一旦滅亡波蘭，希特勒便無兩線作戰之虞，屆時可從容向英、法挑戰。

基於這些考慮，希特勒召見親衛隊頭目希姆萊等人，面授機宜，要他們想辦法製造波蘭首先進攻德國的假象。波蘭勢單力孤，一直小心翼翼，唯恐給德國留下發動戰爭的藉口。無奈之下，希姆萊便從納粹情報機關設法偷來一百五十套波蘭軍制服和武器裝備，制訂了代號為「罐頭鵝肉」的行動計畫。在預定進攻波蘭的前一天，從集中營裡搜羅一批有波蘭血統的死囚犯，誘迫他們穿上波軍制服，攜帶波蘭軍武器，然後給他們注射麻醉藥，運至格萊維茨電台前，按槍戰姿態擺好，再開槍打死這些囚犯，虛聲射擊一陣，在電台以波蘭語廣播，製造波蘭軍進攻格萊維茨電台的假象。

格萊維茨事件發生後，德國電台、報刊大肆渲染波軍如何侵占德國電台，挑起了德波戰爭。九月一日，希特勒即以此為口實，下令執行「白色方案」。德軍兩千三百架飛機首先飛越邊界，對波軍機場、鐵路樞紐、屯兵點、補給中心狂轟濫炸。幾千門大炮沿千餘公里邊界同時開火。隨後，德軍五十七個師一百五十萬大軍，在兩千五百輛坦克的掩護下，分三路殺進波蘭境內，向心突擊首都華沙。波軍猝不及防，節節敗退。許多第一線飛機還未來得及起飛，就被炸毀在機場上。開戰第一天，波蘭軍就損失了占總數三分之一的作戰飛機，失去了制空權。德軍坦克部隊在其空軍掩護下，每天開進幾十公里，在波蘭境內橫衝直撞，如入無人之境。不到一週，德軍便占領波蘭第二大城市克拉科夫。九月八日，德軍開始強攻波蘭首都華沙；九月十六日，德軍南北兩路進攻部隊的主力會師，鉗形包圍波蘭軍的主力；九月二十七日，德軍攻占華沙；十月六日，德軍基本上平息了波蘭軍的抵抗。九月十七日，蘇聯紅軍根據一九三九年八月二十三日的蘇、德密約精神，出兵波蘭東半部，呼應德軍攻勢。在德、蘇兩國大軍合力進攻下，波蘭很快亡國。

德國發動侵波戰爭後，英國於一九三九年九月三日向德國發出最後通牒，要求德國撤軍。希特勒未予理睬。九月三日上午十一點十五分，英國對德國宣戰。英國自治領澳洲、紐西蘭、南非、加拿大以及法國也相繼對德國宣戰。

以德軍侵波為起點，第二次世界大戰正式爆發，「罐頭鵝肉」行動則是希特勒為發動第二次世界大戰一手導演的醜劇。

33、「黃色計畫」洩密記——塞翁失馬，焉知非福？

【楚雲戰評】「黃色計畫」是德軍對法國、英國、荷蘭、比利時等國數百萬大軍作戰的計畫，事關德國國運，也事關大戰結局。「黃色計畫」的洩密過程有不少離奇的情節，比如德軍飛機迷航誤入比利時國境後，攜帶「黃色計畫」的德國軍官為什麼不在飛機上處理這份密件，而要在鑽出飛機後，躲到飛機後面在大風雪中艱難地燒文件？曼斯坦因回憶說，他是在「黃色計畫」洩密後才想到從亞爾登突破這一招。即使如此，又焉知不是在希特勒已確定放棄「黃色計畫」，改由亞爾登突破後，有意識地讓這架德國飛機迷航，把已經放棄的「黃色計畫」故意洩露給比利時人，誘騙英、法將其主力部署到法國東北邊境，為德軍實現亞爾登突破創造條件？實際上，「黃色計畫」洩露後，英、法軍的部署正是依據已洩密的「黃色計畫」調整，也就是說，是德國被放棄的「黃色計畫」左右著英、法的軍事調整。如果不是「黃色計畫」洩密，英、法聯軍在法蘭西戰役中不一定輸得一敗塗地。諸多跡象表明，「黃色計畫」洩密對德軍不僅是「塞翁失馬」，而且很可能是德軍為誘騙英、法精心設計的一個圈套。

一九四〇年一月十日，西歐大地，北風呼號，天寒地凍。萊茵河西岸比利時東部的邊境城鎮梅克林更是飛雪漫天，銀裝素裹。皚皚白雪覆蓋了梅克林的山川、原野、草木、村鎮，覆蓋了一切。清晨過後不久，雪霧中忽然傳來一陣隆隆引擎轟鳴，驟然打破了梅克林雪原的寧靜。稍待，一架輕型飛機從雪霧中鑽出來，先是低飛，然後搖搖晃晃，高躍低伏，蹣跚降落在梅克林郊外的雪野上。

飛機還未停穩，一名德國軍官模樣的人就急不可待地從飛機上跳下來，躲到飛機後面，從隨身公事包裡抽出一疊檔，匆匆點火焚燒，因為性急慌張，北風又大，幾次都未能點燃火柴。早起的梅克林人大為驚奇，幾個值勤憲兵飛也似的奔向飛機，首先逼住那名軍官，奪過未燒完的文檔殘本，同時不停地用腳踩滅火堆。

迫降的飛機是一架德國亨克爾式軍用運輸機，被捕的軍官是德軍空降兵司令官的少校聯絡官，被燒殘的文件黃封皮，標有絕密標記，通稱為「黃色計畫」。當天凌晨，少校奉命攜帶這份絕密件，由德國駐萊茵河畔的空降兵司令部駐地，前往波恩去與德國空軍討論空降兵參與「黃色計畫」作戰的任務細節，不料風雪瀰漫，飛行員迷失航向，誤入比利時境內，迫降在梅克林郊外。

「黃色計畫」是德軍參謀總部制訂的進攻西歐作戰大綱，它包括進攻路線、時間，參加進攻的兵力、兵器、部隊番號、指揮官姓名、後勤安排等有關對西歐作戰的方方面面。根據黃色計畫，德軍將在默茲河以南採取守勢，用次要兵力佯動，調用主要兵力，從戰線北翼，強行穿越比利時、荷蘭兩個中立國，由列日突破，然後向北卷擊，前出法國東北邊境。不用說，「黃色計畫」是第一次世界大戰時期施里芬計畫的翻版。

比利時總參謀部仔細研究了繳獲的德軍「黃色計畫」殘本後，趕緊轉送英、法兩國參謀部。英、法、比、荷四國透過檔殘本，已對德軍計畫瞭若指掌，趕緊針對德國計畫共商對策，調整部署。

德國參謀總部得報「黃色計畫」落入比利時人之手後，當時亂成一團。德國駐比利時武官透過竊聽比利時、荷蘭兩國國王電話交談，斷定英、法、比、荷四國確實掌握了「黃色計畫」的祕密。德軍西歐作戰獲取勝利的要訣在於突襲和保守機密，使對手摸不清德軍主攻方向和兵力部署。「黃色計畫」洩密使德軍部署再無祕密可言，這對德軍野心勃勃的侵略計畫無異於釜底抽薪。德軍參謀部被迫開始考慮放棄「黃色計畫」，另尋替代方案。

恰在這時，一個名叫曼施坦因的德軍年輕將領，向德軍參謀部提出了一份作戰新計畫。曼施坦因計畫反對重複使用施里芬計畫，主張德軍分北、中、南三支，南路一支偏師守衛德境萊茵河防線，牽制對面的法軍部隊；北路一支偏師，佯攻比利時、荷蘭境內，誘使部署在法國東北邊境的幾百萬英、法軍隊，開進比、荷境內應戰，卻把主要突擊兵團集中於中路，偷越亞爾登天險，從中央突破，然後沿西北方向直下法國北部海岸線，包抄陷入比、荷境內的英、法重兵集團，切斷其與法國本土的聯繫，一鼓衝破西歐。

希特勒十分欣賞曼施坦因計畫，唯一擔心的是，德軍裝甲兵能否順利通過亞爾登山地。為此，希特勒親自召見曼施坦因，反覆探詢曼施坦因的計畫細節，以及坦克能否克服自然障礙，迅速通過亞爾登山林。曼施坦因以一個職業參謀軍官的眼光，對希特勒的每一點質疑都給予了肯定回答。不久，經希特勒批准，德軍參謀部決定按曼施坦因計畫重新部署，下令廢棄「黃色計畫」。

英、法兩國參謀部門得到比利時軍方送來的德軍「黃色計畫」殘本後，頗費籌思。有人認為德軍遺失「黃色計畫」原件是一場精心策劃的苦肉計，用意在於迷惑英、法、比、荷部隊，使之陷入比利時、荷蘭境內不能機動；但更多人認為德軍遺失檔是出於意外，未必真是騙局。況且德軍在南路無法攻破馬奇諾防線，中路無法穿越亞爾登山地。要進攻西歐，德軍唯有沿傳統路線，從北路取道比利時、荷蘭國境發動進攻。況且，德軍幾百萬大軍雲集邊境，箭已上弦，難以全面變更部署。因此，英、法應以不變應萬變，針對「黃色計畫」部署戰守。英、法參謀部最後採納了後一種意見，決定德軍一旦開始進攻，比利時、荷蘭軍隊就地抵抗，遲滯德軍進攻，英、法聯軍主力星夜馳援，開入比利時、荷蘭境內，迎戰德軍，爭取決戰勝利。

一九四〇年五月十日，希特勒對西歐挑起戰爭。戰局一開，德軍按曼施坦因計畫展開，南路C集團軍二十個師緊緊咬住馬奇諾防線上的法軍，使其不敢北移；北路B集團軍三十三個師偽裝成主攻部隊，虛張聲勢，飛機、大炮狂轟濫炸，坦克群橫衝直撞，使英、法誤以為德軍確實是按「黃色計畫」作戰，因而把幾百萬生力軍開入比利時、荷蘭境內，準備與德軍決戰。這時，中路德軍A集團軍六十個主攻師，卻以一千七百輛坦克為「開罐刀」，用預先準備的各種輔助器材，強越亞爾登山地，出其不意地從中央突破，從英、法主力背後前出默茲河上游，然後一路向西北海岸線方向發起進攻。開戰第十天，德軍主攻部隊就突進幾百公里，直抵大西洋沿岸。英、法、比、荷幾百萬大軍陷入比利時、荷蘭境內，被德軍團團圍困，除幾十萬人設法從敦克爾克渡海逃脫外，其餘盡被德軍消滅。

德軍無意遺失「黃色計畫」，迫使其改變作戰方案，轉用曼施坦因計畫。遺失密件本身碰巧又成為迷惑英、法軍隊的一場騙局。由於曼施坦因計畫比「黃色計畫」更出其不意，使德軍竟以極低廉的代價，輕勝英、法、比、荷四國幾百萬大軍。這應了一句古話：塞翁失馬，焉知非福？

34、魔兵天上來——空降兵初顯神通

【楚雲戰評】義大利人杜黑將軍，早在第一次世界大戰結束不久就提出了空軍制勝論。他認為在即將到來的世界大戰中，空軍因其機動性強、速度快、易達成突然性等特點，將成為戰爭勝負的決定性因素。雖然在第二次世界大戰中，空軍的重要性還沒有像杜黑將軍預言的那樣決定一切，但它確實是第二次世界大戰中一個全新的因素，大大地改變了戰爭樣式。德軍奪取比利時埃本—埃美爾要塞，是空降兵對戰爭勝負產生戰略性影響的一次典型戰例，也是戰爭史上空降兵第一次在大規模軍事行動中發揮「四兩撥千斤」的戰略作用。

一九四〇年五月十日凌晨，夜黑如墨，伸手不見五指。比利時埃本—埃美爾要塞的一千兩百名官兵還在夢鄉裡酣睡，哨兵目不轉睛地注視著要塞下方的原野和泛光的亞伯特運河河水。這時九架神祕的滑翔機，像夜梟一樣，悄無聲息地從深邃的夜空中滑降在埃本—埃美爾要塞的炮台頂蓋上。機門一開，七十八名突擊隊員飛身而下，像狼一樣迅速奔向各炮台的炮口和瞭望孔，自上而下，往炮口裡投擲炸彈、噴射火焰。這群天兵還用一種特製的空心裝藥破甲彈，炸開了主炮台鐵壁一樣的外殼，使炮台內部煙霧翻騰，烈火如熾。不到一小時，這座巨大的要塞就失去戰鬥力。第二天清晨，守要塞的一千兩百名比利時官兵經不起煙薰火燎，只得打出白旗，從要塞魚貫而出，向七十八名天兵投降。不必說，這七十八名天兵是德國突擊隊。他們奇襲埃本—埃美爾要塞的戰鬥，堪稱一九四〇年西歐大戰的頭一戰。

埃本—埃美爾要塞，位於比利時亞伯特運河南岸唯一的高地上。亞伯特運河位於比利時腹地，東西走向，水深流急，河岸陡峭，橫亙在列日通往安特衛普的中央大道上，是兵家必爭之地。亞伯特運河上有三座大橋，連接南北。為掩護亞伯特運河上的橋梁，封鎖南北通道，比利時軍事當局一九三五年修築了埃本—埃美爾要塞。要塞長一千碼，寬七百五十碼，高出河面一百三十英尺，居高臨下，射界開闊，四面由互為犄角的一系列封閉型裝甲炮台構成。所有炮台從牆壁到屋頂，都由鋼骨水泥整體澆鑄而成，再鋪設一層厚鋼甲。各炮台之間由密如蜘蛛網的地下通道連接。所有炮台都裝有重型要塞炮，任何敵人只要進入要塞炮射程內，必然粉身碎骨，有去無回。炮台可以抵擋任何空投炸彈、重型炮彈的直瞄轟擊。用任何標準衡量，它都是當代最堅固的要塞。為保衛要塞，一千兩百名受過特別訓練的官兵，日夜值班，一有風吹草動，即發炮轟擊。因為建成了埃本—埃美爾要塞，比利時總參謀部認為亞伯特運河和安特衛普大道可以高枕無憂。

一九三九年，德軍開始制訂進兵西歐各國的軍事行動計畫。德軍進兵西歐的決定性戰鬥是消滅幾百萬英法聯軍。而要消滅英法聯軍，必須首先占領比利時。比利時地勢低窪，河渠縱橫。德軍裝甲部隊要想迅速通過比利時，必須首先搶占比利時境內各處交通要津、隧道和橋梁，其中又以控制埃本—埃美爾要塞，搶占亞伯特運河上的橋梁，打通安特衛普大道最為重要。如德軍行動遲誤，不能迅速奪取亞伯特運河橋和埃本—埃美爾要塞，德軍重裝備將壅塞於道，進退失據。比利時軍隊一旦下決心破釜沉舟，炸開各處攔河壩、河堤，必然水淹七軍，使德軍坦克群浸在澤國。

為了盡快通過比利時，防止比利時以水代兵，希特勒下令新編練的空降兵部隊，抽調精銳，組成若干突擊隊，先於主力部隊行動，空投或機降到比利時境內各戰略要津，迅速奪占各處橋梁、渡口、交通要隘，廣布疑兵，打亂比利時軍隊地面防務，接應主攻部隊。

由於埃本—埃美爾要塞異常堅固強大，又建在高地上，居高臨下，易守難攻。亞伯特運河上的三座大橋，又連接通往安特衛普的南北大道，於德軍進攻部隊必不可少，德軍總參謀部便決定使用五百名精銳突擊隊員，分為四個小組，機降到亞伯特運河地域，分頭攻打埃本—埃美爾要塞和亞伯特運河上的三座大橋。德軍參謀部還認為，由於埃本—埃美爾要塞極為堅固，無法正面強攻，唯一的辦法是用滑翔機直接載運突擊隊員在要塞炮台頂蓋降落。可是炮台頂蓋平面狹小，滑翔機要在黑夜中準確降落在炮台頂蓋上，無異於讓盲人穿針，而且還要冒機毀人亡的風險。為了保證突擊成功，事前幾個月，德軍選擇與亞伯特運河地貌酷似的一處祕密地點，仿造大橋和埃本—埃美爾要塞，讓突擊隊乘滑翔機反覆起降，反覆演練，不斷修正完善突擊方案。

一九四〇年五月十日凌晨，在德軍幾百萬主攻部隊發動全線進攻前幾小時，五百名德軍空中突擊隊員，分乘幾十架特製的滑翔機，神不知鬼不覺地偷偷越過比利時邊界，藉夜幕掩護，從高空突入比利時境內亞伯特運河區，不但一舉成功地制服比利時守軍，奪取了埃本—埃美爾要塞，而且完整無損地奪取了兩座運河大橋。其中有一座大橋上的比利時守軍聞訊已點燃了埋在橋基上的炸藥包導火線。德軍突擊隊員乘滑翔機從夜空裡突然鑽出來，凌空直下，制服了守橋的比軍官兵，撲滅導火線，保住了大橋。五月十一日，德軍大隊坦克衝垮比利時軍隊防線，進抵亞伯特運河區，從德軍空中突擊隊奪占的運河大橋和埃本—埃美爾要塞前安然通過，沿安特衛普大道飛速進軍。只幾天時間，德軍便以摧枯拉朽之勢，接連打敗沿途阻截的比利時軍隊主力，徑奔安特衛普。不但如此，德軍五百名突擊隊員奇襲埃本—埃美爾要塞和亞伯特運河大橋的戰鬥，還使比利時人心惶惶，風聲鶴唳，不斷從前線調兵回防，部署在要害地點，以防德軍「天兵」故伎重演，再事偷襲。

正是由於德軍五百突擊隊員奇襲埃本—埃美爾要塞和亞伯特運河大橋取得成功，打亂了比利時軍隊的部署，保障德軍進兵路線暢通，才使德軍能順利占領安特衛普。五月二十八日，比利時戰敗投降，德軍占領比利時全境，這為德軍下一步與英法聯軍決戰提供了有利條件。而奪取埃本—埃美爾要塞的空中突擊行動，對於德軍在比利時迅速取勝，具有決定性作用。

35、敦克爾克奇蹟——奇蹟其實不是奇蹟

【楚雲戰評】「敦克爾克奇蹟」，這是當時英國首相邱吉爾在他的名作《第二次世界大戰回憶錄》中喜歡用的一個詞。英國人寫的第二次世界大戰史也使用這個詞描繪這次撤退行動，這說明英國人也有溢美的嗜好。其實，敦克爾克英軍成功地撤回英國本土，算不得奇蹟，更算不得勝利，它充其量只是一支失敗的軍隊在倉皇撤退中，打了一場比較漂亮的後衛戰，減少了損失。英國遠征軍為何能安全撤回本土？一個重要原因是，希特勒突然命令古德里安部隊停止向敦克爾克港發動最後一擊，至於希特勒為什麼發布這道命令，則是一樁戰爭史懸案。

一九四〇年五月末，法國東北部緊靠英吉利海峽的寧靜小港敦克爾克忽然熱鬧起來。港口及其周圍十哩海灘，擠滿了如潮水般湧來的軍人和各種車輛、坦克以及其他堆積如山的軍用裝備，一時人滿為患。當中有英國兵、法國兵，還有比利時兵和荷蘭兵。海岸邊的淺灘以及波濤洶湧的大海上，由數百艘汽艇、舢板、帆船、救生船、遊艇、駁船、渡輪以及大小軍艦組成的奇怪船隊，像密密麻麻的魚群一樣，在海峽上往來穿梭。淺灘上，無數小汽車開進水裡，排成一列列伸向大海的縱隊，僅露出頂蓋，組成臨時水上棧橋。士兵們結隊由汽

車組成的水上棧橋上跳躍通過，登上一艘艘小船，轉運到泊在深海的大船和戰艦上，再橫渡海峽，轉往英國上岸，這就是英軍敦克爾克大撤退時的場面。

一九四〇年五月十日，希特勒向西歐挑起戰事。德軍中路主攻部隊，以一千七百輛坦克為開罐刀，偷越亞爾登天險，迅速突破法軍默茲河防線。其先鋒部隊第十九裝甲軍由德軍坦克戰名將古德里安指揮，五月十四日占領色當，而後一馬當先，如入無人之境，竟以十日行程，急進數百公里，直撲英吉利海峽。五月二十日，古德里安的裝甲部隊占領阿布維爾軍港，前出大西洋沿岸，切斷了法國東北戰區與其餘地區的地面聯繫。同時，從比利時、荷蘭出擊的德軍北路部隊，也擊潰英國、法國、比利時、荷蘭四國聯軍抵抗，占領比利時、荷蘭兩國全境，向西窮追，把英國遠征軍連同部分法、比、荷部隊共數十萬軍隊趕到敦克爾克附近的海岸邊，使之處在德軍北路和中路兩支大軍的鐵鉗夾角內，陷入絕境。聯軍幾十萬人馬龜縮在一片不過六十平方英里的海灘上，東、南、北三面面對如狼似虎的德國坦克群，背後是濁浪排空的英吉利海峽。古德里安部隊距聯軍防區中心的敦克爾克港僅二十公里，只需一次衝擊，即可占領該港，封閉包圍圈。

五月二十四日，古德里安集結好進攻坦克群，請希特勒允許其率部強攻，衝垮聯軍阻擊線，突入敦克爾克港區，予英法聯軍最後一擊，結束戰役。希特勒深恐敦克爾克港區地勢低窪，河渠縱橫，不宜坦克作戰，正猶豫不決。這時，德國空軍司令戈林元帥乘坐專用指揮列車來到前線。他向希特勒請纓，用空軍轟炸機消滅撤退到敦克爾克的英法軍隊殘餘，封閉英吉利海峽，而不必動用坦克部隊一兵一卒，並立下軍令狀。

希特勒認可了戈林的要求，下令德軍各路部隊就地待命，停止前進，把消滅敦克爾克英、法、比、荷殘軍的任務交由戈林的空軍負責。不論希特勒為何作出如此奇怪的決定，它都使德軍永遠失去了封閉敦克爾克包圍圈的機會，使英國遠征軍能絕處逢生。

遠征軍是英國本土防務的命根子，裝備精良，訓練有素。如丟失遠征軍，英國本土將無可用之兵。到那時，德軍只需十萬部隊渡過海峽，就能橫掃英倫。遠征軍的安危，同時就是英國本土的安危。英國新任首相邱吉爾決心不惜一切努力，從絕境中救出遠征軍。

五月中旬，以果斷著稱的邱吉爾剛接任首相幾天，到法國戰地視察，即預見到敗局已定，開始考慮從戰場撤退遠征軍問題。五月二十日，即古德里安部隊占領法境阿布維爾軍港的同一天，英國海軍部根據邱吉爾指示，召開緊急會議，研究從法國前線撤回遠征軍的「發電機」計畫，並下令徵集大小船隻，準備開往法國海岸。

五月二十六日，邱吉爾下令正式執行從法國撤離遠征軍的計畫。當晚，有一千三百人離開法國登上英國海岸。海軍部計畫在頭兩天撤離四萬五千人，實際上只撤回兩萬五千人，原因是港口設施有限，船隻不足，德國轟炸機群又不時飛臨敦克爾克上空干擾英軍上船。邱吉爾為擺脫困境，採取緊急措施，一面命令後衛部隊構築環形防線，固守灘頭陣地，同時調用幾百架戰鬥機，在海峽上空值班巡邏，迎擊戈林的轟炸機群。另一面，邱吉爾又號召在英國本土徵集所有能用的船隻，包括漁船、駁船、渡船甚至大大小小的度假遊艇。很多漁民自動組織，駕駛自己的私船，參加救援子弟兵的危險工作。幫助撤退遠征軍的大小船隻增至八百艘，撤退速度大大提高。五月二十九日，英軍奇蹟般從法國海岸撤回了四萬七千人。

德國空軍總司令戈林元帥一見大批英軍克服重重困難，成功地撤離法國海岸，一下子傻了。當時天氣陰沉，不利於德國轟炸機群出擊。敦克爾克海灘鬆軟低平，航空炸彈栽進鬆軟的沙灘裡爆炸，彈片無法散開，殺傷力有限。「只要躲進沙丘之間，一切將平安無事。」德機轟炸時，待撤的英軍士兵照樣在海灘上打球、洗澡、遊戲。更頭痛的是，英國戰鬥機無處不在，嚴密控制敦克爾克港區的制空權，不允德國轟炸機群逼近。希特勒發現戈林的空軍無力完成任務後，只得在五月二十六日取消禁令，下令古德里安的坦克群恢復進攻，但已遲了兩天。聯軍後衛部隊利用戰鬥間歇，已築好灘頭陣地，足以抵擋古德里安部隊的衝擊，掩護主力撤退。

五月三十日，英軍已從德軍包圍圈內成功地撤出十二萬人，同時，大批法軍也開始向英國撤退。六月四日下午，最後兩萬六千法軍撤離敦克爾克海岸。經過九個晝夜，英國遠征軍從法國海岸撤回了二十二萬人。此外，另有十多萬法國和比利時軍隊也隨英軍一起突圍。

在撤退過程中，英軍丟棄了七百輛坦克、一千兩百門大炮、七萬輛軍車。為掩護撤退，英軍還損失了一百八十架飛機、兩百四十艘艦船以及四萬後衛部隊。雖然代價慘重，卻救出了遠征軍主力。希特勒得報英國遠征軍突出德軍重圍後，暴跳如雷，除了責備戈林無能外，只能望洋興嘆。

36、克里特之花——空降兵大顯神通

【楚雲戰評】克里特島之戰是歷史上第一次師級規模的空降作戰。德國一次出動一個空降師、兩個可以機降的山地師，跨海作戰，一舉奪取了具有戰略意義的克里特島，顯示了空降作戰極大的優越性。由於是歷史上第一次師級規模的空降作戰，自然也有諸多不完美之處。德軍在克里特島空降作戰中最大的失誤就是未能探明敵情，尤其是大大低估了島上英國守軍的數量與實

力，這也是普通作戰中常犯的錯誤。但由於空降作戰的特殊性及空降兵訓練和裝備成本高，更經不起這樣的錯誤。結果，德國空降兵雖然戰勝英軍，奪取了克里特島，但損失太大，成本太高，因而其勝利是極不圓滿的勝利。

這是地中海一個漆黑的夜晚，天上沒有月亮，海面上也沒有燈火。一支德國運輸船隊，由幾艘戰艦護航，從德軍新占領的希臘海岸出航，悄悄地向地中海的克里特島出發。航行一夜，船員們已能隱隱感覺到克里特島巨大的暗影。這時，漆黑的遠方，忽然鑽出一支英國艦隊，橫衝直撞，以艦炮猛攻德國船隊。儘管幾艘小護航艦像小狗鬥狼一樣拚命撲擊，德國運輸船仍然紛紛沉入海底，其餘的船隻趕緊回竄。原來，英軍事先已偵察清楚德軍船隊出航，連夜派艦隊截擊，準備一舉殲滅德國船隊。黎明時分，天剛濛濛亮，大批德國轟炸機忽然趕到，追上英國艦隊，狂轟濫炸。剛才還得意洋洋的英國水兵變的驚慌失措，艦隻非傷即沉，趕緊四散奔逃。這就是一九四一年五月英、德兩國爭奪克里特島之戰的一幕。晚上，英國艦隊衝進克里特島與希臘海岸之間的狹窄海槽，截擊德國運輸船隊。白天，德國轟炸機群一批批飛臨海峽上空，稱王稱霸，尋殲英國艦艇。

克里特島是愛琴海第一大島，地中海第五大島，位於地中海中央。從空中俯瞰，克里特島山巒起伏，地形複雜。島長三百公里，寬三十公里，沿東西縱軸一線擺著四座六七千英尺的高峰。克里特島西經西西里島和馬爾他島可跳至地中海西出口，東經賽普勒斯島可跳至地中海東出口，北距希臘海岸一百公里，南距北非海岸三百公里。往東南方面，從克里特起飛的轟炸機可以飛抵尼羅河三角洲和英軍基地亞歷山卓。由於位居要津，第二次世界大戰開始後，克里特島便成為英、德爭奪目標。

一九四一年四月，英軍進駐克里特島，策應其在巴爾幹的部隊。不久，巴爾幹英軍失敗，殘部退往克里特，島上英軍達到四萬人。為了屏護東地中海，保障英國東地中海艦隊和中東殖民地安全，英國首相邱吉爾任命弗賴伯格將軍為司令官，指揮守島作戰，企圖把克里特建成英國在東地中海的強大海上要塞，遏制德軍進攻浪潮。為支持守島作戰，邱吉爾還命令英國地中海艦隊的上百艘戰艦在克里特島周圍水域巡航，阻止德軍從海上進兵。

弗賴伯格將軍久經戰陣，受命守島後，深知責任重大，立即搭飛機巡視全島，深入了解島上的軍事地理，斷定德軍若想奪取克里特島，必然要從海空兩路同時進攻。在海上，有強大的英國艦隊巡航，一時無慮。克里特島的主要威脅，一定來自空中，德軍極可能利用空中優勢，冒險使用大量空降兵從空中奪取克里特。根據這一判斷，弗賴伯格將軍一面請求增調高射炮、探照燈，加強防空兵力、火力；一面嚴密控制島上各機場和一切適於空降、傘降場地，祕密構築防空降工事，布下重兵，阻止德軍空降。

希特勒奪占巴爾幹後，決定乘勢攻取克里特島，以便控制東地中海，支援在北非的軸心國軍隊，威脅英國在埃及的基地，建立進攻中東的戰略跳板。由於海上有英國艦隊阻截，希特勒專門調來最精銳的德軍空八軍和空十一軍、一個空降師、兩個可用滑翔機機降的山地步兵師、一千兩百架飛機，準備從空中進攻克里特島。根據計畫，德軍先出動七千人，由海上佯攻，再出動一萬六千人，空運克里特島，空海結合，一舉攻占克里特島。

一九四一年五月二十日凌晨，德軍轟炸機群結隊飛往克里特島上空，猛烈轟炸島上英軍機場、據點、灘頭和防空陣地，揭開了克里特空降作戰序幕。緊接著，五百架德軍運輸機，運載德軍第一波空運部隊，蝗蟲般飛抵克里特島上空，天女散花一樣投下五千傘兵，向島上英軍陣地飄落。英軍見狀，趕緊對抗。隱藏在橄欖林中、葡萄藤下的英軍隱蔽火力點，紛紛掀開偽裝，一齊對空猛射。許多德國傘兵，還未落地就在高空被擊斃，另一些落地後馬上陷入交叉火網中，還有一些德軍傘兵著陸後，又因為混亂，找不到兵器袋。隨第一批德軍空降的德軍前敵指揮官吉斯曼中將，還未踏實克里特陸地就一命嗚呼。

午後，德軍第二波運兵飛機接踵而至。因為機場上飛機連續起降，造成漫天塵土，德軍飛機不能正常連續起飛，無法編隊，只好東一架西一架飛抵克里特島，這提供了更多機會給英國狙擊手，德軍第二波空投傘兵遭到更慘重的損失。

五月二十一日，已在克里特島著陸的德國傘兵設法集中，強攻克里特中部的一〇七高地，與英軍惡戰，一舉奪占了島上的馬利姆機場，終於扭轉戰局。德國運輸機隨即一架接一架在機場著陸，運來援兵和重武器。德國傘兵部隊得到大批重武器增援後，攻堅能力倍增，不斷奪取英軍據守的要點、高地，穩步向內陸推進。而在海上，德軍運輸船隊也在空軍掩護下，突破英國艦隊攔截，靠上克里特海岸。英軍司令官弗賴伯格將軍面臨德軍海空夾擊，斷定克里特島遲早必為德軍攻占，再戰無益，只得下令撤退。五月二十八日，英軍開始從海路撤往埃及。但英軍剛撤退半數部隊，德軍傘兵已衝垮英軍後衛部隊，封閉了克里特島的出海通道。餘下英軍彈盡援絕，只得繳械投降。為了防守克里特島，英軍損失了兩萬官兵，幾十艘戰艦。德國空降部隊第一次按師級規模部署作戰，顯示了空降兵跨海進攻的優越性。

37、不列顛之戰——靠空軍不能滅亡一個國家

【楚雲戰評】打算單獨以空軍征服一個大國，這是希特勒無數怪誕念頭中的一個，他這樣想了，也這樣做了，但他沒有達到目的。空軍具有速度快、航程遠、機動性強、反應敏捷、能越過戰線深入敵國縱深作戰等優點，因而具有陸、海軍所不具備的某些優勢。空軍可以在戰術上直接配合陸海軍作戰，也可以在戰略上單獨作戰，攻擊敵方的陸海交通線、打擊敵國後方的城市、屯兵點、經濟中心和聚落，削弱敵方的民心士氣和戰爭能力。但是，單憑空中力量，仍然不可能征服一個國家，尤其是不可能征服一個大國，不列顛空戰證明了這一點。在不列顛空戰中，德軍平均每個晝夜都要出動數百架飛機、高峰時甚至出動成千架飛機對英國狂轟濫炸，給英國造成了極大的損失。但轟炸未能征服英國。英國人民不但在納粹大轟炸中堅持了下來，反而使納粹空軍元氣大傷。

一九四〇年六月，希特勒在征服波蘭和北歐國家後，又席捲西歐，控制了自挪威北角到西班牙的大西洋沿岸地區，新月形包圍了英倫三島。七月十六日，希特勒又下令制訂「海獅」計畫，準備派軍在九月十五日前登陸英倫，摧毀英國。

但是，要征服英國談何容易！風急浪高的英吉利海峽不是亞爾登山林，沒有制海權，坦克就只能望海興歎。德國海軍本來就沒有英國海軍強大，在挪威海岸又折損過半，如何對付英國海軍，就成了希特勒最頭痛的事情。這時，戈林又一次誇下海口，說他要用自己的空軍把英國飛機趕出天空，讓英國軍艦像鴨子一樣圍著英

倫三島團團轉，單憑他的空軍即可征服英國。

自敦克爾克撤退以來，英國確實元氣大傷，雖然從法國撤回了遠征軍，卻丟失了全部重武器，海岸警備仰賴幾個不像樣的步兵旅，自清教徒革命以來，英國頭一次面臨強敵入侵的威脅。這時，邱吉爾接替張伯倫出任首相。他出身於一個顯赫的貴族家庭，熟諳歷史，精通政略，意志堅定，精力充沛，一直反對張伯倫對德國奉行綏靖政策，是全世界矚目的政界風雲人物。

一九四〇年五月十三日，德國坦克剛剛出現在亞爾登山口，邱吉爾就在英國下議院發表就職演說，表示要把熱血、眼淚、辛勞和汗水貢獻給英國人民。當希特勒向他伸出橄欖枝，提出要與英國和平談判時，他用一個著名的「不」字作答。不列顛空戰期間，他常常到硝煙瀰漫、遍地彈痕的倫敦市區踏訪一條條街道、一間間民房。人們常見他打著「V」字手勢（victory 表示勝利），鼓舞無家可歸的人們。正是這位不屈的首相，領導英國人民，與希特勒匪徒展開了一場殊死搏鬥。

為了兌現承諾，戈林集結了德國空軍主力三個航空隊的兩千六百六十九架飛機，其中戰鬥機和轟炸機各約一半。這些飛機除從法國基地起飛外，還可以從挪威出擊。英國空軍只有七百架戰鬥機和五百架轟炸機，德國空軍在數量上占有二比一的優勢。不過，英國戰鬥機性能優越，加上處於防守、在本土作戰、機場就近、巡航時間短，空戰時間相對較長，飛機及飛行員使用率比德國高。英國還掌握了先進的雷達技術，不待德機靠近，即可預先偵測到德國機群的航向、速度和高度，指揮英國飛機出擊。更重要的是，英國人民為保衛祖國而戰，鬥志高昂。

不列顛空戰分為三個階段。第一階段開始於七月十日，歷時一個月。德國的目標是趕走英吉利海峽的英國海軍，誘殲英國空軍，以便在英倫登陸。這一時期，德國空軍整天在海峽上空耀武揚威。但英國空軍沒有落入圍套，每次都看準機會以少量飛機出擊，使敵軍元氣大傷。經一個月對峙，戈林沒有消滅對手，自己卻損失了兩百八十六架飛機。

八月十日，不列顛空戰進入第二階段，戈林計畫尋殲英國空軍，奪取制空權，把攻擊目標推進到英國沿海的前線機場、基地和雷達站。八月十三日，戈林下令執行「鷹日計畫」。這一天，德國出動了一千五百架飛機。從八月二十四至九月六日，德國空軍平均每天有一千架飛機出擊，讓英國造成了巨大損失。在英國南部，德機破壞了皇家空軍的五個機場，六個扇形雷達站，幾乎完全摧毀了英國的通訊系統。在那些緊張的日子裡，英倫上空整天引擎轟鳴，火光四起。被擊中的飛機，不時拖著粗大的煙柱，栽進大海、荒野或者聚落。英勇的英國人民不畏強暴，全民動員，飛行員有時一天起飛達四次之多，地勤人員常常因疲勞過度而昏倒在陣地上，婦女兒童主動在屋頂或山岡上，觀察德機動向，向指揮部報告情況。德國空中飛賊遇到了不可逾越的屏障，第一個「鷹日」，戈林損失了四十七架飛機。八月十五日，損失飛機多達兩百九十架。八月二十四日，英國開始反擊德國本土，就在德國空軍司令戈林大吹大擂，宣稱如果英國飛機進了柏林他就不姓戈林時，八十一架英國轟炸機突破兩層德軍高射炮火網，把炸彈丟進了德國首都柏林。戈林只得改變戰略，開始夜襲倫敦和其他工業城市，以打擊英國工業生產和抵抗意志，不列顛空戰進入第三階段。

九月七日傍晚，一千兩百七十三架德國飛機飛到泰晤士河上空，向倫敦的兵工廠、發電廠、煤氣廠及倉庫和碼頭投下了成千噸高爆炸彈。以後兩個月，倫敦平均每夜都有兩百五十架德國轟炸機光顧，前來製造恐怖和死亡。飛機生產重地考文垂被炸成廢墟，以至戈林發明了一個嚇人的名詞：「考文垂化」。

英國人民不懼威嚇，越戰越強，不斷改進防禦體系。德機一飛臨海峽上空，雷達即引導英國戰鬥機出擊，築起空中防線。僥倖衝過防線的德機，在氣球網中隨時會遇到幾百門高射炮。九月十六日，德國又在倫敦上空損失了一百八十五架飛機。精疲力竭的德國空軍，只得在九月十六日以後停止大規模空襲，而「海獅」計畫也被無限期推遲。

不列顛空戰以英國人民的勝利而告終。空戰期間，德國航空兵出動飛機四萬六千架次，在英國投擲了六萬噸炸彈。英國損失了八萬六千人，還有一百萬棟建築物毀於戰火。但是，德國空軍也元氣大傷，從八月八日至十月三十日，德軍損失飛機兩千三百七十五架。儘管遭受了巨大損失，但德國空軍既沒有為陸軍入侵英倫打開通道，更沒能單獨逼英國投降，而英國在德機的瘋狂中挺起民族胸膛，獲得了最後的勝利。

38、「巴巴羅薩行動」——戰爭史上規模最大的突襲

【楚雲戰評】德國入侵蘇聯的「巴巴羅薩行動」，不但是戰爭史上一場最大規模的突襲，也是希特勒在戰略上最大的一次冒險和失算。德國地處中歐內線位置，長期與處於外線的英、法、俄為敵，因而自普法戰爭後，兩線作戰問題一直是德國戰略家難以擺脱的「夢魘」。俾斯麥為擺脱兩線作戰，先是謀求與法國和解，而後又與沙俄訂立《再保險條約》；施里芬伯爵制訂「施里芬計畫」時，最困擾的是兩線作戰問題；希特勒為避免在對法戰爭中陷入兩線作戰，以半個波蘭領土為誘餌，誘惑史達林簽訂了《德蘇互不侵犯條約》。現在，希特勒經不起時間消磨，在對

英作戰騎虎難下、未擺平英國的情況下，貿然進攻蘇聯，實際上違背了歷代德國戰略家的戰略原則，也違背了他自己在戰爭初期的原則，使德國陷入東對蘇聯、西對英國的兩線包圍中。儘管德軍在「巴巴羅薩行動」中取得了勝利，但不是最後勝利，德國也從此陷入兩線作戰的「夢魘」中，等待它的將是兩線作戰之苦和失敗的命運。

一九四一年六月二十二日午夜時分，蘇聯西部自波羅的海到黑海之間的四千五百公里國境線上，夜黑如墨，萬籟俱寂。駐守西部國境線一百七十個紅軍師的幾百萬官兵，依然按平常作息安排，在夢鄉中酣睡。成千上萬架寶貴的作戰飛機，整整齊齊，比翼排列在邊境附近各機場上，未加任何特別防護。突然間，幾千架德國飛機打破午夜的寧靜，隆隆飛越蘇聯幾千公里邊界，戰鬥機橫掃、轟炸機俯衝、炸彈冰雹般傾瀉在蘇軍各營地、據點、前線機場、鐵路交匯點和後方補給中心。與此同時，幾萬門德國野戰炮和坦克炮沿幾千公里邊境線一齊開火，猛烈轟擊蘇軍前沿陣地，為進攻部隊開路。幾百萬德國侵略軍以坦克為先導，乘機蜂擁而入，突破蘇聯幾千公里國境線，向蘇聯腹地全線推進。這就是希特勒進攻蘇聯、執行「巴巴羅薩行動」計畫時毛骨悚然的第一幕。

消滅蘇聯是希特勒的既定方針。在《我的奮鬥》一書中，希特勒宣稱「必須把俄國從歐洲國家的名單中劃掉」。蘇聯締結互不侵犯條約後，希特勒的侵蘇野心沒有絲毫削弱，簽約不久他便在一次機密會議上宣布：「條約只是在對我們有用時，才有遵守的必要，一旦我們在西方騰出手來，我們就可以對俄國作戰。」

一九四〇年六月，德國滅亡法國，直下西歐，把英軍趕出了歐洲大陸。希特勒認為，他已從西方騰出手來，可以考慮對蘇作戰了。七月二十一日，他要求陸軍為此作準備；在七月底的貝格霍夫會議上，希特勒下令參謀部門正式制訂對蘇作戰計畫。

隨後幾個月，德軍參謀總部連續制訂了幾個對蘇作戰計畫，不過都停留在設想階段，尚未付諸實戰部署，因為德軍此時正在集中力量攻擊英國，希特勒打算透過實行「海獅」計畫，九月份登陸英倫。但隨著不列顛空戰的失敗，侵略英國的「海獅」行動被無限期推遲。希特勒再次把目光轉向東方，決心移師東線，消滅社會主義蘇聯。他告訴他的心腹愛將說：「要打敗英國，就必須擴充海空軍，也就是要削弱陸軍。但只要俄國依然是個威脅，就萬萬不能削弱陸軍。」他還說，英國首相邱吉爾之所以負隅頑抗，抵死不降，是因為對蘇聯抱有希望。在希特勒的盤算中，侵蘇既是執行《我的奮鬥》中許下的諾言，是為了直接奪取「生存空間」，又是打破對英戰爭僵局的出路所在。於是，德國對蘇作戰開始進入實戰部署階段。

一九四〇年十二月十八日，希特勒發布第二十一號訓令，批准對蘇作戰計畫，並親自規定對蘇作戰軍事行動的代號為「巴巴羅薩行動」（德語Barbarossa，來自於神聖羅馬帝國皇帝腓特烈一世的綽號「紅鬍子」），希特勒使用這一代號的目的，是要使對蘇作戰更帶神祕性和恐怖性。

「巴巴羅薩行動」計畫以殲滅戰略為基礎。計畫規定：使用德軍裝甲兵、摩托化兵、炮兵、步兵和航空兵的龐大兵力，分別從蘇聯西部邊境的西北、西南和正西三個方向實施強大突擊，分割圍殲蘇軍主力，而後長驅直入蘇聯腹地，進抵阿爾漢格爾斯克、阿斯特拉罕一線，在六個星期到兩個月內結束對蘇戰爭。計畫的核心在於一開始便集中優勢兵力，以及隱祕性、突然性和速戰速決等。為此，德國在政治、經濟、軍事、外交等方面進行了極為周密的準備。

與對法國作戰的一九四〇年相比，一九四一年德國軍費增加了兩百二十億馬克，軍隊新編成五十八個作戰師，補充了四千架飛機，兩千輛坦克。一九四〇年八月，德國參謀總部下達「重建東方」密令，開始向東線調集大軍，沿蘇聯西部邊界大量修築戰略公路、鐵路、橋梁和屯兵點。年底，又舉行了大規模軍事演習，檢查「巴巴羅薩行動」計畫的準備情況。數以百計的德國情報人員被派往蘇聯，刺探蘇聯的兵力、部署、國防設施情況、工業布局、經濟中心的位置等情報。同時，為了迷惑蘇聯，德國宣傳機器集中咒 英國人，卻對蘇聯大獻殷勤；德軍繼續在英吉利海峽集結船隻，在法國海岸修築假火箭發射場；舉行一系列登陸演習，甚至煞有介事地給作戰部隊配備地圖和英語翻譯。當蘇聯方面對有關德軍東調的消息表示關切時，蘇聯駐德大使被友好地告知：德軍東調是一年一度的換防，是用新兵接替老兵。在外交上，希特勒還以威逼利誘等手段，先後把芬蘭、匈牙利、羅馬尼亞、斯洛伐克和保加利亞拉上賊船，拼湊成反蘇同盟。

從一九四〇年七月到一九四一年六月，一年之內，德國先後向東線調集了一百五十七師的精銳部隊。到六月二十一日，即進攻前一天，德國及其僕從國軍隊共一百六十六師全部進入了出發陣地。按「巴巴羅薩行動」計畫部署的德軍進攻部隊總兵力為五百五十萬人，包括四千三百輛坦克、四萬七千門大炮、五千架飛機。在談到這個計畫時，希特勒神氣地宣稱：「只要『巴巴羅薩行動』一開始實施，全世界將大驚失色，難置一言。」

蘇聯方面受《德蘇互不侵犯條約》及德國對英虛張聲勢的作戰姿態所迷惑，對德國的大規模進攻部署渾然不覺。為防止引發德、蘇衝突，蘇聯邊防部隊甚至不發配彈藥。大量糧食、原料、貴重物資繼續通過鐵路，按德蘇協定由蘇聯源源運往德國。臨開戰前幾分鐘，還有一列滿載物資的蘇聯列車離開邊境，前往德國。六月二十一日晚，一名叛逃的德國士兵偷越國境，向蘇軍邊防部隊提供了德軍次日將對蘇聯發動全線進攻的絕密情報。這一情況雖然逐級報告給了史達林，但史達林不相信這一報告的真實性。在此之前，英國也透過正式外交途徑，向蘇聯通報了德國對蘇進攻在即的絕密情況，史達林同樣不置可否，甚至懷疑這是英國有意想挑起德、蘇戰爭，從中漁利，並下令塔斯社發社論闢謠。

由於蘇軍未作充分的應戰準備，為希特勒實現「巴巴羅薩行動」計畫提供了良機。一九四一年六月二十二日清晨五點半，德國駐蘇大使舒倫堡向蘇聯遞交了戰書。在此之前，德軍幾百萬部隊已全線突破蘇聯邊界。紅軍措手不及，慘遭潰敗。開戰第一日，蘇軍損失一千八百架飛機。開戰僅三週，即有一百零九個紅軍師被消滅。到同年年底，紅軍已損失了七百萬兵員、一萬八千輛坦克，被迫向東後撤八百至一千兩百公里。德軍在南路奪取了基輔，北路包圍了列寧格勒，中路直逼莫斯科，取得了驚人勝利。

「巴巴羅薩行動」確實令全世界大驚失色，但希特勒仍未實現其戰略目標。蘇聯國土遼闊，氣候奇寒，人口眾多而且頑強勇敢。希特勒無法在一次戰局中征服蘇聯。一九四一年年底，紅軍雖已損失了幾百萬主力，但是德國那些精疲力竭的將軍們在深入蘇聯腹地後，還是驚奇地發現，又有幾百萬新部隊橫擋在德軍進攻路線的前方。蘇聯人民在史達林領導下，同仇敵愾，不甘失敗。莫斯科一戰，殲敵五十萬，扭轉了戰局。希特勒甚至未能像拿破崙那樣進入莫斯科，便開始敗退，試圖以一戰奪取蘇聯的迷夢成為泡影。

39、風雪莫斯科——「冬將軍」拯救了俄羅斯

【楚雲戰評】希特勒兵敗莫斯科不是單一因素所造成，而是一系列連鎖反應的結果。在這個反應鏈中，第一環是巴爾幹半島的希臘和南斯拉夫拒絕被軸心國控制，迫使希特勒在進攻蘇聯前

兩個月發兵攻打巴爾幹各國，從而打亂了德軍對蘇作戰部署，也嚴重消耗了德軍寶貴的裝甲部隊，並使「巴巴羅薩行動」被迫推遲一個月之久；第二環是「巴巴羅薩行動」取得初期勝利後，希特勒本可以在夏季乘勝進軍，直取莫斯科。但他認為奪取蘇聯南部的麥田、煤、鐵和石油等戰略資源更重要，因而把主力用於南線，在中路莫斯科方向暫時停止了攻勢，但等到秋季恢復攻勢時，蘇軍已做好準備，嚴陣以待。不久，「冬將軍」來了，這是第三環。希特勒本可以在「冬將軍」來臨之前攻占莫斯科，但他野心太大，目標太多，狼奔豕突，失去了機會。

一九四一年十月六日深夜，蘇聯首都莫斯科忽然彤雲四合，狂風怒號。不出午夜，便下起了鵝毛大雪。莫斯科這第一場初雪較平常年份提早了一個月。這以後，大雪不停地下，莫斯科氣溫急遽降到零度以下。經過幾次寒流後，氣溫在十二月初已降至零下三十多度。大雪覆蓋了莫斯科周圍綿延上千公里的河流、山谷、村鎮以及橋梁、道路，也覆蓋了希特勒軍隊的營帳、野戰機場、坦克、大炮和車輛。由於天寒地凍，納粹軍隊的飛機油箱被凍裂；大炮瞄準鏡失去效用；坦克因燃油凍結，必須在底盤下堆火烘烤，才能發動；坦克及隨行車輛行進時還必須裝上雪鏈，否則在冰凍的道路上無法控制，隨時會打滑橫行，翻落溝底；步兵的步槍、機槍等自動武器也因槍機凍結而無法使用。德軍官兵的處境更為悲慘，由於冰雪封凍，傷患運不走，補給送不進，官兵們身穿單衣，龜縮在戰壕裡，受凍受餓。每個團隊僅僅是凍傷的官兵，少則數百，多則上千，戰鬥力因而銳減。這種冰雪酷寒所產生的阻滯作用，就像當年拿破崙兵敗莫斯科時一樣。一個多世紀前，是「冬將軍」打敗了拿破崙軍隊，拯救了莫斯科。現在「冬將軍」又回來了！「冬將軍」將打敗希特勒，再次拯救莫斯科。希特勒僅差一步之遙，最終未能攻占莫斯科。

莫斯科位於德蘇戰線的中央位置，北通列寧格勒，南連史達林格勒，往東則掩護著烏拉爾後方基地。莫斯科的戰略重要性還在於，它是蘇聯最重要的交通樞紐，鐵路網四通八達，連接全國各個重要的政治、經濟中心和軍事重地；它也是蘇聯主要的工業基地和軍火生產中心；此外，它還是蘇聯的政治中心，失去莫斯科將大大衝擊蘇聯人民和軍隊的作戰意志，嚴重削弱蘇聯軍隊和人民戰勝希特勒德國的信心。因此，莫斯科得失與否，確實是影響德蘇戰爭結局的關鍵性一戰。

希特勒深知莫斯科的戰略重要性。在一九四一年夏取得了對蘇初戰勝利後，便不顧其將領反對，下令制訂代號為「颱風」的新作戰計畫，企圖乘勢奪取莫斯科，給蘇聯紅軍以致命一擊，盡快取得對蘇作戰的勝利。為此，他下令從南線和北線以及後方調集大量精銳部隊，使進攻莫斯科的德軍總兵力達到七十五師一百八十萬人，裝備包括一千七百輛坦克、九百五十架飛機和一萬四千門大炮。在比例上，這支部隊步兵總數占德蘇戰場德軍總兵力的三分之一，坦克師和摩托化步兵占三分之二。希特勒的具體作戰計畫是，以坦克師和摩托化師為先導，由優勢航空兵掩護，分從莫斯科西北、西南和正西三個方向，採取大包圍姿態，合圍莫斯科，先在決戰中消滅蘇軍衛戍部隊，而後攻取莫斯科。

史達林深知莫斯科在軍事、經濟、政治及民心、士氣方面的重要性。他一發現希特勒攻占莫斯科的企圖，便趕緊採取對策，向莫斯科調兵遣將。到九月底，蘇軍已在莫斯科集中了三方面的軍隊，共一百二十五萬大軍以及九百九十輛坦克、七千六百門大炮與六百七十七架飛機，並在莫斯科遠郊和近郊依傍地形，層層設防，準備與德軍決戰。為加強莫斯科前線蘇軍的指揮能力，史達林親自與正在列寧格勒前線指揮作戰的常勝將軍朱可夫通話，要他立即飛往莫斯科，指揮莫斯科保衛戰。

一九四一年九月三十日，德軍正式發動了進攻莫斯科的「颱風」行動。德軍不顧損失慘重，每日先以俯衝轟炸機飛越戰線，在蘇軍後方投彈轟炸，破壞蘇軍兵力的集結調動和補給運輸，切斷其戰場各部分的聯繫；再以大炮、迫擊炮火力破壞蘇軍前沿工事，壓制蘇軍火力；然後以坦克為前導，協同摩托化步兵瘋狂推進。僅僅幾天時間，德軍便從多處突破蘇軍防線，向東躍進了兩百餘公里，進入莫斯科接近地。希特勒以為穩操勝券，宣稱要在十天內占領莫斯科，並於一九四一年十一月七日蘇聯十月革命節這天，在莫斯科紅場檢閱德軍進攻部隊。納粹宣傳部部長戈培爾竟命令德國各家報社，留出十月十二日報紙的頭版位置，準備刊登德軍攻占莫斯科的「特別新聞」。

德軍的瘋狂，讓史達林擔憂莫斯科的安危。在戰鬥最艱困的時候，史達林曾與在前線指揮作戰的朱可夫通話，要求他以一個共產黨員的身分說真話。「蘇軍是否能保住莫斯科？」朱可夫經過慎重思考，回覆說，如能再增派兩個集團軍和兩百輛坦克，就一定能夠守住莫斯科，打退德軍的進攻。朱可夫的回答大大堅定了史達林的勝利信心，他很快給莫斯科前線調去了兩個最精銳的集團軍。十一月七日，他照例在莫斯科紅場檢閱紅軍部隊，紀念十月革命節。受檢閱的部隊、坦克和大炮，經過檢閱台後，便直接開往前線。為了保衛莫斯科，蘇聯軍民發揚了殊死作戰精神。在前線，紅軍官兵死守每一處村鎮、渡口、制高點，與德軍拼殺，且戰且退，消耗德軍進攻實力。在後方，工人、婦女及其他非戰鬥人員普遍動員，組成了十二個民兵師，支援前線作戰。幾十萬莫斯科婦女和少年，不分晝夜構築莫斯科環城防禦工事，在兩個月內構築成幾十萬公尺的防坦克壕、戰壕、交通壕及各種阻敵障礙、設施。兵工廠工人則加班，為前線生產槍支彈藥，整個莫斯科成為一座對抗德軍的大軍營。

德軍初期雖然瘋狂無比，並進展神速，但越逼近莫斯科城下，蘇聯紅軍的抵抗越激烈，德軍則因連續作戰，十分疲勞，同時供應線也大大拉長。恰在這時，俄羅斯的酷寒降臨，莫斯科被冰雪覆蓋，希特勒原以為莫斯科指日可下，卻未作好在酷寒條件下作戰的必要準備，德軍逐步陷入進退兩難的困境中。

十月底，希特勒集中五十一個師，包括十三個坦克師和七個摩托化步兵的兵力，再次強攻莫斯科。德軍前鋒進至距莫斯科城僅二十公里處，士兵甚至可以憑肉眼望見克里姆林宮的尖頂。但恰在這時，德軍進攻部隊也進入衰竭狀態。十二月初，蘇軍乘德軍兵臨莫斯科城下，戰線拉長、實力削弱之機，集中三方面軍隊的主力，沿八百公里戰線全線反攻，迅速粉碎德軍前鋒部隊，迫使德軍全線後撤。到一九四二年年初，蘇軍向西挺進三百公里，把德軍趕回到進攻出發地，取得了莫斯科保衛戰的勝利。

在莫斯科會戰中，德軍前後損失了五十餘萬官兵，一千三百輛坦克、兩千五百門大炮和一萬五千輛汽車以及大量技術裝備。德國陸軍常勝不敗的神話就此打破。蘇聯則因莫斯科保衛戰的勝利，穩定了戰線，粉碎了德軍以「閃電戰」滅亡蘇聯的企圖，提高了廣大軍民戰勝法西斯德國的信心。此外，莫斯科保衛戰的勝利，也大大提高了蘇聯的國際威望。

40、伏虎大西洋——「俾斯麥號」覆滅記

【楚雲戰評】希特勒占領西歐、東歐、北歐和東南歐後，把進攻矛頭轉向英國。由於隔一道英吉利海峽，德國陸軍不能在英倫三島登岸。德國空軍的大規模空襲活動也被英國空軍擊敗。希特

勒便把戰勝英國的希望寄託於攻擊英國的海運線。德國潛艇和水面襲擊艦在大西洋襲擊英國運輸船隊，取得了豐碩的戰果。「俾斯麥號」一旦闖進大西洋，加入襲船戰，英國海上運輸線還將出現新危機。截擊「俾斯麥號」的戰鬥，實質上是英國為維護其海洋運輸線的一場生死搏鬥。

一九四一年五月二十一日，德國超級戰艦「俾斯麥號」及其僚艦「歐根親王號」巡洋艦，根據德國海軍部全力攻擊英國海洋運輸線的新計畫，駛出丹麥和挪威之間的卡特加特海峽，向大西洋方向全速進發。消息傳出，倫敦英國海軍部大樓頓時陷入一片恐慌。

英國是一個資源貧乏的島國，除煤炭不缺外，戰爭所必需的各種物資，包括糧食、工業原料、石油及石化產品，全都依賴海外供應。保證海洋運輸線暢通，對維持英國的生存與戰爭能力意義重大。

自一九三九年九月第二次世界大戰爆發後的一年多時間，德國一直想方設法破壞英國的海上供應線。許多德國高速水面艦艇被派往大西洋，東奔西竄，不斷伏擊英國運輸船隊。德國袖珍戰艦「舍爾海軍上將號」新近一次出航，就在北大西洋擊沉英國十六條艦船，共九萬九千噸。為了追捕「舍爾海軍上將號」，英國海軍幾乎出動了全部機動兵力，仍然一無所獲。現在，「俾斯麥號」及其僚艦又出動了。如任其安然穿越英國海軍勢力圈，駛入大西洋，不但英國海軍將顏面掃地，英國的大西洋運輸線也勢必更加混亂不堪。因此，英國海軍部決定調集全部機動兵力，由英國本土艦隊司令、海軍上將約翰·托維爵士統一指揮，拉開大網，廣設埋伏，要趕在德艦「俾斯麥號」與其僚艦「歐根親王號」進入大西洋以前，設法攔截並予以消滅，以保證大西洋海運線的安寧。

托維爵士久經沙場，深知使命艱難。大海茫茫，雲遮霧罩，要搜捕兩艘德國快速戰艦，艦隊必須拉開戰線，分散部署。而分散開的任何一支英國海軍分艦隊，都難以與德艦「俾斯麥號」持久對峙。要戰勝「俾斯麥號」，英國海軍必須集中所有機動兵力，以眾欺寡，彌補單艦戰鬥力不及對方的弱點。這就要求英國艦隊部署得當，能收放自如。

從德國在挪威的基地進入大西洋的主要通道有東、西、中三條。東航道位於奧克尼群島與法羅群島之間；中航道位於法羅群島與冰島之間；西航道位於冰島和格陵蘭之間。托維爵士對照海圖，仔細研究過三條航道各方面的條件後，對他手頭的有限兵力作了精心安排。他把防守重點置於西航道，指令韋克沃克海軍少將，率領兩艘裝有雷達的重巡洋艦「薩福克號」和「諾福克號」在西航道巡航，搜尋德艦，同時指令海軍中將霍蘭率領一個戰艦編隊，從英國北部海軍基地斯卡帕灣啟航，兼程開往西航道南出口，準備接應韋克沃克少將的重巡洋艦編隊。在中航道，部署一支巡洋艦編隊建立警戒線。他自己則親率一支戰艦和航空母艦合編而成的特混艦隊，前往中航道南出口機動，準備隨時接應各路部隊。而在東航道，只部署一些岸基飛機巡邏，他認為「俾斯麥號」不太可能從東航道前往大西洋。

除這五支部隊外，托維爵士還指令遠在哈利法克斯的「復仇號」戰艦、直布羅陀的薩默維爾艦隊、在大西洋護航的「羅德尼號」和「拉米伊號」戰艦前來參加對「俾斯麥號」及其僚艦的圍殲戰鬥。

「俾斯麥號」新下水未久，是德國海軍有史以來最大的戰艦，也是當時當時世界現役海軍中的最大戰艦。它設計精良，排水量四萬六千噸，除了選用最優質的鋼材、製造厚厚的裝甲保護艦體外，外層還有一道防魚雷鋼甲帶。艦上裝有八門三百八十一毫米口徑主炮，十二門一百五十毫米副炮，十六門一百零四毫米高炮。尤其是其先進的光學測距儀大大提高了艦上火炮的射擊精確度。無論是噸位、航速、火力還是生存能力，「俾斯麥號」都居世界各國海軍戰艦之冠。「歐根親王號」雖說是巡洋艦，卻按袖珍戰艦標準製成，排水量也有一萬五千噸，艦上裝有八門一百五十毫米主炮。

第二次世界大戰爆發不久，希特勒僅用一年多時間連下歐洲十餘國，控制了歐洲大陸。唯有英國據英吉利海峽天險，拼死抵抗。希特勒先曾指望用空軍迫降英國，又指望派陸軍渡海登陸英倫，都未能達到目的，便轉而寄希望於經濟絞殺戰，使用潛艇、飛機和水面戰艦攻擊英國大西洋運輸線。希特勒尤其對派遣大型水面戰艦進入大西洋發動襲船戰有興趣。「俾斯麥號」一下水投入現役，就奉命出航大西洋，與「歐根親王號」合組為一支分遣隊，由德國海軍中將呂特晏斯指揮，前往大西洋參加襲船戰。希特勒對「俾斯麥號」特別寄予厚望。

呂特晏斯中將深知英國海軍絕不會允許德艦自由進出大西洋。「俾斯麥號」在離開德國、突破英國封鎖，進入大西洋以前，與英國海軍將有一場殊死搏鬥。儘管「俾斯麥號」單艦戰鬥力勝於任何一艘英國戰艦，英國海軍卻可以以眾欺寡。況且英國艦隊還有擅長遠程打擊的航空母艦。惡虎難敵群狼。

在對圖研究了進出大西洋的三條水道以後，呂特晏斯中將決定率領「俾斯麥號」走西航道，他認為西航道安全係數最高，一則離英國本土最遠，超出了英國岸基飛機的活動半徑，因而不懼空襲；二則西航道寬闊，便於機動。如英國艦隊集中一處，「俾斯麥號」很容易偷越英艦封鎖線。如英艦分開巡邏，「俾斯麥號」憑其航速、火力也可一衝而過，直接進入大西洋，取得行動自由。

算計已定，呂特晏斯中將指揮德艦夤夜出航，向西穿越雲遮霧罩的挪威海，然後折而向南，直接進入位於北極圈的西航道。得意洋洋的德國海軍中將，完全不知道他已落入托維爵士的算計中。

北大西洋的初夏，雲遮霧罩。一九四一年五月尤其如此。韋克沃克海軍少將指揮「薩福克號」和「諾福克號」兩艦穿雲破霧，一前一後，在西航道的丹麥海峽搜尋「俾斯麥號」。二十二日一天過去，敵艦了無蹤影。二十三日白天亦將過去，仍不見敵艦蹤影。韋克沃克少將不免有些焦慮。計算航程，德艦若走西航道，應該進入了丹麥海峽。

捱到傍晚，雷達兵報告發現情況，韋克沃克少將急急奔向雷達螢幕前，眼見螢幕上兩團巨大回波，形如下山猛虎，正是尋找已久的「俾斯麥號」和「歐根親王號」，一前一後，迎面直駛而來。海軍少將自思兩艘英國巡洋艦皆擋不住「俾斯麥號」的三百八十一毫米巨炮，下令艦艇轉舵，鑽入濃霧中，避開「俾斯麥號」鋒芒。待其過去，再指揮「薩福克號」和「諾福克號」回到航道，用雷達與德艦保持接觸，遠遠跟蹤一夜，同時不斷向倫敦海軍部報告「俾斯麥號」的方位、航速、航向。

霍蘭海軍中將得報「俾斯麥號」行蹤後，率領他的戰艦編隊，兼程急進，趕往丹麥海峽南出口截擊德艦。他的戰艦編隊包括四萬兩千噸的「胡德號」和三萬五千噸的「威爾斯親王號」兩艘戰艦。「胡德號」噸位雖然不及「俾斯麥號」，「威爾斯親王號」噸位卻超過「歐根親王號」。他認為兩艦聯手，足堪與「俾斯麥號」及其僚艦一決雌雄。

五月二十四日清晨五點，海風習習，晨曦初露，霍蘭艦隊航行一夜，趕到西航道丹麥海峽南出口截擊位置。遠方海天相接處，隱隱約約出現了「俾斯麥號」的巨大身影。霍蘭想占先機，指揮「胡德號」和「威爾斯親王號」一左一右，迎頭直撲「俾斯麥號」。「胡德號」上的八門三百八十一毫米艦炮首先開火，卻漫無目標，炮彈只在「俾斯麥號」周圍濺起一道道沖天水柱。「俾斯麥號」從容不迫，後發制人，瞄準「胡德號」，第一次齊射就擊中了「胡德號」的炮塔。第二次齊射，擊中了「胡德號」的彈藥庫。在轟然一聲巨響中，「胡德號」

被炸開，不出幾分鐘，就沉入了大西洋。包括霍蘭中將在內的一千四百名英國海軍官兵隨艦沉沒，只有三名水手死裡逃生。

「胡德號」沉沒後，德艦集中攻擊「威爾斯親王號」。後者實在太新，十門三百五十六毫米的艦炮甚至沒有經過檢查。在兩艘德艦夾擊下，「威爾斯親王號」先中了「歐根親王號」三發炮彈，又被「俾斯麥號」的重炮擊中，傷痕累累，趕緊施放煙幕，逃離戰場。

德艦雖然擊沉了「胡德號」，卻也付出了慘重代價。「歐根親王號」受了傷。「俾斯麥號」也中了「威爾斯親王號」逃走前發射的兩枚三百五十六毫米的炮彈，油艙嚴重漏油，機械也發生故障。英艦「薩福克號」和「諾福克號」如影隨形，如蛆附骨，還在遠遠跟蹤。遠航大西洋是不行了，當務之急是掩護受傷的「歐根親王號」撤離戰場，擺脱英艦追蹤。呂特晏斯中將思慮半日，想出了一個詭計，他指揮「俾斯麥號」突然掉頭，直撲追蹤而來的兩艘英國巡洋艦，「薩福克號」和「諾福克號」見狀，也趕緊掉頭，如撞上猛虎的小獵犬般趕緊逃散。「歐根親王號」趁機急駛而過，消失在海天相接處。

「歐根親王號」撤離後，呂特晏斯中將鬆了一口氣，開始設法擺脱英艦追蹤。「俾斯麥號」拖著一條長長的油跡，先向右駛，進入大西洋航道德國潛水艇活動區域。再次追蹤而來的「薩福克號」和「諾福克號」只得走「Z」字航線，防止德國潛艇伏擊。「俾斯麥號」卻乘機向左急駛，脱離大西洋航道，往南直駛比斯開灣，向基地回航，擺脱了英艦追蹤。

托維爵士得報「胡德號」沉沒和「俾斯麥號」逃脱追蹤的消息後，大為震驚。經過仔細推理，他斷定受傷漏油的「俾斯麥號」失去遠航能力，必定要回航位於法國海岸的基地，因而下令英軍各路艦艇在「俾斯麥號」

回航途中搜尋、攔截。

五月二十六日早上十點，一架英國水上巡邏飛機發來報告，稱在距法國海岸一千四百公里處發現一艘戰艦，正以二十節的速度航向布雷斯特。托維爵士斷定這是失蹤兩天的「俾斯麥號」，大喜過望，下令各路英軍部隊四面合擊，圍捕這只受了傷的大洋猛虎。

海軍上將薩默維爾爵士指揮的特混艦隊除了「名望號」戰列巡洋艦外，還有「皇家方舟號」航空母艦。接到參與截擊「俾斯麥號」的指令後，這支艦隊從直布羅陀啟程，兼程急進，這時正在距「俾斯麥號」幾百公里的海域航行。機會難得，薩默維爾爵士一面指揮艦隊全速駛向德艦；一面出動艦載機攔截。從「皇家方舟號」起飛的魚雷轟炸機不停地發射魚雷，連連命中目標，其中一枚魚雷擊中了「俾斯麥號」舵艙，炸毀了螺旋槳和舵齒輪，卡住了方向舵。「俾斯麥號」經此一擊，失去控制，只能在滾滾波濤衝擊下，橫駛亂撞。

入夜時分，英國海軍各分艦隊紛紛趕到現場，幾十艘戰艦前後左右團團圍住了因受重傷失去航行能力的「俾斯麥號」，戰艦和巡洋艦一齊發炮猛轟，驅逐艦和飛機發射的魚雷亂飛亂撞。「俾斯麥號」猶如困在陷阱中的受傷猛虎，愈加瘋狂，連連發炮還擊，命中英艦。但畢竟眾寡懸殊，在英軍魚雷、炮彈的一連串打擊下，「俾斯麥號」百孔千瘡，變成一條廢船。當晚夜十點，「俾斯麥號」在中了第十二枚英國魚雷和無以計數的重磅炮彈後，船身傾覆，葬身於大西洋滾滾波濤中。

41、奇兵制勝——日本偷襲珍珠港

【楚雲戰評】從第一次世界大戰結束到第二次世界大戰爆發，其間只有為時二十年的短暫和平時期。德國因憎恨一九一九年簽署的《凡爾賽條約》而重整軍備，謀求用武力擺脫和約的束縛，日本和義大利也因戰勝國分贓不均與德國相呼應，三國結成了以稱霸世界為目標的軍事同盟。一九三九年九月，德國進攻波蘭，挑起第二次世界大戰。隨後，德軍占北歐、下西歐、取南歐，又在一九四一年進攻蘇聯，節節勝利。日本自一九三七年發動侵華戰爭後，迅速激化與美國的矛盾。一九四一年十二月，日本因日、美談判成功無望，出兵偷襲珍珠港，挑起太平洋戰爭。第二次世界大戰規模擴大，開始具有全球戰爭的特性。

一九四一年十二月七日午夜時分，神祕浩瀚的太平洋波濤洶湧，夜黑如墨，一支龐大的海軍艦艇編隊悄然航行在美國夏威夷群島附近的大洋深處。艦隊前方，三艘高速潛艇成一線擺開，構成一道巡邏線，為艦隊開路；艦隊後尾，緊隨著八艘高速油船和生活補給船，為艦隊提供遠涉重洋必不可少的各種補給；在艦隊中央，戰鬥艦艇擺成一個大方陣。方陣外層，一艘輕型巡洋艦統領九艘驅逐艦，組成一個大方框，構成艦隊外層警戒圈。大方框內，兩艘重巡洋艦和兩艘戰艦各占一角航行，構成艦隊的內層警戒圈。在內、外兩道警戒圈嚴密護衛的核心位置，是六艘巨型航空母艦，它們一共攜帶四百二十三架各型作戰飛機，構成令人生畏的空中突擊力量，也是艦隊的主要打擊力量。整個艦隊由三十一艘各型艦船編成。艦隊方陣縱橫各數公里，浩浩蕩蕩，正以每小時二十四海浬的高速航行。各艦舷側，皆漆有白底襯出血紅太陽的圖案。不用說，這是一支日本特遣艦隊，由南雲忠一海軍中將指揮。南雲艦隊此行的任務是偷偷靠近夏威夷歐胡島的美國海軍基地珍珠港，以突擊手段，出動艦載機消滅泊於港內的美國海軍太平洋艦隊。

出動海軍艦載機部隊長途奔襲，越過萬里大洋，消滅美軍太平洋艦隊的驚人計畫，出自日本海軍大將、聯合艦隊司令官山本五十六之手。第一次世界大戰結束後的二十年間，日本海軍一直宣導南進政策，以美國海軍及其太平洋艦隊為主要假想敵。因此，第一次世界大戰後的日本海軍，從艦艇設計、艦隊編組到相關的海軍戰略，都嚴格遵循對美國海軍作戰的各項要求。一九三七年開始的中日戰爭加速了日美開戰的日程表。一九四〇年日本進占印度支那南部和美國下令對日禁運石油，更使日美一戰不可避免。山本大將斷定：一旦日本南進和日美開戰，美太平洋艦隊必然從側翼威脅日本海軍。因此，日本海軍必須在戰爭初期，就以突襲方式，消滅美太平洋艦隊，確保日本立於不敗之地，偷襲珍珠港的計畫應運而生。

開戰前，日本海軍為使計畫順利貫徹，又進行了各項周密的技術和戰術準備。艦載機飛行員選擇了一處酷似珍珠港地貌的日本海灣反覆演練；精心改進空投魚雷，使之能在水深僅十公尺的珍珠港淺水區發揮威力；日本高級諜報人員先行派往歐胡島，搜集珍珠港的防務情報和太平洋艦隊進出珍珠港的規律。經過一年多時間，日本海軍設法克服了偷襲計畫所能設想到的各種技術和戰術困難，將一切準備就緒，只待開戰。

一九四一年秋以後，日、美衝突愈益激化，開戰在即。日本決心先發制人，貫徹山本計畫。早已集結待命的南雲艦隊奉命由日本軍港單冠灣祕密啟航，繞道風雪交加、波濤洶湧的北太平洋航線，向珍珠港進發。

十二月七日，南雲艦隊經過十餘天航行，航程近萬公里，進入歐胡島以北，距珍珠港約三百公里的攻擊位置。珍珠港美軍氣象站透過英文廣播發送的氣象預報，說明當天天氣晴朗，海況良好，很適於日軍攻擊。而先行出發，偷越珍珠港海港入口防護柵，潛入港內的五艘各載兩人的日本袖珍潛艇，發回了港內美軍艦艇駐泊數量和位置的詳細情報，並與陸上間諜人員的最後報告完全吻合：八十六艘美軍艦艇整整齊齊地停泊在碼頭上。日本航空母艦上，加滿燃油，裝齊彈藥的作戰飛機，整整齊齊排列在甲板上。日軍飛行員享用過鯛魚米飯的節日盛餐後，按慣例給家人留下了附有頭髮和指甲的書信，繫好「千人針」吉祥帶，守候在戰機旁，隨時準備登機出航。

早上六點整，透過濃雲薄霧，日本特遣艦隊旗艦「赤城號」的主桅杆上，高高升起了一面帶有特定意義的「Z」字旗，這是命令出擊的信號。六艘巨型航空母艦看見信號後，立即轉換航向，逆風航行，進入飛機離艦的航道。各艦飛行甲板上，綠色信號燈閃閃爍爍，發出飛機起飛信號。飛行員紛紛爬上各自的飛機，駕機向前滑動。日軍飛機在呼嘯聲中一架接一架騰空而起。十五分鐘內，一百八十三架第一波進攻飛機如數升空，在艦隊上空盤旋編隊，然後由飛行隊長淵田中佐統領，在日本水兵的歡呼聲中，向珍珠港飛去，偷襲珍珠港的戰爭計時器開始滴答作響。

當南雲艦隊正準備艦載機群起飛時，華盛頓美國海軍情報處一個叫克雷默的海軍中校，根據早已破解的日本密碼系統，破解了一份發自東京、罕見的長篇日本密電。電報分十四部分發出，其內容是宣布日、美外交談判破裂，表示遺憾，並指令日本駐美大使野村在華盛頓時間下午一點整，必須面見美國國務卿赫爾，把翻譯成英文的電報內容轉交美國政府。多年從事情報活動的克雷默中校斷定，日本政府是向美國遞交最後通牒，而下午一點這個最後期限，則是日軍對美發動進攻的具體時間。他的同僚甚至明確斷定太平洋某個美軍設施將在這一時間遭到襲擊，這一設施可能在關島、在威克島，或者在菲律賓，但他們都沒有想到過珍珠港。

華盛頓時間十二月七日上午十一點，也就是日本艦載機起飛前的半小時，美國陸軍參謀長馬歇爾將軍和海軍作戰部長斯塔克將軍，根據克雷默中校的情報和判斷發出指令，要求駐太平洋各處美軍進入戒備狀態，但他們也沒有想過日本偷襲珍珠港的危險性。實際上，美軍上上下下，都認為珍珠港易守難攻，又隔日本本土數千海浬，絕不會受到日本直接攻擊。駐珍珠港美國陸軍最高指揮官肖特中將和海軍最高指揮官金梅爾海軍上將，直到夏威夷時間十二月七日下午兩點五十八分，才為時已晚地接到華盛頓發來的戒備指令，這時距日本在珍珠港投下第一批炸彈已超過整整七個小時，珍珠港正在濃煙烈焰中呻吟。因為馬歇爾的指令是透過商用電報發送過來，而且沒有急電代號，因而拖了整整九個小時才轉到珍珠港。

一九四一年十二月七日，珍珠港美軍像往常一樣，沉醉在星期天特有的例行假日氣氛中。太平洋艦隊的八十六艘戰艦整整齊齊地靠泊在港灣內，包括成對駐泊的八艘戰艦。艦隊四分之一的官兵已上岸歡度週末。港內沒有巡邏的艦艇，也沒有升空值班的飛機。在淵田中佐統領的日機編隊飛臨前幾分鐘，美軍官兵正準備從容進餐。教堂悅耳的禮拜鐘聲越過海灣，隨輕風飄進戰艦水兵間的窗口。而在戰艦的尾部，美軍儀仗隊正列隊於甲板上，準備為八點鐘的升旗儀式奏軍樂。

岸上的情形也同樣不妙。歐胡島的六個陸海軍機場，都毫無戒備。數以百計的飛機，被拖出機庫，整齊排列在停機坪上。高射炮的炮彈已被收起，鎖進了彈藥庫。新建立的雷達站，每天只開機三小時，供新兵實習之用，沒有多少人相信它的軍事價值。而身為基地最高指揮官的肖特中將，穿上雪白的運動服，背著球具，正準備踐約去高爾夫球場，與金梅爾將軍在高爾夫球場上一決雌雄，他們都沒有想到大難將至。

頭纏「千人針」吉祥帶的淵田中佐，此刻正駕駛他的後尾刷有紅油漆的指揮飛機，帶領一百八十三架進攻飛機，在雲層以上三千公尺的高空飛行。在他的指揮飛機右下方，是編隊飛行的四十架魚雷機；左上方是五十一架九九式俯衝轟炸機；後方是四十九架九七式水平轟炸機；而在高空，還有四時三架零式戰鬥機為機群護航。

日本機群先朝西，再向東南，飛行一百分鐘後，進入歐胡島上空。島上美軍機場港口以及排列整齊的飛機、艦艇清晰可見。淵田中佐抑制不住狂喜，發出了攻擊信號，各型飛機編隊，按約定分頭撲向目標。七點五十五分，俯衝轟炸機群首開戰端，把一枚枚兩百五十公斤重的炸彈，依次投向島上的希凱姆、惠列爾和福特島各機場；緊接著，魚雷轟炸機編隊低空飛臨港口，把裝有木翅的淺水魚雷投向美軍艦艇；候在高空的水平轟炸機待魚雷機攻擊後，把一枚枚八百公斤的重磅炸彈直接投向美艦甲板。在此同時，零式戰鬥機編隊時而在高空盤旋，掩護轟炸機群攻擊，迎戰偶爾強行起飛的美軍戰鬥機；時而用機槍掃射擺在美軍機場上的飛機和亂跑亂竄的美軍官兵。一時間，珍珠港黑煙滾滾，爆炸聲不絕於耳。日軍飛機來往穿梭，上下翻飛，黑壓壓布滿天空。

完成任務的第一波日軍飛機剛剛離去，第二波一百七十一架日軍飛機接踵而至，補充轟炸，擴大戰果。經過兩波三百五十四架日本飛機的輪番攻擊，珍珠港美軍基地已面目全非。駐泊港內的美軍艦艇有的被魚雷炸沉，有的被炸彈擊毀。最慘的是泊於海港中央的「亞利桑那號」戰艦，它倖免於魚雷攻擊，卻連中幾枚八百公斤重的重磅炸彈，其中一枚藉重力慣性，穿透厚厚的鋼甲，直落彈藥倉，引起倉內幾百噸炸彈、炮彈同時爆炸。伴隨驚天動地一聲巨響，一股黑中帶紅的巨型煙柱騰空而起，升上千公尺的高空，一大片厚厚的裝甲板被撕開。「亞利桑那號」戰艦當時沉入水底，升上高空的帶火殘片雨點般撒落在港區水面及鄰近的戰艦上，並點燃漂浮在水面上厚厚的一層重油，引起港區大面積燃燒。在岸上，受到攻擊的各機場飛機跑道、指揮台、通訊中心均被摧毀，原先整齊排列的飛機現在被燒成一堆堆廢鐵。整個珍珠港都籠罩在濃煙烈火中，人仰馬翻，亂成一團，爆炸聲、哭罵聲和哀嚎聲不絕於耳。日軍攻擊得手後，揚長而去。美軍除殘存的幾門高射炮零星亂射外，完全失去了抵抗力。

珍珠港一戰，美軍損失慘重。太平洋艦隊主力的全部戰艦無一不飽嘗攻擊之禍，其中三艦沉沒，一艦傾覆，其餘四艦亦受重創。除戰艦外，還有包括巡洋艦在內的十艘其他戰艦被擊沉擊毀。美軍官兵死亡兩千四百零三人，另有兩千餘人受傷。此外，還有三百四十七架飛機被炸毀。日本三百五十四架艦載機從早上六點第一波起飛，到中午一點第二波飛機回艦，前後僅七小時就打敗美軍太平洋艦隊，奪取了太平洋制海權，創造了戰爭史上的又一奇蹟。為奪取這一勝利，日方僅損失二十九架飛機、五十五名飛行員以及五艘袖珍型自殺潛艇和十名艇員。

華盛頓時間十二月七日下午一點四十分，日本駐美大使野村夾著黑色公事包，匆匆趕到美國國務院，向赫爾國務卿遞交日本政府的最後通牒，這比東京規定的最後期限遲了四十分鐘——因為翻譯電報浪費了時間。在此之前十五分鐘，從日本俯衝轟炸機上投下的第一枚高爆炸彈已在珍珠港美軍機場上炸響。而在此之前十二分鐘，華盛頓已經得到珍珠港受到襲擊的快訊。實際上，因為野村遲到四十分鐘，日本進攻珍珠港就成為一場不宣而戰的偷襲。

以日本偷襲珍珠港為開端，太平洋戰爭正式爆發，此後日美雙方調兵遣將，惡戰四年。一九四五年九月二日，日本在投降書上簽字，正式宣布投降，太平洋戰爭方告結束。

42、大艦巨炮主義的終結——英國Z艦隊的覆沒

【楚雲戰評】第二次世界大戰前，大艦巨炮主義一直在海軍戰略中居於主導地位。各國海軍界幾乎一致認為擁有厚裝甲防護和大口徑艦炮的戰艦是海戰之王，是奪取制海權的保障。各國海軍因而展開了建造巨型戰艦的競賽。太平洋戰爭爆發前夕，英國臨戰派Z艦隊到遠東，也是為威懾日本。英國Z艦隊被日本航空兵消滅，不但使英國失去遠東制海權，也預示新海戰時代的到來。攜帶艦載飛機的航空母艦從此替代戰艦，成為二十世紀海戰之王。

代號Z的英國遠東艦隊駛離新加坡基地，往北朝泰國灣進發時，菲利普爵士躊躇滿志，充滿必勝信心。他剛由皇家海軍中將晉升為海軍上將，又以海軍部副部長之尊遷任英國遠東艦隊司令官。這兩道命令都由首相邱吉爾親自簽發，而且和「威爾斯親王號」戰艦到達遠東的消息一道，由英國廣播公司的幾十台大功率發射器向全世界報導。

Z艦隊的旗艦是「威爾斯親王號」，它是一艘「英王喬治五世」級戰艦，剛下水不久，就參加過圍殲德國戰艦「俾斯麥號」的殘酷戰鬥，而後由英國海軍部派到新加坡。它的排水量達三萬五千噸，如把它移到陸地上來，比一棟十層大樓還要高大。單是構成艦體的優質鋼梁、鋼甲就不止一萬五千噸。這艘新型戰艦的舷裝甲和炮塔裝甲，差不多有半公尺厚，擋住幾百公斤炸彈的衝擊綽綽有餘。艦上裝有十門十四英寸口徑的長身管主炮，可以把一噸重的炮彈拋射到幾十公里之外，砸穿敵艦甲板。它還裝有一百七十五門新式高射炮，一分鐘可以發射出六萬發炮彈，用以防範來自空中的攻擊。它的航速每小時超過三十海浬。它裝備有當時剛剛投入實戰

的雷達——一種用以探測敵方飛機、艦艇的新式祕密武器。在遠東戰雲密布的微妙時刻，英國海軍部出動這樣一艘巨型戰艦，萬里迢迢，由大西洋開赴太平洋，讓它擔任遠東艦隊的旗艦，主要是為了威懾日本海軍，保衛新加坡基地——它被稱作英國在遠東的珍珠港。現在，這艘戰艦有了用武之地。

兩天以前，日本海軍航空兵突襲駐泊珍珠港的美國海軍太平洋艦隊，打響了太平洋戰爭的第一炮。差不多同時，幾十支日本艦艇編隊，載運登陸部隊，如同一大群被搗毀窩的馬蜂，亂飛亂竄，到處進攻英、美兩國散布在西南太平洋各處的據點。其中大隊日軍艦艇已進抵泰國灣西岸馬來半島狹長的腰部，準備在關丹登陸，而後向南推進，輕叩新加坡的後門。菲利普爵士覺得這正是「威爾斯親王號」大試身手的好機會。據報告，日軍在關丹掩護登陸的艦艇編隊大約有二十艘驅逐艦、五艘巡洋艦以及一艘「金剛級」戰艦。「威爾斯親王號」的十門十四英寸的口徑巨炮，可以像打野鴨一樣，敲掉那些小小的日本驅逐艦和巡洋艦。那艘「金剛級」戰艦可能是個勁敵，但「威爾斯親王號」上的巨炮足以砸爛它的鋼甲，至於日本飛機，就更不在話下了。日本飛機的魚雷很難擊中高速運動的海上目標，日本那些兩百二十七公斤的航空炸彈，即使擊中了「威爾斯親王號」厚厚的裝甲，也不過是蚊蟲叮了大象一口。還沒有聽說過小小的飛機能擊沉巨無霸一樣的戰艦。當然，珍珠港是個例外，日本飛機在那裡用七小時消滅了美國八艘戰艦，但那些美國戰艦樣式陳舊，泊靠在碼頭上；而「威爾斯親王號」不但樣式新穎，性能優越，而且正在大洋上飛馳。菲利普爵士確信他的「威爾斯親王號」不怕日本飛機。

除了「威爾斯親王號」以外，英國Z艦隊還有「卻敵號」戰列巡洋艦及四艘驅逐艦。驅逐艦可以幫助「威爾斯親王號」驅散日本潛水艇。「卻敵號」雖然不如「威爾斯親王號」威風，排水量也達兩萬三千噸，又經過改裝，足以壯大軍威。有這樣一批僚艦追隨左右，「威爾斯親王號」就更有把握所向披靡。

「威爾斯親王號」和Z艦隊雖然薄暮啟航出港，盡量掩人耳目，還是沒有逃過日本間諜的眼睛。英國海軍透過 BBC 電台，公開披露「威爾斯親王號」戰艦駛抵新加坡的消息並大加渲染一事，讓日本海軍暗中發笑。巨型戰艦日本人有的是，已經離開船台，正在安裝艦上設備的日本「大和號」戰艦排水量近七萬噸，差不多是「威爾斯親王號」的兩倍。「大和號」上的四百六十毫米口徑巨炮，可以發射一噸半重的炮彈。不過，日本人不打算用「大和號」來對付「威爾斯親王號」。經濟、科技落後於英、美，但敢於冒險、更富於創新精神的日本人不但造出了戰艦，同時也一直探索攻擊敵方戰艦的新方法。

第一次世界大戰以後，日本人一直潛心研究用高速飛機從空中攻擊敵方戰艦的新戰術，並一直保守這一戰術發明的機密。二十年間，日本人設計了專用於攻擊各種快速艦艇的各種轟炸機；借助俯衝轟炸機的慣性擊穿戰艦裝甲的穿甲炸彈；以及裝有一噸高爆炸藥的長矛式氧動力高速魚雷。還培養了一大批經過嚴格訓練、擅長攻擊海上高速運動目標的飛行員。

「威爾斯親王號」和Z艦隊離港出航的消息傳出後，鄰近的日本海、空軍忙碌起來。在泰國灣中部，十二艘日本潛水艇建立了一條自東而西，橫貫泰國灣的海上巡邏線；分散在各處掩護登陸部隊的日本水面戰艦也快速集結，準備以眾欺寡，試一試「威爾斯親王號」的鋒芒；遠在幾百公里以外，駐紮在印度支那南部西貢基地的日軍第二十二航空戰隊百餘架飛機掛好魚雷、炸彈，裝滿燃油，從機庫拖出來，比翼排列在機場起飛線上。日軍飛行員個個摩拳擦掌，躍躍欲試，想創造飛機擊沉戰艦的新奇蹟；偵察機則早已升空，在泰國灣上空巡航，搜尋英國艦隊。不過，準備在關丹靠泊的日本運兵船，在得到「威爾斯親王號」出動的消息後，還是藉夜幕掩護，匆匆散去。這些結構簡單的運輸船，確實對「威爾斯親王號」的巨大艦炮無可奈何。

十二月十日黎明時分，「威爾斯親王號」和Z艦隊自南向北，急駛一夜，駛入泰國灣中央海域。像大多數習慣於早起的職業軍人一樣，海軍上將菲利普爵士也一大早起來，在「威爾斯親王號」的甲板上漫步。艙室太悶，艦隊司令官需要泰國灣早晨的新鮮空氣。這時，奉命偵察關丹口軍動向的偵察機已呼嘯升空，西邊天際還隱約可以看到一個小黑點。而在東邊海天相接處，彩霞正濃，亞洲的太陽即將噴薄而出。前後左右，海闊天空，看不見日本艦艇蹤影。它們一定懾於「威爾斯親王號」的赫赫威名，落荒而逃了。

風度翩翩的英國爵士沒有發現，此時此刻，艦隊側後的波峰浪谷中，一艘日本潛水艇正悄悄把潛望鏡伸出水面，偷窺Z艦隊，並努力追趕，想占據一個有利位置，發射致命的魚雷。當然，不出半小時，碰巧按Z字航線全速航行的Z艦隊就在無意中把這艘日本潛水艇拋在了後邊，航速是日本潛水艇的兩倍。

太陽剛露頭的時候，英國派出的偵察機返回了「威爾斯親王號」，第一天還在關丹卸貨的日本運輸船隊已無影無蹤。菲利普爵士斷定，日軍必是懾於「威爾斯親王號」的十四英寸巨炮，連夜逃竄了，不戰而屈人之兵，這正是東方古老兵法的要訣。「威爾斯親王號」只消在大洋上巡航一圈，就嚇跑了日軍登陸隊，完成了使命，爵士很得意。恰在此時，瞭望哨報告發現日本飛機。菲利普海軍上將抬頭望，幾架紅頭日本偵察機，正從一片雲區鑽進另一片雲區，在雲縫中偷窺「威爾斯親王號」和Z艦隊。「威爾斯親王號」的無線電竊聽台，傳來了日本飛行員發往基地的無線電訊號，那種急促的電碼節奏，說明發報人的心情激動，急於報告重要情報。「威爾斯親王號」暴露了行蹤。不出兩個小時，日本海軍第二十二航空戰隊的機群就要從西貢基地飛臨Z艦隊上空。

負責艦艇航行的「威爾斯親王號」艦長利奇上校不無憂慮，建議即刻打破無線電靜默，請新加坡基地派飛機提供空中保護；但是，菲利普爵士只用一個優雅果斷的手勢，就明確表示拒絕。「威爾斯親王號」戰艦向空軍呼救，有損皇家海軍的體面和海上巨無霸的雄姿。況且，新加坡基地只有幾架笨拙的「水牛式」戰鬥機，樣式過時，速度又慢，用以對付日本魚雷轟炸機，還不如「威爾斯親王號」上的一百七十五門新式高射炮。不過，海軍上將還是下令艦隊折轉向南，回航新加坡。大象雖然不怕蚊蟲叮咬，但大象也對小小的蚊蟲無可奈何，還是躲開日本飛機騷擾為好。

遠在西貢基地的日本海軍第二十二航空戰隊司令官松永海軍中將，一直在探查Z艦隊和「威爾斯親王號」的行蹤。黎明時分，一艘潛水艇報告發現Z艦隊，引起司令部內暫時興奮。稍後，當日軍飛行員再次報告發現Z艦隊時，松永中將深恐失去戰機，下令嚴陣以待的機群起飛。飛行員們急不可耐地爬上飛機。三十四架轟炸機和五十一架魚雷機在引擎轟鳴中呼嘯升空，又在機場上空迅速編好隊形，滿載魚雷、炸彈，向南隆隆飛去。

不出兩個小時，八十五架日本飛機趕到Z艦隊上空。透過雲隙，日本飛行員們看見三千公尺的下方，英國Z艦隊像兩隻大蟑螂帶著幾隻小蟑螂在海面上緩緩蠕動。它們不慌不忙，在雲團上空盤旋，等待後續飛機到來，再對Z艦隊發動協同攻擊。

「威爾斯親王號」的雷達螢幕上，約在上午十一點十分，發現了日本機群的訊號脈衝。幾分鐘後，瞭望哨就已能用肉眼看到從天際鑽出，星星點點，密如蜂群的日本飛機。菲利普爵士趕緊下令迎敵。艦隊忙亂起來。「威爾斯親王號」上，信號兵吹響了警報；擴音器發出了「準備對空射擊」的指令，水手們衝出船艙，各就戰位，把炮彈塞進炮膛。

最先飛到現場的是一群日本魚雷轟炸機，它們有秩序地分從左、右兩面機動，貼近海面向英國艦隊猛撲，施放魚雷；俯衝轟炸機接踵而至，一架接一架從雲團中鑽出來，向海面俯衝，同時在尖厲的呼嘯聲中不停地投放炸彈。海面上魚雷橫飛，水柱沖天，爆炸聲驚天動地。Z艦隊各艦一面全速航行，躲避日軍魚雷、炸彈；一面發動所有的高射炮。眨眼之間，空中綻開出無數棕黑色蕈狀雲。一架正要投放魚雷的日本飛機被炮彈擊中，立刻起火，拖著長長的黑煙，一頭栽進大海，「威爾斯親王號」的水手們歡呼起來。恰在此時，猛聽得一聲巨響，驚天動地，從側後傳來。跟在後面的「卻敵號」被一枚日本魚雷擊中，燃起大火。隨後又有幾枚炸彈從高空砸下來，落在「卻敵號」的前、後甲板上。不過幾分鐘，「卻敵號」就化為一團大火，在猛烈爆炸聲中沉入泰國灣的滾滾波濤中。

「卻敵號」沉沒後，日本飛行員開始全力攻擊「威爾斯親王號」。這艘海上巨無霸，像一頭笨拙的大象，一面不停發炮射擊，一面左盤右旋，劈浪飛逃，時速達到三十四海浬，艦首整個已插進巨浪中。眼見它接連閃過幾枚夾角飛馳而來的魚雷，又躲過幾枚炸彈，水兵們忘卻危險和勞累，正要喝彩，一枚致命的氧動力魚雷撞上了它的後尾，炸毀了操舵、螺旋槳。成千噸的海水從撕裂的巨大創口向船艙猛灌，淹向輪機房。「威爾斯親王號」先是減速，而後就像一頭被蒙住眼睛推磨的老驢，在海面上轉圈。不得已，利奇艦長從桅杆上升起三顆黑氣球，向鄰艦表示艦艇失去控制，請求救援。菲利普爵士也放下紳士尊嚴，下令打破無線電靜默，籲請新加坡基地派飛機來解圍。

興高采烈的日本飛行員卻不願給「威爾斯親王號」任何喘息機會，他們向這艘失去控制的英國戰艦發動了最後一輪攻擊。四架日本魚雷機分從左、右兩側鑽過英軍高射炮火網，各投一枚魚雷，其中兩枚拖著長長的白色航跡，一左一右幾乎同時命中「威爾斯親王號」兩舷。一陣驚心的爆炸聲引起艦艇猛烈搖晃。「威爾斯親王號」如同一個鼻腔正流血的拳擊手，又挨了一頓左右勾拳，狼狽不堪。海水灌滿了它的尾艙後，又從兩側湧進，日本飛行員仍不肯罷手。幾枚重磅炸彈從高空接連落下，在「威爾斯親王號」的甲板上開花，艦上的高射炮手頓時人仰馬翻，殘肢斷臂滿甲板亂飛。「威爾斯親王號」經不起日軍魚雷、炸彈反覆轟擊，終於失去平衡，側翻過來，緩緩下沉。水兵們紛紛逃離艦艇，跳海求生。二十分鐘後，這艘被BBC電台大肆渲染過的英國新式戰艦，滿懷悲憤、不情願地栽進海底。

一個鐘頭後，從新加坡起飛的幾架英國戰鬥機像一群老牛一樣姍姍趕來，但已經遲了，它們只能看到洋面上一片片油汙。創造了海戰奇蹟的日本飛機已經離去。「威爾斯親王號」已無影無蹤，幾艘死裡逃生的驅逐艦正在救生，而倖存者則在漂滿油汙的滾滾波濤中掙扎。

這場發生在一九四一年十二月十日的大海戰，前後不過兩個小時，八十五架日本飛機一氣擊沉了合計排水量達五萬八千噸的兩艘英國巨艦。英軍官兵陣亡近千人，包括風度翩翩的菲利普爵士。而日本為取得這一勝利，只不過損失三架飛機以及次日投放在戰場上的一個大花圈。

「威爾斯親王號」和Z艦隊的覆沒，使邱吉爾整整一夜不能闔眼。因這一戰，英國失去了遠東制海權。新加坡基地——它被認為是英國在太平洋的珍珠港——已成為一個沒有艦隊的海軍基地，不久就被日軍奪占。

日軍擊沉「威爾斯親王號」的事實，證明小巧、靈活、高速和從空中發動攻擊的飛機，在海戰中比笨重、緩慢、裝有巨炮和厚裝甲的重型軍艦更有威力。這一事實預示著未來的海戰將從空中決定勝負，而統治各國海軍界幾個世紀的大艦巨炮主義海戰觀，無疑被宣判了死刑。

43、死亡行軍——盟軍戰俘的厄運

【楚雲戰評】死亡行軍講述的是太平洋戰爭初期日軍占領菲律賓後，數萬美、菲聯軍俘虜遭日軍虐待的悲慘遭遇。虐待、屠殺戰俘，這是被稱為野蠻人的原始民族的基本習性。但是，在二十世紀，當人類進入文明時代、現代文明高度發展之際，戰俘們仍受到如此殘酷的折磨，這暴露了日本軍國主義的野蠻、落後、殘酷與罪惡，只是一群穿著文明人外衣的野蠻人，是一群披著人皮的野獸。正是他們的野蠻、落後和非正義性，才使他們遭到世界上一切和平、有道德良知的人們的正義反抗，這也正是「大日本帝國」從初期勝利走向最後覆沒的根源。

一九四一年十二月八日，日軍開始進攻菲律賓。經過一場惡戰，占有優勢的日軍把美、菲聯軍驅趕到菲律賓主島呂宋島巴丹半島的一隅之地。一九四二年四月三日，日軍發起總攻，血戰一星期，攻占巴丹半島，一舉俘獲美、菲聯軍七萬官兵，大獲全勝。

在總攻發起前，日軍總司令本間將軍預計巴丹之戰可俘獲美、菲軍兩萬五千人，參謀人員根據這一估計制訂了相應的押運計畫。第一步，先令戰俘步行到巴丹半島中部的巴蘭加營地集中；第二步，由巴蘭加營地步行五十公里，到鐵路轉運中心聖費爾南多；第三步，由聖費爾南多車運到五十公里以外的卡帕斯；最後，戰俘們再步行二十公里，到奧唐奈戰俘營安頓。不料戰役結束，戰俘數量數倍於預計人數，押運計畫被打亂，於是一次罕見的戰俘大行軍開始了。

馬克·沃爾費爾德是美國陸軍上尉，他在巴丹半島南部的馬里韋萊斯南部被日軍俘獲。根據日軍命令，他和他的戰友，每三百人編為一組，沿巴丹海岸公路，往北向巴蘭加步行前進。公路左邊，聳立著高高的巴丹山；公路右邊，則是一望無際的大海。曾經鬱鬱蔥蔥的熱帶景色，現在留下了惡戰後的深深斑痕。日軍坦克、車輛綿延不斷，揚起的漫天塵土覆蓋了樹木和柏油路面。沿途日軍對戰俘們是優待還是虐待，無一定之規。第一輛過路卡車上的日軍士兵向沃爾弗爾德上尉拋了一盒食品；第二輛過路卡車上的日軍士兵用長竹竿挑開了上尉的頭盔；第三輛過路卡車上的日軍士兵無故用高爾夫球棍敲了他幾下。

越往北行進，美、菲戰俘們愈強烈地感受到日軍官兵的虐待狂性格，這種虐待狂已由自發性的個人行動，轉化為高層決策和有組織的活動。各種恐怖消息不脛而走。一個在新加坡組織屠殺過五千名親英華人的日軍大佐宣稱：日美戰爭是種族戰爭，所有戰俘都應被處死。一些高級日本軍官也接到據稱來自大本營的命令：殺掉全部戰俘。

沃爾弗爾德上尉在烈日曝晒和日軍凌辱下，步行一天，粒米未沾，勞頓不堪，晚間休息時，仍不得安寧。天氣酷熱，饑渴難當，蚊蟲亂飛亂咬，成百上千名戰俘擠在一隅之地，臭氣薰天。好不容易入睡，朦朧中間聞到一股惡息味，一堆黏黏的破布貼在他臉上。藉月光細看，破布原來是旁邊一位戰俘的褲子，上面沾滿了膿血、糞便。那士兵因虛脫而大小便失禁，不久死去。上尉想挪開死者的屍體，剛剛起身，日本衛兵就撲過來，一頓拳打腳踢，把上尉打翻在地。

撐到天明，上尉才到河邊洗掉了臉上的糞便，開始了第二天的死亡行軍。根據日軍計畫，戰俘們應在當天走到巴蘭加營地，但因身體虛弱，他們已走了整整三天。戰俘每前進一裡，日軍衛兵的怒氣就增加一分，行為也更殘暴一分。他們不斷找美軍戰俘出氣。待上尉走到巴蘭加營地，已是第三天後半夜。幾萬名戰俘聚集到這裡，被鐵絲網圈在稻田裡，萬頭攢動，滿地都是爬著寸長白蛆的糞便。上尉猶如進入另一場噩夢。空氣沉悶，蚊蟲纏著人體不放。他向衛兵要求上廁所，一直等到天濛濛亮，才得到批准。廁所其實是野地裡挖成的幾個露天大糞坑。幾個虛脫的美軍士兵在夜晚不幸滾落坑中，再未爬出，浮屍隱隱可見。

第四天，沃爾弗爾德上尉和戰友們一道踏上了由巴蘭加營地到聖費爾南多的第二階段行程。烈日炎炎，沿途因炮火摧殘，已無一棵遮涼之樹。戰俘汗流浹背，臉上、身上、鬍鬚上沾滿了厚厚一層灰白色塵土。上尉兩腿粗腫發脹，身體虛弱，一步也不想向前邁動。但他不敢停下來稍事歇息，身前身後的日軍衛兵，平端帶刺步槍，如狼似虎，隨時準備往戰俘身上刺殺。路旁溝渠田野裡，橫躺著一具接一具被烈日曝晒、腫脹異常的戰俘屍體，高低一數，目力所及處，一共二十七具。

在上尉前面不遠處，兩位美國將軍相互攙扶著沿公路蹣跚前行。忽然，一輛過路卡車上的日軍士兵用竹竿向其中一位劈頭猛擊，將軍被打翻在溝裡，滿頭鮮血淋漓。另一位將軍想伸手去扶，卻被押解衛兵無情地用槍托趕開。在日軍俘虜營，即便是將軍，其生命也不及一隻蒼蠅。

在一個休息點，沃爾弗爾德上尉看到了更令人心碎的一幕：兩個菲律賓居民在日軍衛兵的逼迫下，挖了一個樹穴，然後抬起一個昏迷的美軍中尉往坑裡扔。生死關頭，中尉猛烈掙扎。日軍衛兵撲過去，用槍托猛砸，把中尉砸進坑裡，然後用刺刀逼著菲律賓居民向坑裡填土。不消片刻，泥土覆蓋中尉全身。沃爾弗爾德眼見中尉一隻手在墳堆外向空中亂抓，心如刀絞。許多年後，上尉都不能忘記墳堆外那雙絕望的手。

到達聖弗爾南多後，上尉和戰友們像沙丁魚一樣，被日軍塞進一列列老式篷車。沒有車窗，沒有飲水，每節車廂都塞進百餘名戰俘。患痢疾的戰俘不得不在車廂裡大便。暈車的人，不可避免要把汙物吐在別人身上，車內空氣汙濁不堪。火車到卡帕斯後，虛弱已極的沃爾弗爾德上尉和戰友還要赤腳踩著發燙的柏油路，在日本衛兵的毆打下，走完最後二十公里艱難的里程，到達最後營地：由機關槍把守，崗哨林立、被鐵絲網圈住的奧唐奈俘虜營。沿途居民看到衣衫襤褸，骨瘦如柴的戰俘路過時，不禁悲聲四起，嚎啕大哭。

從四月九日開始，半月之內，由巴丹半島向奧唐奈俘虜營集中的七萬名美、菲戰俘，有一萬人死於百餘公里的押解途中。他們中一部分死於虛弱和疾病，更多的則死於日軍獸兵的瘋狂虐待、毆打和殺害，這一過程在歷史上被稱為「死亡行軍」。

幾個月後，沃爾弗爾德上尉不堪忍受戰俘營中日本衛兵虐待，設法逃出了戰俘營，返回美軍部隊。在以後的歲月裡，上尉懷著復仇決心，英勇無畏，屢立戰功，最後在美軍進攻日本沖繩的戰鬥中壯烈犧牲。

44、崑崙關「關門打狗」——小諸葛不輸老諸葛

【楚雲戰評】中國人在評論中國近現代史時，常說中國近現代有三個半軍事家，其中半個軍事家是指一向被人們稱為「小諸葛」的白崇禧。白崇禧原籍廣西，曾任中國國民革命軍參謀總長、中華民國國防部長，以長於練兵、用兵，尤其擅長戰略謀劃而著稱。白崇禧一生打過很多仗，其中以崑崙關之戰為其最得意之筆。崑崙關之戰也是抗日戰爭相持階段，中國軍人杜聿明第五軍與侵華日軍板垣征四郎第五師團的一次決鬥，是中日這兩支精銳部隊之間，一次比實力、比裝備、比戰鬥精神，以及比戰略、戰場指揮能力的決戰。戰役結果是：中國第五軍奪取崑崙

關、重創日軍板垣第五師團第二十一旅團，並擊斃日軍第二十一旅團司令官中村正雄少將，說明在部隊裝備相近或相當的情況下，中國軍隊的戰鬥意志、戰場指揮和綜合戰力並不遜於侵華日軍；而侵華日軍在中日戰爭初期之所以能不斷擊破中國軍隊防線，主要仰賴於其裝備優勢，但日軍的戰鬥意志和戰場能力未必就勝過守土抗戰、保家衛國的中國軍隊。一旦日軍失去裝備優勢，照樣吃敗仗，崑崙關之戰如此，日後在緬甸戰場的密支那戰役、松山戰役也是如此。

一九三九年十一月十五日，侵華日軍繼占領武漢、廣州等地後，又出偏師從廣西境北部灣的欽州龍門港登陸，開闢了一個新戰場。在欽州龍門港登陸的日軍主力為其第五師團，輔之以其第十八師團一部及日軍臺灣旅團，約五萬之眾。其中第五師團是日軍名將、也是策動「九一八事變」，侵占中國東北四省的元兇板垣征四郎的舊部，其官兵大多來自日本山口縣，侵華戰爭期間先後在板垣征四郎指揮下參加過華北戰場的南口之戰、忻口之戰，華東戰場的臺兒莊之戰、徐州之戰，一向是侵華日軍的急先鋒，被日軍自詡為「鋼軍」。

日軍之所以在侵華受阻，被迫在中國東北、華北、華東、華中、華南各地廣鋪戰線，兵力分散的困難情況下，不顧兵家大忌，又在廣西另闢戰場，進一步分兵，其主要戰略意圖有四：一是企圖占領廣西，切斷越南通中國的陸海交通線，尤其是企圖切斷越桂公路和滇越鐵路，進一步孤立、封鎖中國，阻斷中國從海外獲取用以支援抗戰的各種物資；二是威逼英、法，使其停止對中國抗戰的精神與物資支援；三是侵占廣西，威逼貴州、雲南，為日後進攻中國西南大後方做準備；四是為日後「南進」印度支那和東南亞、發動太平洋戰爭準備戰略基地。因此之故，崑崙關之戰就有了戰略意義。

為了粉碎日軍企圖，中國最高統帥部向以南寧和崑崙關為中心的戰區調集了四個集團軍，包括蔡廷鍇指揮的第二十六集團軍、夏威指揮的第十六集團軍、葉肇指揮的第三十七集團軍以及徐庭瑤指揮的第三十八集團軍，四支軍計約二十師十餘萬人，由桂林行營主任白崇禧統一指揮，準備與日軍決戰。在此四個集團軍中，以杜聿明指揮的第五軍為核心。

日軍自一九三九年十一月十五日在欽州龍門港登陸後，迅速進占欽州、防城，而後沿欽州通南寧的邕欽公路北犯，於十一月二十四日衝破中國軍隊阻擊，占領廣西府城南寧。而後日軍分兵三支，其中一支由南寧折向西南，沿邕龍公路向中越邊境的龍州進犯；第二支由南寧折向西北，沿邕武公路向廣西腹地的武鳴進犯；第三支軍是其主力，由第五師團第二十一旅團兩個步兵聯隊為核心，輔以騎兵、炮兵、裝甲兵、工兵、輜重兵等技術兵種，由其第二十一旅團長中村正雄少將指揮，由南寧沿邕賓公路北上，與中國守軍一路血戰，接連衝過南寧與崑崙關之間的二塘、三塘、四塘、五塘、六塘、七塘、八塘、九塘等要衝，於十二月四日占領崑崙關。

崑崙關地處廣西大明山崇山峻嶺中，扼邕賓公路要衝，而邕賓公路又是中國西南國際交通線的主要通道，經南寧分別與邕欽公路、邕武公路、邕龍公路連接，可通欽州、龍州、武鳴等地。崑崙關標高雖然不過千餘公尺，卻腹壓在邕賓公路線上，周圍重巒疊嶂，綿亙相偎，林木參天，地勢極其險要、複雜。邕賓公路從南寧到崑崙關雖然直線距離不過二三十公里，卻是千迴百轉，曲線距離加倍，有近百公里。崑崙關之險堪比人之咽喉，正所謂「一夫當關，萬夫莫開」。爭奪崑崙關，就成為中日兩軍在廣西境內決戰決勝的關鍵。

日軍占領崑崙關後，利用地勢，日夜搶修工事，並在崑崙關周邊的仙女山、老毛嶺、同興堡、四四一、六五三、六〇〇、羅塘南高地、界首高地等險要地點構築據點式陣地，分兵扼守。日軍所有陣地都深溝高壘，周邊有數道鐵絲網和鹿砦等屏障，相互間以輕重火力支援，構成拱衛崑崙關的堡壘線。各陣地並有嚴密偽裝。同時，進占崑崙關的日軍雖然只有兩個聯隊，卻是日軍進攻部隊的「刀尖」，一旦情況緊急，日軍其餘各路部隊可分別經邕欽公路、邕武公路和邕龍公路迅速馳援。

日軍在欽州龍門港登陸時，中國軍隊桂林行營主任白崇禧適在重慶，得報日軍登陸後，自重慶緊急飛回廣西，並在崑崙關以北約百餘公里的遷江設立前方指揮所。針對日軍以南寧為核心，以沿邕賓、邕欽、邕武、邕龍等四條公路線為觸角，沿公路線展開，又以崑崙關駐軍為「刀尖」的「章魚戰術」，白崇禧決心「關門打狗」，即在桂林及邕欽、邕武、邕龍公路「關門」，在邕賓公路的崑崙關「打狗」。而要實現「關門打狗」的戰略意圖，要訣有二，一是能不能關住日軍由邕欽、邕武、邕龍公路經桂林增援崑崙關的「門」；二是能不能奪占崑崙關，在崑崙關「打狗」。

為實現「關門打狗」的戰略，白崇禧以桂林行營主任名義召開高級幕僚會議，嚴密部署。一方面，集中大部分兵力承擔「關門」任務。其中，以大約兩個軍的兵力分別部署在邕欽公路東西兩側，東西夾擊，封閉邕欽公路，切斷日軍增援崑崙關的主要路線，並隔斷邕龍公路；以約一個軍的兵力進攻邕武公路的高峰隘和香爐嶺陣地，牽制日軍，封閉邕武公路；另以有力部隊在南寧與崑崙關之間活動，阻斷南寧與崑崙關日軍的聯絡線。另一方面，以最精銳的杜聿明第五軍全力進攻崑崙關日軍，在其他部隊的策應下實現「打狗」目標。

杜聿明第五軍，是抗日戰爭時期中國新成立的第一支機械化部隊，下轄戴安瀾第兩百師、鄭洞國榮譽第一師及邱清泉新編第二十二師，軍部直屬隊另下轄九個直屬團，包括兩個步兵補充團、兩個戰車團，以及一個裝甲車搜尋團、一個重炮兵團、一個汽車兵團、一個工兵團、一個輜重兵團。戰車團主要裝備蘇聯九噸半戰車、英國六噸半威克斯戰車以及義大利兩噸半菲亞特戰車。第五軍各師中，又以戴安瀾第兩百師戰鬥力最強，它可以說是中國第一個機械化師，是在蘇聯政府支持援助下，於一九三八年年初在湖南湘潭編成。總之，第五軍是當時中國裝備最好、戰鬥力最強的部隊。當時在國民政府重慶軍事委員會校閱全國各軍時，第五軍曾被評為全國第一。一九三九年秋，第五軍在廣西界首舉行大規模各兵種聯合攻、防、追、退演習，歷時一個月，進一步提高了戰鬥力。

第五軍接到攻占崑崙關的命令後，採用戰略上迂迴、戰術上包圍的打法，分三路部署。第一路以第兩百師、榮譽第一師為主，在軍重炮兵團、戰車兵團、裝甲搜尋團、工兵團支援下，由軍部直接指揮，主攻崑崙關正面日軍主力；第二路以新二十二師為主力，從右向左迂迴到崑崙關至南寧之間的五塘、六塘，切斷南寧與崑崙關的交通；第三路以兩個軍屬補充團為主力，從左向右迂迴，占領崑崙關南側的七塘、八塘，策應正面主攻部隊。

十二月十八日，第五軍展開了對崑崙關日軍的總攻擊。中國軍隊先以重炮兵團和各師山炮營的大炮，集中轟擊日軍崑崙關各陣地，雙方展開了激烈炮戰。第五軍不但大炮比崑崙關日軍多，彈藥比日軍充足，而且有不少大口徑重炮，比日軍大炮射程遠，威力大，因而很快壓住了日軍炮火，不少日軍工事被第五軍的猛烈炮火摧毀。日軍雖然有空中優勢，但中國軍隊也有高射武器掩護，偶爾也有空軍飛機助戰，使敵機不敢低飛。當日，第五軍在主攻方向先後襲占了老毛嶺、萬福村、仙女山、四四一高地、羅塘高地等日軍據點，並占領了崑崙關。在其他方向，新五軍右翼迂迴部隊按計畫攻占了五塘、六塘，阻斷了日軍從南寧增援崑崙關的路線；左翼迂迴部隊攻占了七塘、八塘，並包圍了九塘，阻斷了崑崙關日軍的退路。而在更遠的邕欽、邕武、邕龍公路沿線，中國軍隊其他各集團軍也配合崑崙關主戰場，發動猛烈攻勢，阻止敵軍向崑崙關增援。

崑崙關日軍被包圍後，組織兵力不斷反擊，企圖突出重圍。中日兩軍在崑崙關激戰，關口兩失兩得，四度易手。其他一些陣地，如四四一高地、羅塘高地、老毛嶺等陣地，也是如此反覆爭奪、反覆衝殺。十二月十九日，第五軍榮譽第一師第三團猛攻九塘日軍據點，尤其集中重機槍和迫擊炮火力突襲日軍指揮部，一舉擊斃日軍第二十一旅團長中村正雄少將，引起日軍混亂。在其他方向，尤其是邕武、邕欽公路方面，日軍雖然猛烈進攻，企圖奪路前進，救援崑崙關，均因中國軍隊頑強阻擊而處處受阻。崑崙關日軍鑒於主力傷亡慘重，指揮官中村正雄斃命，各路援軍因受阻難以救援，只得集中殘部，丟盔卸甲，設法突圍。沿途又受第五軍部隊圍追堵截，潰不成軍。十二月三十日，第五軍新二十二師經激戰第三次占領崑崙關，肅清了日軍殘餘。與此同時，崑崙關附近的其他據點也被中國軍隊攻占。至此，歷時近兩週的崑崙關戰役以中國軍隊的全面勝利落幕。

根據日軍公布的數位，日軍崑崙關戰場損失約五千人，戰死者除第五師團第二十一旅團長中村正雄少將外，還有兩個聯隊長、三個大隊長。其進攻部隊兩個聯隊的軍官損失達百分之八十五以上。如算上在南寧周邊其他方向的損失，日軍總計損失不下萬人。僅在崑崙關戰場，中國軍隊就生俘日軍一百零二人，繳獲山野炮和戰防炮三十餘門、輕重機槍一百八十餘支、步槍兩千餘支，其他軍需品堆積如山。擔負崑崙關主攻的中國第五軍也損失慘重。以進攻日軍界首陣地的榮譽第一師第三團為例，該團九個步兵連就有七個連長傷亡。

45、阿萊曼獵狐記——北非沙漠深處的拉鋸戰

【楚雲戰評】一九四〇年至一九四三年的北非戰役，與其說是一場坦克戰，不如說是一場典型的沙漠戰。戰場沿北非地中海沿岸寬度不過數十公里的數千公里綠色長廊展開，沙漠戰的特點在

此次戰役中得到了充分展示。當戰場向東延伸至埃及西沙漠時，德軍供應線拉長，遠離補給基地，且部隊疲憊，戰鬥力降至最低點。而英軍戰線縮短，靠近基地，戰鬥力增至最大，戰場力量對比轉向有利於英軍。於是英軍開始沿海岸線反攻，德軍向西退卻。當戰場逐步西移時，雙方力量對比的天平又開始反向調整。德軍越向西就越靠近基地，實力開始增強。而英軍力量的變化則相反，沙漠戰的另一個規律是後勤供應能力，尤其對作戰雙方生死攸關，從根本上說，北非戰役打的是後勤戰。英國因掌握了地中海制海權，能充分供應部隊，而德軍卻供應不足，難以及時補充損耗，終於勢衰力竭。可以說，在北非戰場，德軍並非輸在指揮官的智慧和部隊的戰鬥技能，而是輸在後勤供應不足。時隔半個世紀，北約於二〇一一年在利比亞利用空中優勢，支持利比亞反對派發動對格達費政權的進攻，同樣利用了北非沙漠的戰場特點，說明在類似北非大沙漠這樣地勢開闊、交通線脆弱而漫長的戰場，利於空軍發揮。

一九四二年十月二十三日，北非戰場阿萊曼前線，月黑風高。英將蒙哥馬利乘德軍不備，調集重兵沿阿萊曼幾十公里戰線全面出擊。成千架英國飛機飛越寂靜了幾個月的戰線，對德軍陣地和坦克群狂轟濫炸，成千門英軍野戰炮一齊猛射，密如雨點的炮彈，遍地開花，摧毀德軍地雷場、火力點和預備隊。千餘輛英軍坦克隨著炮火延伸，衝過德軍阿萊曼防線，沿海岸綠色長廊，向西猛進，大隊步兵隨後跟進，一舉摧毀了德軍苦心經營幾個月之久的阿萊曼防線。這是阿萊曼之戰第一天的戰況，這場戰役是北非戰場的轉捩點。

一九四〇年九月中旬，義大利大獨裁者墨索里尼，下令駐北非的二十多萬義大利軍隊進兵埃及，企圖奪取蘇伊士運河，建立環地中海帝國。由於北非內陸是撒哈拉沙漠，只有沿地中海岸邊一條幾十公里寬的綠色走廊有水井、村莊、草地，勉強可供人生存，北非戰役便只能在沿曲折海岸線的幾千公里綠色長廊上進行。

義軍最初由利比亞出擊，向東進攻，雖然人多勢眾，氣勢洶洶，卻都是徒有其表，不堪一擊。駐守埃及的英軍以一當十，沉著應戰，很快挫敗義軍攻勢，轉入反攻，兩個月時間，沿北非海岸綠色長廊向西推進八百公里，接連占領了義軍幾十個據點，俘虜了十幾萬義軍。希特勒眼見老朋友迭遭重創，深恐軸心國失去北非陣地，趕緊令心腹大將隆美爾帶領一支裝甲部隊，橫渡地中海，馳援北非，統一指揮北非德、義聯軍對英作戰，以圖扭轉戰局。

隆美爾行伍出身，正當不惑之年，因一九四〇年指揮一個德軍裝甲師由亞爾登突破，率先衝入法國，橫掃法國北部而馳名，被歐美各國軍界公認為裝甲戰大師。一九四一年二月，隆美爾飛抵北非，立即帶領北非的德、義軍反攻。英軍未料德軍突然增援，猝不及防，被打得措手不及，倉皇向西敗退。隆美爾窮追不捨，沿北非綠色長廊向東猛進一千多公里，把英軍趕回埃及。然後又在埃及以西的沙漠地帶，與英軍反覆惡戰，七進七出，屢次重創英軍，扭轉了軸心國軍隊在北非的被動局面。英軍懾於其詭計多端，善於捕捉戰機，無可奈何地奉送給隆美爾「沙漠之狐」的綽號。

一九四二年六月，隆美爾揮軍奇襲，一舉奪占英軍補給中心圖卜魯格，俘虜英軍四萬，繳獲英軍大批武器、彈藥、糧食、燃料。幾天後，又奪取英軍另一個補給中心馬特魯港，消滅英軍一萬人，德軍前鋒向東一直推進到埃及境內的沙漠火車站阿萊曼。隆美爾站在阿萊曼車站的月台上，已經可從望遠鏡中看到埃及金字塔的大尖頂。希特勒欣喜若狂，送給隆美爾一根元帥節杖，以表彰他的戰功。墨索里尼更是揚揚得意，以為開羅指日可下，專門從羅馬空運了一匹名貴白馬到隆美爾的司令部，以備軸心國攻進開羅時，他可以騎白馬主持軸心國軍隊的入城儀式。

隆美爾在北非迭次重創英軍的報告，震動了英倫三島。英國首相邱吉爾擔心軸心國軍隊乘勢直下開羅，席捲中東，控制蘇伊士運河，便下令從英國本土緊急調撥援兵和物資，增援阿萊曼前線的英軍。不久，阿萊曼英軍兵力增至二十多萬，擁有一千多輛坦克和一千多架飛機，總實力超過軸心國軍隊一倍。邱吉爾還特別調來能征善戰，以勇猛、謹慎著稱的蒙哥馬利將軍指揮阿萊曼英軍反攻。

蒙哥馬利將軍抵達阿萊曼前線後，針對英軍畏懼隆美爾擅長沙漠坦克戰的神話，列舉英軍供應線短、物資充足的優勢和德軍供應線長，兵疲將驕的劣勢，提出了「打過阿萊曼，活捉老狐狸」的響亮口號，鼓舞士氣。同時又精心部署，在次要方向上布置許多紙板、木頭拼裝的假坦克、假大炮，迷惑隆美爾，把主要兵力隱蔽地調往預定突破口，準備大反攻。

這時，阿萊曼前線德軍兵力、坦克、大炮、飛機只有英軍一半，德軍供應也不足，而且德軍受英軍偽裝的假坦克欺騙，分散部署。隆美爾還判斷英軍絕不敢發動進攻，因而離開部隊，飛回德國養病。決戰未始，德軍已在實力、偵察和部署上先敗下陣。阿萊曼之戰揭幕的第一天，德軍防線就被突破，損失慘重。

隆美爾得知英軍反攻的消息後，趕緊離開療養地，飛返阿萊曼前線。希特勒電令隆美爾必須戰至最後一兵一卒，絕不許從阿萊曼後撤一步。兩軍惡戰十餘日，隆美爾苦苦支撐，主力損失殆盡，裝甲部隊只剩下二十多輛坦克。從歐洲調來的增援物資和救兵，整船整船被英軍擊沉於地中海。而英軍後備部隊和物資源源運到，戰場力量對比愈加懸殊。隆美爾見勢不妙，便違抗希特勒的命令，率殘軍敗將，沿綠色長廊西撤，打算選擇一處有利陣地，建立新防線，阻遏英軍攻勢。蒙哥馬利揮軍西進，銜尾窮追被斬斷爪牙的沙漠老狐狸，不給隆美爾任何喘息之機。隆美爾建立新防線的企圖一次次落空。幾個月之內，德軍損失六萬軍隊和全部重裝備，西撤一千多公里，一直退到綠色長廊西端的利比亞和突尼斯邊境。

不久，另一支英美聯軍在德軍防線更西面的阿爾及爾等地登陸，呼應蒙哥馬利的攻勢。英、美兩路百萬大軍，由北非海岸的綠色長廊東西對進，直搗「沙漠之狐」在突尼斯的最後巢穴。一九四三年五月，英、美軍隊發動總攻，占領突尼斯全境，肅清了北非的軸心國軍隊。隆美爾這只「沙漠之狐」，使用金蟬脫殼之計，在最後關頭拋下部隊，飛離突尼斯，隻身逃脫。一年後，他在一次車禍中受傷。後來又捲入謀刺希特勒的密謀，被迫自殺。

46、飛將軍自重霄出——挪威重水之戰

【楚雲戰評】希特勒德國於一九四〇年五月占領挪威後，控制了挪威重水工廠，並強行擴大重水生產，收購全部產品。重水是研製核彈必不可少的材料，德國對重水工廠的強烈興趣，只能說明希特勒企圖掌握核彈的祕密，而破壞挪威重水工廠無異於釜底抽薪，徹底破壞德國的核彈研究計畫。

北歐古國挪威一向以「三多」著稱，即多峽灣、多湖泊、多森林。東距首都奧斯陸一百六十公里的挪威南部小鎮尤坎，尤其體現了挪威「三多」的地貌特徵。尤坎坐落在廷斯約湖畔，往北去兩百公里，可抵北歐第一高峰加爾赫峰。小鎮群山環抱，重巒疊嶂，終日雲遮霧罩，交通十分閉塞，因而默默無聞。但是，第二次世界

大戰時期的尤坎卻有一個重要的軍事目標——韋莫克重水工廠，它每年可以生產一噸多工業重水，而且在希特勒德國偌大的歐洲占領區獨此一家。

內行人很容易將重水與核彈聯繫，戰爭年代尤其如此。愛因斯坦發表相對論後，歐美科學家根據愛因斯坦的新理論，逐步完善核分裂原理，並得出一個普遍結論：透過核分裂，可以製造出威力巨大的核彈。歐美科學家還知道，要使天然鈾透過連鎖反應核分裂，製造核彈，需要一種特殊的減速劑，而重水在當時被認為是最理想的減速劑，但由於它在天然水中的含量只有六千分之一，提取非常困難，因此，挪威小鎮尤坎及韋莫克重水廠生產的重水，必會引起英國特種行動部隊的注意。

一九四〇年六月德國占領挪威後，德國軍方透過德國法本化學聯合公司，購買了韋莫克重水廠的大量股份，同時強迫這家工廠簽訂包銷合約，每月向德國供應一百二十公斤重水。不久，工廠對德國的重水供應量又被迫增加到每年五噸。

德軍為什麼強行徵購大量重水？只有一個解釋：德軍正在加速研製核彈！如不採取措施，阻止韋莫克廠生產的重水流入德國，任其研製成核彈這種超級炸彈，人類將永無寧日。因此，摧毀韋莫克重水工廠的實際意義，遠遠超出了工廠本身的價值，甚至也遠遠超過任何一場最大規模的軍事戰役，它關係到戰爭的結局和人類的未來。

英國特種行動部隊早在一九四一年七月，就已全面掌握韋莫克重水工廠產品的性質、去向。當時，挪威著名科學家特隆斯特德教授由挪威逃到英國。這位教授是韋莫克重水工廠的設計師和督造人，他向英國特種行動執行部隊準確提供了有關這家工廠的全部機密。不久，挪威抵抗運動成員埃內·斯金納蘭又向執行局提供了德國對這家重要工廠防衛情況的各種情報。

英國特種行動執行部隊，是戰時英國用以促進歐洲各國抵抗運動的祕密機構，一九四〇年七月成立，直屬英國經濟戰大臣領導，有時直接接受三軍參謀長和首相邱吉爾的特別指示。它的分支機構遍及歐、亞、非各軸心國占領國和中立國，並在各國招募特工人員，包括公爵、公主、竊賊、妓院老闆等。所有下屬的特工人員都要接受特工訓練，包括射擊、爆破、格鬥、跳傘、駕駛車輛、划船、游泳、跟蹤、化妝、逃跑等技能。

根據各方面情報匯總，執行局官員斷定不可能指望用空軍轟炸機來完成這一破襲任務，因為廠區地形複雜，飛行員難以找到目標，更難準確投彈炸毀由鋼骨水泥頂蓋特別加固的廠房。唯一的辦法是派遣受過嚴格訓練的特工人員，潛入工廠，內部爆破。根據這一判斷，執行局制訂了一個代號為「松雞行動」的行動方案，挑選一批菁英特工隊員，組成突擊隊，裝備必要的特殊器材，潛入廠區，炸毀工廠，以阻止該廠生產的重水繼續運往德國。

一九四二年十月十八日，挪威南部高原天寒地凍，夜色如墨，一架英國滑翔機冒險降落在叢林深處，把斯金納蘭和其他三名挪威籍特工人員送到尤坎附近，作為執行「松雞行動」計畫的先遣人員，為突擊隊主力到來作準備。他們排除萬難，翻過了高山峽谷，穿越了叢林湖沼，把三百公斤的裝備搬到了目的地，並選好新的著陸場，等待主力到來。

時隔一個月，兩架英製「哈利法克斯式」轟炸機拖帶兩架霍爾薩式滑翔機，從蘇格蘭威克機場起飛，載運「松雞行動」三十四名突擊隊員和各種裝備，越過北海，飛向尤坎。不料中途遇到暴風和雲霧天氣，轟炸機和滑翔機在挪威上空相繼墜毀。突擊隊八人死亡，餘者皆被德軍抓獲，第一次行動因而失敗。

一九四三年年初，執行局擬訂了一個替代方案。委任隆納貝爾中尉指揮一個五人突擊小隊，傘降尤坎附近，設法與斯金納蘭的先遣隊會合，再伺機襲擊韋莫克重水工廠。

二月十七日，第二批突擊隊員在蘇格蘭登上飛機，午夜時分抵達挪威上空。此時正逢大雪紛飛，天地一色，飛行員無法找到先遣小組的接應標記，只得選一個大致方位，冒險空投。結果，隆納貝爾突擊小隊的傘降點偏離預定降落點五十公里。隊員們背負沉重的器材，冒零下二十五度的嚴寒，在風雪中艱難跋涉。幾天以後，他們與偽裝成獵人的先遣小組會師。休整一夜，這支九人突擊隊在隆納貝爾中尉的指揮下，翻山越嶺，終於在二月二十七日黃昏，悄悄登上了俯瞰韋莫克重水工廠的後山。

從山巔看去，韋莫克重水工廠廠區的灰蓋廠房靜臥在峽谷之中，布置奇特，都是由鋼骨水泥澆鑄而成，頂蓋厚而笨重。廠區左右側兩山夾峙，都是陡峭石崖，寸草不生。在廠區中央，布滿德軍崗樓和機槍陣地。廠區正面有一條小河環繞，河雖不寬，卻深深切入峽谷。河岸高聳陡峭，不可攀越，成為廠區正面的又一道天然屏障。跨河有一座吊橋，溝通廠內外交通，由德軍雙崗日夜守衛。廠區背後倒是有一大片緩坡連接後山，空空蕩蕩，似可成為潛入廠區的通道。但久經考驗、訓練有素的隆納貝爾中尉仔細觀察以後，發現這片空地其實是守廠德軍故意設置的一處死亡陷阱，不但地雷密布，而且有多處暗哨和極隱蔽的機槍陣地。和以前的偵察結果相比，德軍對工廠的守衛已大大加強。不消說，這是對幾個月前突擊隊飛機墜落的反應。德軍透過俘獲的突擊隊員和裝備，已經洞悉英國特種行動執行部隊的真正意圖。

韋莫克工廠防衛上的唯一漏洞，是連接廠區的一條支線鐵路。鐵路沿山腰繞行，一面是絕壁高聳，一面是垂直三百公尺的深谷。絕壁雖然被德軍機槍火力封鎖，下面的深谷卻因為極端隱祕而不為人注意，而且峽谷峭壁上滿布灌木藤蔓，可供攀登。只要上了鐵路，就可以潛入廠區。

隆納貝爾中尉仔細觀察過重水工廠的地形和防衛情況後，帶領隊員們離開後山，連夜攀崖潛入谷底，再沿谷底摸索前進，到達廠區鐵路線下方的峽谷。隱蔽到次日黃昏，隆納貝爾中尉率領他的突擊隊，沿著選好的路線，藉月色攀崖而上，爬上廠區鐵路。然後避開德軍巡邏隊和崗哨，神不知鬼不覺地潛入廠區。五名突擊隊員按預定方案迅速隱入四角，占領有利陣位，守住退路。隆納貝爾中尉親帶三名爆破能手，根據特隆斯特德教授手繪的廠區示意圖，藉房檐屋角掩護，摸爬縱躍，向重水成品儲藏室前進。

重水儲藏室鋼門緊閉，由兩名挪威衛兵把守。時近午夜，燈火晦暗，衛兵昏昏欲睡。隆納貝爾中尉和三名突擊隊員未等挪威衛兵反應過來，就繳了他們的槍。訓練有素的突擊隊員們，一人抱一支湯姆式衝鋒槍看押俘虜，一個也抱一支湯姆槍看住通道。隆納貝爾中尉親帶一名隊員，設法打開地下儲存室的巨大鋼門，進入重水儲存室，找到特製的加固重水儲存罐，取出背囊中的特種烈性炸藥，一共十八包，仔細疊好，裝好引爆器，迅速離開儲藏室。剛剛封閉大鋼門，背後就傳來沉悶的爆炸聲。隆納貝爾和他的突擊隊員們在突擊成功後，連夜循原路逃離廠區，向安全地帶轉移。

由於工廠機器隆隆運轉聲的遮掩，重水地下儲存室內特製炸藥的低沉爆炸聲沒有引起德軍注意。這為突擊隊員們全身而退提供了機會。直到凌晨，換崗的另兩名挪威衛兵才發現重水儲存室被炸。德軍駐廠司令官得報趕到現場則是幾小時以後。德軍耗費一年搜集起來、正準備運走的大批重水，頃刻間在爆炸聲中化為烏有。

一年以後，英國特種行動執行部隊根據挪威抵抗運動戰士提供的情報，派突擊隊對恢復生產的韋莫克重水工廠發動了第二次成功襲擊。美、英轟炸機也多次出動，用重磅炸彈攻擊隱藏在峽谷中的重水工廠。因這一連串打擊，德國始終沒有能按計畫取得韋莫克工廠生產的重水，這成為德國在第二次世界大戰期間未能試製成功核彈的一個重要原因。

47、轟炸機從「香格里拉」起航——杜立德空襲東京

【楚雲戰評】太平洋戰爭初期，日軍憑藉其海空優勢，迅速占領了西南太平洋廣大地區。美軍和盟國因連吃敗仗而士氣低落。美國海軍為打擊日軍氣焰，振奮盟軍士氣，別出心裁，用航空母艦載運遠程陸軍飛機，前往日本海岸，空襲日本東京。這次偷襲雖然規模不大，但打破了盟軍無法直接攻擊日本本土的神話，大大鼓舞了盟軍士氣，使日軍倍感沮喪，並深刻影響了日本海軍的作戰方略。

「日東丸」二十三號漁船在這片海域來往巡弋已有好幾個月了。這是一條奇怪的漁船，它只在海上巡弋，定期從補給船獲取補給，但連續幾個月沒有撒下一次網，當然也沒有捕到一條魚。這片海域距日本海岸線超過一千公里，風急浪高，並不是好的漁場。漁船的船長和船員也沒有因為捕不到魚而表現出一絲一毫的煩惱、焦慮。原來，漁船另有使命，它現在已被日本海軍徵用，用於觀察美國海軍太平洋艦隊的活動，提防美艦偷襲日本本土。

這日清晨，太陽正從遠處海天相接處升起。瀰漫在海面上的薄霧剛剛消散。早起的船員習慣性地步上甲板，舉目四顧，忽然間，他們紛紛瞪大了眼睛：遠處海天相接處，一支不明國籍的海軍艦艇編隊自東而西，朝

日本本土方向破浪駛來。船長急忙舉起望遠鏡仔細觀察，遠處艦艇甲板上高鼻子、凹眼睛的水兵人像鑽進了鏡頭，還有一些黑人水兵正在甲板上忙碌，顯然是美國艦隊！再仔細觀察，美國艦隊前呼後擁，隊形密集，不下七八艘戰艦，都是龐然大物。戰艦甲板上停泊的飛機，在陽光下閃耀出銀灰色的光芒，連肉眼也可以分辨。

「最少有三艘大型航空母艦。」船長這樣判斷的時候，心跳加速，非常激動。他最先發現美國航空母艦來襲，而且是三艘，這個功勞不小。想到這，他趕緊開啟無線電台，接通東京海軍指揮機關，報告發現美國艦隊以及艦種、數量、航向、航速。他還想繼續報告，向東京提供更多的細節。這時，炮聲響了，一艘美國巡洋艦全速衝過來，一次齊射，就擊碎了這條小小的木殼漁船；稍後，海面上漂起了小漁船的航海日誌，上面清楚地寫有幾行日文：一九四二年四月十八日晨六點三十分，發現三艘美國航空母艦。

坐鎮「大和號」巨型戰艦的日本海軍聯合艦隊司令長，山本五十六海軍大將，得到「日東丸」二十三號發來的報告時吃了一驚。日、美開戰幾個月來，山本一直憂心忡忡，擔心美國海軍抄襲南雲艦隊偷襲珍珠港的戰術，出動艦載機部隊，襲擊日本本土和東京，炸完就跑，其結果必然影響日本民心、士氣，威脅天皇安全，使日本海軍威風掃地。因此，山本在內層警戒圈以外，又徵用大批日本漁船，沿日本海岸線以東一千公里的大洋深處，布下了另一道外鬆內緊的外層警戒線，以便盡早發現來襲的美國艦隊。同時，山本還制訂了圍殲美國偷襲艦隊的「第三號戰術方案」，現在，期待已久的美國艦隊終於來了。

根據「日東丸」二十三號沉沒前的報告，美海軍太平洋艦隊的航空母艦已傾巢而出，進抵日本以東洋面一千公里處，是志在必得。山本估計美軍艦載機作戰半徑為八百公里，只能在距日本海岸八百公里處離艦起飛，母艦還必須在原處逗留，待收回攻擊飛機才能回航。這就是說，美軍艦隊必須由「日東丸」二十三號沉沒的海域繼續向西航行十二小時，才能進入攻擊位置，發送飛機升空。東京將在午夜或十九日凌晨受到空襲，這使他差不多有一天時間用於迎戰準備。念及於此，這位日本海軍首腦不覺鬆了一口氣，他還有機會使天皇不受美機驚嚇。

四月十八日上午，山本從「大和號」聯合艦隊司令部的艙室中，透過無線電發出一道道指令，調遣部隊，貫徹圍殲來襲美艦的「第三號戰術方案」。日本海軍傾巢出動，橫須賀的第二巡洋艦隊、廣島灣的第一戰艦隊，一齊拔錨起航，向東急進；從印度洋返航，剛駛抵臺灣附近洋面的南雲艦隊，四艘航空母艦也轉舵駛向預定為美艦載機離艦起飛的海域；此外，一個大型海軍岸基航空兵編隊，也從東京附近的基地起飛，向東一直飛到航程極限，搜尋美國艦隊。至於東京空防，山本胸有成竹：四月十八日午夜前不會有美機光臨東京。

出乎意料的是，當天中午十二點，兩架美國重型轟炸機，避開高空巡邏的日本戰鬥機，從低空突然掠過東京灣，飛臨東京城區。稍後，十餘架後續美機，也貼著東京低矮的樓房頂層，呼嘯而來。正在享用午餐的東京人不約而同地湧上街頭，為日本空軍的逼真表演歡呼雀躍。直到美國高爆炸彈一枚接一枚從飛機上扔下來，猛烈爆炸並引燃沖天大火時，他們才發覺是美國飛機，開始抱頭鼠竄，四處躲避。

在此同時，名古屋、大阪、神戶等日本中心城市也分別受到美機轟炸。當日本防空指揮部才醒悟過來，為時已晚地拉響防空警報時，美軍轟炸機群早已丟完炸彈，飛過東京，揚長而去。日軍戰鬥機駕駛員全然不知所措，不知美軍飛機從何方飛來，又向何方飛走。山本也如墜入五里霧中：飛臨東京的美機明明是重型陸軍轟炸機，不可能從任何航空母艦甲板上起飛。可是距東京最近的美國地面機場，也距離五千公里以上，遠遠超過任何陸軍轟炸機的航程。美機究竟從何而來？又能飛往何方？一時間成為不解之謎。

大洋對岸的美國方面，卻對美機四月十八日空襲東京大事渲染。美機殺死了五十個日本人，摧毀了東京九十座建築物，戰果雖然有限，卻因為痛打東京一頓，足以掃除珍珠港慘敗以來美國民眾心頭積壓的鬱悶情緒，鼓舞了士氣。羅斯福在華盛頓舉行記者招待會，故意製造神祕氣氛，當記者打探美機從何處起飛襲擊東京時，羅斯福滿面春風地回答說：「美機當然是從『香格里拉』起飛。」

「香格里拉」是世界上獨一無二的樂園，美國轟炸機當然不會從「香格里拉」起航。珍珠港遭劫不久，美國海軍就開始設謀偷襲東京，以示回敬。由於任何一個美國陸地機場與東京的距離都大大超過任何轟炸機的航程，這一任務只能由海軍艦載機完成，而艦載機的作戰半徑只有八百公里，母艦必須在距日本海岸八百公里處放出攻擊飛機，然後滯留幾小時，待收回返航飛機，再匆匆回撤。由於這正是日本岸基飛機的活動範圍，母艦不僅易被日本巡邏艦發現，也可能遭到跟蹤而至的日本岸基飛機打擊，這對美國海軍寶貴的航空母艦而言，太過冒險。於是，海軍方面開始尋找替代方案：用母艦攜帶航程較遠的陸軍飛機，到距日本海岸八百公里的海域放飛。飛機完成轟炸任務後，繼續朝西飛行，到國軍在華東的機場降落，這樣二利兼得：母艦可以及時解脫，從危險海域撤退，避開日本岸基飛機的打擊；出擊的飛機和飛行員也有安全降落點！

剩下的難題，是要找到能從航空母艦甲板上起飛的遠程轟炸機，和敢於駕駛陸軍飛機從母艦起飛的飛行員。美國海軍方面就此大膽設想的可行性，會商於王牌飛行員、試飛員和飛行速度世界紀錄保持者，美國陸軍航空隊的杜立德上校。杜立德上校立即推薦了B25米歐爾式陸軍轟炸機，並自告奮勇，主持B25飛機在航空母艦上起飛的試驗。

B25飛機是美軍當年服役的一種新型雙發重型轟炸機，載彈兩噸。根據杜立德建議，機械師對飛機稍加改裝，減小負載，增設副油箱，增大航程，使之攜帶兩千磅的炸彈，能飛行四千公里，達到海軍的航程要求。然後，杜立德帶領參戰飛行員，在模擬飛行甲板上，訓練駕機短距起飛滑跑和海上遠端飛行技術。經過一個月反覆演練，杜立德和他的隊員們令人難以置信地實現了駕駛陸軍重型飛機在航空母艦甲板上短距起飛的夢想。

一九四二年四月二日，新服役的美軍航空母艦「大黃蜂號」，搭載杜立德和特遣隊的飛行員以及十六架經過改裝的B25型陸軍轟炸機，從三藩市起航，繞過人跡罕至的北太平洋風暴區，在指定海域會合「企業號」航空母艦及一隊巡洋航，組成特遣艦隊，浩浩蕩蕩，繼續西航，祕密朝日本海岸線方向進發。美軍艦隊計畫四月十八日夜間駛抵距日本海岸八百公里的海域，午夜發送攻擊飛機升空，然後艦隊返航。十六架轟炸機則由杜立德上校率領，乘夜黑在海上飛行，十九日清晨抵達日本，執行轟炸任務後，直飛中國降落。

四月十七日，美國海軍特遣艦隊進入距飛機起飛點二十四小時航程水域，機械師對出征飛機作了最後一次檢查。甲板人員為飛機注滿燃油，裝好炸彈。一切準備就緒。入夜時分，一艘日本哨艦的回波出現在「大黃蜂號」的雷達螢幕上。幸好有驚無險，日艦未發現美軍特遣艦隊。美艦趕緊折轉航向，避開日本哨艦，繼續西航，再安全航行一夜，成功在望。不料十八日早晨六點，在距日本海岸線一千公里處，被「日東丸」二十三號發現。行蹤暴露的美國特遣艦隊進退兩難：繼續西航將使艦隊闖進日本岸基飛機和幾支艦隊的伏擊圈；立即發送飛機升空又使其作戰航程增加了兩百公里，而且由夜間祕密攻擊變為晝間攻擊，並面對可能戒備森嚴的日軍空防火力。同時在中國機場降落的時間也由白晝變成了午夜，飛行的危險係數大大增加。

杜立德上校仔細研究了從母艦經東京到中國華東各機場的距離後，決心當機立斷，即刻率隊冒險起飛。四月十八晨七點二十五分，杜立德上校在全艦隊官兵欽佩而沉重的目光下，第一個駕機從顛簸的母艦甲板起飛。

其餘十五架飛機也在水兵們的喝彩聲中，一架接一架騰空而起。艦隊東撤了。杜立德和他的隊員們，駕機沿低空航線，一直向日本海岸飛行。四小時後，美機飛臨日本上空，杜立德親帶十三架飛機撲向東京，另外三架分別撲向名古屋、大阪和神戶。十六架美國轟炸機乘日軍暈頭轉向之機，向目標區投下炸彈，便迅速掉轉機頭，離開現場。有十五架美機沿西南航向，飛往中國，午夜在中國華東各地迫降。另一架美機成功地在蘇聯境內降落。參戰的八十二名美國飛行員，除三人犧牲，八人被駐華日軍俘獲外，其餘安全返回美國。

很久以後，日本軍方才明白美機轟炸東京的來龍去脈。為防範類似的襲擊，日軍採取了三大措施：調兩百艘戰艦進攻中途島；調十萬陸軍掃蕩中國華東各處空軍基地；從中國調戰鬥機部隊回日本本土防空。日軍全盤戰略，被來襲的十六架美國轟炸機徹底打亂。

48、狼群在「黑洞」出沒——大西洋護航戰

【楚雲戰評】第二次世界大戰爆發後，德國大批潛水艇被派往大西洋，攻擊英國海上運輸船隊。由於維護大西洋海運線安全關係到英國生死存亡和戰爭結局，英國不斷增派艦艇、飛機，開往大西洋水域，與德國潛艇作戰。英、德海軍在大西洋水域展開了一輪又一輪護航與反護航鬥爭。雙方比數量、比品質、比技能、比智謀，鬥爭雲波詭譎，高潮迭起。

一九四〇年十月，英國SC7護航運輸船隊，滿載糧食、軍火和各種戰略物資，從美國東海岸起航，開始

了橫渡大西洋的危險航程。從北美海岸到英倫三島，航程三千海浬。船隊不但要與北大西洋冬季的狂風惡浪搏鬥，更要日夜提防無處不在的德國潛艇襲擊。離開北美海岸後，SC7 護航船隊的三十四艘大商船，根據英國海軍部的命令，始終嚴格依照海軍部海戰專家們設計的標準馬蹄形反潛陣形，以十節航速，緩緩向東開進。三十四艘商船一共排成九列縱隊，除兩列縱隊外，其餘每列縱隊各四條船。各縱隊間橫向間隔為六百碼，縱隊內部每條船的前後間隔為四百碼。三十四艘船排成了一個正面長約六千碼，側面寬約兩千碼的長方形橫向佇列。船隊長方陣周邊，五艘海軍護航艦艇，除一艘護航領艦在船隊正前方開路外，其餘四艦各占一角航行，構成一道馬蹄形警戒幕，緊緊護衛船隊。警戒幕開口向後，距船隊方陣外緣一千碼。白天航行時，警戒幕兩翼後尾在左右兩端點殿後的兩艘護航艦艇，與船隊方陣最後一排商船平齊。入夜以後，馬蹄形艦艇警戒幕向後收縮，警戒幕兩翼後尾左右兩端點殿後的兩艘護航艦艇，必須退至船隊方陣最後一排商船側後兩千碼處航行，以防德國潛艇乘夜黑浮出水面高速航行，竄入運輸船隊。整個護航船隊設計合理，組織嚴密，既有利於船隊相互間保持視覺聯繫，又減少了德國潛艇從側翼偷襲或在正面埋伏的機會，大大增強了船隊的安全性。

一九三九年第二次世界大戰爆發後，希特勒德國一面出動幾百萬大軍，橫掃歐洲大陸，威脅要入侵英倫三島，同時又出動大批潛水艇，在大西洋活動，破壞英國的海洋運輸線。由於英國在戰爭初期對德國的大規模潛艇戰缺乏準備，運輸船大都單獨橫渡大西洋，很容易被德國潛艇攔截，造成嚴重損失。開戰第一年，就有三百萬噸英國商船、連同所載運的各種物資，被德國潛艇擊沉於大西洋。比如，一條三千噸的貨船被擊沉的話，就可能意味著船上載運的二十輛坦克、同樣數量的大炮、四十門高射炮以及一千噸彈藥同時沉入海底。

由於德國潛艇的瘋狂襲擊和英國海軍護航無力，英國進口貨物的數量已從戰前和平時期每月四百五十萬噸，減至戰爭爆發以來的每月兩百五十萬噸，這對急需發展軍工生產，與軸心國軍事機器鬥爭的英國無異於釜底抽薪，長此以往，英國必然輸掉戰爭。與德國潛艇鬥爭，保證大西洋運輸線暢通無阻，已成為關係英國生死存亡的戰略問題。

為了戰勝德國潛艇，英國海軍部下令：所有來往於大西洋的商船，集結成三四十艘一群的船隊，組成方陣，由海軍艦艇護航。同時又在英國、加拿大和冰島的海岸基地派遣大型岸基飛機，定期在大西洋上空巡邏，攻擊德國潛艇，為來往船隊提供空中保護。儘管如此，橫渡大西洋的航行，依然危機四伏。在海面上，區區幾艘小型艦艇，要保證縱橫近十公里的大船隊不受攻擊，明顯略顯不足，力不勝任。而在空中，飛機在夜間很難發現浮上水面的德國潛艇。況且，飛機的活動半徑也不能覆蓋整個大西洋。大西洋中部因此形成一個縱橫約一千海浬的「黑洞」地區，從英國西北部、冰島和加拿大起飛的巡邏飛機鞭長莫及，不能在「黑洞」地區巡航。這一大片水域就成了德國潛水艇的狩獵場。即使結成陣形，大白天由艦艇護航經過這片「黑洞」地區，英國船長們也照樣提心吊膽，擔心德國潛艇突然從水底鑽出來，發射一串串令人生畏的磁性水雷。

SC7 護航運輸船隊剛一進入大西洋「黑洞」水域，就被德國海軍 U99 號潛艇盯住了。U99 號潛艇是德國海軍三大王牌潛艇中的第一艘。U99 號艇的艇長奧托·克雷斯特施默爾少校，同樣被列為德國海軍三大王牌潛艇艇長中的一員。一個月前，U99 號潛艇在其能幹的艇長、德國潛艇戰專家克雷斯特施默爾少校的指揮下，偷偷潛入英國斯卡帕灣海軍基地，一舉擊沉英國「皇家橡樹號」戰艦。開戰以來，U99 號共擊沉英國二十六萬噸商船，開創了潛艇戰獨一無二的最高紀錄。

不過，U99 號潛艇從前對付的都是單獨橫渡大西洋的商船，它有時候在商船前方，悄悄發射魚雷；有時白天跟蹤，待到晚上浮出水面，高速航行，追上去用一百二十七毫米的大炮嚇唬船員，迫其投降，繳獲船上燃料、補給，補充潛艇所急需；現在，U99 號潛艇遇到的卻是一支結成方陣、由護航艦艇嚴密保護的運輸隊，事情就麻煩多了。

U99 號潛艇跟蹤 SC7 船隊已一天一夜，仍一無所獲。克雷斯特施默爾少校想從前面伏擊，又恐在正前方航行的英艦迎面撞上；想從側面發射魚雷，又恐兩翼活動的英軍護航艦艇發現；耐心等到晚上，想悄悄浮出海面，從後面發動攻擊，卻發現左、右側後皆有英國艦艇巡航。不論從哪個角度進入攻擊位置，都孤掌難鳴，風險太大。顯然，德國潛艇單艇作戰、輕易得手的好日子一去不復返了。

眼見一天一夜白白度過，英國的 SC7 船隊即將穿過大西洋「黑洞」地區，進入從英國起飛的反潛飛機巡邏區。克雷斯特施默爾少校開始焦慮。他想起了非洲大草原狼群捕食的場面：一隻餓狼發現了一群羚羊，窮追半日，一無所獲。它改換戰略，喚來一大群狼，前堵後追，四面圍攻，很快截住了羚羊群。這種狼群捕獵的場景使克雷斯特施默爾艇長計上心來，他想起「黑洞」水域一定還有其他德國潛艇在到處遊弋，當即透過無線電密碼向鄰近的德國潛艇發報，通報英國 SC7 護航運輸隊的船隻數量、護航情況、船隊方位、航速、航向等情報，呼請其他潛艇趕來助戰。

又一個白天過去，大西洋的太陽照樣從西邊降下。黃昏來臨時，克雷斯特施默爾少校根據無線電訊號，斷定最少有六艘德國潛艇已趕到現場，在 SC7 護航船隊的前後左右潛航，等待他協調進攻。其中包括與 U99 齊名，並列為三大王牌潛艇的 U47 號和 U100 號潛艇以及與他齊名的另兩位王牌艇長。少校信心十足，確信已穩操勝券。

午夜時分，寒風呼號的大西洋上伸手不見五指。SC7 護航運輸船隊的英國水手因船隊快要駛離大西洋「黑洞」水域，不知不覺地鬆懈下來。克雷斯特施默爾少校乘機下令攻擊。藉夜幕掩護浮出水面的 U99 號潛艇一馬當先，直撲英國船隊方陣，幾條魚雷管一齊發射，在船隊中開花。SC7 護航船隊的幾十艘艦船頓時像被搗了窩的馬蜂，亂衝亂撞。一艘英國護航艦徑直衝向 U99 號潛艇發射魚雷的位置，卻把右舷暴露在德軍 U47 號潛艇面前，後者只用一枚魚雷就把這艘慌不擇路的英國護航艦炸為兩截。SC7 護航船隊嚴密的警戒幕被撕開一個大缺口，其餘幾艘德國潛艇一湧而入，插進 SC7 船隊。爆炸聲中，不斷有英國船隻沉入水底。受過訓練的護航艦艇也亂了陣腳，漫無目的地四處投放深水炸彈，引起船隊更嚴重的恐慌。混戰半夜，採用最新狼群戰術的七艘德國潛艇一舉擊沉英國 SC7 護航船隊的十七艘貨船，占其總數一半，餘皆帶傷逃跑。

黎明時分，控制戰場的德國潛艇群正彈冠相慶，水下傳來了螺旋槳撞擊海水的隆隆聲。由四十九艘快速商船和四艘護航艦組成的代號為 HX79 的另一支英國護航船隊，正向德國潛艇的狼陣駛來。德國潛艇群守株待兔，如法炮製。先以一艘潛艇佯攻衝陣，打散英國護航艦艇警戒線，其餘潛艇以餓狼捕羊之勢，鑽進英艦警戒幕，猛烈攻擊陣形被衝亂的英國商船隊。不出兩個小時，HX79 船隊又有十四艘船隻沉入海底。

德國海軍潛艇的狼群戰術，打垮了英國專家們精心設計的馬蹄形護航船隊。一九四一年上半年，德國潛艇應用狼群戰術，擊沉了盟國兩百八十萬噸商船；一九四二年，德國潛艇又用同樣戰術擊沉了盟國七百六十萬噸商船。

德國潛艇在大西洋取得的巨大戰果，幾乎切斷了盟國海運線，把盟國推向絕境。英國海軍部專家們在分析商船損失情況後，斷定問題與護航制度本身無關，而是參與護航行動的飛機、艦艇數量太少，技術也不夠先進，因而採取一切措施加強護航力量和技術手段。德國海軍為了確保其在大西洋的戰術優勢，也在這兩方面與盟國對抗，不斷增加潛艇數量，優化其性能。對立雙方在大西洋運輸線上的這場生死決戰，轉化為數量和技術競爭。

為了戰勝德國潛艇，盟國投入了大量護衛艦、驅逐艦、改裝漁船、獵潛艇等小型戰艦參加護航。盟國還建造大量的護航航空母艦，並把「解放者式」、「威靈頓式」遠程轟炸機投入反潛作戰，使空中反潛威力覆蓋整個大西洋。在戰術上，盟國一方面擴大護航船隊的規模，大大增加每一支護航船隊中反潛艦艇的兵力，同時又組織許多以護航航空母艦和獵潛艇為核心的特混編隊，機動作戰，一旦發現德國潛艇活動，立即趕往支援，窮追不捨。在技術上，盟國相繼把雷達裝上飛機、艦艇；改進聲　裝置和深水炸彈；還發明了一種「利式」強光探照燈，使飛機能在夜間搜尋浮在海面上的潛艇，大大加強了對德國潛艇的深測攻擊能力。

德國海軍在與盟國的對抗中，不斷改進潛艇技術。一種新的施內克爾通氣管技術使德國海軍潛艇可以在水底充電，而不必定期浮上水面；排水量一千六百噸的新型XXI型潛艇，航速達到二十五節，下潛深度超過三百公尺，可以在遠洋長期活動；新型的潛水油船可以把補給品偷運到大洋深處，支援潛艇群長期作戰；新發明的音響自導魚雷更是大大加強了潛艇的攻擊力。德國潛艇的數量也大幅度增加，經常在大西洋活動的德國潛艇增加到數百艘之多。

一九四三年四月，對立雙方在北大西洋海運線上展開了一場決戰。四月二十八日，盟國 ONS5 護航運輸船隊駛入冰島附近洋面，與五十一艘德國潛艇組成的「山鳥」潛艇群遭遇。整整一個星期，雙方纏戰不止，「山鳥」潛艇群仗著兵力優勢，輪番進攻。ONS5 護航船隊的護衛艦艇緊守防線，不斷用深水炸彈攻擊德軍。附近的盟國岸基飛機也飛來助戰。五月五日，兼程趕來的兩支盟國反潛機動部隊趕到，投入戰場，迅速扭轉戰局。前後一個星期，德國「山鳥」潛艇群損失了六艘潛艇，而盟國ONS5護航隊僅損失了十一艘貨船。就在這個月，盟國有十二支運輸船隊通過大西洋「黑洞」水域，總共只損失五艘貨船。而德國潛艇卻在大西洋損失了四十一艘寶貴的潛艇。德國潛艇部隊總司令鄧尼茨海軍上將，悲傷地把一九四三年五月稱作「黑五月」，為避免更大的損失，他只得下令從北大西洋撤出德國潛艇群。

稍後，盟國組織力量，先後擊潰德國「抵抗」潛艇群和「拉頓」潛艇群等大德國潛艇群。德國潛艇的狼群戰術遭到徹底失敗。盟國被德國潛艇擊沉的商船數，很快由一九四二年的七百六十萬噸，降至一九四三年的三百萬噸。一九四四年又降至一百萬噸。盟國在大西洋反潛戰中獲勝，又為盟軍進一步奪取反法西斯戰爭的勝利提供了可靠的後勤保障。

49、珊瑚海之戰——善攻者，動於九天之上

【楚雲戰評】按照海戰傳統，海上決戰的基本形式是敵對的兩支艦隊相互靠近，各以艦炮轟擊對方並相機發射魚雷，戰場上常常是炮聲隆隆，魚雷亂飛，勝利者往往是戰艦噸位大，艦炮多而且口徑大，發射炮彈數量多而且準確的一方。但在珊瑚海，日、美兩支艦隊始終在對方肉眼看不到的艦炮射程外活動，雙方艦炮都沒有開炮的機會，進攻敵方艦隊主要依靠艦載飛機在視距以外進行。這種全新的海戰形式，在歷史上確實是第一次。它展示了海戰的新樣式，代表著海

戰新時代已經來臨。

一九四二年五月，暴風雨剛剛散去的太平洋上，夕陽映照，金波萬頃。一支龐大的海軍艦艇編隊正披著夕陽餘輝，破浪往南急駛。這是一支日本艦隊，這支艦隊在日本聯合艦隊的作戰序列表上排為第五航空戰隊。艦隊的核心是由一群重巡洋艦和艦隊驅逐艦護航的兩艘大型航空母艦：「瑞鶴號」和「翔鶴號」以及兩艦隨載的一百二十六架飛機。第五航空戰隊由司令官，原忠一海軍少將指揮，參加過上年十二月日本海軍對珍珠港的突襲，以後又西出印度洋，幾番與英國海軍交鋒。幾個月間，艦隊航程已達數萬海浬。現在，它轉回到西南太平洋，在加羅林群島南端的特魯克基地稍事停留，補足燃料、彈藥、戰機、淡水及一應生活補給後，又連夜拔錨起航，準備沿所羅門群島東岸而下，由東南角潛入日、美兩國海軍即將鏖兵的珊瑚海。

在第五航空戰隊的西邊一兩天海程處，還有另外兩支日本艦艇編隊正與它並行南進。最西邊的一支是一支運兵船隊，一共十四艘運兵船，載運數千日本陸軍官兵及必需的重裝備，由七艘戰艦護航，從新不列顛島的拉包爾起航，沿所羅門群島與新幾內亞之間的一條狹窄水道，取近道進入珊瑚海，然後轉過新幾內亞東端岬角，準備到新幾內亞島面對澳洲北部海岸的莫爾斯貝港登陸。在日本運輸船隊和第五航空戰隊之間，還有第三支日軍艦艇編隊，由後藤有公海軍少將指揮，順所羅門群島西岸水道，南下珊瑚海。後藤部隊擁有載機二十餘架的「祥鳳號」輕型航空母艦及四艘重巡洋艦和一艘驅逐艦。所有這三支日本艦隊，由坐鎮拉包爾的日本海軍聯合艦隊第四艦隊司令官，井上成美中將統一指揮。日軍的意圖是：由後藤部隊掩護運輸船隊，載運陸軍在新幾內亞南部海岸登陸，奪取莫爾斯貝港；第五航空戰隊機動作戰，尋找美國航空母艦部隊決戰，奪取珊瑚海的制海權。三支日軍艦隊計有航空母艦三艘、重巡洋艦六艘、輕巡洋艦一艘以及十三艘驅逐艦。除此之外，還有一大批輔助艦艇和一百六十架岸基飛機助戰。

日軍艦隊幾乎是一出海，就被美國海軍情報機關偵知。不僅如此，通曉日本海軍密碼的美國海軍情報機關甚至查明了日軍各艦艇編隊的艦艇數量、艦種、大致航線和目的地等戰術細節。日本航空母艦出港之夜，在三千海浬以外的珍珠港，美軍太平洋艦隊司令部作戰室的寬大橡木桌上，已經攤開了一幅巨大的珊瑚海航海詳圖，美軍參謀人員正用棕色鉛筆，在圖上描出三條曲線，標明三支日本艦隊的兵力、航線、出發地和目標地。第一條棕色線以拉包爾日軍基地為起點，往南穿越所羅門海，進至珊瑚海，再沿珊瑚海西岸繞過新幾內亞東端，直指莫爾斯貝港，代表日軍載運登陸部隊的運輸船隊；另外兩條棕色線都以特魯克日軍基地為起點，中途由所羅門群島西北頂端岔開，左一條線沿所羅門群島西岸直下珊瑚海，代表後藤部隊；右一條線沿所羅門群島東岸南下，由東南方向進入珊瑚海，代表日本航空母艦編隊。這三條棕色線的走向和內容證明美軍掌握的情報，與日軍的實際兵力、部署和意圖相差無幾。

美軍太平洋艦隊司令官，尼米茲海軍上將，仔細審視了大海圖上的三條鉛筆線後，就轉換目光，死死盯住了海圖上的珊瑚海本身。這片由無數珊瑚礁緊緊包圍的開放型海域，平常人跡罕至。它西靠荒涼的澳洲東海岸；東面由自西北而東南一線散開的所羅門群島與太平洋隔開；北面有新幾內亞和新不列顛兩個門拴一樣的大海島；南面是新喀里多尼亞群島。海區呈不規則長方形，南北長約一千海浬，東西寬約八百海浬。由所羅門群島北端出口到東京的距離，與所羅門群島南端的出口到珍珠港的距離大體相同，都略超過三千海浬。

尼米茲海軍上將默默考察過珊瑚海的地理概況後，把目光收回，冥思苦想，開始用心揣測日本海軍雲集珊瑚海的戰略意圖：控制珊瑚海；奪取莫爾斯貝港；切斷美國通往澳洲和西南太平洋的海上交通線，建立進攻澳洲的跳板。真是一步險棋，也是一步高棋。如日軍意圖得逞，美軍不但要撤出西南太平洋，而且珍珠港受逼，整個太平洋美軍將一直撤過太平洋，退回美國西海岸！念及於此，海軍上將心頭一緊，珊瑚海之戰對太平洋美軍命運攸關，不可等閒視之。於是，他下令調遣美軍太平洋艦隊一切機動兵力，開赴珊瑚海，迎戰日本海軍。

當天晚上，美軍兩支分別以「約克鎮號」和「列星頓號」為核心、載機一百四十一架的航空母艦特混艦隊，奉命掉轉航向，向珊瑚海兼程進發。駐新赫里多尼亞的一艘美軍重巡洋艦和澳洲海軍的幾艘巡洋艦，也受命開赴珊瑚海。在珍珠港，剛偷襲東京歸來的「企業號」和「大黃蜂號」二艘航空母艦奉命盡快檢修艦艇、補充燃料、彈藥和生活用品後，隨後跟進，支持前鋒艦隊。一向寂靜的珊瑚海一時間劍拔弩張，戰雲密布，充滿殺機。

美國人做夢也沒有想到，珊瑚海之戰的前哨戰，是在所羅門群島最南端的小島圖拉吉打響。五月三日凌晨，一支日本分艦隊，乘天色未明，把一支登陸隊送上了這個小島，僅有數十人的守島部隊寡不敵眾，棄甲潰逃。日本人不費吹灰之力，奪占了圖拉吉，開張大吉。井上成美的意圖是要在圖拉吉建立一個航空基地，控制珊瑚海的東南通道，並轉移美軍對莫爾斯貝港的注意力。

由東南面首先進入珊瑚海的「約克鎮號」航空母艦，這時正在距圖拉吉一日海程的水域。美軍指揮官佛萊契少將，深恐日軍鞏固在圖拉吉的陣地，用岸基飛機封鎖珊瑚海的東南出口，堵死美國海軍進出珊瑚海的通道。便率「約克鎮號」連夜北上，天明趕到距圖拉吉一百五十公里的海域，出動艦載機對圖拉吉的日軍狂轟濫炸。圖拉吉頓時化為火海，泊於岸邊的日本艦船損失慘重。但美國海軍由此也暴露了自己航空母艦的行蹤。

正在所羅門群島東岸南駛的日本第五航空戰隊，得報圖拉吉日軍遭遇空襲，斷定美國航空母艦部隊已進入珊瑚海，便兼程急進，也由東南通道進入珊瑚海。行蹤暴露的「約克鎮號」連夜南撤，與匆匆趕到的「列星頓號」合兵一處，擺開與日本航空母艦決戰的態勢。日、美兩軍四艘航空母艦，在狹窄的珊瑚海東南海域捉迷藏。每天天未明，雙方便派偵察機四處搜尋，尋找對方行蹤。多雨多霧的珊瑚海，卻使這種搜尋變成了大海尋針。三天七十二個小時過去了，雙方仍一無所獲。

到了五月七日，一架拂曉由日本航空母艦起飛的偵察機，在天色微明時發回了驚人報告：發現美軍航空母艦！指揮第五航空戰隊的原忠一海軍少將大喜過望，下令等待已久的艦載機立即出擊。七十八架日本飛機隨即從「瑞鶴號」和「翔鶴號」上呼嘯升空，迅速繞艦一周編好戰鬥隊形，向南面發現美軍航空母艦的水域一頭衝去。不消一個時辰，七十八架日本艦載機飛臨一百六十海浬以外的目標上空。此時天已大亮，旭日初升，雲端下明明是一艘美國驅逐艦伴著一艘大油輪躲躲閃閃地航行。偵察機飛行員過分衝動，未待看清艦型，就把這艘油輪當作美國航空母艦，向日軍指揮官報告！現在，攜帶魚雷、炸彈而來的日本飛行員陷入困難：必須用攻擊航空母艦的魚雷、炸彈攻擊不值一提的油船和一艘小小的驅逐艦！飛行員們極不甘心，紛紛駕機四處搜尋，想找到美國航空母艦。一個小時過去，一無所獲。又不能帶彈飛回母艦。失望之餘，只得回頭再搜尋那條美國油船出氣，魚雷、炸彈頓時雨點般落向目標，海面上水柱沖天。只幾分鐘，護航的美國驅逐艦被炸為兩截，沉入海底。那條大油船連中七顆重磅炸彈，在濃煙烈焰中苦苦掙扎。

當日本飛機錯炸美國油船時，美軍也犯了類似的錯誤。一架黎明起飛的美國偵察機也在起飛後不久，報告發現日本航空母艦編隊：一共兩艘日本航空母艦和四艘重巡洋艦。性急的佛萊契少將想抓住戰機，未待美軍偵察機返航，即令九十三架美國攻擊飛機分從「約克鎮號」和「列星頓號」起飛。當美國機群飛到目標上升時，情形同樣令人沮喪，雲端下航行的不過是兩艘日本輕巡洋艦和幾隻小炮艦。原來譯電員慌亂之下，把電碼翻譯成了發現航空母艦！比日本飛行員幸運的是，美國飛行員稍稍轉向，就發現了一個新目標，日本「祥鳳號」輕型航空母艦正在海面上迎風直線航行，準備讓戰鬥機升空。雖然「祥鳳號」不如重型航空母艦重要，畢竟也比一條油船更有攻擊價值。九十三架美機折轉航向，撲向「祥鳳號」，輪番攻擊，炸彈、魚雷接二連三擊中這艘由商船改裝成的航空母艦，炸毀了該艦的鍋爐、炮塔、飛機庫，並使該艦燃起熊熊大火；不到十分鐘，「祥鳳號」便沉入海底，海面上只剩下一大團不斷擴散的油汙。這是日本海軍損失的第一艘航空母艦，也是美國海軍擊沉的第一艘日本航空母艦。當擊沉一艘日本航空母艦的消息傳回母艦時，擠在旁邊聽戰鬥實況報告的美國水兵們不禁歡騰跳躍。

入夜時分，一批日本艦載機發動夜襲，為「祥鳳號」復仇。一直飛到航線盡頭，仍不見美艦蹤影，無奈之下，只得扔掉魚雷、炸彈回航。不料回途中，無意發現美國航空母艦，卻已無力攻擊。雙方四艘航空母艦相距不過幾十海浬，這是一個危險的距離，兩軍指揮官不約而同地背向航行，轉移陣地，準備來日大戰。

五月八日，珊瑚海之戰進入最具戲劇性的最後決戰。兩軍官兵挨過了珊瑚海一個最難挨的夜晚。未待天明，雙方偵察機幾乎同時飛離母艦。兩軍甲板人員幾乎同時給各自的飛機注滿燃料，裝好攻擊彈，再推上甲板；醫療隊準備好了嗎啡和急救藥品；損害管制隊對艦艇各重要部位和消防器材作了嚴密檢查。在美國航空母艦上，餐廳把數以萬計的巧克力發給早起上崗的官兵。而在日本軍艦上，水兵們一邊工作，一邊啃應急米糕。兩軍飛行員們匆匆用過早餐後，正候在飛機旁，隨時準備登機起飛。

八點十五分，美國偵察機搶先一步，發回發現日本航空母艦的報告。幾分鐘過後，美國航空母艦的無線電台興高采烈地收到日本飛行員日語明碼報告，說發現美國航空母艦。

九點鐘剛過，三十九架美國飛機首先從「約克鎮號」起飛，一個小時後，飛抵三百公里外的日艦上空。美國飛機在日本艦隊上空盤旋，準備組織進攻。眨眼之間，「翔鶴號」已連續發送戰鬥機升空，而「瑞鶴號」卻鑽到暴雨區，失去了蹤影。美國飛行員後悔不已，只好集中力量攻擊「翔鶴號」。九架魚雷機由四架戰鬥機掩護，首先衝過日本戰鬥機攔截，由低空切入，投放魚雷。二十四架俯衝轟炸機由高空俯衝下來，連續投放炸彈，配合攻擊。「翔鶴號」一面以高炮自衛，一面左右閃避，連連躲開了幾條航速慢的魚雷，又躲開了幾枚炸彈。當最後一條魚雷衝來時，「翔鶴號」向左急轉，魚雷擦舷而過。日本水手正歡呼時，忽然變了色，來自一架美國俯衝轟炸機的兩枚炸彈如圓球狀直落「翔鶴號」，隨著驚天動地的兩聲巨響，炸彈在「翔鶴號」甲板上開了花。稍後，「列星頓號」上的美軍飛機趕到，又補中一彈。「翔鶴號」頓時濃煙滾滾，烈焰騰空，失去了起降飛機能力，只得趕緊脫離戰區，狼狽逃竄。

美軍飛行員興高采烈，帶著擊沉一艘日本重型航空母艦的喜悅之情，駕機返航。當飛臨己方艦隊上空時，一個個傻了眼：日本飛機正猛攻美國航空母艦，並連連命中。返航的美國飛機燃料已盡，卻發現無處降落！

實際上，當美機攻擊日本航空母艦時，來自「瑞鶴號」和「翔鶴號」的九十架日本飛機也飛臨美國艦隊上空，向美艦「列星頓號」和「約克鎮號」發動了更高效率的攻擊。「約克鎮號」首先中了一彈，當場死傷六十六人，艦上冷飲櫃、洗衣房、水兵宿舍皆被炸毀，只得趕緊脫離戰場，逃避攻擊。四萬兩千噸的「列星頓號」卻反應遲緩，先中了兩枚魚雷，緊接著又被兩枚炸彈炸中。最後又引起內部燃燒爆炸，化為火海。眼見無法搶救，美軍只得從驅逐艦上發射魚雷，自己將其炸沉。

「列星頓號」的沉沒，代表著珊瑚海戰役結束。孤孤單單的「約克鎮號」連夜帶傷撤出珊瑚海，逃進太平洋深處。日本艦隊徒勞無益地追趕了兩天兩夜，再也沒有任何新收穫。

從一九四二年五月三日到八日，日、美兩國海軍數十艘戰艦在珊瑚海混戰六天五夜，損失慘重。日軍損失「祥鳳號」輕型航空母艦，美軍損失了「列星頓號」重型航空母艦；日軍損失七十七架飛機，美軍損失六十六架飛機；日軍陣亡一千零七十四人，美軍陣亡五百四十三人。所有的人員、物資損失，都由飛機遠距離攻擊所致。兩軍艦艇編隊都在視距之外，靠出動艦載飛機攻擊對方。始終沒有動用攻艦重炮的機會。從此以後，航空母艦和艦載機成為左右海戰結局的決定性力量。

50、成者為王敗者寇——南雲與中途島之戰

【楚雲戰評】一九四二年四月杜立德飛行隊對日本東京的空襲，讓日本海軍首腦山本五十六等人非常震驚。日本海軍出動聯合艦隊的基本兵力，企圖奪占中途島美軍基地，誘殲美軍太平洋艦隊，阻止美軍再次空襲東京。但日軍的企圖被美軍識破，美國海軍將計就計，在中途島設伏，大敗日本海軍，挫敗了日軍計畫。作為日本海軍突擊部隊最高指揮官的南雲中將，因臨戰輕敵，戰場處置失當，導致日軍在中途島海戰中一次損失四艘重型航空母艦。日軍在中途島的失敗是太平洋戰爭的轉捩點。日軍從此由戰略進攻轉向戰略防禦，美軍則由戰略防禦轉向戰略進

攻。

即使在浩瀚的太平洋上，這樣的濃霧也極為罕見。日本海軍中將南雲忠一指揮的航空母艦編隊此刻卻在霧中穿行，向東南方向急駛，準備趕在滿月之夜駛近中途島，向守島的美國軍隊進攻。

位於太平洋中部的中途島，由兩個小小的珊瑚環礁組成，較大的礁島稱作沙島，長不過三公里；較小的礁島叫東島，面積較沙島的一半稍大。中途島面積大小雖不值一提，卻占據太平洋要津。它東距美軍太平洋艦隊珍珠港基地一千海浬；西距日本聯合艦隊柱島基地兩千海浬；南距威克島與距珍珠港的海程相當。由威克島繼續航行，走西南航線經南鳥島可直通沖繩群島；走中部航線經馬里亞納群島可達菲律賓；走東南航線經馬紹爾群島即是澳洲。日、美開戰不久，美軍即向中途島派駐了一支擁有一百餘架飛機的空軍和一支強大的地面部隊。美國陸軍的B17重型轟炸機還定期往返於珍珠港和中途島之間，支援守島美軍。中途島已成為美軍保衛夏威夷和美、澳交通線的前進基地，也是日本繼續東進的巨大障礙。

日本海軍聯合艦隊司令長官山本五十六海軍大將早就想奪占中途島，杜立德上校對東京的空襲更堅定了山本這一決心。在他看來，讓美國飛機飛臨東京轟炸，驚嚇天皇，是他作為帝國軍人的失職和恥辱，必須防止類似的空襲再發生，而奪取中途島是達到此目標的關鍵措施。於是，他制訂了一個龐大的作戰計畫：出動聯合艦隊的基本兵力，包括十一艘戰艦、八艘航空母艦在內的一百八十四艘戰艦及七百架飛機，分兵六路，殺奔中太平洋，一舉奪取中途島；尋機誘殲美國太平洋艦隊的航空母艦。

杜立德空襲東京時，南雲中將和他稱作機動部隊的航空母艦編隊，正在由印度洋回航日本的途中。開戰以來，這支以六艘航空母艦及三百餘架艦載機為核心的機動部隊，在南雲指揮下，東征西討，偷襲珍珠港旗開得勝，摧毀了美軍太平洋艦隊主力；而後轟炸威克島；突擊拉包爾；空襲澳洲的達爾文港；攻擊印尼的芝拉紮；再一路西進，殺入印度洋，摧毀可倫坡和特亭可馬利兩處英國基地，一舉擊沉英軍「競技神號」航空母艦。半年時間，從太平洋殺到印度洋，遠航五萬里，摧枯拉朽，威風八面，越發顯得不可一世。南雲本人也因此被日本海軍譽為「常勝將軍」和日本海軍的大英雄。

剛從印度洋返回日本，南雲就從山本大將處直接領受了新任務：率領機動部隊，在六月四日進抵中途島海域，用艦載機摧毀美軍基地設施，掩護一支陸軍登島；同時相機與美軍航空母艦特混艦隊決戰，消滅其航空母艦。身為帝國海軍將領及千千萬萬山本崇拜者中的一員，南雲除了服從以外，沒有對山本龐大卻漏洞百出的計畫提出任何異議。

一九四二年五月二十七日清晨，南雲匆匆修補好受損戰艦，補足人員、飛機、燃料、彈藥、淡水及各種生活補給，指揮艦隊從柱島基地起航，一路成環形防潛隊形，再度往東向太平洋深處進發。四萬噸的重型航空母艦「赤城號」居中。在「赤城號」主桅杆上，高懸著南雲的中將司令旗，這代表著它是艦隊的核心和旗艦。「赤城號」正後方五百公尺處，其姊妹艦「加賀號」緊緊相隨。兩艦合編為第一航空戰隊。右側五百公尺處，合編為第二航空戰隊的「飛龍號」和「蒼龍號」兩艦，也親如姊妹，前後相隨，與第一航空戰隊並列。這四艘重型航空母艦，各攜帶六十三架飛機，其中戰鬥機、魚雷機、轟炸機各占三分之一，按比例編成。只有「加賀號」比其餘三艦多載九架魚雷機。

緊靠四艘航空母艦周邊，重巡洋艦「利根號」、「築摩號」和戰艦「榛名號」、「霧島號」各占一角航行；周邊一艘輕巡洋艦率領十二艘驅逐艦，圍成一個縱橫各三公里的大方框，嚴密防護著核心的航空母艦部隊。在南雲艦隊往南一日海程處，由六十九艘戰艦組成的中途島攻略部隊，載運五千名日本登陸兵，也在向中途島急駛，只待南雲艦隊空襲成功，就在中途島登陸；在南雲艦隊左側後一千公里處，是山本親率的主力部隊三十八艘艦艇；由主力部隊北去八百海浬，另有佯動部隊的三十三艘艦艇，策應南雲進攻；十七艘潛水艇則在中途島背面與珍珠港之間的航線上巡邏，監視美國海軍活動。兵強馬壯，後援強大，南雲勝利似已在望。

六月三日下午，南雲艦隊照計畫駛抵中途島海域。濃霧撲面而來，鋪天蓋地，無邊無際，遮住了信號旗和航行燈，也遮住了五百公尺外鄰艦的巨影。甚至強光探照燈，也穿不透濃密的太平洋大霧。南雲中將登上「赤城號」艦橋，手扶把手，默默注視神祕的濃霧，一言不發。霧，遮蓋艦隊行蹤，阻礙美國潛艇設伏；霧，也增加了航行困難。艦隊密集航行，難免艦艇碰撞；散開隊形，又恐單艦迷航脫隊。

南雲海軍中將現在的憂慮與航行問題無關，那是艦長們的職責。他相信艦隊二十一位久經沙場的艦長，更擅長航行技術。南雲現在縈繞心頭的問題是他的兩項使命：尋找機會與美國航空母艦特混艦隊決戰要求部隊機動；掩護進攻中途島又要求部隊在固定的時間和固定的地點，向進攻中途島的日本陸軍提供空中支援。這二者相互衝突，如何協調？如果行蹤暴露，美國航空母艦在附近設伏待機，乘機動部隊空襲中途島之時，由側翼出擊，又如何對付？美國航空母艦究竟在何處？沒有人能給予肯定回答。派往珍珠港偵察的水上飛機因故不能起航；巡邏線上的潛艇沒有發回有價值的情報；靠航空母艦上使用矮天線的無線電無法竊聽美軍通訊；而山本因為要保持無線電靜默不能通報情況；只有軍令部斷定美國航空母艦還在幾千公里以外的珊瑚海，這使南雲得到寬慰。美國航空母艦即使不在珊瑚海，也可能在一千海浬外的珍珠港，聞訊趕到中途島參戰，應在三天以後。幕僚們的分析，使南雲得到進一步寬慰。

夜幕降臨了，南雲想抓住臨戰前的時間，小睡片刻。剛生睡意，艦上忽然響起刺耳的警報聲，一艘巡洋艦發來信號，報告發現美軍機群。南雲急急登上艦橋。幾架戰鬥機正呼嘯著飛離「赤城號」，升空準備攔截；炮手們各就各位，準備對空射擊。忙了半日，並無敵機蹤影，原來是一場虛驚。稍待，警報又起，瞭望哨又報告發現美軍飛機航行燈。又忙了半日，仍然不見美機蹤影。如是者三。南雲親自到瞭望哨位置，對空觀察良久。星光透過雲層，閃閃爍爍，再與艦艇晃動節奏相合，越發閃爍，酷似夜航機燈光。南雲拍了拍瞭望哨的肩膀，囑道：「先看清楚，再報告。」

航行一夜，南雲艦隊順利駛入距中途島四百公里的攻擊位置。濃霧已經消散，天際泛起彩霞，即將到來的六月四日，必定是個適於艦載機出航的好日子。四艘航空母艦上，一百零八架第一波攻擊飛機已經注滿燃料，裝好炸彈，拖出機庫，比翼排列在甲板上。已穿好飛行服的飛行員們正在餐廳用餐，餐桌上擺滿了乾栗子、醃菜、豆醬湯、米飯，豐盛無比，或有人舉杯敬酒，預祝勝利。

南雲還是不放心：仍然沒有關於美國航空母艦的任何情報，這無論如何是一塊心病。思慮半日，南雲方心生一計，下令各艦派幾架搜尋機，在艦隊以東五百公里範圍可能埋伏美軍艦隊的海域，作嚴密的扇面搜尋，尋找敵航空母艦。四點三十分，搜尋機相繼升空，只有負責扇面中央海域搜尋的兩架巡洋艦載水上飛機因彈射器故障，推遲三十分鐘起飛。南雲聞報，長歎了一口氣，回頭傳令攻擊中途島的第一波飛機升空。

隨著南雲令旗從「赤城號」主桅杆上升起，各艦一齊轉向，迎風急駛。飛行甲板在強光探照光照耀下，明亮如晝。飛行員們一齊登上飛機，啟動引擎。轟鳴聲中，戰機滑向甲板，躍上高空。十五分鐘內，七十二架轟炸機和三十六架護航的零式戰鬥機全部升空。機群繞艦隊飛行一圈，編好隊形，一頭往東南方向飛去。佇立在艦橋上的南雲中將，觀看了飛機升空的全過程，臉上露出了難得一見的笑意。眼見第一波飛機消失在海天相接處，他方回頭，發出了第三號指令：第二波一百零八架飛機提出機庫，送上甲板，裝好魚雷和對艦攻擊穿甲炸彈，準備攻擊美國航空母艦。他並不知道，一架來自中途島的美國偵察機已經盯上了他的艦隊，另一架美國飛機，正悄悄跟在第一波日本攻擊機群的後尾，一起飛向中途島。南雲現在正如一位闖進迷陣的武林高手，面臨危局，步步是險，隨時要應付各種莫測高深的挑戰，一步出錯，必將萬劫不復。

兩個鐘頭後，日本機群進入中途島空域，跟在後面的那架美國飛機突然躍上高空，投下了一串非常亮的照明傘，已升空待機的一群美國戰鬥機立即撲過來，迎戰日本機群。多虧日本飛行員技術嫻熟，零式飛機性能優越，日機總算挫敗美機攔截。當日機飛抵美軍機場上空時，各機場已空空蕩蕩，美軍轟炸機早已升空逃避。日機只得選擇幾個無關緊要的目標，丟下炸彈。指揮攻擊的友永上尉掩抑不住心中的失望，未待飛離中途島，就電請南雲，對中途島發動第二波攻擊。

南雲接到友永上尉早晨七點發來的報告時，又陷入兩難之中：派出去的七架海上偵察機沒有一架發回報告，他應該留下第二波飛機，準備攻擊隨時可能被發現的美國航空母艦。正舉棋不定時，空襲警報又起。這一回是真警報！從中途島飛來的六架美國魚雷機從左舷撲向「赤城號」，幾架零式戰鬥機立即升空截擊，各艦高射炮也對空猛射。六架美機被打下五架，餘下一架也帶傷而逃。稍待，又有四架美機向「赤城號」右舷飛來，幾條魚雷直落海面，拖著長長的航跡，衝向「赤城號」右舷。「赤城號」一面對空射擊，一面左右閃避。四架美機，毀傷各半。「赤城號」安然無恙。十餘分鐘後，中途島美機第三次來襲，又被打退。

中途島美機連續攻擊，使南雲相信了友永上尉的報告。他下令各艦甲板上已裝好魚雷和對艦攻擊炸彈的第二波攻擊飛機，立即換裝對地攻擊炸彈，準備對中途島作第二波攻擊。各艦甲板人員開始忙亂，紛紛從飛機上卸下魚雷，又從彈藥庫拖出炸彈，換掛上飛機。忙亂之中，卸下的魚雷來不及收拾，順手堆放在甲板上。

七點半左右，飛機剛換彈完畢，一架搜尋飛機發回報告，稱在南雲艦隊以東四百公里海域發現美國艦隊，稍後又報告發現一艘美國航空母艦。這架飛機正是晚半小時起飛的兩架飛機中的一架！南雲得報大驚！恰好這時，攻擊中途島返航的第一波日本機群已飛抵艦隊上空，正盤旋待降，真是亂上添亂！若令掛裝炸彈的飛機攻擊美國航空母艦，不但效果不好，而且因沒有戰鬥機護航，也難以突破美軍防空炮火，換裝魚雷又來不及；若先讓第一波飛機降落，又恐失去先機，一旦美機來襲，將措手不及。南雲中將暈頭轉向，半日無措。駐節「飛龍號」的第二航空戰隊司令官山口海軍少將情知局勢危急，不允片刻猶豫，請求冒險出擊，擺脫危局，被南雲拒絕。美轟炸機單獨進攻，被日機打蒼蠅一樣擊落的場面，還在眼前晃動，他不能讓日本轟炸機也冒同樣的風險。八點三十分，候在空中的友永上尉再次請求降落，不能再猶豫了！南雲中將咬牙作出了中途島之戰最帶決定性的第五道命令：各艦清理甲板，回收第一波飛機；給第二波飛機再換裝——這一次是把攻陸炸彈換裝回攻艦魚雷！

日本艦隊再次陷入忙亂之中。甲板人員匆匆清理飛行甲板，讓第一波飛機降落。又把甲板上的第二波飛機拖回機庫，重新換彈。這期間，美機頻頻來襲。中途島美軍飛機又發動過兩輪進攻，雖然被日機擊退，卻大大干擾了工作進度。忙碌半日，反覆數度，甲板人員已是精疲力盡。總算回收完第一波飛機，又千辛萬苦給第二波飛機換好攻艦魚雷。南雲情緒穩定下來，下令各艦轉向，全速行駛，先避開美機攻擊，抓緊時間把第二波飛機拖出機庫，送上甲板，準備攻擊美國航空母艦。可是，美國艦載機搶先了一步，而命運之神總喜歡光顧決斷神速的一方。

九點四十分，十五架美國艦載機，攜帶攻艦魚雷，飛臨南雲艦隊上升，發動了第一輪艦載機攻擊，稍後，又有兩批美國艦載機來襲。三批一共四十一架美國魚雷機，有三十五架被擊落，餘皆帶傷。美國艦載機的威力不過如此，疲勞已極的日本官兵鬆懈下來。南雲也放心了，他現在相信勝券在握，滿懷信心地發出了當天的第七道命令：各艦迎風行駛，發送第二波飛機升空，攻擊美國航空母艦。

一九四二年六月四日上午十點二十三分，中途島之戰的決定性時刻終於到來。四艘日本巨型航空母艦正以每小時三十海浬的速度在海面上迎風疾駛。母艦飛行甲板上一百餘架飛機一齊啟動，引擎轟鳴聲響徹雲霄。「赤城號」上，第一架零式戰鬥機已滑上飛行甲板跑道，正要升空掩護轟炸機升空。分別從「企業號」和「約克鎮號」起飛的五十架美國轟炸機恰巧在這時飛臨日本艦隊上空，從三千公尺的雲端對日艦發動了第四輪艦載機攻擊。

實際上，美國艦隊的航空母艦不是一艘，而是攜帶兩百三十三架飛機的三艘！「企業號」、「約克鎮號」和「大黃蜂號」。此時，日本航空母艦因發送飛機升空需要，正迎風直線航行，成為空中攻擊的活靶船。護航的日本飛機因燃料耗盡已經回艦，接班飛機又沒有及時升空，天上已經沒有一架日本飛機，而日本官兵還陶醉在擊退美軍飛機輪番攻擊的喜悅中，失去了警惕。第四批五十架美國艦載機乘機從雲端鑽出來，向日軍發起了猛烈攻擊。來自「企業號」的一群俯衝轟炸機首先撲向「赤城號」，炸彈雨點般從高空落下。「赤城號」躲閃不及，連中兩彈。一彈炸碎升降機，鑽進飛機庫，引起亂堆在旁邊的魚雷連環爆炸；另一彈落在左舷甲板，引起排成行的飛機燃燒，並引爆飛機掛架上的魚雷炸彈。烈焰騰空而起，又四下蔓延，連續引爆的魚雷、炸彈大大助長了火勢，被炸成馬蜂窩狀的裝甲板被烈焰燒焦、發紅。日軍官兵死傷累累，吼聲、罵聲、哭聲、鬧聲以及爆裂聲相互交織，其狀慘不忍睹。與此同時，另一些美國飛機也擊中了日艦「加賀號」和「蒼龍號」，其中「加賀號」中四彈，「蒼龍號」中三彈。爆炸引起的大火同樣不停地引爆艦上的魚雷、炸彈，使整個戰艦成為一片火海。只「飛龍號」隱藏在一片厚厚的雨區，逃開了美軍轟炸機的致命攻擊。

南雲驚呆了。幾分鐘前還耀武揚威的戰艦，現在成了巨大的火葬場，被烈焰濃煙緊緊包圍。眼見撲救無望，南雲才在幕僚的百般勸慰下，由艦橋新搭的繩梯鑽過濃煙，爬下「赤城號」。這時的南雲，兩手被灼，雙踝扭傷，滿面煙塵，已不成人樣，被擔架抬到「長良號」戰艦上。回望海上，被擊中的三艘日本航空母艦已變成三大團移動的火球。三道巨大的黑色煙柱，成品字形，直上雲霄。南雲傷心、後悔、悲哀、憎恨，雙眼發紅，像一個輸光後又想扳回一城的賭徒，從「長良號」上發出了第八道命令。他要倖存的「飛龍號」立即出動全部艦載機，報復美軍航空母艦，挽回敗局。

在山口少將指揮下，「飛龍號」奉令孤艦奮戰，連續出擊，終於重創美國「約克鎮號」航空母艦，替南雲出了一口惡氣。而「飛龍號」也因美機集中攻擊，中彈起火，遭到與其姊妹艦同樣的厄運。午夜時分，賠光了全部賭本的南雲下達了六月四號的最後一道命令：全師撤退，逃避美艦追擊。至此，南雲遭到了徹底失敗。

中途島之戰，南雲艦隊洶洶而來，鎩羽而歸，一天之內損失四艘航空母艦及全部艦載機，陣亡官兵三千餘人，撤退時還損失一艘重巡洋艦。美軍贏得這一勝利，僅損失一艘航空母艦和七十五架飛機。

南雲艦隊失敗的原因除偵察不夠和南雲臨戰舉止失措以外，還有一個根本原因：南雲也被「勝利病」沖昏了頭，他不相信美國艦隊在中途島海域有決勝能力。

中途島海戰是太平洋戰爭的轉捩點，也是日本帝國由全盛走向衰亡的轉捩點。而日本海軍中將南雲，則是促成這一轉折發生的一個關鍵人物。

51、最後一次出航——「約克鎮號」的海葬

【楚雲戰評】日本發動中途島戰役以前，美國透過破解日本密碼通訊，偵知了日軍意圖，決定在中途島海域迎戰日軍。但美軍太平洋艦隊盡其所能，也只能調派兩艘航空母艦參戰，對日本航空母艦處於二比四的劣勢地位。美國幾千名工人日夜奮戰，僅用三天時間修好了在珊瑚海受重傷的「約克鎮號」航空母艦，使中途島美軍得到第三艘航空母艦，改善了力量對比。「約克鎮號」及時修好並趕上中途島戰役，可能是美軍在這場航空母艦大決戰中戰勝日軍的一個關鍵因素。

「約克鎮號」航空母艦披著午後的陽光，在響徹雲霄的汽笛聲中駛進港灣時，珍珠港美軍基地沸騰起來。泊在港內的幾十條戰艦上，擠滿了美軍太平洋艦隊的水兵，他們和站在岸邊碼頭上的美軍基地人員、陸軍官兵、修船工人、愛湊熱鬧的居民們以及美軍太平洋艦隊總司令尼米茲海軍上將一起歡呼雀躍，祝賀帶傷的「約克鎮號」戰勝驚濤駭浪，橫渡太平洋歸來。

尼米茲海軍上將也在歡呼。不過，總司令的職責，使他更注意「約克鎮號」的航姿。一向以操縱靈活、航姿優美著稱的「約克鎮號」，進港時蹣蹣跚跚，後尾拖著足有十英里長、寬寬的一條油跡：它傷得不輕！根據經驗判斷，沒有三個月時間大修，「約克鎮號」就不能恢復戰鬥力。

珍珠港遭日本航空母艦襲擊的第二個月，「約克鎮號」離開美國西海岸，加入美軍太平洋艦隊行列。以後幾個月，它一直在太平洋轉戰，支援美軍守衛薩摩亞群島；轟炸馬紹爾群島的日本海軍基地；派艦載飛機越過歐文史丹利山脈，襲擊日本陸軍進攻拉包爾的灘頭堡，航程萬里，戰果累累。

一九四二年五月八日，「約克鎮號」和「列星頓號」航空母艦合兵，在珊瑚海與日本航空母艦編隊交鋒，一舉擊沉日本「祥鳳號」輕型航空母艦，並重傷日軍「翔鶴號」重型航空母艦。不料日軍當即反擊，擊沉美艦「列星頓號」。「約克鎮號」孤軍奮戰，也中一彈受創。恐日本海軍乘機追襲，艦隊司令官佛萊契少將趕緊向「約克鎮號」的美軍官兵下令：設法回收「列星頓號」尚在空中的飛機；撲救大火拼堵塞艦上創口。經過全艦官兵努力，「約克鎮號」恢復航行，與日軍脫離接觸，並以二十海浬的時速，向珍珠港基地返航。經過十九個日日夜夜，「約克鎮號」躲開日本潛艇伏擊，戰勝太平洋狂風巨浪，掙扎航行數千海浬，終於回到珍珠港。

「約克鎮號」歸來使尼米茲海軍上將如釋重負。整整十九個日日夜夜，總司令都在為這艘負傷的巨艦擔憂，怕它遭日軍潛艇伏擊，怕它被太平洋巨浪吞噬。現在，它終於勝利歸來。這不僅證明美軍在珊瑚海大會戰中沒有失敗，還將為即將來臨的另一場更大規模的海上會戰提供一支機動力量。

五月份以來，美軍情報機關透過已破解的日本密碼，連續破解日本海軍的重要通訊，從中獲悉日本海軍正調動其聯合艦隊的基本兵力，準備進攻中太平洋美軍前哨基地中途島。尼米茲海軍上將已調集美軍太平洋艦隊僅有的兩艘航空母艦「大黃蜂號」和「企業號」，準備開往中途島海域，迎擊日軍，與日本航空母艦進行海上決戰。

與日本海軍聯合艦隊相比，美軍的兵力是過於單薄了。遠航歸來的「約克鎮號」如能及時開赴中途島參戰，美軍航空母艦實力將增加三分之一，亦即可以用載機兩百三十三架的三艘航空母艦，去迎戰載機兩百六十一架的四艘日本航空母艦。「約克鎮號」參戰將使美、日航空母艦實力比由二比四變為三比四，艦載機數量則基本平衡。而航空母艦及其艦載機實力，將決定中途島之戰的結局。

根據準確情報，日軍正式進攻中途島的日期是一個星期後的六月四日。從珍珠港到中途島，直線海程兩千海浬。即使不考慮繞道躲避日本潛艇阻擊線所需的時間耗費，艦隊駛抵中途島海域也要航行三四天。下一日，「大黃蜂號」和「企業號」兩艦，將拔錨起航，開赴戰地。尼米茲海軍上將在盤算，如何能盡快完成通常需要三個月時間的艦艇修復任務，使「約克鎮號」趕在六月四日前開赴中途島參戰，增加美軍參戰兵力。這已是美軍奪取中途島決戰勝利的關鍵。

時間就是勝利！基地根據命令，早已調來各種修船材料、設備，完成了各項準備工作。「約克鎮號」一進港，候在港內的幾艘拖船，前拖後推，立即把「約克鎮號」送進船塢。儘管如此，總司令還是不放心。他穿上長筒防水靴，親到船塢，登艦視察「約克鎮號」的傷情。陪同的佛萊契海軍少將和艦長巴克邁斯特上校在一旁介紹了全部情況：從日本俯衝轟炸機上投下的一顆八百公斤炸彈，直落戰艦中央，穿過飛行甲板、廚房和機庫甲板，在第四層甲板上爆炸，摧毀了冷飲櫃、洗衣房、水兵宿舍、兩台鍋爐和雷達設施，炸開了隔水艙和艦艇底艙、油艙。「約克鎮號」不但湧進大量海水，而且油艙還在漏油。多虧損害管制隊及時搶救，用木板堵住漏洞，用圓木撐住隔艙，艦艇才沒有沉下大洋。視察過艦艇，尼米茲海軍上將心頭一沉，「約克鎮號」的情況比巡洋艦的報告還要糟。他簡潔地下令：要求各方全力搶修，務必在三天之內，使「約克鎮號」恢復戰鬥力。

美國人一向以自由散漫、不受拘束著稱。但美國人也有腳踏實地、積極創新、說做就做的優點。辦起事來不但敢玩命，而且還有五花八門的點子能應付各種困難，冒險中飽含機智，散漫中蘊藏聰明。不必問原因，總司令蠻橫要求三天完成三個月的工作量，一定是因為軍情緊急，更何況珍珠港一箭之仇仍然像一塊巨石，壓在每個人的心頭。

「約克鎮號」進港以後，一千四百名修船工人立即放下一切工作，連做兩天兩夜，搶修這艘受重創的航空母艦。為保證同時啟動的眾多電焊機用電，甚至切斷了島上居民用電。五月二十九日，用厚鋼板補好艙壁、油艙、隔艙，已完成主要修補工作的「約克鎮號」駛出船塢，開始裝載燃料、彈藥、替換飛機和各種生活補給。此時數以百計的修船工人仍然待在艦上，做一些比較次要的修補安裝。上千名修船工人果然創造奇蹟，只用三天時間完成了三個月的工作量！

五月三十日，「約克鎮號」在幾千名修船工人和尼米茲海軍上將的歡送下，起航出港。它在海上接收了十七架魚雷轟炸機後，由兩艘巡洋艦和八艘護衛艦護航，徑直向中途島全速駛去。三天以後，「約克鎮號」在中途島以北預定海域趕上了先期抵達的「大黃蜂號」和「企業號」。富有經驗的佛萊契海軍少將接過指揮權，坐鎮「約克鎮號」，負責指揮三艦協同作戰。美軍已具備了起碼的決勝實力，正嚴陣以待。

六月四日清晨四點三十分，從日本航空母艦起飛的百餘架日本飛機隆隆飛向中途島，拉開了日、美航空母艦決戰戰幕。同一時刻，奉佛萊契之命從「約克鎮號」起飛的一架美國偵察機也向日本航空母艦隱身的海域飛來。當日本轟炸機群正瘋狂轟炸中途島美軍基地時，美國偵察機也發現了日本艦隊，飛行員激動地報告發現四艘日本航空母艦。氣氛立刻緊張起來。佛萊契在「約克鎮號」艦橋上，深思熟慮，選擇戰機。他下令各艦悄悄向西進發，偷偷逼近日本艦隊，同時做好攻擊準備。他要搶占有利陣位，等日本艦隊因進攻中途島疲於奔命時，發動一次出其不意的致命攻擊。

上午九點，佛萊契下令美軍艦載機出擊：從「大黃蜂號」起飛的十五架魚雷轟炸機為第一攻擊波；從「企業號」起飛的十四架魚雷機為第二攻擊波；從「約克鎮號」起飛的十二架魚雷機為第三攻擊波。三波四十一架魚雷機後，還有各艦俯衝轟炸機跟進。

九點四十分，第一波美國魚雷機飛抵日本艦隊上空。果如佛萊契所料，日本艦隊因對付中途島美軍岸基飛機襲擊並回收其攻擊中途島的飛機，陣形散亂，防備空虛。魚貫跟進的四十一架美國魚雷機輪番攻擊，又進一步衝散了日本艦隊陣形。正在這時，來自「約克鎮號」的十七架俯衝轟炸機接踵而至，從三千公尺的高空俯衝，鑽出雲層，成七十度角撲向日本艦隊最東端的「蒼龍號」航空母艦。炸彈雨點般從高空落下，「蒼龍號」躲閃不及，連中三彈。第一枚美國炸彈落在「蒼龍號」前部飛行甲板；第二枚在其中部機群中開花；第三枚炸中其後部升降機。三枚千磅炸彈，掀開了「蒼龍號」甲板，引起油罐車、油管燃燒，進而引燃油艙和彈藥庫，又誘導艦上魚雷、炸彈連環爆炸。不消片刻，「蒼龍號」在劇烈爆炸聲中化成一團大火球，不久便沉入大洋。隨艦沉沒的還有全部艦載機和七百一十八名日本官兵。與此同時，從「企業號」起飛的三十三架美國飛機分頭炸毀了日艦「赤城號」和「加賀號」。

中午前後，戰績輝煌的「約克鎮號」剛回收完空中飛機，準備再度出擊，雷達螢幕上突然出現了日本攻擊機群的回波。「約克鎮號」趕緊應戰。戰鬥機呼嘯離艦升空，高射炮把天空打得發紅，重炮則向水面發射，在戰艦周圍激起一道高高的水幕屏障。從殘存的日本航空母艦「飛龍號」起飛的十八架日本轟炸機，在周邊被美國飛機擊落十架，在中層又被高射炮擊落兩架，剩下六架日本飛機衝破彈幕、水幕，不顧一切地撲向「約克鎮號」。「約克鎮號」左閃右射，還是連中三彈。一架日本俯衝轟炸機俯衝下來，栽在「約克鎮號」甲板上，飛機粉身碎骨，殘片橫飛，從中滾出的一枚炸彈引爆，把戰艦上甲板炸開一個大洞，當場炸死好幾十人。接下來，一枚兩百五十公斤的日本炸彈掉進「約克鎮號」煙囪，炸毀兩台鍋爐並使另外五台鍋爐熄火，附近的雷達設施也被殃及；第三枚炸彈穿透飛行甲板和機庫，在「約克鎮號」底層甲板開花，彈片擊中彈藥庫和油庫，引起漫天大火。幸好損害管制人員經歷過珊瑚海之戰，有損害管制撲救經驗，彈藥艙立即被抽上來的海水封閉，以免連環爆炸，大火也被奮不顧身的損害管制人員迅速撲滅。炸壞的飛行甲板已由備用的厚木板補好，輪機兵以最快的速度重新點燃鍋爐。「約克鎮號」恢復了航行能力，航速已達到每小時二十海浬，候在空中的飛機也陸續回落。轉移到巡洋艦上指揮作戰的佛萊契海軍少將正要重新組織攻擊，日本飛機又發動了第二輪攻擊。來自「飛龍號」的一群日本魚雷機，沿四條切線低空衝向「約克鎮號」，在近距離投下四枚魚雷，巴克邁斯特上校指揮「約克鎮號」閃過了其中兩枚，另外兩枚卻撞上了這艘航空母艦左舷，撕開舷裝甲，炸毀了油艙、鍋爐房、供電系統和艦舵。「約克鎮號」失去航行動力。海水從巨大的裂口中湧入船艙，使艦身失去平衡，向左傾斜，斜面達到了危險的二十四度，隨時可能傾覆。濃煙烈焰直衝雲端，籠罩著整條戰艦。巴克邁斯特上校斷定撲救無望，在下午三點下令棄艦，任其漂流。

美軍「企業號」和「大黃蜂號」航空母艦的飛行員們因「約克鎮號」被擊中，怒火中燒，駕機傾巢出動，尋找日艦復仇。日艦「飛龍號」左右閃避，躲過了美國機群雨點般投下的二十六枚魚雷、七十三顆炸彈，卻被最後四枚炸彈擊中，也成為一團在大洋上移動的大火球。

六月五日，損失了四艘航空母艦的日本艦隊倉皇西撤，美軍跟蹤追擊。雙方都認定「約克鎮號」已經徹底完蛋。而「約克鎮號」此刻正在大洋上隨波漂遊。雖然百孔千瘡，大火卻已熄滅，孤孤零零，仍然不甘心葬身大洋。兩個第一天昏迷在船艙裡的美國水手現在甦醒了，他們爬上甲板，扳動大炮，不停地發射炮彈，絕望地等待援救。一艘巡航的美國驅逐艦聞聲趕來，接走受傷的水手，同時請求組織力量，搶救被拋棄的「約克鎮號」。

黃昏時分，來了一隊驅逐艦，載來「約克鎮號」的志願人員，重新登上這艘被遺棄過的航空母艦。到六月六日下午，「約克鎮號」船身漏洞被補好，船艙裡的海水被排除，船身已被扶正，只待拖船趕到，便有希望把這艘受二度重創的航空母艦拖回珍珠港。這時，離它一千七百公尺的海浪中，悄悄升起了一個神祕的潛望鏡。一艘日本潛艇發現了這個巨大的獵物，冒險鑽過七艘美國驅逐艦布下的警戒圈，接連發出四枚魚雷。其中一枚擊中正在為「約克鎮號」提供排水動力的一艘美國驅逐艦，把它炸成兩截。其餘三枚一齊撞上「約克鎮號」，重新炸開剛被堵塞的艦舷。海水更洶湧地湧入船艙。直到此時，它已確實無法搶救，指揮救援的巴克邁斯特上校只得再次下令棄艦。

入夜時分，「約克鎮號」每一個船艙都被海水灌滿。海水開始漫上甲板，沖打上層建築。這艘一個月之內參加過兩次大海戰，為擊沉五艘、擊傷一艘日本航空母艦立下汗馬功勞、前後中過日本海軍四枚炸彈、五條魚雷的航空母艦，最後沉入深不見底的太平洋。

在一旁驅逐艦上的巴克邁斯特上校目睹「約克鎮號」下沉，流下了傷心、悔恨的眼淚。如果不過早棄艦，「約克鎮號」可能已第二次帶傷駛回珍珠港。中途島美、日航空母艦大會戰的比分將由四比一改寫成四比零，美軍的勝利就不會有任何遺憾。

52、擒賊先擒王——伏擊山本五十六

【楚雲戰評】山本五十六是日本海軍的靈魂人物，擔任日本海軍聯合艦隊司令官。他是日軍中最早宣導在海戰中結合使用海空軍，多造航空母艦的高級將領。日軍運用航空母艦偷襲美軍太平洋艦隊基地珍珠港的計畫，便出自山本手筆。正是在山本指揮下，日本海軍成功地偷襲珍珠港，打響了太平洋戰爭第一槍，並乘勢在太平洋戰爭初期取得了一連串勝利。美國海軍透過破解日軍密碼電報獲悉山本五十六外出巡視的準確情報後，出動飛機在山本五十六的出巡線路上設伏，一舉擊落其座機，使山本當場斃命。山本死後，日本海軍再沒有能與山本齊名的戰略家繼任聯合艦隊司令官，日本海軍從此一蹶不振。

對於美國海軍太平洋艦隊總司令尼米茲海軍上將來說，一九四三年四月十四日一定是其自傳中值得大書特書的日子。這日下午，上將的專職情報官萊頓海軍中校，向他遞交了一份剛被攔截、由珍珠港無線電情報站破解送來的日本海軍電報，並補充道：「有關日酋山本五十六行蹤的情報。」說這話時，中校一臉興奮，溢於言表。

年輕的萊頓中校是美軍難得的密碼破解天才，曾負責領導美軍太平洋艦隊情報部。尼米茲接管太平洋艦隊指揮權後，改組司令部，更換諸多屬員，卻有意保留了這位有前途的年輕情報官。中校當然不負海軍上將的厚望，他煞費苦心，主持揭開了日本海軍主要作戰密碼——「日本海軍二十五號密碼」，這種密碼經過雙重加密，被日軍認為無法破解。

以後，中校又主持破解了「日本海軍二十五號B型艦隊密碼」，從此美軍透過攔截日軍無線電通訊，對日本海軍動向瞭若指掌。一九四二年春，中校曾接連準確預見到日本海軍進攻俾斯麥群島、新幾內亞、莫爾斯貝港、圖拉吉島等各處美軍陣地的意圖、時間、兵力和部署情況，為尼米茲爭取戰場主動權，為挫敗日軍進攻立下了不朽功勳。一九四二年六月中途島海戰開戰前夕，又是中校準確提供了有關山本五十六統率日本海軍聯合艦隊，進攻美海軍中途島基地的意圖、時間、兵力和部署等重要情報，為尼米茲將計就計，為中途島海戰中重創日本海軍聯合艦隊提供了重要保障。

四月十四日下午，尼米茲海軍上將漫不經心地接過萊頓中校送來的電報，只略一瀏覽，他立即瞪大了碧藍色眼睛。那電報由日本海軍東南航空戰隊總司令，發給布干維爾島駐布因的日本駐軍司令，電報開頭寫道：

「四月十八日，聯合艦隊司令長官將視察RYZ、R和RXP，時間安排如下：

（一）六點離開R·R乘一架中型攻擊機，由六架戰鬥機護航，八點抵達RYZ，然後乘掃雷艦去R八點四十分到達。

（二）在上述每個地方，總司令將進行視察，他將前往探視傷病員。但是，目前的作戰行動將繼續。」

尼米茲上將仔細讀完電報，興奮地叫道：「啊，山本五十六，我的老朋友！」邊叫喊邊走向巨幅軍用掛圖。萊頓中校趕緊跟在上將身側，並以職業情報官的口吻，補充解釋道：「R·R應是新不列顛島首府拉包爾的代號，RYZ應是布干維爾島首府布因的代號，兩地相距大約三百二十公里。」稍頓，又補充道：「從我軍駐瓜達爾卡納爾島的漢德森機場，到山本座機第一站目的布因的直線距離約五百公里。」

尼米茲似聽非聽，雙眼只盯住地圖，用毛茸茸的左手由所羅門群島最南端大島瓜達爾卡納爾島往西北方向，劃過所羅門群島所屬聖伊薩貝爾島、希瓦澤爾島，在布干維爾島略作停頓，然後一直劃到北端新不列顛島，又叉開拇指和食指，略量山本行程第一站布因，北抵拉包爾、南抵漢德森兩地間的圖上距離，然後突然回頭，大聲問中校道：「我們能不能了結這個老朋友？」中校連聲答道：「能，當然能。」又詳細分析道：「漢德森機場駐有我軍最新式P38L型雙發閃電式戰鬥機，最高時速可達七百六十五公里，超過日軍王牌飛機零式戰鬥機。活動半徑也達九百二十六公里，升限一萬兩千兩百公尺，完全可以由漢德森機場出擊，到布干維爾島上空設伏待機，截擊山本座機。」

尼米茲上將截住中校話頭道：「不，中校，我是說道義上。道義上，伏擊日本海軍最高指揮官，是否光明磊落，是否為我輩軍人所為？」

萊頓中校不假思索，便脫口答道：「將軍，難道你忘記了珍珠港嗎？難道山本五十六偷襲珍珠港光明磊落嗎？難道在戰區活動的日軍司令官與在戰場作戰的日軍士兵有什麼區別嗎？」稍頓，中校又道：「山本號稱日本海軍軍魂，是日本海軍戰略的主要制訂者，打下他的座機勝過打沉一艘日軍戰艦。沒有人能代替山本，正如美國海軍沒有人能替代您一樣。」上將沉思片刻，拍了一下萊頓中校的肩膀，當即親自擬就作戰命令，令有關指揮官立即制訂動用漢德森機場美軍戰鬥機群，截擊山本座機的作戰計畫。稍待，又密報華盛頓，待羅斯福總統和海軍部長諾克斯批准後，又於四月十五日正式下令執行截擊山本座機的行動，並規定其作戰代號為「報復行動」。

日本海軍大將山本五十六，生於一八八四年四月，時年五十九歲。山本一九〇四年畢業於日本海軍學校，以少尉銜參加過日俄戰爭，而後官運亨通，一九三九年出任日本海軍聯合艦隊總司令，權傾一時，深受日軍官兵崇拜。山本又是日軍中最早提出在海戰中結合使用海、空軍，多造航空母艦的高級將領，日軍運用航空母艦載機偷襲美軍太平洋艦隊基地珍珠港的計畫，便出自山本手筆。但一九四二年六月，山本指揮中途島海戰失利；一九四三年二月，日軍又從瓜島撤退，戰局急轉直下，日益朝不利於日本的方向發展。山本企圖力挽狂瀾，扭轉戰局，便親臨戰區視察、指揮，以求鼓舞日軍士氣，死守西南太平洋戰略要津布干維爾島，控制所羅門海，遏制尼米茲統率的美軍太平洋艦隊向日軍海上防衛圈滲透。但他無論如何想不到密碼洩密，行蹤暴露，落進美將尼米茲的算計之中。

一九四三年四月十八日清晨，西南太平洋晨曦初露。山本戴白色手套，身著一襲草綠色海軍將官服，一塵不染，按計畫準時登上一架三菱I型雙發運輸用日本海軍轟炸機。他的參謀長宇垣海軍少將及隨行人員，登上另一架同型號日軍轟炸機。六點整，兩機刺破晨霧，準時起飛，隨行護航的六架日軍零式戰鬥機也同時升空。三菱I型轟炸機時速四百三十八公里，活動半徑一千兩百八十八公里，機頭、機尾、機側、機腹各裝一挺機關槍，性能優越。零式戰鬥機時速五百六十四公里，活動半徑一千兩百零八公里，尤擅長空中格鬥、機動，武備包括機槍、航炮、火箭，綜合性能居各國空軍戰鬥機之冠。

當日晨七點半左右，山本座機由日軍戰鬥機群護航，抵達布干維爾島上空。飛行員看到布干維爾島一望無際的綠色叢林，暗鬆了一口氣，當時遞給山本一張紙條，那上面寫道：「可望於七點四十五分飛抵布因。」正在這時，守候已久的八架美製P38L型閃電式戰鬥機，突然出現在日軍機群上方。日軍飛行員大驚，擔任護航任務的六架日軍零式戰鬥機，不待命令下達便一齊轉向，全力撲向美軍機群，雙方你來我往，盤旋翻飛，皆陷入苦戰。載運山本及其隨員的兩架轟炸機，趕緊降低高度，幾乎貼樹梢向東南方向的布因日軍機場飛行，企圖脫離戰區。眼見布因機場在望，不料海天相接處，又幽靈般鑽出另外一群美機，一共九架 P38L 閃電式戰鬥機，分頭向山本座機合圍過來，並連番開炮。不消片時，一架日軍三菱轟炸機中彈起火，掉進叢林中墜毀；另一架三菱轟炸機被打掉機翼，滑進湛藍色的大海。待日軍護航戰鬥機發現中計，趕緊回頭時，兩架日軍轟炸機早已無影無蹤。美軍機群截擊山本座機成功，一面向瓜島基地發出「老爹見了黃鼠狼」的截擊成功暗語，一面快速撤離現場，十七架美機皆安然返航。

隔日，日本地面駐軍披荊斬棘，找到了山本座機殘骸。只見顯赫一時的山本司令官由安全帶縛在飛行座椅上，戴白手套的手緊握腰間佩劍，屍體無一絲血汙，一顆從頷部穿過、從太陽穴鑽出來的子彈，留下了兩個醬紫色彈孔，十分醒目。

對山本死亡的消息，日軍祕而不宣；美軍為保守情報來源祕密，也裝作若無其事。一個月後，日本大本營方公布山本五十六戰死沙場，他的骨灰由日軍最大的戰艦「武藏號」運回國內，並在國葬日被抬著穿過東京大街。山本死後，日本海軍便再沒有更優秀的戰略家了。

53、包路斯的十天元帥命——德軍第六集團軍折戟史達林格勒

【楚雲戰評】一九四一年六月，德軍占領北歐、西歐、東歐和東南歐後，又發動侵蘇戰爭。德蘇戰爭初期，德軍節節勝利，第一年推進至列寧格勒往南經莫斯科到基輔一線。一九四二年年中，德軍又集中兵力在德蘇戰場南線猛攻史達林格勒。蘇軍先節節抗擊，待德軍進至史達林格

勒城區，態勢虛弱時，組織大反攻，一舉圍殲德軍攻城主力第六集團軍，生俘其司令官包路斯元帥。蘇軍在史達林格勒的勝利扭轉了德蘇戰場戰局，成為第二次世界大戰的轉捩點。此後，德國及其法西斯軸心國盟友在各個戰場上都迅速走向潰敗。

即使依據德意志第三國帝陸軍的標準衡量，這也是一支首屈一指、名聲響亮的精銳之師。齊裝滿員，裝備精良；士兵訓練有素，能攻善守；軍官久經戰陣，精通指揮藝術和各項戰術原則，恪盡職守。這就是第三帝國陸軍中赫赫有名的第六集團軍。這支部隊的多數官兵都參加過一九三九年的波蘭戰役、一九四〇年的法蘭西戰役、一九四一年的巴爾幹戰役以及侵蘇戰役。這支部隊連官帶兵二十七萬人，編組成十三個第一流的德國師，其中有三個是令人生畏的裝甲師。全集團軍裝備五百輛坦克，三千門大炮以及幾萬輛載運人員、物資、拖曳大炮的大卡車。奉命前來支援這支部隊作戰的還有第三帝國空軍第四航空隊的一千兩百架飛機。如果沿一條四車道公路行軍，這支部隊將形成一條數十公里的長龍。現在，這支威名顯赫的人軍，擔當一九四二年德國對蘇夏季攻勢的尖刀部隊，由其司令官包路斯陸軍上將指揮，正向伏爾加河重鎮史達林格勒進軍。

每天凌晨，天將亮未亮之際，包路斯部隊就出動幾百架德造「斯圖卡」式俯衝轟炸機，從德軍各前線機場起飛，直撲蘇軍陣地，帶著令人毛骨悚然的尖嘯聲俯衝，對蘇軍占據的據點、村鎮、壕溝和房舍，狂轟濫炸。幾千門火炮密集射擊，發射出成百噸的炮彈。飽和轟炸後，坦克群接踵而至，衝進被炮火摧毀的蘇軍陣地。大隊步兵蜂擁而進，占領蘇軍壕溝。日復一日，每日必戰，而第六集團軍幾乎是每戰必勝，每戰都要向前推進十公里、二十公里或者三十公里，衝散蘇軍一支又一支部隊，摧毀蘇軍一道又一道防線，真是勢如破竹。從六月初到八月末，第六集團軍與蘇軍惡戰數十次，衝破幾十萬名蘇軍阻攔，連續跨過頓涅茨河、頓河，前鋒進抵伏爾加河西岸。僅兩個多月時間，包路斯第六集團軍就躍進八百公里，從北、南、西三面包圍了史達林格勒。

史達林格勒地處蘇聯歐洲部分的南部腹地，有六十二萬居民和發達的軍火工業。它不但橫跨縱貫南北的蘇聯歐洲地區第一大河——伏爾加河，而且是好幾條鐵路的聯軌點，因而交通四通八達。由史達林格勒北去是蘇聯政治中心莫斯科，南去是歐洲油庫裏海和高加索，往東可抵達蘇聯軍火基地烏拉爾，往西則是素有歐洲穀倉之稱的烏克蘭。希特勒洞若觀火，看準了德軍奪取史達林格勒的戰略價值：伏擊莫斯科側後；威脅烏拉爾俄軍後方基地；掩護右翼德軍爭奪高加索油田的軍事行動；還可以打擊蘇聯軍民的意志，因為這座城市已與他們的領袖——史達林的名字結合在一起。他把德軍所有精銳師團調歸第六集團軍，形成拳頭，下令包路斯不惜一切代價奪取史達林格勒。

史達林深知史達林格勒得失關係戰爭全域，他下令蘇軍沿包路斯第六集團軍的進軍路線，節節抗擊，阻滯其進軍速度，消耗其實力。當德軍進至史達林格勒城下之際，又趕緊調遣以擅守孤城著稱的崔可夫將軍，指揮新開到的蘇軍第六十二集團軍，死守史達林格勒城垣。同時又派遣譽滿歐、亞兩洲的朱可夫大將到史達林格勒前線，組織後備軍，集結兵員、兵器，準備戰略反攻。史達林格勒成為一九四二年秋冬德、蘇兩國百萬重兵的決戰重地。

包路斯統率德軍第六集團軍長驅直入，進至史達林格勒城下，大喜過望，以為斯城唾手可得，便重新部署，三面圍城，準備乘勝一鼓拿下。包路斯卻未曾料到蘇軍頑強不屈，曠古空前。一個師被打敗了，馬上就有一個新的師上前替補；一條戰線被摧毀了，又有一條更堅固的新防線在等待德軍來攻。幾個月惡戰，蘇軍且戰且退，卻仍然鬥志旺盛，戰力不衰。新調進史達林格勒的蘇軍第六十二集團軍，齊裝滿員，士氣高昂，在崔可夫中將指揮下，據城死守，與德軍鏖戰，寸土不讓。

史達林格勒終日炮聲隆隆，硝煙滾滾。在被炮火造就的瓦礫場上，高度機動的德軍坦克一籌莫展，戰鬥由運動戰變成了陣前肉搏，斯城每一道圍牆、每一幢樓房、每一條街道、甚至每一條下水道，都成為雙方爭奪目標。每一處陣地都是得而復失，失而復得，反覆易手。激戰數十日，此城屍山血海，早已面目全非。包路斯部隊千辛萬苦，奪取了城區四分之三，卻傷亡慘重，元氣大傷。一個步兵連隊由一百八十人縮編為七十人；一個步兵師由九個營縮編為七個營。總算起來，德軍每師人員減少三分之二以上。而蘇軍卻從伏爾加河東岸不斷運來精銳部隊，增援崔可夫的第六十二集團軍。攻守易勢，德軍再往前推進一步，即使再多占領一幢樓房，半條街道，也勢比登天還難。

進入十一月份，嚴冬提早到來，史達林格勒北風呼號，大雪紛飛，橋梁、道路、壕溝、村莊、車輛，無一不被積雪覆蓋。缺乏防寒裝備的包路斯部隊更是悲慘：坦克因霜凍不能發動；汽車因油箱破裂而報廢；飛機因風雪彌漫不能起降出航。幾十萬曾經耀武揚威的德軍官兵則因交通阻絕，糧彈不繼而陷入饑寒交迫之中：沒有雨靴、沒有大衣、搶食餵馬的燕麥、凍僵手的饑餓士兵甚至拉不開凍死的槍栓。求生尚能，何談進攻？號稱王牌軍的包路斯第六集團軍，現在成了茫茫俄羅斯雪原上的一具僵屍，一條凍蛇，失去了進攻能力，永遠也不能占據史達林格勒城區的最後四分之一。

蘇軍的情況卻與包路斯部隊相反。夏秋以來，伴隨包路斯部隊一路推進，戰場幾個月時間東移八百公里，德軍供應線拉長、戰鬥力削弱，蘇軍卻因戰場向西移動而大大縮短了供應線。而且，蘇軍在本土嚴寒中活動習之如常，重裝備因設計周全也不懼嚴寒。防守史達林格勒的崔可夫部隊不缺糧食彈藥、不缺被服寒衣，傷患能及時運走，援兵呼之即來。

對包路斯而言最嚴重的是，朱可夫乘德軍爭奪斯城市區之機，調來了十個後備軍，蘇軍戰場兵力達到八十五萬人，八百輛坦克和一千架飛機，相比包路斯部隊擁有極大優勢。十一月十九日，乘雪天抵達戰場的幾十萬蘇聯後備軍從兩翼出擊，南北對進，只幾天時間，大敗包路斯部隊側翼掩護部隊，如同一把合攏鉗口的大鐵鉗，掐斷了包路斯部隊的後方供應線。圍困史達林格勒的包路斯第六集團軍數十萬官兵，現在反落入蘇軍的反包圍中。

包路斯久經戰陣，深知攻守易勢，太阿倒持的危險性。幾十萬大軍深入敵國作戰，遠離本土數千公里，本是疲師，又受敵軍包圍，皆是兵家大忌，前景極為不妙。他期待希特勒派大軍救援，但援軍還未抵達戰地，就被強大的蘇軍趕往千里之外；他期望空軍飛機越過包圍線，為他的部隊運送補給，補給來了，有時一天幾十噸，有時一天百餘噸，有時又因風雪交加一噸也沒有，而他的幾十萬大軍每天最少需要三百噸供應。正絕望的時候，蘇軍又派人送來了一份長長的勸降書，但他拒絕投降。

在包路斯拒絕投降的次日，養精蓄銳已久的蘇軍，向包圍圈內的包路斯部隊發起了全面進攻。數以百計的蘇軍轟炸機，滿載炸彈，隆隆飛過伏爾加河，像倒垃圾一樣把炸彈傾瀉進德軍陣地；上萬門蘇軍榴彈炮、野炮、迫擊炮、火箭炮從四面八方轟擊，炮彈雨點般落下。不到三十平方公里的包圍圈，擁塞著三十多萬德軍第六集團的官兵和數以萬計的車輛，卻在不到一天時間承受了上千噸爆炸物。火力急襲過後，成千上萬的蘇軍士兵，簇擁著威力巨大的蘇製 T34 坦克，高喊著「烏拉」，衝過壕溝，衝過瓦礫場，湧進德軍陣地。

一切就像報應。幾十天前，曾用飛機坦克和大炮開路，一再重創蘇軍，不可一世的包路斯部隊，現在飽嘗蘇軍用同樣兵器、同樣程序進攻的威力。苦戰數月的德軍官兵，面對蘇軍排山倒海的攻勢，暈頭轉向，鬥志盡失，紛紛丟下槍炮器械，向後狂奔。只幾天時間，蘇軍把包路斯三十萬人的部隊分割成北、中、南三個小塊，大大縮小了包路斯部隊的活動餘地。

現在，包路斯和他的第六集團軍、三十餘萬官兵真正進入了絕境。嚴寒、饑餓、傷病以及蘇軍不停頓的攻擊，使這支部隊傷亡過半。德國士兵個個瘦得皮包骨頭。包圍圈內混亂不堪，曾以紀律嚴明、令行禁止著稱的包路斯第六集團軍，現在紀律廢弛，士氣低落，坐等挨打。士兵吃光了燕麥和牲口飼料，就殺軍馬充饑；燒完了家具，就拆房屋取暖；汽車用完了最後一滴油就被司機放火燒毀；炮手和坦克手則用炸藥炸毀因沒有燃料和炮彈而成為廢品的坦克與大炮。戰線即將崩潰，已成為包圍圈內每一個德軍官兵的預感，一些官兵已不辭而別，三三兩兩逃出包圍圈，另求生路。

包路斯迫不得已，致電希特勒，請求元首允他率殘師向西突圍，卻被希特勒嚴詞拒絕。「德國士兵不論到了哪裡，都要牢牢扎根，不得奢談後退」，這是希特勒的口頭禪。更何況，被包圍在史達林格勒的包路斯部隊，拖住了百萬蘇軍，為希特勒換來時間，使他能從容調整部署，有機會在其他戰線爭取主動。包路斯和他的第六集團軍三十萬官兵，註定了要成為第三帝國戰略棋盤上必死無疑的過河卒和希特勒冷酷無情的犧牲品。

一九四三年一月二十四日，蘇軍使者第二次進入包圍圈，再度送來勸降書。包路斯上將就此致電柏林，請求投降。希特勒再次拒絕了包路斯的請求，同時也派飛機偷越蘇軍包圍圈，空投了一大堆嘉獎令和晉升令，很多官兵連晉幾級。包路斯上將也在這一天榮幸地晉升為德國陸軍元帥。希特勒要求包路斯和他的第六集團軍戰鬥到最後一兵一卒，一槍一彈。愁苦已極的包路斯頒發了所有來自柏林的嘉獎令、委任狀，卻撕毀了晉升自己為元帥的那張花紙。他已對當元帥失去了興趣，他需要的是糧食、藥品、寒衣、彈藥和燃料以及允他率部突圍或投降的命令，而這一切都沒有，他只好率領殘兵敗將進行沒有任何希望的最後抵抗。

幾天以後，蘇軍向包路斯部隊殘部發起最後總攻。以飛機、坦克、大炮開路的蘇軍，潮水般湧向德軍核心陣地，勢若奔雷、排山倒海。包圍圈內的德軍彈盡糧絕，經包路斯允許，紛紛繳械投降。最後，包路斯的司令部也豎起了白旗。

一九四三年二月二日，歷時半年之久的史達林格勒戰役結束。包路斯第六集團軍有九萬人被俘，包括兩千五百名軍官，二十四名將軍以及剛升官不過十天的包路斯元帥本人。餘者不是斃命就是帶傷，第六集團軍這支德軍王牌部隊不再存在了。當蘇聯為勝利遊行之時，德國宣布致哀三天。不過，希特勒卻不肯原諒包路斯元帥，他憎恨包路斯「晚節不忠」，未能為第三帝國殺身成仁，他因而不無挖苦地留下了一句著名評語：「包路斯還是沒有能夠跨進永垂不朽的門檻。」

54、以小搏大——義大利蛙人襲船戰

【楚雲戰評】義大利是法西斯軸心國中的小夥伴，陸海軍實力虛弱，不堪一擊。尤其是義大利海軍，自從一九四〇年十一月十一日夜，塔蘭托義大利海軍基地受英國海軍航空兵偷襲，一次損失三艘巨型戰艦、兩艘巡洋艦、元氣大傷後，更加失去勝利信心，不敢與英國地中海艦隊正面決戰。義大利海軍當局希望以「蛙人」為主的海軍特種部隊創造戰爭奇蹟，出動「蛙人」部隊

到處偷襲英軍港口、錨地，雖然取得了驚人戰績，終究不能扭轉戰局。

直布羅陀軍港背靠刀劈斧削的峭壁，面朝石岸環抱的直布羅陀峽灣。港內有港，灣中套灣，防潛柵欄和反魚雷潛網層層疊疊，封死了它的每一處水上水下通道。英國人從一七〇四年占領直布羅陀以來，苦心經營幾百年，早把直布羅陀建成全世界獨一無二的海上堡壘。第二次世界大戰爆發後，英國海軍將這個海上堡壘改造的更現代化，防止任何現代化兵器的突襲。由於直布羅陀軍港俯瞰狹窄的直布羅陀海峽航道，緊緊扼制義大利海軍進出大西洋的唯一通道，開戰以來，義大利海軍一直處心積慮，企圖突破英軍防線，試探這個世界頭號海上堡壘的堅固性。

一九四〇年十月月終的一個夜晚，直布羅陀峽灣沒有月亮，沒有星光，雲遮霧罩，伸手不見五指。義大利海軍第十快艇支隊的「斯基雷號」特種潛艇，藉石岸掩護，偷偷潛入直布羅陀峽灣，從從容容地繞灣一圈後，在午夜時分駛靠英軍直布羅陀軍港的防潛柵外。艇長博蓋塞少校透過潛望鏡隱隱看到港內燈火搖曳，英國海軍地中海艦隊的巨大戰艦一線擺開，繫泊在碼頭上，悠然自得，渾然不覺危險已經迫近。觀察過後，博蓋塞少校按事先制訂的作戰方案，從潛艇上放出三枚海上「豬玀」，然後指揮「斯基雷號」悄然離開直布羅陀峽灣，回航義大利。

「豬玀」是義大利海軍新近設計製造的一種絕密武器，專用於偷襲駐泊港口的敵方大型艦船。它實際上是一種人工作業、可以在水下低速航行的魚雷。魚雷彈頭可以從魚雷雷體上卸下。這種「豬玀」由兩名身穿潛水衣，裝有特製水下呼吸器的蛙人跨在雷體上操縱，進至敵艦下方，然後由蛙人手工卸下彈頭，透過彈頭上特別設計製造的磁性裝置，將彈頭牢牢吸附在敵艦底部要害部位，調好計時器，待蛙人駕駛雷體逃開後，再由計時器引爆。由於爆炸點經過精心選擇，這種裝一噸黃色炸藥的彈頭威力巨大，足以摧毀任何巨型戰艦。

當天晚上，「斯基雷號」潛艇離去後，六名義大利蛙人分乘三枚「豬玀」，偷偷越過防潛柵，駛進英軍直布羅陀軍港。眼見成功在望，不料事故接踵而來。第一枚「豬玀」受海潮衝擊，一頭栽進了海底。稍後，第二枚「豬玀」雷體破裂，也隨即沉沒。剩下一枚「豬玀」已駛到一艘英國戰艦的龍骨下方，彈頭卻與雷體自動分離，滾向海底，蛙人百般努力，無奈海底漆黑一團，始終找不到彈頭隱身之處。第一次襲擊失敗，六名義大利蛙人含恨而歸。

半年以後，「斯基雷號」特種潛艇躲過英國海軍巡邏艇，再次潛入直布羅陀軍港，再次放出三枚海上「豬玀」。第二次偷襲也事故百出，沒有成功。六名義大利蛙人只得泅遊上岸，在特工人員接應下，逃離直布羅陀峽灣。

一九四一年九月二十日夜，「斯基雷號」潛艇攜帶經過改進的另外三枚「豬玀」，第三次鑽進戒備森嚴的直布羅陀峽灣，放下「豬玀」，對直布羅陀英軍基地發動第三次偷襲。這一回大功告成。三枚「豬玀」，第一個吸附在一條兩千噸的戰艦上；第二個吸附在一條八千噸的油輪上；第三個吸附在一條滿載軍火的萬噸巨輪上。六名蛙人調好引爆器後，安然離去。黎明時分，三枚「豬玀」彈頭同時引爆，轟然巨響中，三艘英國艦船頓時化為濃煙烈火，沉入滾滾波濤。

第二次世界大戰爆發後，法西斯義大利追隨希特勒德國，一心想把英國海軍趕出地中海，使地中海變成義大利一家獨享的「義大利湖」。但是，義大利工業落後，資源有限，沒有能力建造一支龐大的水面艦隊與英國海軍決戰，便訓練出大批蛙人，刻意設計製造了各種適於蛙人實施水下襲擊的微型海上兵器，力求出奇制勝。

一九四〇年十一月十一日夜，英國海軍航空兵偷襲義大利海軍基地塔蘭托，一舉炸毀義大利三艘巨型戰艦、兩艘巡洋艦，更堅定了義大利海軍大量使用蛙人和微型海上兵器，以巧制拙、以小克大。

除了不斷改進「豬玀」性能，加強其可靠性外，義大利海軍還製造了其他三種供蛙人使用的微型兵器。其中第一種是排水量十二噸的袖珍潛艇，由兩人駕駛，艇上裝有兩個魚雷管，可悄悄抵近敵艦發射魚雷；第二種是高速爆炸快艇，艇上裝高爆炸彈，由一人操縱，能以高速突破敵方港口障礙，撞炸目標；第三種是一種水下爆破彈，可由蛙人拖帶至敵艦下方引爆。這三種武器像「豬玀」一樣，由母艇載至敵方軍港、碼頭附近，發動突然攻擊。

從一九四〇年開始第一次攻擊，到一九四三年義大利戰敗投降，義大利海軍第十快艇支隊的蛙人使用各種海軍特種武器，對英國地中海艦隊駐泊各地的艦船發動了上百次襲擊，活動範圍除了直布羅陀以外，還包括亞歷山大、蘇達灣、馬爾他、阿爾及爾等英軍港口、錨地、基地，遍及地中海直至黑海，取得了一系列戰果。單是對直布羅陀的反覆襲擊，就擊沉了港內英軍十四艘艦船、總排水量近十萬噸。

義大利「豬玀」對英國海軍最成功的一次襲擊，要算一九四一年十二月十九日襲擊亞歷山卓。

亞歷山卓位於地中海東部的埃及海岸，不但控制著東地中海水域，而且緊靠蘇伊士運河，扼制由地中海進出印度洋，通往遠東的航道，與直布羅陀一東一西，遙相呼應，是英國海軍封鎖地中海進出口的兩大基地之一。自從直布羅陀遭到義大利「豬玀」的反覆襲擊後，英國海軍大大加強了亞歷山卓的防衛設施，海港入口處不但豎起了直達海底的防潛柵欄和防雷網，港外還布設雷區，祕密布下大量防潛水雷。英軍巡邏艇還在港外日夜巡邏，定時投放深水炸彈，震懾來襲的義大利蛙人。

義大利「豬玀」對亞歷山卓的攻擊也經歷過數次失敗。其中一次，兩名蛙人駕駛「豬玀」幾乎就要鑽進防潛柵欄，卻被自上而下突然垂直下落的防雷網壓住，最終喪命。

一九四一年十二月十八日，富於襲擊經驗的博蓋塞少校，接受前幾次失敗的教訓，指揮「斯基雷號」特種潛艇向亞歷山卓進發，再度出擊。「斯基雷號」潛艇繞過英國海軍港外布雷區，乘英軍巡邏艇施放深水炸彈的間隙，偷偷駛近亞歷山卓港外護柵，放出三枚「豬玀」，而後回航。六名義大利海軍蛙人，駕駛經過改進的三枚海上「豬玀」，順著港外英軍敷設的防潛柵欄，躲開英軍巡邏艇，在水下低速前進。此時恰逢幾艘英國驅逐艦進港，港口護欄閘門大開。義大利蛙人駕駛三枚水下「豬玀」，機警地跟隨英軍驅逐艦尾波潛入港內，然後分散奔向各自的目標。兩枚「豬玀」魚雷彈頭分別吸附在英軍三萬噸級戰艦「剛勇號」和「伊莉莎白女王號」的龍骨正中央。第三枚彈頭吸附在一艘巨型油輪「哲維斯號」的油艙下方。

六名義大利蛙人替魚雷彈頭調好定時引爆器後，匆匆逃離現場。兩名蛙人在藏身之地被英軍拘捕，押解上「剛勇號」戰艦。義大利蛙人告訴英國艦長，「剛勇號」即將因魚雷爆炸而沉沒，勸其指揮艦上官兵撤離，卻遭到艦上官兵的嘲弄。恰在這時，隨著驚天動的一聲巨響，漫天大火夾著滾滾黑煙，從「剛勇號」的底艙開始，向上層一級一級蔓延。海水從被撕裂的戰艦底部湧進各個艙室，使戰艦帶著濃煙烈火，緩緩下沉。艇上官兵死傷狼藉，趕緊跳海逃生。港內英軍正忙於搶救「剛勇號」上的官兵，混亂不堪時，「伊莉莎白女王號」戰艦和那艘巨型油輪底部也相繼大爆炸。「伊莉莎白女王號」艦底被炸穿，當即因灌滿海水而沉入海底，那艘油輪卻在猛烈爆炸中燃起熊熊大火。帶火的爆炸碎片、燃油又星星點點，落滿港區，引起大面積燃燒。因這次襲擊，英國地中海艦隊一次損失兩艘巨型戰艦，元氣大傷，有好幾個月龜縮在基地內，無所作為。

義大利蛙人和「豬玀」的頻頻出擊，使英國地中海艦隊損失慘重。英軍在地中海沿岸的所有港口、基地，為防止義大利蛙人襲擊，都無一例外，不惜工本，建立起各種防蛙人偷襲的水下障礙，包括雷區、柵欄、拒馬、水泥隔牆等等，英軍巡邏艇更是在所有港口內外日夜巡邏。不僅如此，英國海軍還搜集義大利海軍的「豬玀」魚雷和其他特種海戰兵器，詳盡研究，予以複製，並模仿義大利海軍第十快艇支隊的模式，建立了一支英國海軍蛙人部隊。不久，英國蛙兵也初試身手，使用英國造的海上「豬玀」，先在挪威峽灣擊沉德國重型戰艦「蒂爾匹茨號」，又在地中海潛入義大利軍港巴勒莫，一舉擊沉義大利巡洋艦「特拉伊昂諾號」。

55、與惡魔搶時間——趕製核彈的國際競賽

【楚雲戰評】二十世紀初，物理學家愛因斯坦提出著名的相對論和質能轉換公式，為科學家研製核彈打開了理論通路。由於核子武器威力巨大，率先掌握核子武器的國家將因此取得戰略優勢，進而能確保在戰爭中獲勝。因此之故，歐美各國在第二次世界大戰期間展開了一場研製核彈的國際競爭。美國因擁有巨大的人力、物力優勢和不受攻擊的研製基地，率先掌握了核彈研製技術，並將核彈投入實戰。而德、日等國則因種種原因，在這場競賽中失敗。

二十世紀初，著名物理學家愛因斯坦提出了著名的質能轉換公式$E=mc^2$，使核子物理飛躍發展。到一九三〇年代，核子物理領域的質能轉換問題已開始由純理論性的公式換算問題，進入核能技術應用的實踐階段。一九三八年十二月，德國著名科學家奧托·哈恩和施特拉斯曼花費六年反覆試驗，發現了鈾原子可以在

中子撞擊下分裂成兩半並產生連鎖反應的祕密；次年一月，法國著名物理學家約里奧．居禮也經過精心試驗，向法國科學院提交了同樣性質的研究報告；當年六月，德國威廉皇家化學研究院的西格弗里德．弗呂格博士在《自然科學》雜誌上發表文章，直截了當地提出了在技術上利用核能問題。從一九三九年一月到六月，英、法、德、美各國物理學界，共發表了五十多篇關於核分裂研究的理論文章，這些研究導向一個共同的結論：物理學的新發展有可能誕生生核子武器。

當時，歐洲戰雲密布，各大國為爭奪世界霸權，積極擴軍備戰，新式武器接踵推出。核彈這種殺傷力極大的超級武器問世的可能性，自然引起各國科學界和戰略界的極大關注。誰率先掌握這種超級武器，誰就能迅速從根本上打破舊的力量平衡，掌握影響戰爭進程和結局的戰略主動權。於是，各個國家為率先掌握核子武器，展開了一場國際性技術競賽。隨著第二次世界大戰的爆發和擴大，這場規模巨大的國際競賽愈益瘋狂，引人注目。

在研製核彈的國際競爭第一階段，德國處於領先地位。這首先由於德國擁有歐、美第一流的科學家和實驗室，而提出核能換算公式的核子物理學權威愛因斯坦當時就是德國人，故德國的核技術應用研究也起步較早。當時有關核能研究的優秀論文，也多數出自德國物理學界。一九三九年四月，德國陸軍兵工署收到物理學權威普．哈特克教授的正式報告，明確說明核子物理學的新發展可以使人們生產出一種比普通炸藥威力大許多倍的新型爆炸物，率先掌握它的國家將擁有不可逾越的軍事優勢。不久，哈恩和施特拉斯曼也向軍方報告核分裂可以使一種全新的能源應用於工業生產，也可以作為一種威力無比的爆炸物應用於軍事。

納粹軍方根據這些報告，召集核子物理學權威們開會，制訂核子武器研究計畫，並成立了一批專門研究機構，如核子俱樂部、德國鈾協會等，這些機構都直屬德國國防軍軍械局武器部管轄。原來領導核研究的帝國研究委員會，也從教育部下轄機構中分離出來，改組為具有軍事性質的核能研究中央協調機構。許多最著名的核子物理學家相繼被延攬入德國的核子武器研究計畫。如著名物理學家魏茨澤克主持柏林核子俱樂部的研究工作；哈特克主持研究重水生產和用離心法分離鈾同位素；諾貝爾獎獲得者布雷格，也領導一個負責分離同位素的實驗室；另一個諾貝爾獎獲得者，威廉物理研究院院長海森堡，則負責全盤計畫和各方面協調。

為了完成核子武器研究計畫，德國千方百計擴大鈾的來源。德國軍方奪取了捷克斯洛伐克的天然瀝青鈾礦；又從比屬剛果接洽購買鈾酸銨；占領比利時後，德國軍方還接收了比利時貯存的一千兩百噸鈾礦石；加速開採德國薩克森的鈾礦藏；在德國物理學家的指導下，德國金銀冶煉公司的法蘭克福工廠，掌握了將鈾酸銨轉化為氧化鈾的複雜技術，每月能生產一噸鈾供核反應爐使用。從一九四〇年到一九四五年，這家加工廠一共生產了一百三十噸純鈾。一九四〇年德軍占領挪威後，又控制了挪威境內、世界上最大的重水工廠，得到了一種能保證連鎖反應順利進行的減速劑。第二次世界大戰爆發不久，哈克特等人就以重水作減速劑，設計建造了第一座核反應爐。海森堡很樂觀地告訴德國軍方，從一九四一年開始，通向擁有核子武器的康莊大道已逐漸成形。

但是，德國直到戰爭結束，也沒有生產出可用於實戰的核彈。這首先是因為納粹野心太大，在研究核子武器的同時，又投入大量人力、物力、財力研製火箭、噴射機、新式潛艇等先進武器系統。希特勒急功近利，懷疑核彈不能很快試製成功，立即影響戰局，不肯將核武研製計畫納入絕對優先地位；其次是納粹瘋狂排猶，使數以千計的猶太籍科學家逃離德國和歐洲，其中包括逃到美國的愛因斯坦和費米；第三個原因是德國物理學家逐漸走偏，他們沾沾自喜，認定德國核子研究走在其他國家前列，因而故步自封；最後一個原因是德國的敵國擔心德國率先掌握核彈，極力從外部破壞。設在挪威的德國核子研究用重水生產工廠，多次被英國特工機關破壞，德國本土的核子研究試驗室和生產工廠不斷遭到英、美飛機猛烈轟炸，頻頻搬遷，不能正常生產。結果，曾經居於世界前列的德國核子武器研製活動反而大大落伍，德國輸掉了這場核子競賽。

緊隨德國之後，日、蘇、英、加各國，也加入了研製核子武器的國際競賽。

一九三〇年代，日本物理學界研究核子武器的理論權威有三人：理化研究所的仁階義男、大孤大學的菊池正四和荒勝文策。荒勝於一九三四年成功地完成人工轟擊核子試驗，使日本居於世界科學研究水準的前五名。日本軍方經首相東條英機認可，根據核子物理學家的建議，於一九四〇年正式提出了研製核子武器的要求。二階義男的理化研究所，成為日本研製核彈的主要基地，而主要的試驗室設在東京帝國航空技術科研所大樓。一九四二年，一名潛伏在美國的西班牙間諜向日本軍方密報美國的核彈研製祕密，又使日本的研製計畫得到新的推動力。

但是，日本要研究、製造核彈，有兩個物質方面的主要障礙，一個是需要有充足的鈾礦供應來源，而日本資源貧乏，國內沒有鈾礦藏。侵華日軍根據東京陸軍總部指示，協助日本地質學家在中國大陸四處調查，尋找鈾礦資源，但成效不大。後來，日本政府與德國交涉，爭取到希特勒同意提供一噸氧化鈾，支持日本的核彈研製計畫，但專門運送氧化鈾的德國潛艇航至馬來亞海面時，被美國海軍擊沉；日本的另一個困難是電力供應，研製核彈需要耗費日本全國十分之一的發電量，這對工業實力有限的日本也顯然力不從心。

從一九四三年開始，美軍在太平洋發動對日反攻，沿太平洋各島嶼向日本本土逼進，戰局對日本日益不利。日本軍方愈益希望發明某種超級武器，出奇制勝。東條英機在一九四三年初曾親自指示相關部門，加速研製核彈，並保證優先供應資金、材料和勞動力。當年七月，日本物理學家根據東條英機的指示，制訂了一個「二號研究」計畫，試驗用熱擴散法分離鈾同位素。

一九四五年八月，美國在日本廣島投下第一顆核彈後的兩天，日本大本營召集荒勝文策等日本著名的核彈研究權威開會，提出要在長野縣的深山密林中，用花崗岩建立一個地下基地，集中全部專家和一切力量，在半年內研製出核彈，報復美國。日本科學家們以物資供應短缺為由，否定了軍方的要求。由於缺乏鈾資源，工業實力和電力供應有限，日本的核彈研製進度大大落後於歐美各國。

蘇聯的核彈研製工程，雖然落後於德國，卻先於日本起步。一九三〇年代初期，蘇聯已建立了三個核研究中心，兩個在列寧格勒，一個在哈爾科夫。一九四〇年，一個從德國逃到蘇聯的猶太物理學家，向蘇聯情報機關密報了德國核彈工程的進展。史達林得此報告後，極為震驚，立即下令蘇聯科學家一定要在四年內製造出核彈。

根據史達林的命令，當時擔任蘇聯內務部長的貝利亞負責全面協調蘇聯核計畫，他挑選三十六歲的物理學家庫爾恰托夫負責技術問題。庫爾恰托夫不負重托，打破「肅反」時期的常規，走遍蘇聯各集中營，搜尋被監禁、勞改的物理學家和化學家，集中在西伯利亞荒原中的實驗基地，並以這些從集中營找來的科學家為核心，在莫斯科成立了代號為「第二試驗室」的核研究中心。地質專家在全國各地進行鈾礦資源調查，很快在中亞的烏拉爾、阿勒泰、費爾干納地區找到豐富的鈾礦。八個巨大的鈾礦石加工廠在西伯利亞迅速投產，為蘇聯核彈計畫提供源源不斷的濃縮鈾。中亞車里雅賓斯克的核研究中心，最終發展成為擁有鈾礦、工廠、兵站、機場、地下掩體、特殊安全措施、城鎮和數萬名居民、占地數百平方公里的巨大企業聯合體。

一九四一年六月，德蘇戰爭爆發。不久，一個參與英國核計畫的蘇聯科學家帶回了英國核研究進展情況，說明一個很小的鈾彈可以徹底摧毀一個擁有幾百萬名居民的大城市。美國的核研究活動也被蘇聯情報機關掌握。史達林在一九四二年親自召集科學家們和內務部官員開會，指示要全力以赴，趕在英、美、德之前製成核彈。

一九四三年九月，蘇聯在西伯利亞一個荒涼的湖心島，成功地引爆了世界上第一個試驗性核裝置。蘇聯科學家在生產迴旋加速器、研究鈽彈、用石墨作減速劑等方面取得重大進展。但蘇聯因德蘇戰爭初期失利，失去了西部大片國土，核子試驗工廠和試驗室被迫東遷，引起混亂；同時因為戰爭的緊急需要，不能真正全力以赴，投入核研究工程必需的巨大人力和物力受到限制，所以直到一九四九年，蘇聯才試製成核彈。

英國科學界在一九三八年即已開始了研製核彈可行性的理論探索，並得到了肯定答案。在得知德國正在研究、製造核彈以後，英國一方面設法切斷德國的重水和鈾等核子研究物資供應來源，同時加速推進核彈研究計畫。一九四〇年五月，邱吉爾出任首相，英國核彈研究計畫又獲得新動力。

英國牛津、劍橋等大學，擁有許多世界第一流的科學泰斗和實驗室。希特勒占領歐洲後，許多歐洲科學家逃到英國，帶來了他們的早期研究成果，英國也有強大的工業基礎，足夠的能源，因而有可能盡快製成核彈。一九四一年，英國成立艾克斯為首的祕密理事會，全面協調核彈研究計畫，並以「合金管」作為核彈研製工程的祕密代號。由於經費、人員充足，實驗設備先進，英國建立了迴旋加速器，在核彈結構、鈾同位素分離等方面，都有巨大的進展。

一九四二年，英國已開始考慮建立大規模生產工廠問題。不過，希特勒德國雄踞歐洲，隨時可能入侵英倫三島，迫使英國用主要力量應付德國立即入侵的現實威脅。英倫三島也不是從事核彈研究的安全場所。不久，英國把自己的科研人員、實驗室和研究成果遷往美國，併入了美國的核彈工程。

加拿大雖然人口稀少，但資源豐富，有一些一流核子物理學家，因而也開展了核彈研究工程。它的鈾礦發掘、開採和重水生產等成就，引人注目。但要獨立製造核彈，加拿大在科研力量、工業實力兩方面仍嫌不足。它與英國也保持特殊聯繫。後來，加拿大和英國一起，把自己的核彈研究專案，併入了美國的核計畫。

美國的核彈研究工程，主要是德國核彈研究計畫刺激起來的產物。一九三九年八月，從德國逃到美國的愛因斯坦等一大批歐洲科學家，寫了一短一長兩封信給美國總統羅斯福，長信用最通俗易懂的語言，詳細解釋物理學的新發現和核分裂原理，明確說明通過核分裂可以生產威力巨大的新型炸彈，以及德國掌握核彈的可能性和後果，建議美國政府撥出人力、物力，搶在德國之前製成核彈。

羅斯福起初十分猶豫，其科學顧問薩克斯用拿破崙拒絕富爾頓發明的火輪新技術而輸掉戰爭為例，說服了羅斯福。經羅斯福批准，美國成立鈾委員會，負責協調核彈工程前期研究工作。費米、康普頓、奧本海默等歐美第一流物理學家都被攬入工程計畫。不久，英、加核研究力量也併入美國，使美國核彈研究項目因節省前期實驗時間而大大加速。

一九四二年六月，美國基本上已完成核彈研製前期實驗階段。總統最高政策小組成員布希博士向羅斯福報告，說明製造核彈的可行性，並建議盡快投入工廠生產。羅斯福批准了布希的報告；兩個月後，美國正式開始核彈的工廠生產階段，並規定代號為「曼哈頓工程」，由陸軍工程兵團的格羅夫斯準將全面負責。為盡快生產出核彈，美國各大學、各有關實驗室和生產廠家等幾十萬人，在軍方統一協調下，加班工作。生產核彈必需的電力和各項物資供應，一律列入最高的AAA供應等級，優先供應。國庫甚至破例借出一萬四千噸白銀，供電磁分離廠生產導線材料。

由於全力以赴，美國核彈研製工程順利，兩座大型鈾分離工廠在田納西州諾克斯維爾的橡樹嶺建立。其中一座用氣體擴散法，一座用電磁同位素分離法，兩種方法同時進行，確保有足夠的核彈用高濃縮鈾。繼康普頓領導一個小組在艾奧瓦州立大學試驗室分離出第一批高濃縮鈾不久，來自義大利的物理學家費米，又在芝加哥大學成功地進行連鎖反應試驗。新的反應堆、迴旋加速器、組裝工廠成批建立，各種特殊零件接踵而出。一九四五年六月，核彈基本上已研製成功。

一九四五年七月十六日，美國製造出世界上第一顆核彈，被運到新墨西哥州阿拉默果爾核子試驗場的巨大鋼塔上。鋼塔高三十公尺，聳立在一片大沙漠中央，鋼塔周圍按一定規則置放許多試驗用坦克、卡車、戰艦、飛機及其他試驗用品，以檢測核彈爆炸威力。當天五點二十九分四十五秒，隨著驚天動的一聲巨響，一團噴射耀眼白光的烈焰騰空而起，頃刻化為一個巨大的橙色火球，以每秒一百二十公尺的速度升空。待到一千兩百公尺高空，火球變成一朵巨大的蘑菇形煙雲。核彈爆炸後，大地和岩石在熱浪和衝擊波作用下，變成了上下翻滾，劇烈顫動的褐色旋渦。雲霧消散後，爆炸點出現了一個深十幾公尺、縱橫四百公尺的大坑。鋼塔整個被汽化，已無影無蹤。試驗用坦克、車輛、戰艦、飛機被高溫和強大的衝擊波扭曲、燒毀。儀器檢測的核彈爆炸威力達到一萬四千噸爆炸當量，中心溫度達到一百萬度。

一九四五年八月六日，美國空軍五〇九大隊用B29飛機，在日本廣島投擲了世界上第二顆核彈，綽號「小男孩」；三天後，綽號「胖子」的第三顆核彈接踵投至日本長崎，核彈被投入實戰。頃刻之間，這兩座日本城市化為灰燼，當場死難者超過十萬人。自此以後，蘇聯、法國、中國、印度、以色列、巴基斯坦等國相繼試爆核彈，人類進入核恐怖時代。

56、騰衝攻堅戰——滇西大反攻的轉捩點

【楚雲戰評】騰衝攻堅戰，是中國遠征軍在滇緬戰場開始戰略反攻的代表性戰役。中國遠征軍一九四二年十二月成軍。次年三月，十萬遠征軍跨過怒江，遠征緬甸，在緬甸南部的同古前線與侵緬日軍血戰十二天，雖有在緬南仁安羌解救七千英軍脫困的輝煌戰績，終因戰局不利、指揮失當而歸於失敗。當時，中國遠征軍從緬甸南部分兩路撤退，一路退往印度，一路經野人山退回雲南。撤退途中，遠征軍歷盡艱辛，不但要對付日軍追擊，更要與極其惡劣的自然環境鬥爭，十萬遠征軍官兵有近半數葬身緬北叢林。但中國遠征軍沒有屈服。一年後，中國遠征軍變為兩支，撤往印度的部隊擴編為中國駐印軍，轄新一軍、新六軍；撤回中國的部隊擴編為新的中國遠征軍，轄第十一集團軍和第二十集團軍。兩支軍隊合計轄八個軍二十四師，不但有數十萬之眾，而且全部更換美式裝備，戰鬥力大大提升。從一九四三年十月開始，先是中國駐印軍兩個軍十萬雄師從印度東北邊境出擊，自西而東沿胡康河谷向駐緬北日軍發動反攻作戰，一路摧毀日軍抵抗，節節推進。而後是一九四四年五月，中國遠征軍兩個集團軍、六個軍、十九個

師二十餘萬大軍強渡怒江，一路勢如破竹，收復被日軍侵占的滇西騰衝、松山、龍陵、平戛、芒市、遮放、畹町等重鎮，自東而西策應中國駐印軍的攻勢。一九四五年一月二十七日，中國駐印軍與中國遠征軍在歷經大小數百戰後，終於在緬北芒友勝利會師。中國軍隊不但解放了緬北、滇西，打通了中印公路，而且摧毀緬北日軍第十八師團、第五十六師團及第五十三師團、第二師團、第四十九師團等精銳部隊，打出了中國軍人的威風，血債血償，實現了為長眠緬北的數萬遠征軍英魂報仇雪恨的夙願。

騰衝舊稱騰越，是滇西戰略重鎮。從騰衝往西穿越高黎貢山有騰八公路（騰衝—緬甸八莫）、往東跨越怒江有騰保公路（騰衝—保山）、往南沿怒江而下有騰龍公路（騰衝—龍陵）。此三條公路輻輳於騰衝，使之成為中印緬國際交通線的重要樞紐點，騰衝因之也就成為中國遠征軍反攻緬甸的必爭之地。

在地形上，騰衝位於高黎貢山區，群山環抱，叢林密布，更有龍川江護衛，形勢險要，易守難攻。騰衝城池據稱始建於明代，城周約一公里見方，城雖不大，卻依山勢而建，城垣高達三十餘公尺、厚達十餘公尺，皆以當地出產的大青石條疊成，十分堅固。騰衝城北、東兩面有果園、水田、小河，地勢開闊，不易接近；城南為居民區，有東董和西董兩個大村落，房屋鱗次櫛比，建有城隍廟、孔廟、關岳廟，皆屋大樓堅，不易摧毀，大街小巷更是曲曲折折，穿行困難；城西有一串小山掩護騰衝，尤以來鳳山最高、最險，是全城制高點。來鳳山距騰衝城垣約二三里許，五峰相連，形似筆架，屬高黎貢山系餘脈，光禿無林，一排斜坡，主峰比城牆高出一百五十公尺左右，可瞰制全城，山的鞍部還有隧道直通城裡。因此從戰術上看，欲取騰衝城，就必先取來鳳山。

鑒於騰衝的戰略樞紐地位，日軍自一九四二年五月侵占騰衝後，就一直在騰衝駐重兵防守，努力把騰衝打造為日軍控制緬北、威逼保山、昆明的戰略基地。日軍在其進攻高潮時期，曾在騰衝駐軍多達一個師團。一九四四年五月後，日軍駐騰衝部隊為其第五十六師團第一四八聯隊為基幹的一個加強聯隊，約三千餘人，由第一四八聯隊長藏重康美大佐統一指揮。為抵抗中國遠征軍攻勢，盡可能守住騰衝，日軍不但在騰衝儲備了大量彈藥糧草，而且依傍城池和來鳳山構築工事，把騰衝打造成了所謂攻不破的金城湯池。日軍尤其以來鳳山為防守重點，在來鳳山修築了大量永久性工事、堡壘。日軍不少工事、堡壘深入地下，以直徑三四十公分的樹幹為蓋，通常是三四層樹幹，中鋪鋼板，再鋪上一公尺以上的土石層，並加以嚴密偽裝。這樣的工事不但堅固異常，不易破壞，而且偽裝巧妙，不到近前、甚至不到開火時就不能發現。不僅如此，日軍還以各種直射、曲射火力構成嚴密火力網，成梯次配置，遠距離用火炮，中近距離用步槍、衝鋒槍、輕重機槍、擲彈筒、輕重迫擊炮等。陣地前，日軍還布有鐵絲網一至三道，鹿砦一至兩道，重要地點埋設地雷、陷阱。在騰衝周邊，日軍在南齋公房、北齋公房、江苴街、高黎貢山的一些隘口布有不少前哨陣地，掩護騰衝。此外，日軍空軍飛機也不時飛來支援。從騰衝往西、往南，日軍還在松山、龍陵、八莫等地駐有重兵，並透過騰龍、騰八公路聯結在一起，與騰衝互為犄角，相互呼應。

中國遠征軍擔任騰衝攻堅的主力部隊，是遠征軍第二十集團軍轄下的第五十三軍、第五十四軍及預備第二師三支部隊，合約十萬人。這三支部隊皆為新裝備的美械部隊，每師配備一個山炮營，裝備七十五毫米山炮十二門；每個步兵團配備一個戰車防禦炮連，裝備戰車防禦炮四門；每個步兵營配備一個重機槍連、一個火箭排、一個迫擊炮排，配備重機槍六支、「八一」迫擊炮兩門、「伯楚克」火箭炮兩門；每個步兵連都配備輕機槍九支、「湯姆森」衝鋒槍十八支、六〇迫擊炮六門。每個軍還配備一個榴彈炮營，配備一百零五毫米的榴彈炮十二門。各軍師都有設施完善的野戰醫院，自軍至連都配備有無線和有線報話兩用機。此外，軍師兩級還配備有工兵、輜重等技術兵種。總之，無論兵力、火力，中方軍隊都對騰衝日本守軍擁有壓倒性優勢。

騰衝攻堅戰從作戰性質看，是在人跡罕至、自然環境極其惡劣的高山地帶攻擊敵方重兵駐守、嚴密布防、易守難攻的高山要塞陣地。表面上，中國遠征軍雖然對日軍擁有兵力、火力上的絕對優勢，但由於山高路狹，補給不易，大部隊不易展開，遠征軍如要盡量減少傷亡、盡量全殲守敵，就要在攻城術上多用謀略，妥善解決好強渡怒江、割斷騰衝與八莫、松山、龍陵等地日軍的聯繫、肅清騰衝周邊及攻山、攻城等難題。

為確保減少傷亡、盡可能全殲騰衝日軍，遠征軍部署分為五步。第一步，為割斷日軍各據點之間的聯繫，遠征軍採用牛刀戰術。在出動第二十集團軍的兩個軍一個師，集中渡怒江打騰衝的同時，還出動第十一集團軍三個加強團，從下游渡江，圍攻松山、龍陵等地日軍，使日軍孤立作戰，首尾不能相顧。

第二步，強渡怒江，占領橋頭堡，切斷騰衝與龍陵、八莫等地的聯繫，孤立騰衝日軍。各部隊對在敵前強渡怒江進行了嚴密部署，尤其是發揮工兵的技術保障。怒江雖然寬不過兩百公尺左右，卻在高山峽谷間奔騰而下，兩岸陡峭，水深流急，既難架橋，舟渡也很困難。為保證十餘萬部隊渡江作戰，中國遠征軍調動了一個獨立工兵團以及各軍師建制的工兵營連，工兵人數總計不下四千人。渡江器材包括土、洋兩種，土器材主要是怒江渡河工程處準備的傳統船隻，包括能運載一排人的大木船和能載一班人的小竹筏。洋器材主要是美國支援的一大批帆布船。這種船前尖後方，由十幾個氣囊組成，以一塊長方形膠合板墊底，能載一個班，消氣折疊後可裝入背囊，一個人背，攜帶方便。渡江之前數月，所有參戰部隊，尤其是工兵及船工等，都進行過嚴格的登船、搶渡、搶灘等戰術和技術訓練。一九四四年五月十一日晨，中國遠征軍各參戰部隊，計為第二十集團軍第五十三軍、第五十四軍，第十一集團軍三個加強團，從怒江雙虹橋至栗柴壩之間的百里江段，分七處敵前強渡，以迅雷不及掩耳之勢，擊破日軍西岸防線，成功登岸。而後，各部隊按預定計畫迅速向縱深推進，切斷騰衝與龍陵、八莫之間的公路交通線。尤其是在下游渡江的第十一集團軍三個加強團，按作戰計畫分別圍困日軍松山、龍陵、平戛等據點，切斷騰龍公路，使騰衝日軍成為孤軍，策應第二十集團軍在主攻方向直接攻打騰衝。

第三步，肅清騰衝周邊日軍陣地，戰術包圍騰衝。為此，遠征軍進攻部隊首先分路對日軍在騰衝周邊的江苴街、南齋公房、北齋公房及高黎貢山隘口等前哨發起攻擊。日軍這些前哨據點都在高黎貢山區，高黎貢山脈標高四千多公尺，在騰衝境內也標高三千多公尺，不但山高、坡陡、林密，且氣候變化無常，常陰雨綿綿，毒蟲野獸出沒，瘴氣肆虐，數百里無人煙。日軍擇險要構築據點，依險死守，擔當騰衝攻堅的主力部隊第五十三軍、第五十四軍及預備第二師等三支部隊，過江後迅速展開，一路穿越深山老林，憑指北針指路，戰勝低溫缺糧，不時以野菜野果充饑，在懸崖峭壁上攀藤附葛，輔以鐵椿粗繩，開路進軍。遇敵據點，能強攻則強攻，不能強攻就繞道抄敵後路。前後苦戰約一個月，終於在六月初掃清了日軍在騰衝周邊的所有據點，徹底切斷了騰衝日軍與外部的地面交通。

第四步，巧取來鳳山，為總攻騰衝城打開通路。來鳳山五座山峰並立，西南是AB兩峰，西方是CD兩峰。中國軍隊以預備第二師三個團擔任主攻，一個團攻AB兩峰，一個團攻CD兩峰，第三個團取中峰。戰鬥開始後，日軍依傍山頭陣地，以各種火器交叉射擊，阻住了中國軍隊對AB兩峰和CD兩峰的攻勢，但也分散了注意力，消耗了實力。擔任中峰主攻的中國軍隊一個團，由團長親率突擊部隊，在強大炮火和空軍的掩護下，以迅雷不及掩耳之勢，進至敵堡壘陣地死角，以炸藥包、爆破筒、集束手榴彈和火箭筒等集中攻擊敵堡壘。在一片轟隆隆的猛烈爆炸聲中，敵堡壘連同守軍的殘屍和輕重武器等，紛紛被炸上天。中峰既破，日軍也就難守其餘四座山峰，來鳳山終於被中國軍隊攻占。

第五步，總攻騰衝城區。來鳳山攻克後，中國軍隊集中第五十三軍、第五十四軍和預二師，一共五個師約五萬人的優勢兵力，分南、北兩條戰線叩城猛攻。五十四軍各師從城北進攻，五十三軍各師從城南進攻。此時騰衝日軍糧彈俱缺，日軍最高指揮官藏重大佐已陣亡。由於中國空軍已奪得空中優勢，日軍不但無法從地面獲取補給，其空中補給通道也被中國空軍切斷。八月二十三日，日軍出動四架運輸機，在九架戰鬥機的掩護下，試圖對騰衝日軍進行大規模空投。中國空軍起飛十五架戰機攔截。日機大部分被擊落，日軍對騰衝的最後一次空投救援計畫落空。

九月初，中國軍隊對騰衝日軍發動最後總攻。先以轟炸機群，滿載重磅炸彈地毯式轟炸；同時集中各種火炮，不分晝夜，集中轟擊日軍堡壘、火力點；再調工兵攜帶工具、炸藥，在輕重火力掩護下，潛赴城腳，挖坑道、埋炸藥，直接爆破，炸開城牆。而後，優勢步兵開始登城，先是在城南突破，與日軍拼刺刀、打巷戰，隨後各部隊從四面八方湧入城內。

九月十二日夜，面臨絕境的騰衝日軍殘部向其遠隔千山萬水的軍司令官和師團長，發出了最後一份電報，稱「已焚毀軍旗，準備全體一齊衝入敵陣」。九月十四日，中國軍隊攻克騰衝日軍最後一處火力點，少數殘敵乘雨夜潛出城外，也被中國軍隊追殲。

57、兵行詭道——諾曼地登陸戰中的欺敵活動

【楚雲戰評】諾曼地登陸作戰，是第二次世界大戰期間、也是戰爭史上一場規模最大的登陸戰。在登陸作戰的第一天，盟軍就有六千五百艘戰艦、上萬架飛機以及八個師直接投入戰場，無論對盟軍還是德軍，這都是一場命運攸關的大搏鬥。盟軍如不能在法國海岸順利登陸並站住腳，反攻歐洲和結束第二次世界大戰的期限就會大大延長，盟國內部美、英與蘇聯的關係將陷入緊張狀態，因為史達林可能認為美、英故意「賣陣」，坐看德、蘇兩國纏戰，消耗實力。德國如不能阻止盟軍在西歐登陸，兩線作戰的夢魘勢必成為現實。在蘇軍與美、英軍夾攻下，德國難逃失敗。因此，雙方為這次戰役精心準備，情報與反情報鬥爭尤其激烈。美、英選擇登陸場及德國對盟軍登陸點的判斷準確與否，對戰役結局有關鍵意義，這也是這場登陸戰開始階段，雙方情報戰的重要內容。

莫斯科戰役後，希特勒鑒於德國對蘇聯的「閃電戰」失敗，開始有兩線作戰的危機感。一九四二年八月，盟軍曾出動一個師的兵力在法國北部發動試探性進攻，雖然遭受挫敗，卻震懾希特勒。從這時起，希特勒開始向大西洋沿岸調兵遣將，準備抗擊美、英盟軍在西歐開闢第二戰場的登陸作戰。

但是，如何估計盟軍登陸地點，一直是困擾納粹軍事頭目的戰略難題。如不能正確估計盟軍登陸地點，就無法合理配置防禦兵力，組織有效防禦。希特勒認為美、英盟軍將在諾曼地登陸，希望將防禦重點置於諾曼第方向，但這種估計主要是憑其神祕的「直覺」，沒有足夠的依據；他手下的軍事將領卻大都斷定，盟軍登陸

點是在加萊地區，他們的依據是：諾曼第風急浪高，崖高礁多，沒有大型港口，不適合大部隊登陸作戰，認為美、英盟軍即使在諾曼地登陸成功，也難以取得必要的補給，甚至還認為因諾曼第遠離德國西部邊境，登陸成功的美、英軍隊一時也無法構成重大威脅。另外，加萊地區距英國較近，海岸情況較好，有許多大型港口可供登陸部隊使用，後勤補給沒有問題，而且加萊正處在荷蘭、法國北部工業區附近，一旦美、英軍隊登陸成功，將立即威脅德國本土。

正當兩種意見相持不下時，德軍情報部門獲得了有關美、英軍隊在英國本土部署和活動情況的大量情報。德國無線電台攔截了英軍第四集團軍司令部在英國北部愛丁堡地區活動的大量往來電報訊號；航空攝影發現蘇格蘭機場上排列著成千上萬架重型轟炸機；在加萊海岸附近的英國本土，飛機偵察甚至可以用肉眼看到英、美軍隊的無數架飛機、大炮、坦克、彈藥庫、營地等。德國派往英國的間諜搜集到了駐愛丁堡英國第四集團軍足球比賽的新聞。他們還報告說美軍猛將巴頓已調往加萊對岸的英國港口城市，組建了一個美軍集團軍級司令部；更有甚者，一個被釋放的德國陸軍上將，在從英國返回德國後報告說，他發現那裡戰艦如雲，人聲鼎沸，到處是車輛、美英官兵以及飛機、坦克。凡此種種，無一不證明美、英軍隊將以加萊為其登陸點。無奈之下，希特勒只得聽從其將領的意見，以加萊地區為防禦重點。於是德軍將其西線主力，共計三十六個步兵師和九個坦克師部署在加萊地區，而在更西面的諾曼第，德軍僅部署了九個步兵師和一個坦克師。

盟軍在制訂有關開闢歐洲第二戰場的計畫時，確實考慮過在加萊登陸的各種有利條件；但盟軍又認為，正因為加萊適於登陸，德軍必然要以其為防禦重點，這將使有利條件化為不利條件。相反，諾曼地登陸雖然困難重重，有諸多弊端，但也正因為如此，德軍將忽視其防禦。這樣盟軍便可獲得出其不意、攻其不備的好處，化不利為有利，保證登陸成功，掌握主動。

為了保證諾曼地登陸成功，盟軍還對諾曼地登陸戰進行了一系列戰略偽裝，故意使德軍誤以為盟軍將在加萊登陸。實際上，加萊對岸英倫島上被德國飛機和間諜看到的飛機、大炮、坦克、戰艦及營地等設施，都是英國電影製片廠布景師的傑作。這些軍事設施和裝備都是用木頭或其他廉價材料組合而成，以假亂真。巴頓出沒於加萊沿岸、第四集團軍及其電訊往來、足球賽，以及安排德國被俘將領偷看英軍設施等等，全是美、英情報部門精心設置的騙局，希特勒果然鑽入圈套。

一九四四年六月五日，諾曼第狂風大作，海浪滔天，不適合登陸；六月六日，天氣好轉，但仍烏雲密布。駐守諾曼第的德軍司令官隆美爾元帥斷定盟軍不會登陸，便驅車回德國為其愛妻慶賀生日，恰在這時，德軍認為不會發生的事情發生了。

六月六日凌晨，由六千五百艘戰艦載運的美、英盟軍五個師的先鋒部隊，突然在諾曼第靠岸，發動了期待已久的登陸作戰。在此之前，盟軍一萬一千餘架作戰飛機飛越海峽，狂轟濫炸諾曼第灘頭陣地的德國守軍，另有五千架滑翔機、運輸機載運盟軍三個傘兵師，在諾曼第灘頭先行著陸，配合海上進攻。

面對盟軍大規模登陸作戰，德軍措手不及。希特勒堅持認為盟軍諾曼地登陸只是一次佯攻，主攻行動將在加萊進行，堅持不准從加萊調兵救援諾曼第。結果盟軍在這次代號為「霸王行動」的大規模登陸作戰中，始終吉星高照。

經過一星期作戰，盟軍成功地使十九個師、三十二萬大軍、五萬四千輛軍車及十萬噸軍用物資登上諾曼第灘頭，並建立起一個正面寬八十公里、縱深十七公里的大反攻基地。到七月初，盟軍登上諾曼第海灘的軍隊已增至百餘萬人，牢牢地站穩了腳跟；等到希特勒察覺諾曼第是盟軍真正的登陸地點時，為時已晚。

爾後，盟軍按預訂計畫，一面繼續向諾曼第海岸運送援軍、物資，一面以諾曼第為基地，向內陸進攻。到九月初，從諾曼第登岸的盟軍兵力已達到兩百餘萬人，並在戰略上呼應蘇軍，對德軍兩面夾擊。諾曼地登陸戰的成功，使德國面臨著兩線作戰的滅頂之災。

58、死亡塞班島——哀哉！武士道！

【楚雲戰評】在太平洋中央的塞班島，日、美兩國軍隊曾經有過一場空前慘烈的殘酷戰鬥。日軍軍官揮舞戰刀，士兵舉著刺刀和棍棒，傷兵拄著拐杖，甚至伙夫、打字員、衛生兵也編成戰鬥排，狂呼怒吼，發瘋般從山洞裡、壕溝中爬出來，踩著被炮火炸鬆、發燙的土地，迎著美軍機槍陣地衝鋒。這些浸透武士道精神的日本「皇軍」官兵，在進攻時不計勝負，不計生死，一批倒下去，又一批衝上來，在屍山血海中前進，直到全部被消滅為止，暴露出日本侵略軍面臨失敗時所表現出的瘋狂，也展示了武士道精神的悲哀。

塞班島位於太平洋馬里亞納群島南部中央地帶，距東京和馬尼拉各約兩千三百公里，是馬里亞納群島的總樞紐，戰略地位十分重要。塞班島呈長方形，縱軸南北走向，長二十二公里，寬十公里，總面積一百八十六平方公里。塞班島南、東、北三面山巒重疊，地勢起伏，臨海峭壁高聳。島中央四百七十三公尺高的塔波喬山，尤其山勢險峻，林深草長，俯瞰全島。全島只西岸地勢稍為平坦，適於進攻部隊闢為登陸場。

瓜達爾卡納爾島失守後，日本大本營判斷美軍將把進攻矛頭指向塞班島，因而調來三萬軍隊和大量作戰物資，成立陸軍三十一軍司令部和中部太平洋艦隊司令部，準備在塞班島與美軍惡戰。但是，日軍錯估了美軍進攻的時機，認為美軍在一九四四年年底以前，不會直接進攻塞班島，未料太平洋美軍放棄逐島進攻戰略，改用跳島戰術，迅速通過吉伯特群島、馬紹爾群島，並躍過中加羅林群島，竟在當年年中逼近塞班島。日軍措手不及，已沒有時間搶運足夠的木料、鋼材、水泥、鐵絲網等物資，加強塞班島防務。島上的天然地貌，包括寬闊的火力射界、良好的掩蔽處、適宜的觀測點等，一時難以充分利用。

一九四四年六月，美軍出動十三萬大軍，五百艘戰艦，浩浩蕩蕩，殺奔塞班島，發動了大規模登陸作戰。在發起進攻前，美軍預先準備了規模空前的火力。從二十七艘航空母艦和鄰近島嶼上起飛的美軍機群，地毯式轟炸塞班島。進攻前一天，美軍又出動大批戰艦、巡洋艦，抵近塞班島海岸，用艦炮直瞄轟擊。幾個小時內，有幾千噸炮彈直落日軍陣地。美軍潛水夫則乘機潛入水下，排除日軍布設的水下障礙，為登陸艦艇掃清航道。

六月十五日，美軍出動一支小部隊在塞班島北岸登岸，虛張聲勢，引開了日軍注意力。美國海軍陸戰隊的兩個主力師，卻冒著塞班島西岸日軍直瞄火力，強行登陸。六百輛水陸兩棲運兵車，擺開大方陣，撥開滾滾波濤，首先向海灘衝擊。不到二十分鐘，便有八千名海軍陸戰隊士兵搶灘成功，占領了塞班島一片八公里長的海灘。當天黃昏，美軍已有兩萬餘人登上海岸。

塞班島日軍守將齋藤義次、陸軍中將與海軍中將南雲忠一，深恐美軍站穩腳跟，便立即組織日軍反擊。第二天清晨，天還未亮，塔波喬山制高點上的日軍炮兵及駐守各處陣地的日軍，集中各種火力，猛烈轟擊美軍灘頭陣地。一個日軍坦克團集中僅有的三十六輛坦克，從塔波喬山高地出發，隆隆撲向美軍駐守的灘頭陣地。幾千名日軍士兵，從各個制高點、山洞和壕溝裡鑽出來喊叫，尾隨坦克群奮勇衝擊。

日軍以攻為守的戰術，一度使美軍陣地岌岌可危。這時，泊在海上的美軍戰艦群，突然猛烈開火，成噸重的巨型炮彈，雨點般落向日軍坦克群和衝鋒隊伍。霎時間，塞班島山搖地動，日軍官兵人仰馬翻，斷肢殘腿，伴隨著泥土沙石，直飛高空。三十六輛日軍坦克被炸成廢銅爛鐵，日軍也無一逃生。稍後，日軍士兵在軍官催逼下，連續衝鋒，美軍艦隊如法炮製，航空兵也不時助威，盡量用優勢炮火殺傷日軍。經過一天惡戰，日軍不但未能趕走美軍登陸部隊，反而折損過半，更加被動。美軍卻乘機擴大灘頭陣地，後續部隊源源不斷搶灘上岸。

日軍接受第一天慘敗的教訓，轉攻為守，利用地形，盡量固守，消耗美軍實力，美軍進攻因而受阻。日軍士兵倚仗熟悉地形，常常鑽過叢林、裂縫、峭壁或不為人知的祕洞，繞到美軍背後，布設餌雷、地雷，側擊美軍進攻部隊。每一處壕溝、山洞、制高點，兩軍都要反覆爭奪。日軍步步為營，美軍犧牲慘重。經過半個月鏖戰，美軍奪占了塔波喬山制高點，取得了觀測優勢後，才取得戰場主動權。

一九四四年七月六日，美軍重兵圍困塞班島北角的日軍司令部。第二天，南雲見大勢已去，首先拔出手槍自殺。齋藤中將向東京發出最後一份電報，抱怨守島失敗是因為得不到空中和海上支援，然後也切腹自殺。在自殺前，他們聯合發出最後一道命令，要求守島日軍殘兵敗將，每人要消滅七個美國人，以報效天皇。

南雲和齋藤自殺後，島上日軍殘餘，結隊向美軍發動了最後一次自殺性進攻。四千名日軍殘兵迎著美軍機槍瘋狂地衝殺，無一生還。塞班島疏鬆的新土浸透了日軍官兵的血汙，為了掩埋成千上萬具日軍屍體，美軍只得開來推土機，掘一個大坑，把屍體胡亂堆放，匆匆覆蓋一層沙土了事。

一九四四年七月九日，美軍宣布占領塞班島。這一天，島上數以千計的日本平民從洞穴深處爬出來，登上塞班島北岬懸崖，一齊跳崖自殺。三萬守島日軍，僅有一千七百八十人成為美軍俘虜，其中半數是朝鮮人，其餘日軍全部戰死。在奪取塞班島的作戰中，美軍損失一萬六千人，其中三千人陣亡。如算上日本平民，日、美兩國因爭奪這個小島，至少使五萬人死亡。從此以後，塞班島便以「死亡之島」著稱於世。

59、華爾奇麗雅計畫——納粹軍官謀刺希特勒

【楚雲戰評】這是一個關於歷史偶然性的故事。納粹政權內部，不止發生一次反希特勒政變活動，華爾奇麗雅計畫是最接近成功的一次。史陶芬堡伯爵混進拉斯滕堡「狼穴」，成功地在距希特勒六英尺遠的地方，安放好一枚威力巨大的定時炸彈，這一切可以說是天衣無縫。然而，偶然性救了希特勒。首先是一個與會的納粹軍官，無意中把安放炸彈的皮包移位；其次是會議桌厚厚的橡木底座擋住了本該飛向希特勒的彈片。如果不是那個納粹軍官無意中移動了史陶芬堡伯爵的皮包及會議桌厚厚的橡木底座，希特勒本該早一年結束其罪惡的一生，第二次世界大戰的也會提前很多結束。

希特勒的拉斯滕堡「狼穴」隱藏在德國東普魯士深山密林中，依天險築成，不但隱祕，而且防守嚴密，內外三層檢查哨，層層布設地雷陣、地堡群和高架電網，如無通行證，外人休想入內。而如要進入「狼穴」心臟位置，即使是希特勒的心腹愛將，也必須出示當天一次有效的特別通行證。因此希特勒自認為「狼穴」壁壘森

嚴，萬無一失，足可安全隱身。

一九四四年七月二十日中午十二點三十分，希特勒依照每日慣例，又在拉斯滕堡「狼穴」的會議室舉行軍事彙報會，聽取各路將領彙報當前軍事形勢。十二點四十二分，德國陸軍副參謀長豪辛格將軍開始彙報戰場形勢。他仔細描述了西線美、英軍隊如何登上諾曼第海岸，向萊茵河進逼；東線蘇軍如何全線反攻，呼應英、美軍隊作戰，完全是一副大廈將傾的黯淡前景。

希特勒一手夾著鉛筆，一手拿著放大鏡，威武地坐在橡木桌中央，一邊聽彙報，一邊移動放大鏡，尋找地圖上的種種細線條。在辦公桌四周，圍著納粹最高統帥部參謀長、陸軍總參謀長、陸海空三軍和親衛軍代表等十八個高級將領，他們都目不轉睛地注視著希特勒手上的放大鏡。就在這時，轟然一聲巨響，一枚炸彈在會議室中央爆炸，小木屋猶如被一枚一百五十五毫米的重磅炮彈擊中，立即煙火四起，人體的殘肢斷臂和室內家具殘片，隨爆炸聲飛出窗外，衝破屋頂，在空中亂飛亂撞。小木屋橫梁斷裂，屋頂「嘩」的一聲坍塌下來，在烈火中熊熊燃燒。整個「狼穴」立刻像炸開的馬蜂窩，親衛軍官兵紛紛奔向爆炸點。一時間人嘶馬叫，沒有人知道木屋內希特勒是生是死，更沒有人知道爆炸物從何而來，是何人所放。

在拉斯滕堡「狼穴」謀刺希特勒的行動，出自一批年輕的德國陸軍軍官，他們眼見希特勒一步一步地把德國引向世界大戰，又在戰爭中慘遭失敗，憂心如焚，決心刺殺希特勒，推翻納粹統治，爭取盡早結束戰爭。他們祕密串聯了一批反納粹知識份子、軍政界元老和社會活動家，結成反希特勒密謀集團。一九四三年以後，他們制訂過好幾個謀刺計畫，其中有一次，他們設法把一枚已啟動機關的特製定時炸彈偽裝成白蘭地酒，託希特勒的一位親隨副官帶上了希特勒的專機。但炸彈機關失靈，納粹魔王希特勒竟安然無恙；不久，一個叫史陶芬堡的年輕陸軍軍官加入反希特勒密謀集團，使屢遭失敗的密謀集團聲勢重振。

馮·史陶芬堡伯爵一九〇七年出生於德國一個著名軍人世家，自幼博覽群書，擅長騎馬和體育運動。一九三六年進入柏林陸軍大學，先後任過德軍各級部隊參謀。一九四四年，充任德軍補充軍上校參謀長。在一次作戰中，史陶芬堡駕車誤入雷區，身負重傷，被炸掉右臂，炸瞎左眼，左手也被炸掉兩個指頭，成為德軍中著名的獨眼三指上校。由於受斷臂瞎眼之苦，他醒悟過來，認識到希特勒是納粹政權的萬惡之源。傷癒後，這位獨眼三指上校開始訓練用左手三個殘存指頭，啟動定時炸彈引信的複雜動作，伺機謀刺希特勒。後來經人引薦，他參加了反希特勒密謀集團。由於他立場堅定，遇事沉靜機警，又擔任補充軍參謀長，能經常面見希特勒，很快成為密謀集團的領袖和第一號殺手。

一九四四年夏，在史陶芬堡伯爵主持下，密謀集團制訂了一個代號為「華爾奇麗雅」的新計畫。華爾奇麗雅是日爾曼神話中的古代復仇女神，常常飛翔於戰地，刺殺該死的惡棍。這一次，設想中的「華爾奇麗雅」將謀刺希特勒，推翻納粹政權。

一九四四年七月二十日，史陶芬堡伯爵奉召到拉斯滕堡「狼穴」向希特勒彙報補充軍徵募、訓練情況。密謀集團認為機會難得，決定執行「華爾奇麗雅」計畫。這天清晨，史陶芬堡由一名副官陪同，搭飛機飛往拉斯滕堡。他的皮包裡裝滿了有關組建人民步兵師的報告資料，和一枚英製定時炸彈。炸彈的引爆裝置由一個裝有特製化學藥水的玻璃管和一根細金屬絲構成，啟動時，先人為弄碎玻璃管，使管內化學藥水流出，腐蝕金屬絲。金屬絲斷開後，連接金屬絲的撞針彈出，擊發雷管，引爆炸彈，金屬絲蝕斷的時間大約十分鐘。

上午十點，史陶芬堡頂著陽光，抵達拉斯滕堡，又憑證件順利通過親衛軍三道崗哨，攜帶炸彈大搖大擺進入「狼穴」。然後由納粹最高統帥部參謀長凱特爾陸軍上將帶領，前往元首會議室彙報情況。走至半途，三指上校史陶芬堡偽稱軍帽遺失，折回會客室，用殘存的三個指頭，夾碎了炸彈玻璃管，啟動炸彈引爆裝置，追上凱特爾，進入元首會議室所在的小木屋。這時，豪辛格將軍正彙報當日戰場形勢。史陶芬堡伯爵進入會議室後，乘人不備，將皮包放在離希特勒只有六英尺遠的橡木桌底下，然後以打電話為由，悄然離去。

十二點四十二分，定時炸彈轟然爆炸，眼見濃煙四起，烈焰騰空，人體殘軀在空中亂飛，史陶芬堡伯爵斷定希特勒絕無活命之理，趕緊按預訂計畫，設法混出「狼穴」三道崗哨，飛回柏林，準備指揮全國暴動。但他趕回柏林時，密謀集團在柏林的軍官卻按兵不動；更糟糕的是，納粹電台又傳出了希特勒狼一樣的嗥叫聲。魔王希特勒又一次吉星高照，居然能在炸彈抵近爆炸中死裡逃生。

原來，希特勒會議室小木屋內的大辦公桌，由兩塊厚厚的橡木板底座做支架。史陶芬堡伯爵離開小木屋後，一位納粹將領嫌他留下的皮包礙事，把它從希特勒身旁移到了橡木桌底座外側。炸彈爆炸後，厚厚的橡木底座擋住了衝向希特勒的炸彈碎片和衝擊波，底座外側的納粹將領皆被炸死，而希特勒除耳膜震壞，頭髮燒焦，兩眼灼傷外，依然一命猶在。希特勒最先以為是小木屋中了一枚遠程炮彈，後來才查明是史陶芬堡伯爵安放的定時炸彈。

當天下午，親衛軍在柏林捕殺了史陶芬堡伯爵。伯爵走上刑場時大義凜然，還在思考哪一個環節出了差錯，居然未能炸死納粹魔王。史陶芬堡伯爵死後，他的同伴相繼落網遇害，謀刺希特勒的密謀行動又一次遭到失敗。

60、海島攻防戰的典範——硫磺島爭奪戰

【楚雲戰評】中途島戰役後，美軍陸海軍沿中太平洋和西南太平洋島鏈，發動反攻作戰，向日本內防禦圈和本土方向作「雙叉」衝擊。美軍轟炸機群也由中太平洋各島嶼基地起飛，空襲日本本土和東京。硫磺島不但是日本內防禦圈的戰略要點，而且處在美軍轟炸機群空襲日本往返航線的中間位置。美軍為保證順利進行對日本的空中攻勢，需要奪占硫磺島。日本為加強東京空防，守住內防禦圈，勢必要死守硫磺島，雙方惡戰硫磺島也就勢在必行，硫磺島之戰突出了太平洋戰爭的殘酷性和島嶼爭奪戰的各種特點。

日本陸軍中將栗林忠道，在一九四四年六月接任硫磺島日本守軍總司令職務，登上硫磺島後的頭一件事就是由他的前任小畑英良陸軍中將陪同，仔細察看了硫磺島防禦工事。小畑英良是當時日本陸軍作戰思想的忠實信徒：以攻為守，主動出擊。這從他耗費半年努力，在硫磺島建造的防禦工事中可以看出端倪。沿硫磺島四周的登陸點和海灘上，小畑英良部署了大量火炮、人員，建立了密密麻麻的近岸地堡群、掩體線。他打算在淺水區域和灘頭陣地迎戰入侵美軍，不讓美軍登上硫磺島半步。

栗林中將對小畑英良督造的這些近岸工事和在海灘迎戰美軍的作戰思想不以為然。美國佬擁有制海權和制空權，儲備有令人難以置信的大量戰艦、飛機、火炮和幾乎用之不竭的各種炸彈、炮彈，足以蕩平日本千辛萬苦布設在灘頭陣地的任何重裝備和防禦體系，消滅守岸日軍，保證美軍官兵登陸。因而在海岸線建造工事，部署重兵，阻止美軍登上海岸的任何構想都愚不可及，除了白白招致人員、物資的重大無謂犧牲和加速海島陣地

陷落外，不會有任何用處。

幾天以後，似乎是要證實栗林觀點的正確性，美軍向硫磺島東南一千兩百公里的塞班島進攻。美軍數以千計的轟炸機日夜輪番轟炸日軍海岸工事，幾百艘戰艦抵近海岸炮擊，海軍陸戰隊隨即搶占海灘。塞班島日本守軍在海岸陣地與美軍拼消耗，損失了全部重武器和大量兵員，再無力阻止美軍向內陸推進。前後不過二十五天時間，美國消滅了兩萬六千名日本守軍，奪取了這個面積約兩千三百平方公里的海島。

硫磺島長不過九公里，寬不過四公里，海島面積還不到塞班島十分之一，海軍艦炮可以從硫橫島任意一個端點，發射炮彈，貫穿全島，達於另一個端點。日軍如按守塞班島的戰術防守硫磺島，不出五天，小小的硫磺島就將被美軍攻占。栗林中將籌謀再三，決心要利用硫磺島的特殊地貌做文章，不讓日軍在硫磺島重蹈塞班島守軍的覆轍。

硫磺島是太平洋上典型的火山島，由火山噴發出的熔岩冷卻後堆積而成，地形起伏，溝壑縱橫，溶洞密布，懸崖峭壁臨海高聳，地表鋪著一層厚厚的黑色火山灰，細如粉塵，沒及腳踝，不能行駛車輛。火山灰之下，是遍布全島、深入地層深處的硫磺礦，硫磺島的空氣中因而充斥著刺鼻的二氧化硫氣味。島上沒有麻雀、蝴蝶和燕子，沒有淡水，因而不適於人類活動。硫磺島的神祕之處還在於它的活性，火山活動從未停止。三年前，硫磺島近側海域連日濃煙滾滾，烈焰騰空，濃煙中一個新海島冉冉升出海面，達到一百二十公尺高。兩年後，這個新海島又在一夜之間消失得無影無蹤。硫磺島惡劣的自然環境，對攻守雙方都是一個十分嚴酷的挑戰。

從高空俯瞰，硫磺島像一隻被砍去兩腿、又被拔光毛的大火雞，火雞頭位於島的西南端，高度一百六十八公尺的折鉢山雄踞雞頭，是全島制高點。奇特的是，折鉢山有一個尖尖的岬角，像雞嘴一樣一直伸進滾滾浪濤中。北部從雞背一直到東北部雞尾部分，是一片高地，錯落起伏，由一系列小山崗和很深而且陡峭的峽谷構成。小山崗高度大都在百公尺左右，地形複雜，可伏重兵。南部雞脖和雞胸部位，地勢低平，有一小片被一級一級上升的台地緊逼住的海灘，勉強可作登陸場。全島海岸沒有可供船舶停靠的錨地或港灣。

塞班島失陷後，日本大本營斷定硫磺島將是美軍下一個攻擊目標，因而調兵遣將，大舉向島上運送人員物資。守島日軍幾個月內迅速增至兩萬三千餘人。日軍還向島上運送了近千門各型火炮，二十二輛坦克以及大量的彈藥、糧食和淡水等生活物資。栗林中將接任守島日軍最高指揮官後，根據塞班島日軍慘敗的教訓、美軍巨大的火力和裝備優勢以及硫磺島地勢、地貌特徵等，制訂了縱深防禦、持久作戰的戰術原則，徹底改造硫磺島原來的防禦工事。

在硫磺島雞脖附近的海灘上，栗林只留下少量日軍作象徵性的部署，以為警戒。日軍大部分火炮和人員皆集中於折鉢山和海島北部與東北部的高地上。為了抗禦美軍摧枯拉朽的艦炮和航空火力，栗林還專門從日本本土徵集了一大批技術高超的採礦工程師，依仗硫磺島遍布溶洞的地形特點，設計了龐大、完整、錯綜複雜的地下堡壘系統。許多洞穴經過改造，四通八達，可供日軍自由調動。所有的洞壁、洞頂都用兩三公尺厚，由鋼筋、水泥和島上用之不竭的火山灰調和成的最優質混凝土全面加固，再配以良好的通風設施，供長期防守使用的彈藥、糧食和淡水儲存。島上一些地下工事深入地底二三十公尺，耐炸、耐火。地道出口處和要害部位，用混凝土整體澆鑄成四百多個位置隱蔽、射界開闊、火力交叉的地堡群。每個地堡用厚厚的鐵門封閉，內鋪軌道。鐵門開啟，一門大口徑軌道炮即可沿軌道推出，對嚴格校射過的目標狂轟濫炸。栗林嚴格禁止守島日軍對美軍登陸部隊發動自殺性衝鋒，他相信硫磺島嚴密的防禦工程體系猶如金城湯池，必將成為登陸美軍的葬身之地。

硫磺島面積不過二十餘平方公里，雖是彈丸小島，卻占據要津，對美軍進攻日本本土有著重要的戰略意義。它地處東京和美軍新占的塞班島之間，距兩地距離各為一千兩百公里。美軍占領塞班島以後，一直以塞班島為基地，不斷出動大批 B29 巨型轟炸機空襲日本東京，但效果一直不佳，原因是硫磺島對東京空防有警報作用，每當美國機群飛經硫磺島上空時，硫磺島日軍總能及時向東京報警，駐島日軍的戰鬥機還不時升空攔截，衝散美軍轟炸機群；而且硫磺島因地處塞班島與東京中間位置，美軍希望把硫磺島闢為 B29 機群的中間加油站，出現故障或受傷的 B29 飛機也可以得到一個緊急降落場。凡此種種，使美軍更加強烈想奪取硫磺島。

為了奪占小小的硫磺島，美國海軍出動了海軍陸戰隊三個師；擁有十六艘航空母艦和一千兩百架艦載機、七艘戰艦以及大量輔助艦艇的第五十八特遣隊；擁有十四艘航空母艦的第五十二特遣隊；以塞班島為基地的美國陸軍第七航空隊。參戰美軍總計包括九百餘艘戰艦，幾千架飛機和二十五萬官兵。負責指揮硫磺島作戰的美軍第五艦隊司令官斯普魯恩斯海軍上將相信：有這樣一支歷史上最強大的艦隊進攻硫璜島彈丸之地，不出五天，一定能大功告成。

一九四四年十二月一日，一群從塞班島起飛的美國 B29 轟炸機飛臨硫磺島上空，對硫磺島日軍三個機場狂轟濫炸。此後直到下一年二月十五日，美軍轟炸機每天都要光臨硫磺島投彈，為美軍登陸準備火力。臨近登陸前數日，幾百艘美軍戰艦紛紛泊靠硫磺島附近海岸，數以萬計的艦炮一齊開火，把各種不同口徑的炮彈拋向日軍陣地。前後七十七天時間，美軍飛機、艦艇一共向面積僅二十餘平方公里的硫磺島投射了六千噸炸彈，以及總計一萬四千噸的大大小小三十萬發炮彈。平均算來，每一平方公尺硫磺島土地，都要承受一公斤爆炸物。硫磺島在美軍不停頓的打擊下，猛烈震顫呻吟，成為一個小火島。

一九四五年二月十五日，經過七十餘日火力準備後，美軍正式發動硫磺島登陸作戰，九百艘大小戰艦抵近硫磺島海岸，一面向日軍陣地發射壓制性炮火，一面放下無數登陸小艇，載運坦克、車輛、人員和各種裝備，潮水般湧向硫磺島南側雞脖和雞胸之間的海灘。不出三個小時，飽餐過牛排、雞蛋的三萬名美軍海軍陸戰隊官兵就登上了海灘，隨同上岸的還有數以千計的車輛以及幾千噸各種物資裝備。然後，得意洋洋的美軍官兵，皆背負幾十公斤重物，踩著淹及腳踝的火山灰，爬上一級級火山灰台地，向內陸推進。

美軍發動火力急襲時，守島日軍遵照栗林將令，轉入地下，泰然自若地嚼著應急米糕。一待美軍炮擊停止，日軍官兵紛紛爬上陣地，隱蔽在草叢中、巨石下和各種偽裝物後面的一扇扇地堡鐵門悄悄打開，幾百門火炮，幾千挺機槍一齊指向擁擠在海灘一隅之地的美軍登陸部隊。霎時間萬炮齊發，殺聲四起，日軍像從地底上冒出來一樣，槍彈、炮彈潑雨般射向美軍。美軍官兵做夢也不曾想到挨了幾萬噸炮彈、炸彈的日軍仍然鬥志旺盛，戰鬥力不衰，一時措手不及，人仰馬翻。海灘上到處是躺在火山灰上等死的傷兵；履帶車亂竄一陣，然後被鬆軟的火山灰托住底座，無法動彈，成為靶子。美軍損失慘重，當場死傷兩千餘人，餘皆被日軍炮火壓在灘頭，不能動彈。與此同時，五十架日本神風攻擊機飛臨美軍艦隊上空，滿載燃油、炸彈，直撲美軍艦艇。濃煙起處，接連有兩艘美國航空母艦被日本神風飛機撞中，沉入滾滾波濤。

美軍總指揮斯普魯恩斯上將進攻受挫後，下令重新組織火力，從空中、海上同時突擊日軍陣地，尤其是重點打擊新出現的日軍火力點。美軍登陸官兵也藉火力掩護，成戰術隊形散開，隱蔽接敵，向日軍堡壘線推進。

每遇日軍堡壘，美軍官兵便先用迫擊炮抵近射擊，掀開敵堡掩蔽物，再用火焰噴射器和噴火坦克發射高溫烈焰，制服守堡日軍。然後開來推土機，用成噸成噸的泥沙和混凝土封閉洞口步步為營，逐一拔除日軍堡壘，一步一步向前推進。

日軍官兵拼死抵抗，一些日軍士兵渾身烈焰、抱著炸彈，不顧一切地鑽向美軍坦克、壕溝。地堡封閉了，又被日軍挖開；一個地堡出口被堵死了，日軍又從另一個更隱祕的出口射擊；剛消滅前面的堡壘，背後又突然出現日軍新的堡壘。每一個堡壘，每一處溝坎，雙方都要反覆爭奪。美軍每前進一步，都要付出巨大代價。登陸前五天，美軍損失了六千人。為了爭奪折缽山制高點，美軍苦戰十天，每天僅推進幾百碼，直到二月二十四日才把一面紅、白、藍三色星條旗插上了折缽山的火山口。

占領折缽山後，美軍繼續向硫磺島北部和東北部高地推進。日軍更拼死抵抗，美軍用重迫擊炮轟，用汽油灌注低窪地燒，歷經千辛萬苦，摧毀了日軍防禦體系，將各處日軍分割包圍。

三月二十一日，美軍開始圍攻栗林中將的指揮部。就在這一天，東京發來嘉獎令，晉升栗林為日本陸軍大將。三天以後，美軍用重迫擊炮敲開了栗林指揮部所在地的地堡殼蓋，又灌注了幾大桶汽油，點火焚燒。日軍官兵入地無門，新提拔為大將的栗林在絕望中向東京發了最後一份效忠電報，便切腹自殺。

一九四五年三月二十六日，美軍宣布攻占日軍據守的硫磺島。這以後，掃蕩地層深處零散日軍的戰鬥又持續了兩個多月，硫磺島之戰才真正結束。兩萬三千名守島日軍僅有兩百一十六人被俘，餘皆陣亡。日軍被俘者中，也大多帶傷。為奪取這一勝利，美軍戰死六千人，另有兩萬五千人受傷。

61、決戰雷伊泰灣——日、美海軍主力會戰的最後高潮

【楚雲戰評】雷伊泰灣海戰是第二次世界大戰時期規模最大的一次海上會戰，日本海軍傾其全部家當，投入其最後一次海上決戰。但這場海上決戰已不具備決戰的真正意義，充其量是日本海軍在徹底失敗前的一次垂死掙扎。從戰略上看，日本海軍在勝利希望極其渺茫的情況下部署這次進攻作戰是一種愚蠢行為，大大加速了日本海軍被徹底殲滅及日本戰敗。與第一次世界大戰時期的日德蘭海戰相比，雷伊泰灣之戰最大的特點，是擁有航空母艦和艦載機優勢的美軍始終掌握著戰役主動權，徹底打破了日本海軍以戰艦巨炮決定勝負的殘存幻想，日本巨艦「武藏號」葬身錫布延海，為戰艦時代畫上句號。

錫布延海地處菲律賓南部，水道狹窄，潮急浪高。日本超級戰艦「大和號」和「武藏號」在一群護航戰艦保護下，沿錫布延海狹窄的水道，向東急駛，謀求與美國海軍艦隊決戰，以便使其巨型艦炮能真正發揮威力。這時，天空忽然傳來隆隆的引擎聲，一群美國轟炸機從天邊飛來，一架架歪著翅膀，追著日本艦隊俯衝投彈。「大和號」和「武藏號」兩艘日本巨型戰艦像兩頭笨象，東躲西藏，連連中彈。幾個小時後，世界第一大戰艦「武藏號」連中十七枚航空炸彈和十九枚空投魚雷，被炸得體無完膚，翻沉在錫布延海。「大和號」也被三枚炸彈擊中，傷痕累累，這就是日、美海軍雷伊泰灣決戰的一幕高潮。

從一九四三年十月，美軍在太平洋採用跳島戰術，開始對日反攻，只一年時間，美軍便越洋萬里，相繼占領吉伯特群島、馬紹爾群島、馬里亞納群島及巴布亞新磯內亞等地，逼向菲律賓。一九四四年十月二十日，

美軍出動一百八十七艘大型戰艦和千餘架艦載機，掩護地面部隊在菲律賓萊特島登陸，揭開了菲律賓戰役的戰幕。

此時，日本海軍為就近取得燃料補給，已把聯合艦隊的主要活動基地轉移到新加坡和汶萊。如任美軍奪占菲律賓，駐紮在東南亞的日本聯合艦隊將與日本本土失去聯繫，無法補充彈藥。因此之故，菲律賓得失，關係到日本聯合艦隊生死存亡。於是，日本海軍聯合艦隊司令長官豐田富武海軍大將，調遣聯合艦隊主力，包括四艘航空母艦、兩艘戰列航空母艦，七艘戰艦，十九艘巡洋艦，三十一艘驅逐艦共六十三艘大型戰艦、百餘架艦載機，按照事前幾個月擬訂好的作戰計畫，分作三支，分途向雷伊泰灣進發，迎戰美國海軍，以解菲律賓之圍。

日軍三支分艦隊中，第一支是北編隊，由小澤治三郎海軍中將指揮，擁有四艘航空母艦，兩艘戰艦空母艦、三艘巡洋艦、八艘驅逐艦以及聯合艦隊僅存的百餘架艦載機，從日本本土南下，經菲律賓呂宋島東海岸，向雷伊泰灣進逼；第二支是南編隊，包括先遣和後援兩支艦隊。南編隊先遣艦隊由西村祥治海軍少將指揮，擁有兩艘戰艦，一艘巡洋艦，四艘驅逐艦，從新加坡起航，自西而東穿越棉蘭老島與萊特島之間的蘇里高海峽，由南端直撲雷伊泰灣。後援艦隊由志摩清英海軍中將指揮，轄三艘巡洋艦和四艘驅逐艦，從澎湖列島起航，南下蘇里高海峽西出口，然後在西村艦隊後尾八十公里處跟進；第三支是中央編隊，由栗田健男海軍中將指揮，轄五艘戰艦、十二艘巡洋艦、十五艘驅逐艦，從新加坡起航，經菲律賓西海岸巴拉望海、錫布延海，自西而東越過萊特島與呂宋島之間的聖貝納迪諾海峽，進入雷伊泰灣北部。豐田大將的意圖是：各路部隊分途於十月二十五日趕往雷伊泰灣，配合作戰。小澤北編隊先出動艦載機向美軍挑戰，引誘美軍航空母艦部隊離開雷伊泰灣向北追擊；西村和志摩統轄的南編隊由蘇里高海峽東出口發動攻擊，分散雷伊泰灣美軍注意力。然後栗田中將指揮擁有「大和號」和「武藏號」兩艘超級戰艦的中央編隊主力，祕密進入雷伊泰灣北部，從美軍背後突襲，利用「大和號」和「武藏號」兩艦裝備的四百六十毫米巨型艦炮，與美軍戰艦決戰，消滅美軍艦隊主力和運輸船隊。

一九四四年十月二十三日，栗田中央編隊由新加坡起航，向雷伊泰灣進發。途經巴拉望海暗礁時，栗田航隊突然遭兩艘美國潛艇攻擊，不到半小時，日軍就有兩艘重巡洋艦被擊沉，一艘負重傷，失去戰鬥力。差不多同時，日軍南編隊也小受挫折，一群美國巡邏機無意中發現了西村艦隊和志摩艦隊，並發動攻擊，擊傷西村艦隊的兩艘戰艦。

經過這兩場前哨戰，美軍基本上摸清了日軍兵力和部署，決定將計就計，把艦隊分為兩支：一支以十六艘航空母艦為主，由綽號「蠻牛」的海爾賽中將指揮，迎戰栗田率領的日軍中央編隊，封閉聖貝納迪諾海峽；另一支以六艘戰艦為主，包括八艘巡洋艦和六十艘驅逐艦，由金凱德海軍中將指揮，負責掩護泊在雷伊泰灣內的美國運輸船隊，封閉蘇里高海峽，迎戰日軍南編隊。

十月二十五日，西村艦隊乘夜黑偷偷進入蘇里高海峽，向東急進，不料美軍已有準備。金凱德中將指揮美軍大小戰艦沿二十公里寬的海峽航道重重設伏。美軍首先以三十九艘小魚雷艇出擊，衝亂日軍陣形。二十八艘美軍驅逐艦分為左右兩支，藉峽灣掩護，用車輪戰術，連續發射魚雷，攻擊日艦。火光閃耀處，西村艦隊的旗艦「山城號」首先中雷。緊接著，「扶桑號」戰艦同時被兩枚魚雷擊中，又引爆彈藥艙，被炸成兩截，沉入海峽。待西村不顧犧牲，率艦隊殘餘衝至海峽東出口時，又陷入十餘艘美軍重型戰艦的弧形火力圈中。美軍艦炮排山倒海般把一噸重的炮彈頻頻射向日艦。未及天明，西村艦隊全軍覆沒。待志摩率分艦隊不知死活地尾隨西村艦隊進入海峽時，眼見一路盡是燃燒的日軍艦艇殘骸，驚恐萬狀，趕緊下令艦隊轉向，逃出蘇里高海峽。美軍乘勢窮追，又消滅志摩艦隊三艘戰艦。

在蘇里高海峽西出口以北，栗田中央編隊主力剛剛逃脱美軍潛艇追擊，驚魂未定，又在錫布延海遭到海爾賽艦載機部隊攻擊，損失了巨型戰艦「武藏號」，嚇得倉皇西撤。這時，從日本本土南下的小澤艦隊，沿呂宋島東岸南下雷伊泰灣，乘機出動艦載機偷襲海爾賽艦隊。「蠻牛」海爾賽勃然大怒，丟開西逃的栗田艦隊，率部掉頭北上，撲向小澤艦隊。小澤見海爾賽上鉤，急率日軍北編隊匆匆北撤，海爾賽窮追不捨。十月二十五日，美軍艦載機在呂宋島東北恩加諾角追上小澤艦隊，狂轟濫炸，很快擊沉小澤艦隊的四艘航空母艦和一艘巡洋艦。

栗田率日軍中央編隊在二十四日黃昏西撤不久，聞報海爾賽艦隊因追殲小澤艦隊，遠遠離開雷伊泰灣，認為日軍還有機會殺進雷伊泰灣，挽回敗局，便下令艦隊掉頭東返，乘夜黑高速航渡聖貝納迪諾海峽。黎明時分，栗田艦隊成功地闖入雷伊泰灣北部。日軍排水量達六萬八千噸的「大和號」巨型戰艦，第一次有機會啟動四百六十毫米的巨型艦炮，轟擊泊在雷伊泰灣的美國運輸船。美軍措手不及，趕緊調驅逐艦和巡洋艦奮勇阻擊，掩護運輸船隊逃命，同時呼叫海爾賽艦隊趕緊回援。混戰一陣，栗田深恐海爾賽的航空母艦部隊回援，率領剛占上風的日本艦隊匆匆撤離雷伊泰灣，沿聖貝納迪諾海峽西去。待海爾賽艦隊開回雷伊泰灣時，栗田艦隊早已遠遁，雷伊泰灣決戰至此落幕。

在三天混戰中，日本海軍共損失三十萬噸戰艦和萬餘名官兵，而美軍僅損失三萬噸戰艦和大約三千名官兵。雷伊泰灣決戰顯示，美國海軍不但在數量上穩穩占據了壓倒性優勢，而且技術、戰術、指揮、士氣等領域也穩穩占據了優勢。雷伊泰灣決戰後，日本海軍聯合艦隊基本解體，無力再與美軍抗爭。

62、兵不厭詐——突出部之役前的「格賴夫」行動

【楚雲戰評】一九四三年一月，德軍在史達林格勒慘敗，失去德蘇戰場主動權後，又相繼在北非地中海戰區和大西洋海戰區失敗。一九四四年六月，盟軍在諾曼地登陸成功，形成與蘇軍東西對進，夾擊德軍之勢。盟軍轟炸機群也不分晝夜猛烈空襲德國本土。德國敗亡在即。希特勒不甘失敗，集中最後一支後備力量，於一九四四年十二月在亞爾登地區發動反攻，企圖以奇襲手段把西線盟軍趕出西歐，扭轉戰局，但以失敗告終。由於在突出部之役中消耗了最後一批後備力量，德軍更難阻擋盟軍的新攻勢。

安東尼．麥考利夫準將，根據巴頓將軍的命令，正指揮著美軍第一〇一空降師官兵由法國邊境重鎮蘭斯起程，兼程向比利時重鎮迪南進發，又根據迪南三岔路口上醒目的路標，轉上去巴斯通的沿河公路。這時他暗中鬆了一口氣，抬腕看了一下手錶，時針指向十八日上午十點四十分。如果不出意外，他的部隊可望在下午兩點以前趕到巴斯通。

巴斯通位於拉塞河上游方向的比利時境內，是西歐高速公路網的一個主要聯網點，有六條主要公路在這座比利時小城交叉，分別聯結法、德、比、荷、盧五國。兩天以前，第三帝國集中了幾十萬軍隊和大批坦克，

向盟軍防守最薄弱的亞爾登山地突然出擊，衝破盟軍防線，向西猛插，其前鋒部隊已進逼巴斯通城下。如任巴斯通淪陷，德軍坦克部隊將長驅直入，徹底搗毀盟軍後方交通線和各補給中心，把百萬盟軍趕出歐洲大陸。第一〇一空降師的任務，就是要盡快趕到巴斯通，協助駐防美軍死守這座城市，等待盟軍主力反攻。

車行半途，車速越來越慢，最後竟完全停頓下來。麥考利夫準將心中焦躁，跳下指揮車，發現前後左右擠滿了「謝爾曼式」重型坦克和重型卡車，不像是自己的輕裝部隊。再舉目四顧，一條寬闊的全天候高速公路，人嘶馬叫，塞滿了各種車輛，車隊長龍望不見頭尾，足有幾十公里長。根據情報，迪南至巴斯通的公路，此刻唯有一〇一空降師占用，而一〇一空降師不過一百餘輛坦克，輔助車輛不足千乘，如何冒出如此龐大的車隊搶道？

麥考利夫正煩悶時，一陣銀鈴般的笑聲打破了沉悶的氣氛。三十來歲的年輕準將身不由己地轉過頭：一位美麗的比利時女郎正好進入視野，亭亭玉立，笑靨如花，其風姿比美國著名影星貝蒂·葛萊寶尤甚三分。準將一時忘記了戰爭，本能地向前邁出幾步，迎向女郎，裝模作樣地打聽離巴斯通還有多遠，女郎卻像碰上外星人一樣瞪大眼睛，一本正經地告訴準將：這條公路通向那慕爾，不通巴斯通！準將不以為然，以在迪南看到的路標作答。而姑娘卻斷定他一定看錯了路標，還是隨從副官出來轉圜，小聲告訴準將，可能是看錯了路標。副官的依據是，去巴斯通應逆拉塞河往東南方向行車，而車隊方向與河流方向一致。況且公路邊的河流又寬又急，像是默茲河，而不是拉塞河。準將驚愕之餘，額頭沁出了冷汗，急令打開地圖，果然如比利時女郎所言，車隊南轅北轍，走錯了方向。於是，他顧不得與比利時姑娘調情，趕緊下令車輛掉頭，前隊變後隊，後隊變前隊，循原道回駛。

幸好一〇一空降師裝備的是輕型「斯圖亞特」坦克，輔助車輛也多為輕便越野車，還能通過比利時冬季荒原越野掉頭。及至返回迪南，準將再細看路標，通向巴斯通的路標箭頭指的是那慕爾方向，而通往那慕爾的公路卻有路標標明距離巴斯通一百二十公里。一切都顛倒了。參謀人員參照地圖，用指北針定位，反覆測度，才找到真正通往巴斯通的公路。折騰一番，等車隊重新轉向，真正向巴斯通開進時，時針早指向下午一點。麥考利夫準將怒不可遏，罵道：這些該死的比利時人，連一個路標也寫不清楚！

實際上，迪南的路標出現錯誤與比利時人無關，而是德國人擺的迷魂陣。偷換路標只是德軍「格賴夫行動計畫」的一部分，而「格賴夫」行動又服從於另一個更野心勃勃的計畫。

一九四四年六月，盟軍諾曼地登陸成功後，又乘勝進軍，解放法國，把德軍趕過了萊茵河。與西線盟軍相呼應，東線蘇聯紅軍也發起了一連串攻勢，其左翼前鋒席捲巴爾幹，正沿多瑙河谷而上，直叩柏林後門。希特勒深恐末日來臨，臨時從各條戰線搜羅拼湊了二十七萬兵員、九百輛坦克和自走炮、三千門大炮以及八百架飛機，組成三個集團軍，計畫從盟軍防守最薄弱的亞爾登地區突破，扭轉戰局。

這時，西線盟軍已增至三百萬人，飛機、坦克、大炮對德軍占有壓倒性優勢。希特勒的亞爾登反攻計畫明顯是一場軍事賭博，為了彌補進攻力量的不足，他決心不擇手段，盡量欺詐。他親自召見三十六歲的親衛隊上校軍官斯科爾茲納，面授機宜，要求他組織一支突擊隊，先於主攻部隊行動，搶占默茲河各橋梁，並盡量擾亂盟軍後備隊調動，保證德軍主攻部隊突破亞爾登地區。

斯科爾茲納長期從事特工活動，主持過一九四三年營救墨索里尼的行動，又參與過綁架匈牙利攝政王之子的行動。得到希特勒授權後，他主持制訂了配合亞爾登作戰的「格賴夫行動計畫」。根據這個計畫，斯科爾茲納在德軍各部隊挑選了幾千名能說英語的官兵，組成一支突擊隊。又從歷次作戰的繳獲品中搜集來美軍服裝、車輛、坦克、槍支及一切能證明美國人身分的用品，讓突擊隊裝扮成一支十足的美國部隊。

一九四四年十二月十六日，在德軍亞爾登攻勢發動前夕，這支說英語、穿美軍服裝、佩美式卡賓槍、乘坐美式吉普和美製「斯圖亞特」型坦克的突擊隊，乘夜偷越美軍防線，插入美軍戰線後方，然後分成無數小分隊，在美軍防區大搖大擺活動。他們捕捉單獨行動的美軍傳令兵；割斷電話線；把埋有地雷的紅色標記移到沒有地雷的路段；倒轉路標，把盟軍後備部隊和補給車隊引上歧途；同時還長驅直入，搶占默茲河上各橋梁，接應在亞爾登發動突擊的德軍裝甲師，保證德軍盡速推進。

由於這支德軍突擊隊的瘋狂活動，美軍防區亂成一團。裝甲部隊小心翼翼地繞過掛有埋雷標記的路段，卻闖入了沒有任何標記的真正雷場；運送燃料補給的車隊根據值勤人員的指揮行進，很可能落入兩支德軍裝甲部隊的口袋陣中，因為在路口指揮車輛的值星官是說英語、穿美國軍服的親衛隊軍官！一〇一空降師在迪南陷入路標迷魂陣以至貽誤戰機，正是斯科爾茲納和他的突擊隊的傑作。德軍突擊部隊，卻乘美軍防區混亂不堪之機，一舉突破。數以百計的德軍坦克，迅速衝過斯科爾茲納及其下屬搶占的各重要橋梁，縱深發展。在斯科爾茲納及其下屬的有力配合下，亞爾登德軍幾天之內，就在美軍防線撕開了一個大缺口，向西推進了近一百公里。盟軍幾百萬大軍對區區二十餘萬德軍，一時竟束手無策。

混亂局面持續了好幾天，美軍總部才摸清了造成混亂的原因。一支美國偵察巡邏車隊在德、美兩軍陣線犬牙交錯的前線地區，截住了一名德軍傳令官，從他的公事包裡搜出了幾份標有「格賴夫行動計畫」的絕密件，了解到美軍防區所有的混亂皆由斯科爾茲納上校與他的幾千名突擊隊員所造成。美軍總部根據繳獲的「格賴夫行動計畫」原件，下令消滅斯科爾茲納和他的突擊隊，卻引起百萬美軍更嚴重的混亂。

美國一直以移民之國著稱，很多美國人都帶有日爾曼人血統。德國人與美國人一樣，凹眼高鼻，身健腿長，泛紅的皮膚上生出一層白毛，在外貌上沒有明顯區別。要在百萬穿美軍制服、說英語的軍人中，搜尋出幾千名假美國兵，無異於大海撈針。結果，駐守在幾百公里戰線上的百萬美軍相互盤查，人人自危。同時又像是一場軍中遊戲，每一個過路者，不論經過哪一個交叉路口或哨位，即使穿戴整齊，出示了完整的軍階、證件，也免不了各種奇怪的盤問。

在美軍中威名遠揚的第十二集團軍群總司令布雷德利將軍，也受到這場混亂的困擾。他在一天之內受到美軍士兵的三次嚴格盤查，每次盤查他都必須回答三個關於美國社會生活的不同問題，其中一次，將軍遇到的三個問題分別是：伊利諾州的首府；美式橄欖球的規則；一個美國女影星三個丈夫的名字。布雷德利將軍答對了前兩個問題，對第三個問題卻一籌莫展，幸好幾個過路士兵證明了他的總司令身分，他才沒有受到進一步的刁難。

就在布雷德利受士兵盤問的同一天，有好幾百名美軍官兵，因不能正確地回答關於美國社會生活的各種怪問題而被盤問者拘捕。經過仔細審查，其中沒有一名是執行「格賴夫行動計畫」的德國突擊隊員。

搜捕德國突擊隊員的行動，也波及盟軍總司令艾森豪將軍。根據繳獲的德國檔和俘虜供詞，「格賴夫行動計畫」的另一個內容是伺機刺殺美軍高級司令官和艾森豪將軍，這引起了盟軍司令部和各級保安部門的恐慌。盟軍各級司令部因此加強了安全保衛措施，對陌生人進出嚴加盤查，對高級司令官的活動嚴加保護，艾森豪將軍住宅四周，崗哨林立，房頂上架滿了機關槍，外出受到嚴格限制。如果非外出不可，也是前呼後擁，一大排警衛車隊隨行，嚴密保護。

「格賴夫行動計畫」給百萬美軍造成半月之久的混亂，而美軍陷入混亂，促使亞爾登德軍進攻初期連連成功。不過，盟軍已在各條戰線上占據絕對優勢，希特勒和德軍的失敗只是時間問題。希特勒不可能憑藉區區二十餘萬德軍擊敗盟軍，更不可能憑藉幾千名偽裝成美軍官兵的突擊隊員給盟軍造成永久性混亂，扭轉戰局。希特勒的亞爾登攻勢只持續了半個月，就失去了攻勢。

一九四五年一月三十一日，盟軍肅清了混入美軍戰線的德國突擊隊員後，開始反攻。德軍勢衰力竭，擋不住百萬盟軍的勇猛攻勢，節節敗退。在亞爾登地區突破美軍陣地的德軍，反而陷入盟軍的反包圍。一九四五年一月二十一日，盟軍把德軍趕回到突出部之役發動前的戰線，結束了突出部之役，配合突出部之役的「格賴夫行動計畫」也因別出心裁，成為戰爭史上的奇特插曲。

63、漂來了假英鎊——經濟戰奇招百出

【楚雲戰評】總體戰，這是德國將軍魯登道夫首創的一個軍事術語。第一次世界大戰是一場總體戰，第二次世界大戰更是一場總體戰。所謂總體戰，是指國家為了奪取戰爭勝利，不惜調動國家的軍事、政治、經濟、文化等一切資源、力量，投入戰爭。不僅如此，總體戰還包含為奪取勝利，不惜使用任何戰爭和非戰爭手段的意思。在這種情況下，交戰雙方為戰勝對手，可以説是奇招層出無窮。希特勒製造假英鎊投入英國流通，是屬於經濟戰的範疇。雖然因種種原因，

假英鎊未真正給英國戰時經濟造成太大衝擊，但它為人們認識總體戰條件下變化無窮、無所不用的戰爭手段和戰爭領域，提供了一段思考素材。

一九四五年三月，奧地利境內的阿爾卑斯山區依然是雨雪交加，寒風刺骨。在山下離薩爾斯堡不遠的河邊，一個早起的船夫用竹竿撈起了一小卷紙狀物品，藉晨光仔細一看，花花綠綠，竟是一綑百鎊面額的英國鈔票。船夫狂喜，高呼發財，招來附近的村婦、農夫。大家放眼望去，寬寬的河面上，一綑綑紙卷，如散群的花鴨，隨波逐浪，漂滿一河。農夫、村婦不分男女老少，紛紛和衣跳下冰冷刺骨的河水中，發瘋似地爭搶泊來之財。這一綑綑英鎊從何而來？是真是偽？一時眾說紛紜，成為不解之謎。

追根溯源，事情還得從一九四〇年九月說起。當時擔任德國親衛軍國外保安處處長的威廉．赫特接到一項奇怪指令，要他準備一份有關一九二五年匈牙利偽造法國貨幣的資料，而且鄭重其事，要求務必準確、詳實，並絕對保守祕密。

赫特是學者出身，對東南歐歷史深有研究，而且忠於職守，兢兢業業。受命以後，他費時四周，查閱了維也納國家圖書館所有相關的報紙資料，得到的卻是一個很普通的故事：一九二五年，一批匈牙利領土恢復主義成員試著發行假法郎，為貫徹其政治主張籌集資金，因製幣技術不佳而很快敗露，被法國政府和銀行起訴，偽幣製造者皆被判處重刑。

赫特滿腹狐疑，在遞交報告的同時，向上司打探內幕。上司回覆說，英國飛機一直在德境散發大量偽造的食品供應票證，企圖破壞納粹德國的食品供應計畫。納粹元首希特勒十分惱怒，下令報復英國，要求盡快製造大量假英鎊到英國發行，破壞英國貨幣流通，摧毀其經濟。希特勒指令德國國家安全部部長海德里希負責這一計畫。海德里希又透過祕密指揮系統，把具體任務交給了親衛軍國外保安處。

為了保證偽幣以假亂真，首先要不惜一切代價造出能以假亂真、與英格蘭銀行造幣用紙毫無二致的紙張。在柏林近郊斯佩希豪森造紙廠的祕密偽幣製造車間，負責軍官與相關人員前後試驗三十多次，但仿英鎊的造幣用紙仍有不足。與英國銀行的造幣用紙相比，仿造的造幣用紙不是太粗糙，就是太光亮，或是色調不合要求。

在德國技術學校實驗室指導下，有關技術人員改用土耳其新麻布作紙漿原料、做出了肉眼看去與英國鈔票用紙毫無二致的紙張。但在石英燈照射下，二者仍有明顯區別。雖然都是淡紫色，但深淺稍有不同。技術人員絞盡腦汁，在紙漿上做文章，斷定問題出在土耳其新麻布太「新」，便把進口的土耳其新麻布送到工廠裡做抹布，用舊後再洗乾淨，重新製作紙漿。果然出現了奇蹟，用舊麻布製成的偽幣用紙與英鎊用紙，即使在石英燈照射下，也毫無二致。

製造偽幣的另一技術問題是製版。為了精確製造出印製英國鈔票的網版、文字、圖案和浮水印模版，相關人員反覆試驗、比較、修改，耗費了差不多一年時間。

一九四一年三月，第一批偽造英鎊試製成功。德國保安局派出專門情報人員，攜帶一綑偽幣以經商需要為名，要求瑞士銀行幫助鑒定真偽，並附上德國國家銀行信件，信中也表示對其真實性表示懷疑。瑞士銀行的專家們備覺榮幸，用最先進、最完善的設備，全面檢測偽幣，並向英格蘭銀行核對這些偽造鈔票的序號、署名和發行日期。經過這一系列複雜程序，瑞士銀行最後作出結論：這些偽幣絕對是英鎊真品！

納粹製造的假英鎊幣模擬效果，至此完全達到了以假亂真的水準。一九四二年，納粹保安處受命建立專門製造偽幣的伯恩哈特獨營企業，開始工廠化生產假英鎊，每月的假幣印製量高達四十萬張，票面包括五英鎊、十英鎊、二十英鎊、一百英鎊，應有盡有。到一九四五年，納粹已製造出面額約達一億五千萬英鎊的偽鈔，並運往瑞典、瑞士、葡萄牙、法國、土耳其等國家和地區散發使用。假英鎊製造者因模擬成功，一再受到納粹重賞。

一九四五年春，納粹敗降在即。盟軍分從東西兩翼，向德國腹地逼進。納粹分子鳥獸散，紛紛隱姓埋名，遺散資財，燒毀文件，亡命他鄉。納粹親衛軍保安處，乘亂把大批偽造英鎊及圖版，運至奧地利境內銷毀，其中一輛卡車中途拋錨，押車的親衛軍軍官一時忙亂，下令將車上滿裝偽幣的特製鐵箱，就近拋進河裡。不料箱蓋被河水沖開，偽幣沿河漂流。讓沿河村夫、農婦大發橫財。美軍占領奧地利後，立即派出情報人員嚴密調查這些假英鎊的來源，順藤摸瓜。幾天後，美軍在阿爾卑斯山叢林深處找到第一輛丟棄的德國偽幣運送卡車，車上有二十三個鐵箱子，總共裝有兩千一百萬英鎊偽鈔，票面分別是五鎊、十鎊、二十鎊。調查還發現更多的偽造英鎊和圖版，被納粹拋進奧地利山區巴德奧塞小鎮附近的托波里茨湖底。

64、愚人節攻勢——沖繩爭奪戰

【楚雲戰評】沖繩之戰，是日本軍閥在絕望中繼續垂死掙扎的一個典型戰例。在沖繩戰役中，日將牛島滿的戰術思路是「硫磺島式」而不是「塞班島式」，即按前輕後重原則，把重兵置於島上的縱深陣地，避免在海灘上與擁有兵力、火力優勢的美軍爭奪海灘陣地，減少無謂犧牲，以求盡可能延長抵抗時間。牛島滿的守島戰術從軍事上看無可厚非，但當時美軍擁有陸、海、空壓倒性的優勢，日本海、空軍已不成建制，完全失去了制海權和制空權，沖繩守島日軍已成為待宰的「海龜」。不論日軍守島戰術如何高明，都不可能守住沖繩，挽回敗局，製造戰爭奇蹟。可以說，日軍在沖繩的拼死抵抗在政治上並不明智，只是徒勞地增加了生命損失，也再次顯露出日本武士道的瘋狂，並為美軍後來向日本本土投擲核彈提供了政治、軍事和道義上的合法性與合理性依據。

一九四五年春，太平洋美軍奪占硫磺島和菲律賓後，決定乘勝進軍，奪占沖繩島，以便徹底切斷日本本土與日本占領下的中國及南洋資源區的海上交通線，更有效地大規模空襲日本本土，並為在日本本土登陸建立前進基地。

沖繩島是琉球群島最大的島嶼，位於日本九州到臺灣兩地之間島嶼鏈的中點，距兩地各約七百公里。沖繩島長約一百公里，寬十餘公里，總面積約略超過一百平方公里。其形狀如一條背部拱起的臥蠶，尾向日本九州，頭向臺灣，斜臥在東海邊緣。島上森林密布，地形崎嶇，石灰岩洞穴密布全島，對固守極為有利。

為迎擊美軍，日本大本營任命陸軍中將牛島滿，指揮日本陸軍第三十二軍及附屬部隊約十餘萬官兵屯駐沖繩島，並命令守島日軍深溝高壘，盡可能持久地固守沖繩，掩護本土安全。牛島滿受命後，根據日軍在塞班島和硫磺島作戰中得到的經驗與教訓，決定避免在灘頭陣地與擁有裝備、火力優勢的美軍作戰，並根據沖繩島東北平緩，西南陡峭的地形特點，在東北端只以少量部隊佯動，集中主要兵力於西南端山嶽叢林地帶，保存有生力量，持久防禦，伺機反擊，消耗美軍實力。為支援沖繩防禦戰，大本營與牛島中將約定，屆時將調駐紮在臺灣和九州的神風特攻機群以及殘存的日本海軍艦艇，對美軍登陸部隊發動自殺攻擊，遲滯美軍攻勢。

為盡快奪取沖繩，打開進攻日本本土的門戶，美軍成立第十集團軍，由巴克納中將指揮，統轄兩個軍、七個師共十八萬部隊及成百萬噸作戰物資，由一千三百艘艦船載運，負責沖繩登陸作戰。斯普魯恩斯海軍上將指揮第五艦隊一千五百艘各種戰艦，負責壓制來自臺灣和九州的日軍海、空火力，為登陸作戰提供火力支援和掩護。從大西洋方面騰出手來的英國，也派來五艘航空母艦、外加十七艘護航艦艇，支援美軍進攻沖繩。美軍計畫人員規定一九四五年四月一日為美軍在沖繩登陸日。按英、美民俗，這一天是愚人節，日本士兵挖苦美軍進攻沖繩是「愚人節」攻勢，美軍則把這一大規模作戰行動稱作「冰山行動」。

進入三月以後，美軍開始為進攻沖繩準備火力。從硫磺島、塞班島、關島和中國西部起飛的美國B29轟炸機群，成百上千架次飛臨沖繩島上空，地毯式轟炸沖繩。斯普魯恩斯將軍率領的美軍航空母艦部隊，每天出動數以千計的艦載機，猛烈攻擊駐臺灣和九州的日本空軍基地與機場。從三月二十五日開始，美軍戰艦編隊抵近沖繩島四周海岸，以艦炮直瞄射擊。幾天之內，有五千噸美軍大口徑炮彈砸向守島日軍陣地。

整整一個月，沖繩島地動山搖，被濃煙烈火吞沒。島上森林被摧毀，山頭被削平，曾經鬱鬱蔥蔥的美麗島嶼早已面目全非。在此期間，美軍出兵占領了沖繩南端的慶良列島，建立艦艇修理補給基地，並在島上架設遠程大炮，直接轟擊沖繩島南岸。美軍蛙人則戴著護目鏡，拖帶炸藥包，由艦炮火力掩護，潛入登陸場岸邊，在水下爆破，清除日軍敷設的水雷場、水泥杆等水下障礙物，為登陸艦艇靠岸清掃通路。

一九四五年四月一日，一千三百艘美軍艦船載運來先鋒部隊五個師，正式發動沖繩登陸作戰。美軍登陸點選擇在沖繩島西岸臥蠶拱背處。黎明時分，隨著一發發彩色信號彈升上天空，成千上萬的美軍官兵爬出大船，跳到小艇上，奮勇搶灘。無數的水陸兩棲登陸車，像一群群甲蟲，載運美軍官兵，在海浪衝撞下，向海岸爬行。美軍原以為在灘頭陣地會有場惡戰，未料平安無事，如同一場登陸演習。日軍根據牛島的命令，絕不在灘頭陣地與美軍交鋒。第一天結束，美軍六萬官兵和大批物資順利登上海灘。美軍還搶占了兩個日軍機場。

第二天，美軍乘勢向內陸推進，進至沖繩東海岸，攔腰切斷了沖繩島。然後，美軍分為兩支，北面一支進展神速，只幾天時間，就奪占沖繩北部地域，但向南進攻的美軍卻遭遇到了頑強抵抗。

沖繩島南端是整個沖繩的脊梁，山勢高聳，石崖壁立，峽谷縱橫，岩洞密布。日軍充分利用地形，建立了無數的地堡群和永久火力點，並將縱橫交錯的地下坑道和壕溝連接，相互支援。美軍進行火力急襲和發動登陸作戰時，日軍深藏地下，不理不睬，只以少量部隊守在瞭望哨居高臨下，監視美軍活動。登陸美軍向南推進時，日軍又以少數兵力在陣地邊緣區佯動，誘使美軍進入地形複雜的日軍潛伏區，然後以交叉火力集中夾擊，又乘夜黑反擊，重創美軍。美軍步步履險，進兵極為困難。

為配合沖繩守軍作戰，日本大本營按預先約定，出動了大批「神風」攻擊機襲擊美軍艦船編隊。幾週之內，一千五百架日本「神風」攻擊機發動了十次集中攻擊，擊沉美軍三十四艘戰艦，另有三百八十六艘美艦受傷。日本超級戰艦「大和號」也從本土起航，向沖繩美軍發動自殺性攻擊，企圖掃蕩美軍登陸部隊在沖繩搶灘，用巨型艦炮轟擊美國艦隊，支援沖繩日本守軍。

面對日軍海、空夾擊，美軍先集中力量迎戰日本神風特攻飛機，又集中艦載機一舉擊沉日艦「大和號」，然後不斷向沖繩島增調人員物資和各種特殊兵器，用重炮、坦克、火焰噴射器一個個轟開日軍固守的堡壘、洞穴，步步緊逼。尤其是美軍噴火坦克，迎著日軍直射火力，在山間隘道爬上爬下，不斷把凝固汽油彈射向日軍築壘陣地和洞穴深處，立下了汗馬功勞。

經過兩個多月激戰，美軍在付出極大代價後，深入到日軍核心陣地，把日本守軍分割成三塊，然後憑藉優勢兵力、火力，各個擊破。六月十七日，美軍逼近牛島中將司令部，日軍防衛體系完全瓦解。此時沖繩日軍重圍之下，彈盡糧絕，人員損傷慘重。牛島絕望之極，下令衛生兵替重症傷患注射過量嗎啡，以免被美軍俘虜。然後，他下令殘餘日軍向美軍發動自殺性衝鋒，以求速死。六月二十二日，牛島中將請理髮師替自己理了最後一次髮，飲完最後一杯威士忌後，像四月愚人一樣，坐在距美軍陣地不到五十英尺的山洞洞口，用匕首切腹自殺，他的助手隨後遵囑，用刀割下了他的腦袋。

沖繩戰役以牛島自殺告終，美軍一共俘虜了七千日軍，取得勝利。在沖繩戰役中，日軍在武士道精神支配下戰死十一萬人，另有十萬平民傷亡。美軍在戰鬥中也付出了傷亡五萬人的代價，美軍同時還損失了三十四艘戰艦，八百架飛機。奪占沖繩後，美軍就踏上了日本國門的門檻。

65、「大和號」的最後一次出航——大艦巨炮主義的輓歌

【楚雲戰評】日本超級戰艦「大和號」的最後一次出航與沉沒，代表著一個海軍時代的終結，也是對過時軍事思想的無情嘲諷與鞭撻。第一次世界大戰後，飛機與戰艦結合而誕生的航空母艦拓展了海戰的新景觀，大艦巨炮主義已沒有前途。對此變化，日本海軍其實也有意識到。太平洋戰爭開戰前，日本已建立了一支頗有戰鬥力的航空母艦突擊部隊，並在珍珠港顯示了其前途與威力。但是，日本軍閥仍未能放棄大艦巨炮主義，仍視航空母艦為保護戰艦的輔助艦種，整

體思路仍然把戰艦決戰視為海戰的最後形式，並為此而準備。結果日本海軍為艦隊決戰，斥鉅資建造了的「大和號」、「武藏號」、「信濃號」等，一下水就如同「海上棺材」、等著挨打的巨型戰艦。戰爭後期，日本匆忙把已經定型的「信濃號」改裝成航空母艦，說明日本軍閥已認識到大艦巨炮主義的愚蠢，但為時已晚。

日本海軍巨型戰艦「大和號」堪稱世界海軍史上無於倫比的戰艦大王。除在它以後下水的同型姊妹艦「武藏號」和「信濃號」外，它在艦艇噸位、航速、航程、裝甲厚度、適航性及艦炮口徑、射程等方面，遠遠超過任何國家的戰艦，穩居各國戰艦之冠，也是當時世界上噸位最重的戰艦。

「大和號」一九四一年下水服役，被視為日本海軍驕子。它滿載排水量六萬八千噸，主裝甲超過半公尺厚。其水密設計優良，可以抗擊魚雷炸彈連續攻擊而不沉沒。「大和號」航速超過三十節，雖然艦體巨大，操作依然靈活自如。「大和號」上裝有九門四百六十毫米口徑的主炮，可將一噸多重的巨型炮彈發射到四十公里以外。艦上還裝有一百四十門大口徑高炮和大量副炮，單艦作戰能力極強。「大和號」航行時，無異於一座巨大、堅固、火力猛烈的機動海上堡壘。

第一次世界大戰以後，各國海軍界盛行大艦巨炮主義。這種觀點認為：要奪取制海權，只能靠戰艦進行艦隊決戰。在艦隊決戰中，哪一方艦炮口徑大、射程遠、火力猛，哪一方就能確立優勢，消滅敵方艦隊，保證海戰勝利。大口徑艦炮又要求大噸位戰艦負載並支援其無限量的彈藥供應。「大和號」四百六十毫米艦炮的基座重達幾百噸，九門大口徑主炮齊射時，山搖地動，巨艦自身如同遭到魚雷攻擊一樣，猛烈震顫。

在大艦巨炮主義的推動下，各國海軍在第一次大戰後展開了一場比戰艦數量、噸位和艦炮火力的軍備競賽。日本海軍為奪取太平洋海軍優勢，不惜調集全國最優秀的造船專家，調撥幾萬噸優質鋼材，耗費大量資金、人力和數年時間，趕在日美開戰前夕，設計、製造成功「大和號」巨型戰艦。

「大和號」下水服役後，日本海軍視其為「鎮海之寶」，軍魂所在，決勝信心大增。「大和號」曾被用為日本海軍聯合艦隊旗艦。太平洋戰爭開戰初期，日軍為保護海軍元氣，不肯輕易動用「大和號」出戰，一心留待決戰時刻到來，伺機與美國戰艦決戰，一鳴驚人。因此之故，這艘巨型戰艦長期閒置無用，幾千艦員無所事事。到戰爭後期，日軍發覺戰局不利，急於投入「大和號」與美軍作戰時，又無力捕捉戰機。「大和號」巨型艦炮射程再遠，終究不及美國航空母艦上的艦載機航程遠，攻防靈敏。

一九四四年十月，日、美兩軍在雷伊泰灣進行海上決戰。「大和號」與其姊妹艦「武藏號」一起，相伴出航，在菲律賓呂宋島以南的錫布延海遭遇美國艦載機群攻擊。兩艘日本巨型戰艦在美機追趕下，像被老鷹追趕的水鴨子，四處奔逃，十分狼狽。「武藏號」在連中三十六枚美國艦載機投放的魚雷、炸彈後，翻沉在錫布延海的滾滾波濤中。「大和號」也被三枚高空墜下的重磅炸彈擊中，艦身傾斜。次日，「大和號」幾經反覆，駛進雷伊泰灣戰區，剛剛有機會啟動四百六十毫米巨炮試射，準備轟擊美軍艦隊，日軍指揮官栗田中將被「武藏號」的翻沉所震懾，深恐「大和號」再遭遇美軍艦載機群攻擊，重蹈「武藏號」覆轍，趕緊下令「大和號」回撤。「大和號」失去了服役以來唯一一次發揮巨型艦炮威力的機會，一口氣逃回日本本土，從此閒置在港灣內，成為軍中廢品。

一九四五年四月，美軍發動沖繩之戰，幾千艘美軍戰艦，密如繁星，在沖繩島周圍海域布下歷史上前所未有的海上大陣。日本大本營決定變廢為寶，下令「大和號」冒險出航，強行衝過美軍控制的千里水域，對沖繩周圍海域的美軍艦隊發動自殺性攻擊，並爭取在沖繩西岸搶灘擱淺，用艦上巨炮攻擊美國艦艇，然後兩千名艦員在沖繩強行登陸，投入保衛沖繩的地面戰鬥。

一九四五年四月六日，「大和號」裝上僅夠其單程航行、日本海軍貯存的最後兩千五百噸燃油，由一艘巡洋艦及八艘驅逐艦護航，駛離九州以北的瀨戶內海基地，經由豐後水道，往南向沖繩進發。

傍晚時分，武運欠佳的「大和號」還未駛出豐後水道，就被潛伏待機的兩艘美國潛艇發現行蹤。「大和號」出擊的消息引起美軍司令部的短暫驚慌。經過仔細分析，美國海軍太平洋艦隊第五十八特遣艦隊司令官米歇爾將軍，準確判斷出「大和號」的目標地、預定航線和出航意圖，下令各航空母艦編隊立即出航迎戰，向沖繩以北的海域進發，出動艦載機截擊「大和號」，在其向沖繩航行的途中擊沉。

四月七日上午八點，米歇爾將軍派出的偵察機在距沖繩幾小時航程的預想航線上，發現「大和號」的行蹤。這艘超級戰艦與其護航艦艇如一群甲蟲，急如星火般向南猛進。三百架美軍艦載機立即升空，分批撲向「大和號」。中午十二點，美機在沖繩以北三百公里處追上「大和號」戰艦，輪番發起攻擊。「大和號」如一頭被激怒的大公牛，一面全速向南行駛，一面發動全部高射炮對空猛射。護航的日軍僚艦，也在「大和號」周圍構成環陣，開炮驅趕美軍機群，保護「大和號」。「大和號」周圍豎起了一圈高射炮火網，重型炮彈密如飛蝗，在高空開花。儘管如此，美軍飛行員懷著必勝信心，拼死攻擊。魚雷機、轟炸機冒險鑽進日軍高射炮彈幕，連續投彈。海面上水柱沖天，魚雷亂飛。混戰中，「大和號」連中美軍五枚八百公斤巨型穿甲彈、十枚空投魚雷，落在這艘巨艦甲板上的小型炸彈更是無以計數。「大和號」彈痕累累，艦舷破裂，海水向底艙漫進，熊熊大火席捲各個艙室，粗大的黑色煙柱衝上幾千公尺的高空。午後兩點剛過，失去航行能力的「大和號」巨型戰艦被海水灌滿，帶著濃煙烈火和艦上的兩千餘名日本官兵，在驚天動地的一聲巨響中，翻沉於九州以南、沖繩以北、東海東緣與太平洋相交的驚濤駭浪中。為「大和號」陪葬的還有護航的「矢引號」巡洋艦及其他四艘日本驅逐艦。

「大和號」的覆沒，代表著日本海軍聯合艦隊全軍覆沒，也代表著一個海軍時代的終結。從此以後，航空母艦和艦載機替代超級戰艦，成為真正的海戰之王。

66、神風特攻隊的瘋狂——武士道之花墜落在太平洋

【楚雲戰評】戰爭是以生命做賭本的拚搏。在戰爭史上，各民族都不乏為奪取勝利而主動犧牲個人、視死如歸的戰士；但像日本神風特攻行動那樣有組織、大規模的集體自殺式進攻行動，則絕無僅有。這不僅是神風特攻隊員個人的瘋狂，而且也是日本軍閥及整個日本民族的瘋狂。由於日本敗局已定，發動神風特攻除了徒增生命損失、徒增戰爭的殘酷以外，對扭轉日本敗局不可能有任何戰略上的收益。

西元十三世紀，蒙古統帥忽必烈統帥十萬蒙古鐵騎，分乘數千艘戰艦進至朝鮮半島南端以及濟洲島，準備橫渡對馬海峽，征服日本四島。日本人面對海峽對岸鐵騎如潮、檣桅如林的蒙古大軍，驚恐萬狀。男人們準備棍棒刀劍，要與蒙古大軍進行無望的搏鬥。女人跪倒在佛像面前，祈求皇天佑護。正危急時，忽有一股狂風如潮湧來，霎時天昏地暗，飛沙走石，日月無光。對馬海峽憑空掀起海嘯，幾十丈高的巨浪，山崩地裂般撲向蒙

古艦隊，摧枯拉朽，撞碎了蒙古艦隊，卷走了蒙古人的營帳。訓練有素的蒙古戰馬，掙脫韁繩，四蹄躦風，中了邪般掉頭北竄，結群狂奔到鴨綠江邊。忽必烈以為日本人有天佑神助，只得放棄進兵日本的計畫。日本人絕處逢生，認定是神靈、佛爺有眼，遣來神風，挽救大和民族。自此以後，「神風」便被日本人視為大和民族危難時的救命神符。

第二次世界大戰後期，日本陸、海軍迭遭重創，戰局日見不利。在太平洋戰場，美軍繼奪占瓜達爾卡納爾島後，又連續奪取吉伯特群島、馬紹爾群島，直撲菲律賓；在緬甸戰場，英軍在印、緬邊境恩帕爾重創日本十萬駐緬大軍，向緬甸中部與南部進逼；中國遠征軍則在緬甸北部山區反攻，東西對進，勢如卷席；在中國戰場，日軍被國軍包圍在一些中心城鎮和鐵路沿線，寸步難行；在太平洋各戰場，昔日所向披靡的日本聯合艦隊已潰不成軍，日本海上供應線被美國潛艇打得七零八落；在日本國內，海外供應斷絕，物資奇缺，生產銳減，戰力枯竭，已不能繼續作戰。在四面楚歌中，日本人又一次夢想出現戰爭奇蹟，希望「神風」再現，摧毀美國艦隊和英國坦克。這種對神風再現的渴求，與傳統的武士道精神一拍即合，演變出一支在太平洋戰場向美軍發動自殺性進攻的神風特攻隊。

一九四四年六月，日、美兩國海軍艦隊在菲律賓海進行了史上規模最大的航空母艦大決戰。兩國共投入二十四艘航空母艦參戰。一時間，海上戰艦如雲，飛機如飛蝗一樣遮天蔽日。兩軍艦艇、飛機正混戰時，一艘美國潛水艇悄悄駛近日本艦隊側後，向日本艦隊旗艦「大風號」側舷發射一枚魚雷。眼見「大風號」在劫難逃，一名日本飛行員見情勢危急，駕駛一架零式戰鬥機，奮不顧身向魚雷撞去，在飛機與魚雷相撞的猛烈爆炸中屍骨無存。為了鼓舞士氣，日本海軍有意大肆渲染這個飛行員捨身救戰艦的行動，把他樹為武士道之花和日軍飛行員楷模。

幾個月後，日、美兩國海軍在菲律賓群島以東的雷伊泰灣進行了另一次艦隊大決戰，日軍再次慘敗，日軍最大的戰艦「武藏號」也葬身於菲律賓錫布延海。日軍因實力不足，敗象日益顯露。為挽救戰爭危局，坐鎮菲律賓的日本第一航空艦隊司令官西村海軍少將下令選派一批視死如歸的飛行員，模仿為搶救「大風號」犧牲的那名日軍飛行員，駕駛掛有炸彈的零式戰鬥機，向美國艦隊發動自殺性進攻，並提出用飛機撞擊美軍戰艦，「一機換一艦」的口號，這支特別部隊被大西命名為「神風特攻隊」。

一九四四年十月二十五日，雷伊泰灣晴空萬里，能見度極好。日本海軍航空兵第一支神風特攻隊的五架零式戰鬥機一線擺開，向美國艦隊飛來。美國艦隊立即迎戰，各艦高射炮一齊啟動，重型高射炮彈密如爆豆，在高空開花。奇怪的是，這些日本戰鬥機完全不懼美軍炮火，不做任何戰術規避飛行，而是迎著美軍高射炮火，從三千公尺的高空，帶著尖厲的嘯音，直接向美國艦艇俯衝。頭兩架日軍飛機正俯衝時，被美軍炮火擊落。第三架稍有偏差，從一艘美艦後尾掠過，栽進大海爆炸。第四架擦過了另一艘美艦桅杆，眼見攻擊落空，碰巧撞中旁邊的美國護航航空母艦「聖路易斯號」。在猛烈撞擊下，「聖路易斯號」的甲板被飛機撞開一個大洞，炸彈滾落到底艙爆炸，擊穿了艦上彈藥艙壁，引起戰艦內部連環爆炸。不到半小時，這艘萬餘噸的大戰艦搖搖晃晃，極不甘心地沉入雷伊泰灣滾滾波濤之中。差不多與此同時，第五架日本神風特攻機也撞中了美軍護航的航空母艦「桑提號」。日本攻擊機和隨機炸彈在「桑提號」甲板上開花，引燃漫天大火。整齊排列在美艦「桑提號」甲板上的艦載機成為引火物，頃刻間化為灰燼。

當日中午時分，美軍驚魂未定，第二批日軍神風特攻機接踵飛到。美軍航空母艦「聖洛號」又被一架日軍神風特攻機撞中，艦上魚雷、炸彈被引爆，甲板和艙壁被炸爛，迅速沉沒。另一艘美軍航空母艦「基特坎灣號」也被日本神風特攻機撞中受創。在艦艇會戰中重創過日本艦隊的美國艦隊，卻因日軍神風特攻隊的拼死攻擊，損失慘重。從此以後，日軍大量培訓敢死飛行員，組成神風特攻隊，廣泛應用於太平洋戰區各戰場。

一九四五年二月，美軍猛攻硫磺島。日軍組織神風特攻隊緊急救援。二月二十一日黃昏時分，二十架日本神風特攻機，乘美軍惡戰一天，精神正疲倦時，由戰鬥機護航，飛臨美國艦隊上空。受過嚴格訓練的日本神風特攻飛行員駕駛特攻機沿美艦航向垂直俯衝，大大提高了特攻命中率。美軍猝不及防，頃刻之間，有五艘美國戰艦幾乎同時被撞中，其中美軍護航航空母艦「俾斯麥海號」同時被兩架日本特攻機撞中，艦尾被撞毀，熊熊大火蔓及全艦，艦上彈藥艙被引爆，戰艦最終沉沒，艦上美軍官兵三百五十人死亡。曾轉戰太平洋各戰場、久經考驗、屢立戰功的美軍重型航空母艦「薩拉托加號」同時被三架日本神風特攻機擊中，艦體底部被炸開一個大洞，海水如潮湧進，艦上所有艦載機和艦體上層建築被烈火燒化。經此重創，「薩拉托加號」雖勉強駛回母港，卻再也未能參加戰鬥。

日軍神風特攻隊全面出動、最大規模的自殺性作戰，發生在一九四四年四月開始的沖繩爭奪戰。一九四四年四月一日，美軍出動幾千艘艦船進攻沖繩。為保衛沖繩，日本大本營調集幾千架神風特攻機，分別駐紮在臺灣和日本九州各機場，對美國艦隊發動了大規模神風特攻戰，配合沖繩守軍作戰。

從三月美軍艦隊向沖繩逼進時開始，到六月沖繩失守的三個月，日本神風特攻機每天都要出動，瘋狂襲擊美國艦隊。四月六日，美軍在沖繩登陸不久，三百五十五架日本神風特攻機相繼從九州各機場起飛，撲向沖繩附近的美國艦隊。美艦「布希號」首先被三架日本神風特攻機擊沉。前來救援的美艦「科爾洪號」隨即被另外三架日本神風特攻機擊沉。稍後，日本機群接踵飛至，烏雲一樣壓向美國艦隊。美艦猛烈還擊，高射炮火把天空打得發紫，濺落的彈片擊傷了數十名美軍水兵。但是，日本神風特攻機仍然前赴後繼，飛蛾撲火般鑽進美軍高射炮火網，向美艦俯衝，一舉撞上二十餘艘美國艦船，其中包括兩艘滿載彈藥的軍火運輸船。這以後，日軍神風特攻隊又出動一千兩百架特攻機，相繼發動另外九次大規模協同攻擊。在為時三個月的沖繩爭奪戰中，日本先後損失幾千架神風特攻機及其飛行員，擊沉、擊傷四百艘美軍艦船，包括「企業號」、「邦克山號」、「漢科克號」等美國航空母艦，以及四艘英國航空母艦和一大批美軍戰艦、巡洋艦。

日軍發動神風特攻行動雖然戰果累累，卻終究未能扭轉戰局。美軍迭遭重創後，不斷改進對策，尤其是遠遠派出雷達哨艦，以便盡早發現日本神風特攻機群，派飛機攔截，阻止日本神風特攻機靠近美國艦隊。日軍特攻隊員則因一去不歸，無法向基地報告特攻體驗，難以有效改進戰術，更使美軍能從容抗擊。到了後期，隨著戰局日益無望，日軍神風特攻隊員初期的狂熱開始退潮，滋生厭戰情緒。有些日軍神風特攻隊員故意飛向錯誤航向，然後謊稱未發現美國艦隊，駕機返回基地。有一名神風特攻隊員甚至在駕機升空後，用機槍掃射基地司令部，抗議日軍當局把特攻隊員的生命當兒戲。一九四五年八月十四日，裕仁天皇發布詔書，宣布日本向盟國無條件投降。日軍神風特攻隊未能創造反敗為勝的戰爭奇蹟，反而使許多年輕的日本飛行員無謂犧牲，神風特攻行動因而成為戰爭史上最殘酷的悲劇而讓後人厭惡、憎恨和詛咒。

67、太平洋水下神兵——美軍潛艇大出擊

【楚雲戰評】在研究第二次世界大戰海戰史、尤其是研究潛艇戰時，人們通常樂於提及活躍在大西洋上的德國潛艇，並以大西洋潛艇戰和反潛戰為典範，而對活躍在太平洋的美軍對日潛艇戰則較少。這其中的原因，首先是由於大西洋海戰從屬於陸戰，英國海軍掌握著制海權，德國主要依賴其潛艇部隊攻擊盟國海上運輸線，而不是爭奪制海權。因此，潛艇戰與反潛戰是大西洋海戰的主要形式與內容。而在太平洋，海戰是主要作戰形式，以海上決戰形式爭奪制海權是太平洋戰爭的主要內容。美國潛艇在太平洋雖然戰功顯赫，但與艦隊航空母艦大決戰相比，依然相形見絀，易為人們忽視。實際上，美國潛艇在太平洋的表現，絲毫也不次於德國潛艇在大西洋的表現。德國潛艇在大西洋連遭失敗，而美國潛艇在太平洋卻始終勝利，直到戰爭結束。

一九四四年十一月二十一日，臺灣以東的太平洋上，一支日本艦隊匆匆東駛，準備回航日本。午夜時分，乾坤朗朗，雲淡風輕，海面上波濤起伏，浪花飛濺。日軍各艦悄然航行。忽然間，驚天動地的一聲巨響，驟然打破了大洋之夜的寂靜。日軍「金剛號」戰艦被幾枚神祕的魚雷同時擊中，頓時濃煙滾滾，彈片橫飛，漫天烈火把漆黑的洋面照得通明。日本艦隊頓時亂成一團。不久，「金剛號」彈藥艙被大火引爆，在一連串爆炸聲中，這艘三萬兩千噸的日本戰艦，被炸成扭曲的蜂窩，沉入滾滾大洋。

擊沉「金剛號」的神祕魚雷，來自在附近潛航的美軍潛艇「海獅號」。這種以海洋動物命名的美軍潛艇長九十五公尺，排水量一千五百噸，裝有十具魚雷發射管、四挺機槍和一門大炮，作戰半徑超過兩千海浬。「海

獅號」這次奉命到臺灣水域活動，破壞日本海上運輸線，不巧正碰上日本艦隊，便潛航跟蹤，順手牽羊，瞄準「金剛號」，艇首六枚魚雷一齊發射，發發中的，擊沉了這艘日艦。然後，「海獅號」又乘日本艦隊混亂之機，一個大回環，把艇尾魚雷發射管瞄準日本艦隊，發動第二輪攻擊，再戰告捷，又擊沉一艘日本驅逐艦。

伏擊「金剛號」，只不過是太平洋戰爭時期，美國潛艇部隊無數次輝煌勝利中的一次。

「珍珠港事件」後，美國水面艦艇受日軍重創，失去戰鬥力，潛艇部隊便成為美國海軍對日發動反擊的主力。美軍太平洋艦隊總司令尼米茲海軍上將在潛艇上宣誓就職，並下令潛艇部隊立即出擊，襲擊日本艦隊，破壞日本海運。但在初期，美軍潛艇噸位小，航速低，航程短，艇上魚雷品質也不好。美軍總結經驗教訓，不斷改進潛艇性能和魚雷品質，很快造出一千五百噸級的新型潛艇，還在潛艇上裝備雷達。美軍潛艇部隊的戰鬥力大為改觀，在海戰中屢顯身手。

一九四四年，美國海軍潛艇部隊對日進攻戰進入高潮。這年六月，日、美兩國海軍二十四艘航空母艦，在菲律賓海進行航空母艦大決戰。美國潛艇「大青花魚號」乘亂插入日本艦隊核心，向日本旗艦「大風號」發射魚雷，並一舉擊沉了「大風號」航空母艦。隨後，「棘鰭號」也衝過日軍警戒線，發射三枚魚雷，擊沉了日本久經沙場的「翔鶴號」航空母艦，創造了潛艇在一次會戰中擊沉兩艘大型航空母艦的輝煌戰績。

四個月後，在菲律賓西面的巴拉望海，美國潛艇又創奇蹟。十月二十三日凌晨，美軍「海鯽號」和「鰷魚號」兩艘潛艇奉命在巴拉望海域巡邏，忽然發現一支日本艦隊鋪天蓋地而來。這是日本海軍中將栗田健男指揮的一支日軍戰艦編隊，準備東駛雷伊泰灣，與美國海軍進行艦隊決戰。美國艇長從潛望鏡中排頭數過去，一共有三十二艘日艦，擺開艦陣，綿亘達幾海浬，陣容強大，火力威猛。兩位美軍潛艇艇長猶豫片刻，咬牙率艇冒險攻擊。「鰷魚號」六枚艇首魚雷劈波斬浪，箭一樣衝向日軍旗艦「愛宕號」，隨著「一、二、三、四」四聲巨響，「愛宕號」連中四雷，在連續爆炸聲中被燒成煙火罐，只十八分鐘，便沉入海底。這時，「海鯽號」冒著日軍深水炸彈的攻擊危險，衝進日軍艦隊核心，魚雷亂射，又擊中日軍重巡洋艦「摩耶號」，把它炸為兩截。緊接著，第三艘日軍重巡洋艦「高雄號」也在混戰中連中兩雷，喪失戰鬥力。日本艦隊還未開局，便損失三艘重巡洋艦，而敵人還不知在何處，因而陣勢大亂。各艦一齊打開探照燈，槍炮齊鳴，深水炸彈亂投亂放。美軍潛艇卻見好即收，潛入深水，悄然撤離。

在美國潛艇部隊的歷次作戰中，最著名的一次戰鬥，要數「射水魚號」潛艇打伏擊，擊沉日本航空母艦「信濃號」。

一九四四年十一月二十八日，「射水魚號」潛艇在其能幹的艇長恩賴特中校指揮下，偷偷越過日本海軍敷設的海上水雷區，進入東京附近的日本沿海地區潛航，伺機伏敵。「射水魚號」潛航一天，仍一無所獲，艇員們不免失望。日落以後，雷達兵忽然報告發現軍情。恩賴特中校急忙奔向雷達室，果然看到雷達螢幕上有一大片回波，排山倒海般向潛艇伏擊方位壓過來。「這一定是『信濃號』航空母艦，只有它才有這樣巨大的雷達回波。」恩賴特中校的念頭急轉，很自信地作出這一準確判斷，立即下令準備截擊。隨著一聲長長的笛音，八十八名艇員立即各奔戰位，魚雷手打開了魚雷管保險栓；瞄準手用瞄準具穩穩地把日艦套在十字刻線的中心，待命攻擊；艇長恩賴特則一動不動地盯住雷達回波，計算它的航向、航速、距離。

「信濃號」排水量六萬八千噸，是日本巨型戰艦「大和號」和「武藏號」的姊妹艦。後來，日本改變設計，在「信濃號」的艦體上加裝飛行甲板，把它改造為航空母艦。十天以前，這艘當時全世界最大的航空母艦下水服役，編入日本海軍。一向橫行無忌的日軍官兵認為，「信濃號」艦體巨大，像戰艦一樣堅固，又在日本海岸航行，斷無危險，因而十分大意。二十九日凌晨，耐心等待一夜的「射水魚號」潛艇，藉夜暗掩護，避開日軍四艘護航艦艇，抵近「信濃號」一千三百公尺處，艇首六枚魚雷同時發射，一齊撲向「信濃號」，幾乎同時命中、引爆。隨著一道耀眼白光，跟著是驚天動地的一聲巨響，「信濃號」巨大的艦體被六枚魚雷的爆炸力抬出水面，又重重甩下來，艦舷被撕開無數裂口，濃煙烈火漫天而起，爆炸殘片亂飛亂撞。不消片刻，這艘全世界最大的航空母艦未經一戰，就帶著幾千名日軍官兵葬身大海。

除了與日軍艦隊作戰外，美軍潛艇部隊在太平洋戰爭期間，還進行海上救生、炮擊日軍海島陣地、掩護小型登陸戰、祕密運送緊俏戰爭物資、襲擊日本運輸船隊以及其他各種作戰任務，四年之內，美軍潛艇部隊先後擊沉日本戰艦六十萬噸、商船五百萬噸，為盟軍取得太平洋戰爭勝利，立下了汗馬功勞。

68、攻克柏林——對德國法西斯的最後一戰

【楚雲戰評】柏林之戰是蘇聯紅軍對德國法西斯軍隊的最後一戰，也是第二次世界大戰中歐洲戰場的最後一場大規模戰役。柏林易手，代表德國法西斯軍事上的徹底失敗；然而，柏林戰役的政治意義遠高於其軍事意義。柏林是第三帝國的首都，攻克柏林並率先進入柏林的軍隊，不但能享有極高的軍事榮譽，而且還將在戰爭結束後盟國管制德國時取得政治優勢。美、英軍隊都企圖率先攻進柏林，希特勒也曾有意向美、英軍隊讓路，促其率先進入柏林，並挑起美、英與

蘇聯的矛盾，從中漁利。但蘇聯地面部隊的強大實力、蘇軍在戰場態勢上的有利地位及史達林的戰略眼光，使蘇聯紅軍抓住機會，獲得了攻克柏林、率先進入柏林的軍事榮譽。攻克柏林的巨大勝利，又為戰後蘇聯在德國和東歐擴大政治影響奠定了有利地位。

一九四五年四月十六日，第三帝國首都柏林突然遭到曠古空前的猛烈炮火襲擊。凌晨五點整，隨著蘇軍名將朱可夫元帥的一聲令下，蘇軍部署在柏林東、南兩面的幾萬門大炮、火箭炮、坦克炮一齊開火，把成千上萬噸炮彈傾在柏林德國守軍陣地。成千架蘇聯轟炸機也隆隆飛抵柏林上空地毯式轟炸，被蘇軍圍困的柏林一時山搖地動，陷入濃煙烈火的包圍。炮火激起的煙塵升上高空，織成厚厚的煙幕，久久不能消散。就在這一天，蘇軍一共向柏林德軍陣地發射了總重十萬噸、可裝滿兩千四百五十節車廂的一百二十三萬發炮彈。

隨著炮擊，柏林上空升起了幾千枚五彩繽紛的信號彈。蘇軍同時打開間距兩百公尺的一百四十部強光探照燈，把總計一千多億度的強光射向德軍陣地，把戰場照得雪亮。德國守軍在炮火轟擊和強光照射下暈頭轉向。百萬蘇軍進攻部隊，由數千輛坦克為前導，一齊從隱蔽陣地衝出，撲向柏林城垣。這是柏林之戰第一天的真實戰況，朱可夫元帥事後回憶當時的情景時談，這是給人留下非常強烈印象的場面，他說「一生中從未有過類似的感受」。

柏林是德國法西斯的最後巢穴。從一九四四年開始，蘇聯紅軍沿蘇、德戰線發起全線反攻，相繼發動十大戰役，消滅了德軍大量有生力量，並在一九四五年四月逼近柏林近郊，從東面和南面包圍了柏林。同時，英、美盟軍也在一九四四年六月發動諾曼第戰役，登上法國海岸，自西向東進攻，與蘇聯紅軍互為呼應，對德國形成夾擊之勢。

一九四五年三月，英、美盟軍結束魯爾包圍戰，深入德國腹地，希特勒軍隊的防禦體系已全面崩潰。然而，困獸猶鬥，希特勒仍不甘失敗，採取「東拼西讓」戰略，設法調集了一百二十萬軍隊及一萬零四百門大炮、一千五百輛坦克和自走炮、三千架飛機，用於防守柏林，並且在蘇聯紅軍逼近柏林前，不惜耗費巨大人力、物力，沿柏林周邊的河川、湖泊、山巒、溝壑等天然障礙物，構築成外阻擊區、外城廓和內城郭三層防禦工事，包括無數掩蔽部、火力點、反坦克障礙等。為加強反坦克火力，德軍還投入六百門威力強大的大口徑高射炮用於反坦克作戰。一些希特勒青年團團員攜帶長柄火箭彈，組成反坦克突擊隊，部署在各個要點。德軍城防司令部還要求柏林居民做好巷戰準備，充分利用地鐵、地下水道網及街巷、溝渠，與蘇聯紅軍決戰，要把每一個街區、每一棟房屋都變成堡壘陣地。希特勒的意圖是，盡可能長期守衛柏林，消耗蘇軍實力，然後設法挑起英、美與蘇聯之間的矛盾，爭取機會，使德國東山再起。

為了盡快迫使德國無條件投降，結束歐洲戰爭，蘇聯紅軍決定集中優勢兵力、兵器，發動柏林戰役。史達林下令蘇軍務必把法西斯野獸打死在牠自己的洞裡，在柏林城頭升起勝利的旗幟。為執行這一命令，蘇軍集中了分別由朱可夫、科涅夫、羅科索夫斯基指揮三個方面，共兩百五十萬大軍，配備四萬餘門大炮、六千多輛坦克、七千多架作戰飛機，對柏林德國守軍形成壓倒性優勢。蘇軍火炮密度達到了每英里戰線一千門，創下了戰爭史上史無前例的紀錄。

經過頭四天的激戰，蘇軍在柏林之戰中成功地突破了德軍在柏林周邊的防線，並在十九日攻擊奧德河畔，被稱作「柏林之鎖」的施勞弗高地，把戰役引向柏林城區。四月二十日，蘇軍集中火力，地毯式轟擊柏林城區，步兵乘勢衝鋒。次日，第一批紅軍戰士衝進城區，開始與德國守軍進行巷戰。四月二十五日，紅軍包抄部隊占領柏林西郊的無憂宮舊址，完成了對柏林的四面包圍，完全切斷了柏林與外界的陸地交通。在此之前，大批法西斯分子鳥獸散，紛紛逃離柏林。納粹二號頭目戈林帶著大批金銀財物，匆匆離開了柏林。納粹外交部長里賓特洛甫和希姆萊也溜之大吉。只有希特勒及其親信戈培爾，繼續留駐柏林市中心的帝國總理府地下室，宣稱要與柏林共存亡。

一九四五年，四月二十六日，蘇軍開始對柏林發動總攻，無數紅軍戰士從四面八方楔入柏林市區，與德軍逐街逐巷爭奪。他們用坦克撞、用炸藥轟，打開一條條進攻通道，向市中心步步推進。在攻克柏林的戰鬥中，最激烈的戰鬥要數爭奪第三帝國國會大廈的戰鬥。這座高層建築由六千名親衛軍精銳防守，配備有大量坦克、自走炮和重炮兵。國會大廈周圍還有一系列堅固建築，被德軍闢為防禦堡壘，拱衛國會大廈的主陣地。

為攻占國會大廈，蘇軍進攻部隊猛烈炮擊國會大廈及其周圍建築群三十分鐘，一個加強步兵軍在坦克掩護下，從各個入口發起衝擊，與德軍白刃格鬥，逐層爭奪。四月三十日下午，蘇軍攻占了這座巨大建築物，並在其頂部升起了蘇聯軍旗。至此，德軍已士無鬥志，潰不成軍。一九四五年五月二日，德軍柏林城防司令見大勢已去，只得率殘部向蘇軍投降。蘇軍取得了攻克柏林的勝利與榮譽。柏林之戰的結束，代表第二次世界大戰歐洲戰場的大規模戰鬥基本結束。

在柏林爭奪戰中，德軍共有二十五萬人傷亡，四十八萬人被俘，並失去了守城部隊的全部重裝備。納粹頭目希特勒和戈培爾也在戰役後期自殺身亡。經此一戰，德軍已完全失去抵抗能力。一星期後，德軍分別與英、美盟軍和蘇軍談判、簽約，宣布接受無條件投降，第二次世界大戰中的歐戰終於落幕。

四、第四代戰爭——核時代的戰爭

69、第一朵蕈狀雲的升起——核子時代的揭幕式

【楚雲戰評】第二次世界大戰期間，德、日、蘇、英、加等國都積極投入人力、物力資源，加緊研製核彈。為什麼這些國家都沒有成功，唯有美國實現了突破，成為世界上第一個擁有核彈的國家？這不僅在於美國擁有人力、物力、資源、科技優勢，也因為美國地處兩洋之間，本土不受戰爭的直接威脅，有保障核彈研製過程的安全環境。在政治上，美國總統羅斯福對研製核彈的戰略意義有足夠的認識，因而能下決心不惜投入。但從根本上說，是戰爭環境刺激了美國，使美國有了加緊研製核彈的動力。核彈問世，使人類從火器時代進入核子時代，從第三代戰爭

進入第四代戰爭，改變戰爭樣式的本質，並對政治與戰略產生了前所未有的影響。本書精選的韓戰、越南戰爭及以阿戰爭等歷次戰役故事，雖然沒有使用核武，但核陰影無處不在，因而屬於第四代戰爭範疇。

一九四五年七月十六日清晨，美國新墨西哥州浩瀚無垠的沙漠還在晨曦裡酣睡。在黃沙漫天的大沙漠中央，聳立著一座數十公尺高的大鋼塔，鋼塔上安放著一球狀鋼鐵物體。鋼塔周圍，成輻射狀排列著許多坦克、大炮、戰艦、飛機、卡車以及關著各種動物的大鐵籠，其排列方向、距離都各按規則。美國歷史上，也是人類歷史上最驚心動魄的一場武器試驗，即核爆試驗將在這裡舉行。沙漠中巨大鋼塔上的球狀鋼鐵物體，是人類第一枚測試用核彈。而鋼塔周圍按規則排列的坦克、大炮、飛機、戰艦及動物，等等，都是測試用品，以檢測核彈爆炸威力究竟有多大。

美國研製、測試核彈的歷史，應追溯到一九三九年八月。當時，從德國逃亡到美國的物理學家愛因斯坦，代表一大批逃亡到美國的歐洲科學家，寫了一長一短兩封信給美國總統羅斯福。長信用最通俗易懂的語言，詳細解釋了物理學方面的最新發現和核分裂原理；短信明確說明透過核分裂可以生產威力巨大的核彈。誰率先掌握核彈這種超級武器，誰就能迅速從根本上打破舊的力量平衡，奪取戰略優勢，掌握戰略主動權，決定世界大戰的進程和結局。愛因斯坦還在給羅斯福的信中具體分析了德國率先研製核彈的可能性和嚴重後果，建議羅斯福政府立即抽調人力、物力，以搶在德國之前研製出核彈。

愛因斯坦是享譽世界的著名物理學家，在提出相對論後，引起了一場物理學革命。羅斯福對這位科學巨匠的建議不能置之不理，尤其還牽涉到魔王希特勒掌握核彈的可怕前景。但研製核彈是一項空前規模的浩大工程，政府很難下決心在和平時期，調用難以計數的人力、物力，長期投資於一項不一定能立即成功並、帶來利益的未知工程。正猶豫不決時，總統科學顧問薩克斯用拿破崙當年拒絕富爾頓發明的火輪新技術而輸掉對英戰爭為例，說服了羅斯福。經羅斯福批准，美國政府下令成立鈾委員會，負責協調核彈工程前期研究工作，歐洲第一流物理學家費米、康普頓、奧本海默等相繼被攬入美國的核彈研製計畫。

大戰爆發後，美國政府根據各方面情報，斷定國際上正在展開一場搶先研製核彈的激烈競爭。人口稀少的加拿大，在加速開發鈾礦和生產重水；陷入苦鬥的英國，成立了以艾克斯為首的祕密理事會，建立了迴旋加速器，以「合金管」這一代號掩蓋研製核彈的祕密；蘇聯成立了代號為「第二實驗室」的核研究中心，並在全國大規模調查鈾礦資源，八個巨大的鈾礦加工廠已在西伯利亞投產；日本雖然工業實力有限，也以帝國航空技術研究所大樓為基地，開始核彈研製計畫，並向德國求購氧化鈾，又在中國展開鈾礦資源調查；而在德國，核彈研究計畫更加如火如荼。在帝國研究委員會協調下，海森堡、哈特克、布雷格等一批德國著名科學家和核子物理學家，相繼被延攬進德國的核計畫，新的實驗室接踵成立。為保證鈾供應，德國軍方奪占了捷克斯洛伐克的天然瀝青鈾礦，搶奪了比利時貯存的一千兩百噸鈾礦石。德軍還強購挪威尤坎工廠生產的重水。無論如何，美國在研製核彈的國際競賽中不能落後，尤其不能允許德國先於美國造出核子武器。基於這種認識，美國的核彈研製計畫獲得新的動力。不久，英國和加拿大核研究力量因其自身條件限制，併入美國核計畫，這使美國的核彈研究專案因節省前期實驗時間而大大加速。

一九四二年六月，美國基本上已完成核彈研製前期實驗階段。總統最高政策小組成員布希博士向羅斯福報告，說明研製核彈的可行性，並建議盡快投入工廠化生產。羅斯福批准了布希報告。兩個月後，美國正式開始核彈的工廠生產階段，規定其代號為「曼哈頓工程」，並由陸軍工程兵團調來格羅夫斯將軍全面負責協調。為盡快生產出核彈，美國各大學、各實驗室，各有關生產廠家幾十萬人，加班工作。生產核彈必需的電力和各種物資供應等，一律列入最高的AAA供應等級，最優先供應。國庫甚至破例借出一萬四千噸白銀，供一家生產核彈零件的電磁分離廠用作特殊導線材料。

由於全力以赴，協調生產，美國核彈研製工程進展順利。在田納西州諾克斯維爾的橡樹嶺，兩座大型鈾分離工廠建立起來並迅速投產，一座用氣體擴散法，一座用電磁同位素分離法。兩法同時應用，確保供應足夠的核彈用高濃縮鈾。在芝加哥，來自義大利的物理學家費米成功地進行了連鎖反應試驗。新的反應堆、迴旋加速器、組裝工廠成批建立。各種特殊零件相繼生產成功。一九四五年六月，美國核彈基本上已研製成功，進入組裝階段。

一九四五年七月十六日，美國製造的世界上第一顆核彈，被運到新墨西哥州阿拉默果爾核子試驗場的巨大鋼塔上。鋼塔高三十公尺，聳立在一片大沙漠中央，鋼塔周圍按一定規則置放許多試驗用坦克、卡車、戰艦、飛機及其他試驗用品，以檢測核彈爆炸威力。當天五點二十九分四十五秒，隨著驚天動的一聲巨響，一團噴射耀眼白光的烈焰騰空而起，頃刻化為一個巨大的橙色火球，以每秒一百二十公尺的速度升空。待到一千兩百公尺高空，火球變成一朵巨大的蘑菇形煙雲。核彈爆炸後，大地和岩石在熱浪和衝擊波作用下，變成了上下翻滾，劇烈顫動的褐色旋渦。雲霧消散後，爆炸點出現了一個深十幾公尺、縱橫四百公尺的大坑。鋼塔整個被汽化，已無影無蹤。試驗用坦克、車輛、戰艦、飛機被高溫和強大的衝擊波扭曲、燒毀。儀器檢測的核彈爆炸威力達到一萬四千噸爆炸當量，中心溫度達到一百萬度。世界上第一枚核彈，首先由美國製造成功。美國贏得了研製核武國際競賽的勝利，並在當年八月把核彈投入實戰，提前結束戰爭。自此以後，人類歷史跨進了核恐怖時代。

70、廣島大劫難——第四代戰爭的起點

【楚雲戰評】美國在廣島投擲核彈，堪稱是世界上第一場核子戰爭。它給廣島人民帶來了令人毛骨悚然的生命與財產損失，和永世難忘的心理創傷。核彈在廣島爆炸，表明核彈已投入實戰。這改變了戰爭樣式，代表一個新時代的開始。但是，從政治、道義上看，美國對廣島發動核子戰，引起了許多爭議。此時蘇聯紅軍已承諾將出兵中國東北，美、英軍隊正在向日本本土靠攏，日本敗局已定，因而美國選在此時對日本發動核子攻擊顯得有幾分不合時宜。

廣島位於日本主島本州西部瀨戶內海北岸，雖然只有三十餘萬居民，卻臨海倚山，風光無限。一九四五年八月六日，廣島上空雲淡風輕，天氣晴好。清晨八點過後，城區忽然響起刺耳的空襲警報聲，三架美國巨型B29飛機，成品字形編隊，自東而西向廣島城區隆隆飛來，銀色機翼在陽光照射下熠熠生輝。歷經數載戰火考驗的廣島人對空襲轟炸，早已習以為常，抬頭見來襲美機不過區區幾架，一笑置之，不予理睬，照常在工廠上班，到戶外活動。好奇的孩子湧上大街，盯住來襲美機，目不轉睛。

八點十五分十七秒，三架美軍飛機從高空俯衝下來，其中一架艙門大開，一枚巨型炸彈從艙門滾出來，直落廣島市中心。孩子眼見炸彈垂直落下，逐漸加速，體積增大，驚訝不已；待炸彈落至六百公尺低空，天空忽

然閃過一道令人目眩的白光，隨後是驚天動地一聲巨響。巨型炸彈出人意料地在六百公尺的高度凌空爆炸。

一股巨大的黑色蕈狀雲騰空而起，急速升至高空。在十億度高溫和強大衝擊波的作用下，爆炸中心三英里內的建築全部被夷為平地。成千上萬的居民被巨型炸彈爆炸後產生的高溫與強光燒死，並被汽化，因而屍骨無存；僥倖逃生的人也傷痛累累，痛苦難當，其中許多傷患眼睛化為液體，流滿一臉，只剩下兩個空眼眶。幾分鐘之內，廣島全城有七萬八千人喪生，八萬棟房屋被毀。偌大一個廣島城，變成一片瓦礫場，其狀慘不忍睹，這就是人類歷史上第一次核彈攻擊的真實場景。

用核彈攻擊日本，是人類歷史上最命運攸關的重大決策之一，而親自作出這一決斷的是美國總統杜魯門。此時，太平洋戰爭已進入最後決戰階段。蘇聯政府根據德黑蘭會議、雅爾達會議、波茨坦會議等歷次國際會議上承擔的軍事義務，已決定在八月八日出動百萬紅軍，參加對日反攻作戰；同時，太平洋美軍已撕開日本內外防禦圈，相繼奪占菲律賓、硫磺島和沖繩島等戰略要津，逼向日本本土；在亞洲大陸，中國軍民正發動全面反攻，把侵華日軍趕往中國沿海地區；日本大本營雖然叫囂「一億玉碎」，準備頑抗到底，但已勢衰力竭，極難挽回敗局。杜魯門決定向日本投擲核彈，主要有三個目的：一是要打擊日本民心、士氣，迫使日本盡早投降；二是要抵消蘇聯紅軍出兵遠東的影響，平衡蘇聯；三是要向全世界顯示美國力量，便於美國對戰後世界作政治安排。

早在杜魯門作出正式決定前，美軍已未雨綢繆，開始為投擲核彈進行各項必要準備。一九四四年秋，美國空軍總司令阿諾德將軍下令組建空軍五〇九特別大隊，負責執行核彈投擲任務。五〇九大隊又從美軍眾多優秀飛行員和機組人員中擇優錄取，挑選最優秀的飛行員保羅．蒂貝茨上校為第一載機駕駛員，在內華達沙漠對其進行最嚴格的高空轟炸訓練。美軍還挑選著名的B29轟炸機為核彈載機改裝，主要是卸掉機上全部槍炮和彈藥艙，使之能攜帶一枚核彈。

一九四五年四月底，蒂貝茨上校及其機組人員祕密飛離美國，來到太平洋中部馬里亞納群島的天寧島。接踵而至的還有地勤人員及為投擲核彈進行各種準備工作的機械師、工程師、化學家、數學家和物理學家。五〇九大隊在天寧島上建立了可供B29起降的祕密基地，所有人員由安全人員保護，准進不准出，完全隔絕與外界的一切聯繫。一九四五年七月二十六日，美國海軍重巡洋艦「印第安納波利斯號」祕密駛抵天寧島，運來了核彈的核心零件：一個鉛製小圓筒，內裝核彈用鈾塊；一個四百五十公分長的金屬大圓筒，用作核彈外殼。此後，天寧島祕密基地愈發戒備森嚴，飛鳥不逾。

杜魯門作出對日本進行核彈轟炸的決定後，美國五〇九大隊開始為核彈轟炸積極進行戰前準備。根據氣象情況和日軍防禦情況，美軍決定八月六日投擲第一枚核彈，以廣島為轟炸目標，並依次以小倉和長崎兩座日本城市為替代目標。蒂貝茨上校及其機組人員還在正式投彈前夕，駕機前往目標地熟悉地形、地貌模擬轟炸。

八月六日，美軍完成了轟炸廣島的最後準備。一枚長四百五十公分，粗七十公分，重四噸，被美軍官兵戲稱為「小男孩」的核彈，像一截粗香腸，被搬進載機彈艙。在它的藍色外殼上，塗有美國女影星麗塔·海華斯的半裸照以及寫給日本天皇的幾句粗魯話。為安全起見，核彈未裝引爆器，這一工作將在飛機起飛後，由專家在空中最後完成。

八月六日黎明，三架美軍氣象飛機率先升空，飛往目標區，發回了廣島天氣晴好的報告。兩點四十分，蒂貝茨上校登上飛機，滑向跑道，駕機吼叫著衝上寂靜的夜空。隨同起飛的還有觀測機和指揮機。三機在高空編隊，排成品字形，隆隆飛向日本本土。

經過五小時的緊張飛行，核彈載機飛臨廣島上空。從高空俯瞰，這座擁有三十餘萬人口的日本名城，高樓林立，街道寬闊，居民忙忙碌碌，似乎早已習慣於美機光臨。蒂貝茨上校一面駕機爬升、減速，一面告訴機組人員真實情況，他們即將投下的是一枚威力巨大的核彈。

八點十四分，核彈載機爬上三萬英尺高空，速度減至每小時兩百英里，進入攻擊位置。瞄準手急不可耐地用瞄準器上的十字架套住了廣島市中心的一座大橋，蒂貝茨上校傳令機組人員全體戴好特製的護目鏡，然後下令攻擊。八點十五分十七秒，飛機彈艙門大開，「小男孩」由艙內滾出，直落廣島市中心，蒂貝茨上校則駕機做了一個轉彎俯衝動作。飛機如離弦之箭，以最大速度驟降至六百公尺低空，再向前急射猛衝，迅速脫離核彈落點。在此同時，核彈也猛烈爆炸，只一瞬間，便把偌大一個廣島城炸成一片廢墟。

三天後，美軍五〇九大隊另一架核子攻擊機投下了第二枚核彈。這是一枚威力更大的鈽彈，它在日本長崎市中心爆炸，雖然長崎市山巒起伏的地形限制了鈽彈威力，仍有兩萬三千長崎人當場死亡。

核彈的巨大威力，使日本軍閥喪膽。在核彈打擊下，日本天皇認識到再戰無益。八月十四日，天皇頒發詔書，宣布日本向盟國無條件投降。九月二日，日本簽降儀式在美國戰艦「密蘇里號」完成，太平洋戰爭以及第二次世界大戰至此落下了帷幕。

71、三次印巴戰爭——一對生死冤家

【楚雲戰評】從一九四七年分治、獨立到一九七一年的四分之一世紀內，印度和巴基斯坦這一對曾因殖民統治而受盡苦難的難兄難弟，先後進行了三次戰爭。為什麼在千辛萬苦戰勝萬惡的殖民者後，兩個獨立平等的新國家會纏戰不止，成為生死冤家？這是一個發人深思的問題。顯然，不只是帝國主義與殖民主義喜歡戰爭，引起戰爭的原因遠比教科書的闡述複雜得多。前兩次印巴戰爭的直接起因是為了爭奪喀什米爾的歸屬；第三次印巴戰爭則是前兩次戰爭的邏輯發展和政治歸屬。當然，三次印巴戰爭的原因還包括複雜的宗教因素。巴基斯坦是伊斯蘭國家，印度教則是印度的主要宗教，而在印度還有一億多親巴的伊斯蘭教徒，這就使印巴戰爭打上了宗教衝突印記。多次戰爭使兩個後殖民地國家結下了不解冤仇，兩國不但把寶貴的資源用於擴軍備戰和從事戰爭，甚至冒天下之大不韙跨越核門檻，並四處尋求盟國。其必然結果是發展滯後，國家越來越貧困。

自一九四七年分治以來，印度和巴基斯坦先後進行了三次戰爭。其中前兩次戰爭的起因是爭奪喀什米爾的主權歸屬。

喀什米爾，總面積約二十一萬平方公里，地處印度、巴基斯坦、中國和阿富汗之間，居民約五百萬人，其中約百分之八十是穆斯林，百分之二十信奉印度教。一九四七年印巴分治時，英國殖民者鑒於喀什米爾戰略地位重要，力圖利用喀什米爾建立軍事基地，因而在喀什米爾製造糾紛，從中漁利。而印、巴兩國則圍繞喀什米爾的主權歸屬問題互不相讓。

一九四七年發表、有關印巴分治原則的《蒙巴頓方案》規定，喀什米爾穆斯林占多數的地域應劃歸巴基斯坦；但同時又規定，喀什米爾可自由決定加入印度或巴基斯坦，或者保持中立。巴基斯坦因喀什米爾居民大多數是穆斯林，因而主張喀什米爾歸屬應按投票原則，由喀什米爾人民自決。但是，印度利用它在分治時控制的喀什米爾議會，通過了一個有利於印度的決議，宣布喀什米爾歸屬印度。

一九四七年十月，印巴雙方為爭奪喀什米爾歸屬爆發了大規模武裝衝突，是為第一次印巴戰爭。一九四八年八月，聯合國印巴委員會通過決議，提出要按「停火、非軍事化、公民投票解決歸屬問題」三階段解決喀什米爾糾紛。對聯合國決議，印巴雙方均表示接受。

一九四九年年初，雙方根據聯合國決議停火。同年七月，雙方在聯合國斡旋下劃定了停火線，巴基斯坦控制區約占喀什米爾總面積的五分之二，人口約占總人口的四分之一；印度控制區約占喀什米爾總面積的五分之三強、人口約占總人口的四分之三。印巴雙方在各自控制區內分別成立了政府。一九五三年，印巴兩國總理會談達成協議，雙方在聯合公報中表示：喀什米爾爭端「應該遵照該邦人民的願望加以解決」，「確定人民願望的最實際的方法是舉行公正無私的公民投票」。從一九五三年以後，巴基斯坦一直堅持在喀什米爾舉行公民投票，因為喀什米爾多數居民信奉伊斯蘭教，投票對巴有利。但印度政府對信奉印度教的喀什米爾王公和上層有影響，並宣布喀什米爾是「印度聯邦的不可分割的一部分」，拒絕公民投票。

一九六五年，印、巴圍繞喀什米爾問題再起糾紛，形勢驟然緊張，不久就演變為第二次印巴戰爭。

一九六五年九月六日，印度軍隊挾其優勢，越過印巴邊境線，向巴基斯坦領土拉合爾和錫亞爾科特地區發動大規模進攻。七日至九日，又先後進犯東巴的卡里干則和西巴的海德拉巴地區。巴軍雖然大規模反擊，但整體上處於守勢。九月二十三日，聯合國安理會再次就印巴問題通過決議，促成了雙方停火。

一九七一年，印巴兩國第三次兵戎相見。印巴第三次戰爭的表面原因，圍繞東巴基斯坦問題尖銳的對立，但其本質是前兩次印巴戰爭的延續。兩國互為死敵，必欲置對方於死地而後快。印度利用其實力優勢，並利用巴基斯坦國土分為東、西兩部分，相互分離的特點，謀求以武力肢解巴基斯坦，削弱對手。

巴基斯坦由東、西兩部分組成，東巴與西巴雖然都信奉伊斯蘭教，但語言、文化及種族有差別，且地理上隔著印度，相距很遠，很不利於國家統一。東巴原為印度孟加拉省的一部分，面積比西巴略小，人口較多，講孟加拉語。巴基斯坦獨立後，首都設在西巴，法定語言是烏爾都語，不用孟加拉語，引起東巴不滿。東巴是世界主要黃麻出口國，但東巴黃麻的收益主要由西巴控制。巴基斯坦軍官和政府成員大多是西巴人，東巴人因此認為自己在巴是二等公民，產生了自治想法，並建立了以東巴自治為宗旨的「人民聯盟」。

一九七〇年年底，巴基斯坦舉行大選，「人民聯盟」在東巴大獲全勝，占據了國會大多數席位，其領袖拉赫曼因而問鼎巴基斯坦總理職位。拉赫曼強調東巴「自治」，提出在東巴立即取消軍管，要求軍方移交權力。這不僅是對以葉海亞總統為首的軍人集團的挑戰，也是對巴基斯坦統一國家地位的挑戰。在此情況下，葉海亞選擇了武力鎮壓，於一九七一年三月二十五日一舉逮捕了拉赫曼等「人民聯盟」領導人，使東巴局勢更加動盪。同情「人民聯盟」的孟加拉人紛紛逃到印巴邊境，組成「孟加拉解放軍」與政府對抗。人民軍的規模迅速發展到五十六萬人，巴基斯坦實際上陷入內戰狀態。

巴基斯坦的動盪局勢，為印度干涉巴基斯坦國內事務提供了機會。恰當此時，因巴基斯坦政府對東巴採取武力鎮壓政策，有數百萬東巴難民流入印度的西孟加拉邦、阿薩姆邦和特里普拉等地區，加重了印度的糧荒和經濟負擔。印決心利用東、西巴對立、巴基斯坦陷入內亂的戰略「機遇」，支持、鼓勵東巴脫離西巴獨立，肢解巴基斯坦，以削弱老對手，擴大對巴基斯坦戰略優勢。為此，印度在政治、外交與軍事上做了精心準備。

一九七一年三月二十七日、二十九日、三十一日和四月三日，印度內閣、議會、國大黨在分別開會討論巴基斯坦內政問題的基礎上，通過了三項支持東巴獨立的決議。印度領導人還在各種場合發表支持東巴「自治」的言論。

為了尋求國際輿論的同情和支持，爭取政治與外交優勢，印以解決「東巴難民問題」為由，進行了一系列外交活動，探詢各國在東巴問題上的態度。一九七一年六月，印外交部部長先後訪問了蘇聯、西德、法國、加拿大、美國和英國。德、法、英、加等西方大國皆未明確表示態度。美國雖表示願意為東巴難民提供「經濟援助」，但希望印巴雙方「持克制態度」，唯有蘇聯明確表示支持印度。

一九七一年八月八日，蘇聯外交部部長葛羅米柯突然出訪印度，與印簽署了為期二十年的印蘇「和平友好合作條約」。葛羅米柯表示，如印巴發生戰爭，蘇將在軍事、外交上向印度提供全面支持，並牽制中國的援巴活動。九月、十月間，印度總理英迪拉·甘地與蘇聯空軍司令庫塔霍夫等兩國高級領導人相繼互訪，就印巴「發生戰爭的情況下」的兩國「防務問題」磋商。印方稱透過會談，「印度可以期望得到它所要求的那麼多的軍事援助」。不久，印度從蘇聯獲得了兩百五十輛坦克、一百輛裝甲輸送車以及一批「薩姆3」地空導彈等大量新式裝備。在得到蘇聯的有力支援，並確信英、法、美等國不會出兵干涉印度對巴基斯坦發動戰爭後，印度對巴發動戰爭的步伐加快。

印度軍隊對巴基斯坦戰爭分別在東巴與西巴展開，其總戰略是東攻西守。為此，印度加強了面對東巴的軍事實力。在一九七一年二月巴基斯坦局勢動盪前，印軍在與東巴接壤的邊境地區僅部署三個旅的地面部隊。但從二月開始，印度不斷向東巴邊境增兵，到十月，部署在東巴邊境的印度軍迅速增至七個師。印度還向東巴邊境增調了十二個空軍中隊、兩百餘架作戰飛機，並出動了二十六艘艦艇以及三十三架艦載機，印軍投入東巴作戰的總兵力約達十七萬人。

與此同時，印軍在印度與西巴邊境地區的兵力從九個師陸續增至十三個師，印度還在西巴邊境部署了二十多個空軍中隊、三百餘架作戰飛機，以及二十餘艘艦艇。印軍投入西巴戰場的總兵力達三十萬人。

在向巴基斯坦邊境調兵遣將，加強臨戰部署的同時，印軍還以入侵巴基斯坦邊境為背景進行軍事演習，並把大量作戰物資運往印巴邊境儲備。印度還在全國廣泛動員，包括徵召陸、海、空後備役人員加入現役；取消武裝人員的一切休假；發布徵用民用車輛的法令等。印總理英迪拉·甘地強調「同巴基斯坦發生戰爭迫在眉睫和不可避免」。印度國防部部長拉姆在十月十七日也說：「同巴基斯坦發生的任何戰爭，都將是在它（巴基斯坦）的土地上進行。」戰爭一觸即發。

巴基斯坦軍總兵力三十餘萬人，也分兩大戰場部署。在東巴戰場，巴軍共約九萬人，包括十三個步兵旅和若干炮兵旅以及兩個空軍中隊、共十二架作戰飛機。巴軍在東巴的軍隊，其人員只及印軍的二分之一、作戰飛機數量甚至不及印軍的二十分之一。在西巴戰場，巴軍總兵力為二十五萬人，包括十二個師、二十個空軍中隊，約兩百餘架作戰飛機、二十餘艘艦艇。巴軍在西巴戰場的軍隊總兵力約為印軍的五分之四、作戰飛機約為印軍的三分之二。

在積極進行軍事準備的同時，為應對印度的軍事威脅，巴方也在政治、外交方面多方努力。但是，以葉海亞總統為首的巴基斯坦軍人政府在東巴採取的軍事鎮壓措施，加深了巴軍與東巴居民的對立。因孟加拉人紛紛背井離鄉，東巴工業陷入停頓，經濟一片混亂。在此情況下，巴基斯坦對憑自己力量戰勝印軍明顯信心不足，把希望寄託於大國，指望大國出面干預，制止印度發動戰爭。巴基斯坦因而利用美蘇在南亞次大陸的矛盾，積極改善與美國的關係，尋求美國支持巴基斯坦對抗印度。十一月五日，巴基斯坦還派出以布托為首的代表團訪華，尋求中國支援。此外，巴基斯坦一反過去拒絕聯合國干預印巴問題的政策，要求聯合國成立「斡旋委員會」，制止印度對巴基斯坦發動戰爭，並表示願意接受伊朗和斯里蘭卡為緩和印巴局勢而進行調停的建議。但是，巴基斯坦的政治與外交活動，未能阻止印度發起戰爭。

自一九七一年四月中旬開始，印軍不斷入侵巴基斯坦，襲擊巴邊防哨所，向巴基斯坦挑釁。印軍飛機多次越境侵犯巴基斯坦領空，六月以後，印巴邊境衝突不斷加劇；十一月，兩國實際上已進入戰爭狀態。經過這一系列戰前「武裝熱身」活動，印軍於一九七一年十一月二十一日大舉入侵東巴，正式發動了第三次對巴基斯坦戰爭。當天，巴基斯坦總統葉海亞宣布全國處於緊急狀態。次日，巴基斯坦駐聯合國代表致信聯合國祕書長吳丹，控告印軍對東巴發動了大規模進攻，挑起戰爭。印總理英迪拉．甘地則聲稱印軍入侵東巴是「自衛」行動。

戰爭爆發後，國際社會紛紛譴責印度侵略巴基斯坦，並對巴基斯坦表示同情。中國政府總理周恩來會見巴基斯坦駐華大使，對巴基斯坦受印軍進攻表示關切。美國總統致函英迪拉．甘地，敦促印巴停火。十一月二十九日，巴基斯坦政府照會聯合國祕書長吳丹，要求聯合國派觀察員進駐東巴與印度交界地區。但是，印度方面自恃擁有對巴基斯坦軍事優勢，勝券在握，對國際社會的反對聲浪置之不理。十一月三十日，英迪拉・甘地總理提出要巴基斯坦軍隊撤出東巴，並說：「印巴已經處於爆發公開的全面戰爭的邊緣。」十二月二日，印度政府也宣布全國處於緊急狀態。

十二月三日，印度軍隊在入侵東巴的同時，又在西巴對巴基斯坦發起牽制性進攻，印巴全面戰爭在東、西兩大戰場同時展開。

在東巴方面，印軍按其東攻西守戰略，於一九七一年十二月三日，集中優勢兵力，從東、西、北三個方向，向心突襲駐守東巴的巴軍主力，力圖速戰速決，一舉拿下東巴。為配合地面部隊作戰，印還出動海空軍，封閉東巴的巴基斯坦守軍與外界的海空聯繫。十二月三日夜和四日，印空軍對巴軍在東巴重鎮達卡的空軍基地連續猛烈攻擊八輪，使在東巴的空軍失去戰鬥力，掌握了制空權。隨後，印空軍對東巴主要交通樞紐、動力系統、巴軍集結地域和後勤補給中心等連續攻擊，切斷了巴軍的戰場聯繫和後勤供應。與此同時，印海軍主力傾巢出動，使用艦載機和艦炮猛烈轟擊東巴沿海港口和艦船，封閉了巴方在東巴的守軍與外界的海上聯繫。

面對印軍優勢兵力的大舉進攻，巴基斯坦軍按「禦敵於國門之外」的戰略，把主力部隊以旅為單位，分散部署在邊境地區，分別固守十多個孤立地域，結果是處處設防，處處兵力單薄。各處巴基斯坦守軍雖然進行了頑強抵抗，但終因實力不敵及戰略失誤，難以抵擋印軍的凌厲攻勢，陷入被動挨打地位。

十二月五日，印軍攻占連接達卡和東巴主要城市的戰略要衝婆羅門巴里亞。十二月六日，印軍占領錫爾赫特、庫米拉、費尼等地。同一天，印度政府宣布承認在東巴建立的「孟加拉」。此後，印軍加速了進攻節奏。十二月八日，印東路軍進抵梅格拉河東岸；西路軍繼七日攻占傑索爾城後，也於九日進抵恆河西岸重要渡口高隆多；北路印軍則繞過蘭格普爾、迪納傑普爾等城市，迅速南下。至此，東巴主要戰略要地皆被印軍占領，巴軍分別被印軍分割、圍困在若干孤立據點，失去抵抗能力。到十二月十六日，達卡被攻陷，東巴軍隊向印軍投降。

在西戰場，巴基斯坦軍為救援東巴守軍，從十二月三日起，主動向印軍出擊。巴基斯坦空軍轟炸了印度西部地區和喀什米爾印度占領區的二十多個印軍機場。印軍地面部隊則於十二月十五日突破西巴南部國境，占領了巴境納亞加爾等城市。此間，兩國海、空軍也激烈對峙。雙方戰線犬牙交錯，戰鬥相持不下。十二月十六日，因印軍攻占達卡，印度已實現戰爭目標，印度總理英迪拉·甘地便宣布西線印軍將於十七日晚上十點三十分停火。此時，巴基斯坦因實力不及印度，不可能挽回東巴被肢解的局面。巴基斯坦總統葉海亞隨後也在次日宣布接受印度停火建議，命令巴軍停火。

一九七一年十二月二十日，布托替代葉海亞，出任巴基斯坦總統兼軍事管制執行長。他於當晚發表廣播講話，呼籲印度放棄對巴基斯坦的侵略政策，呼籲印軍撤離東巴。他宣稱巴基斯坦將繼續戰鬥，保衛領土完整。儘管如此，東巴被肢解已是既成事實。

一九七二年六月二十八日，印度總理英迪拉·甘地和巴基斯坦總統布托在印度西姆拉舉行會談，簽署了《印度政府和巴基斯坦政府雙邊關係協定》。該協定規定：雙方同意「逐漸恢復兩國關係和使兩國關係正常化」；兩國結束衝突和對抗；透過談判或共同商定的其他和平手段解決分歧，保證在平等互利的基礎上和平共處，尊重彼此的國家統一、領土完整、政治獨立和主權；兩國政府將採取一切措施來防止針對對方的敵對宣傳；兩國軍隊在規定的時間內撤軍；遵守一九七一年十二月十七日的停火而在喀什米爾形成的雙方實際控制線。

至此，第三次印巴戰爭以巴基斯坦的失敗、和孟加拉的誕生落幕。

72、第一次以阿戰爭——中東亂局的起點

【楚雲戰評】以阿衝突的一個基本特點是力量不對稱——至少從數量上看是如此。以色列只有幾百萬人，卻能以一當十，一次次打敗數量上占壓倒性優勢的對手，靠的是什麼？裝備精良、技術先進、紀律嚴明、有美國支持，這都是原因，但還不是主要原因，最主要的原因是以色列人精神上強大。猶太人幾千年的流浪生活使他們格外珍惜自己失而復得的家園，為家園而戰使猶太人變得強大無比。阿拉伯人有數億人，戰略上多層包圍以色列，卻不能抵擋以色列，屢戰屢敗。原因何在？阿拉伯人沒有以色列人的高度組織性，操作現代武器系統方面的技術能力也遠不及以色列人，最重要的是，阿拉伯國家政治上鬆散。此外，從戰略取向看，以色列由於國土狹小，四面都是敵國，付不起誘敵深入的高額成本，戰略上只能「禦敵於國門之外」，因而選擇了以攻為守，「先發制人」等戰略。這雖然保障了以色列的安全，卻使以色列被認為是世界上最好戰的國家，在政治上付出了巨大代價。

巴勒斯坦位於地中海中部，作為一個歷史悠久的區域，西起東地中海東岸的沿岸和沿海平原、東至約旦河谷、南達內蓋夫沙漠、北部包括加利利地區，不僅包含目前擬議中的巴勒斯坦國領土，還包括以色列、約旦、

埃及部分地區。巴勒斯坦是一塊多災多難的土地，也是一塊充滿傳奇色彩的土地，猶太人曾在這裡建立過以色列國和猶太國，後來埃及、亞述、巴比倫、波斯、馬其頓、古羅馬、拜占庭、鄂圖曼土耳其等歷史上的強大帝國先後統治這裡，原始居民猶太人因戰亂而流亡世界各地；再後來，這裡成了阿拉伯人的家園。

十九世紀末，流浪世界各地的猶太人因受到排猶浪潮的迫害，渴望有自己的祖國，猶太復國主義成為世界各地猶太人的一種普遍思潮。第一次世界大戰期間，英國外相貝爾福曾發表著名的貝爾福宣言，提出要在巴勒斯坦建立一個「猶太人國家」。第一次世界大戰結束後，巴勒斯坦成為英國的委任統治地，英國因而著手貫徹貝爾福宣言，不少猶太人陸續遷至巴勒斯坦定居；但是，已在這裡定居的阿拉伯人認為猶太人移居巴勒斯坦侵占了自己的土地，因而群起抗爭，於是阿拉伯人和猶太人就在巴勒斯坦不斷發生衝突。

此時，美國把支持猶太復國主義運動，作為自己替代英國控制中東的重要工具，而巴勒斯坦則是美國進入中東、排擠英國的特殊跳板。在美國支持下，猶太復國主義者在巴勒斯坦大肆進行反英、排阿等恐怖活動，巴勒斯坦局勢愈加複雜、尖銳。英國既要面對以阿矛盾上升的危險，還面臨美國排擠，束手無策，因而於一九四七年二月，把以、巴衝突問題提交聯合國。

聯大特別會議根據英國的要求，決定成立一個由大會授予全權、有十一國代表參加的特別委員會，調查與巴勒斯坦問題和以、阿衝突問題有關的一切爭端，並提出建議。特別委員會於九月向大會提出報告，一致建議結束英國在巴勒斯坦的委任統治，並對未來的治理方式提出兩個方案：一個是由加拿大等七國提出的方案，建議把巴勒斯坦分為猶太和阿拉伯兩個獨立國，耶路撒冷則由國際託管；另一個是印度等三國提出的少數方案，該方案反對以巴分治，建議成立阿猶聯邦，以耶路撒冷為首都。

但是，這兩個方案並不受當事方歡迎。阿拉伯國家代表明確表示反對任何分治計畫，猶太方面則表示有條件地接受分治方案。一九四七年十一月二十九日，聯合國大會不顧十三個阿拉伯國家的強烈反對，在美、蘇等三十三國支持下，通過了「關於巴勒斯坦將來治理（分治計畫）問題的決議」。決議規定，英國應於一九四八年結束在巴勒斯坦的委任統治，然後在巴勒斯坦地區建立阿拉伯和猶太國兩個國家，以及耶路撒冷國際託管政權。當時，在巴勒斯坦的阿拉伯人達一百三十萬人，猶太人只有六十萬人，但聯合國決議劃分給擬定建立的阿拉伯國家國土面積為一萬一千餘平方公里，僅占巴勒斯坦土地的百分之四十四；而劃分給猶太國的國土面積為一萬四千餘平方公里，卻占據了巴勒斯坦大部分土地。阿拉伯人認為這不公平，不願接受聯合國分治決議，反而使阿、猶之間的衝突加劇。

一九四八年五月十四日，英國宣布結束在巴勒斯坦的委任統治。當天下午，猶太建國協會宣告「以色列國」建立，並動員世界各地的猶太人到以色列國定居。巴勒斯坦阿拉伯人及周圍的阿拉伯國家，包括埃及、外約旦、伊拉克、敘利亞、黎巴嫩等，一致反對聯合國分治決議和以色列建國。次日，上述五國組成阿拉伯聯軍，決定集體出兵巴勒斯坦。五月十五日，五國向以色列宣戰。五國聯軍六萬人向以色列發動進攻，第一次以阿戰爭就此爆發。

以色列對阿拉伯國家的同聲反對和武裝進攻並不感到意外。早在以色列正式建國前，以色列人就進行了戰爭總動員，把原有的哈加那、伊爾貢、斯特恩幫三個猶太人軍事組織，改編成了約三萬人的「猶太國民軍」。以色列正式宣布建國後，以色列總理兼陸軍總司令本-古里安，立即驅車前往猶太國民軍指揮部，宣稱猶太國的命運「只能在戰場上決定」。

圍繞以阿衝突，美、英政策出現了不和諧。美國是以色列的總後台。以色列建國當天，美國就宣布承認以色列，並對以色列的「生存」承擔了義務，美且向以色列提供了大批緊急軍事與財政援助。英國由於不甘心被美國擠出巴勒斯坦，想利用阿拉伯國家的反猶情緒與美國「鬥法」，力爭保住它在中東的傳統地位。戰爭爆發後，英國除向阿方提供武器和彈藥外，還派英國軍官到外約旦阿拉伯軍團直接指揮戰鬥。

第一次以阿戰爭從一九四八年五月十五日爆發，到一九四九年七月七日結束，斷斷續續打了一年多。戰爭分為兩個階段。第一階段從一九四八年五月十五日到七月八日，是阿方進攻時期。此時，阿拉伯聯軍不但占有數量優勢，而且有英國提供軍事援助；在戰略態勢上，阿拉伯聯軍四面包圍以色列，享有戰略優勢。阿拉伯聯軍先後占領耶路撒冷舊城及以色列大片領土，逼近以色列臨時首都特拉維夫。

面對危機，以色列方面緊急動員，加緊擴軍，世界各地的猶太人紛紛到以色列參戰。美國也加緊向以色列運送軍援物資，並向以色列派遣「志願兵」助戰。以軍從三萬人迅速增至十萬人，並於七月九日反攻。以此為轉捩點，第一次以阿戰爭進入第二階段。

此時，阿方內部紛爭擴大，英國迫於美國壓力，停止支持阿拉伯國家，阿拉伯聯軍失去了戰場優勢，陷入被動。以色列軍隊乘勢猛攻，先後占領西加利利、馬納哈河谷以及除加薩走廊和約旦河西岸的所有巴勒斯坦領土，勝利之神轉向了小小的以色列。

從一九四九年二月開始，在聯合國調停下，埃及、黎巴嫩、約旦、敘利亞等阿拉伯國家先後與以色列簽訂了停戰協定，並分別設立了混合停戰委員會。至此，歷時十四個月的巴勒斯坦戰爭宣告結束。在戰爭中，阿拉伯聯軍陣亡一萬五千人，而以色列人的陣亡人數大致相當於阿軍陣亡總數的三分之一。

透過第一次以阿戰爭，以色列獲得巴勒斯坦地區五分之四的領土，占領了耶路撒冷西半部的新城區，其在巴勒斯坦的土地實際控制面積達到兩萬零七百平方公里，比分治決議劃給它的面積還多六千七百平方公里。巴勒斯坦的其餘部分土地，包括約旦河西岸及耶路撒冷城的東半部舊城區由約旦管轄，加薩走廊由埃及管轄，聯合國欲在巴勒斯坦建立一個阿拉伯國家的計畫告吹。

第一次以阿戰爭對許多政治與戰略後果影響深遠，有些後果直到二十一世紀還有影響。第一，戰爭造成近百萬巴勒斯坦居民被逐出家園，流落到鄰近的阿拉伯各國，淪為無家可歸的難民，巴勒斯坦建國及巴勒斯坦難民問題成為困擾國際和平與安全的長期問題；第二，以色列與阿拉伯人以至與伊斯蘭世界結下了不解冤仇，以阿衝突成為國際政治鬥爭的重要內容；第三，以阿衝突也對大國關係具有重要影響，美國成為以色列的堅定支持者，更深地捲入了中東事務。此外，從軍事上看，以色列以區區幾十萬居民，戰略上又處在敵國的三面包圍中，卻能以寡勝眾。阿拉伯人雖然國家多、人口多、軍隊多，卻內部矛盾重重、缺乏統一指揮，尤其缺乏以色列軍隊那樣的組織性和戰鬥力，這就確立了以阿戰爭的特有模式。

73、月黑風正高，奇兵卷狂潮——麥克阿瑟與仁川登陸

【楚雲戰評】一九五〇年六月二十五日，韓戰突然爆發。朝鮮人民軍在三八線附近的交戰中戰勝南韓軍隊後，乘勝向南推進，解放了南韓大部分領土，統一朝鮮半島勝利在望。這時，以南韓保護人自居的美國乘機出兵干涉韓國內戰。九月十五日，美國陸、海軍在韓國西海岸的仁川港

大舉登陸成功，一舉切斷了朝鮮人民軍的後方交通線。朝鮮人民軍腹背受敵，損失慘重，功敗垂成，只得從朝鮮半島南部匆匆北撤。韓國戰局頓時逆轉，朝鮮人民軍失去了戰略主動權。

一九五〇年六月二十五日，韓戰突然爆發。南北雙方軍隊在北緯三十八度線附近激烈交火數小時後，朝鮮人民軍轉入全線進攻，向南推進。從六月二十五日至八月二十日，不到兩個月時間，北韓十餘萬軍隊以百餘架高性能蘇製飛機，和同樣數量的蘇製 T34 坦克為開罐刀，分割穿插，多路並進，連續打了漢城、水原、大田和洛東江諸次戰役，相繼解放南韓都城漢城、臨時都城大田以及水原等重鎮，總計殲敵十餘萬人。南韓軍隊主力損失殆盡，一路向南潰逃，基本失去作戰能力。朝鮮人民軍解放南方，統一朝鮮半島，已是指日可待。

朝鮮人民軍勢如破竹的攻勢，觸動了美國在遠東的政治神經。戰爭爆發後數日內，美國政府便決定盜用聯合國名義，武裝出兵干涉韓國內戰。美國陸軍五星上將道格拉斯．麥克阿瑟被任命為「聯合國軍」總司令，走上韓戰的舞台，統一指揮侵朝美軍及聯合國軍其他部隊。

麥克阿瑟出身將門，畢業於有美國陸軍將官搖籃之稱的西點軍校。第一次世界大戰時，麥克阿瑟任美軍著名的彩虹四十二師參謀長和師長等職，赴法參戰。由於在對德作戰中表現出色，麥克阿瑟先後出任美國陸軍西點軍校校長和美國陸軍參謀長等職，以後又任美駐菲律賓軍事總顧問。太平洋戰爭爆發後，麥克阿瑟被任命為美國陸軍遠東總司令，指揮太平洋美國陸軍對日作戰。麥克阿瑟因其赫赫戰功和獨特的個性著稱於世。太平洋戰爭結束時，麥克阿瑟被任命為駐日盟軍總司令。

韓戰爆發後，七十歲的麥克阿瑟因新加封為「聯合國軍」總司令，平添了幾分意氣。開戰不久，他奉華盛頓之命，調遣駐日美軍，陸陸續續投入朝鮮半島參戰，不期然卻被朝鮮人民軍打得落花流水。侵朝美軍損失慘重，一名少將師長成為人民軍的俘虜，其殘部隨同南韓潰軍，被北韓軍隊趕到南韓東南海岸線釜山一隅之地，固守待援。局勢對美方而言，可謂岌岌可危，美軍和南韓軍殘部隨時可能被朝鮮人民軍趕下大海。

為挽救危局，華盛頓迅速從世界各地向韓國戰場調兵遣將，得到大批增援的麥克阿瑟，一反用兵常規，決定充分發揮美軍海、空優勢，將新增援的美軍用於北韓進攻部隊側後，實行一次包抄性的兩棲登陸作戰，而不是直接用於加強危在旦夕的釜山美軍防線。根據麥克阿瑟的看法，圍攻釜山的朝鮮人民軍勞師遠征，苦戰數月，已達於其作戰補給線的盡頭。美軍出奇兵在朝鮮人民軍側後登陸，不但能一舉切斷其漫長而脆弱的軍事補給線，而且能輕叩南韓首都漢城大門，並與釜山美軍南北呼應，其勢必然將置朝鮮人民軍主力於美方南北兩支大軍構成的鐵錘和鐵砧之間，使之化為齏粉。

麥克阿瑟的側翼登陸計畫，原則上得到美軍各級指揮機關贊同，但選擇何處實施登陸，美軍內部卻發生了激烈爭論。麥克阿瑟選擇仁川港為登陸點，這一大膽計畫遭到美國陸、海、空三軍幾乎所有將領，包括一些追隨他左右多年的下屬的強烈反對。

仁川位於韓國西海岸中央地帶，是韓國第二大海港。港口水道狹窄，海流速度每小時達五海浬；月尾島橫亙其間，扼港口出入通道，島上駐有朝鮮人民軍強大的海岸炮兵部隊；仁川港主航道只消一艘沉船便可全部封閉。不僅如此，仁川港還是世界上潮汐漲落懸殊最大的海港，潮汐水位落差達三十英尺。據推算，適於兩棲部隊大規模登陸的日期只有九月十五日、十月十一日、十一月一日及二日。即使在這四個適宜登陸的日子，登陸部隊的人員和物資也只能乘漲潮的兩個半小時運送上岸。滿潮過後，進攻部隊的船、艦如不隨潮水撤離，必將擱淺於泥灘上，成為岸防炮的靶子。已登陸的部隊必須依靠自己的力量守衛灘頭陣地，阻敵夜間反擊。由於登陸部隊登岸時必須攀越十餘英尺高的陡峭海堤，而且早期登岸地帶正當建築物林立的仁川市區，也就使登陸部隊的初期活動更加困難。一言以蔽之，如從地理、潮汐和海軍兩棲作戰的觀點分析，仁川港具備一切最不利的登陸條件。

反對仁川登陸計畫的美軍將領們不但列舉種種海況、地形等極差的自然條件作論據，還列舉了諸多其他理由。美國陸軍參謀長柯林斯上將擔心統帥部缺乏足夠的運輸艦、船；登陸部隊太少不易保證成功；而從釜山前線抽調部隊參加登陸作戰，又將削弱釜山自身的防禦。他還認為仁川離釜山美軍防線超過三百公里，距離太遠，不足以立即威脅進攻釜山的朝鮮人民軍，擔心釜山美軍防線在仁川登陸部隊趕到前崩潰，以致使登陸作戰失去意義。柯林斯的見解得到美國海軍作戰部部長、海軍上將謝爾曼的支持。這兩位來自華盛頓、代表杜魯門總統和美軍參謀長聯席會議的陸、海軍高級將領，聯合提出了一個替代方案：放棄仁川登陸計畫，改在仁川以南一百六十公里的群山登陸。這一比較不冒風險的替代方案得到大多數其他美軍將領的贊同。

在討論仁川登陸計畫的會上，麥克阿瑟身穿一件沒有繫鈕子、衣領上別有五顆金色小星的襯衫，戴著一副大墨鏡以及一頂鑲有許多金屬飾物的便帽，叼一支帶有金黃色穗尾的玉米芯製煙斗，不停抽菸，一言不發。聽完各種質疑以後，將軍從坐椅上霍然立起，像一個參加大獎賽的演說家一樣，口若懸河，洋洋灑灑，一氣講了一個小時，陳述自己的獨特見解：「諸位提出了有關仁川登陸行不通的種種論據，我以為正是這些論據有助於我做到攻其無備，因為敵方指揮官會與諸位一樣，斷定沒有任何一支軍隊，敢於冒在仁川登陸的風險。」在談到登陸戰的種種困難時，麥克阿瑟設想：朝鮮人民軍全師南下，仁川港不會有重兵駐防或布雷；潮汐和地形的困難定能被海軍克服；北韓駐紮在港口附近的支援部隊不會很強，而且其士氣將因美軍登陸而迅速低落；華盛頓一定能提供足夠的登陸艦船、裝備和部隊。接下來，他比較了仁川和群山兩處登陸的利弊，認為群山登陸雖然地形有利，比較安全，卻不能收奇襲之效，既不能消滅敵人的戰鬥部隊，也不能切斷其補給線，包抄敵軍，因而充其量只是一次側翼進攻。這種安全係數雖高，卻在戰略、戰術上一無所獲的登陸戰，純粹是對人力、物力的無謂浪費。他還宣布：「如果我的判斷失誤，遇到無法戰勝的防禦，我將親赴現場，在部隊遭遇重大損失前立即撤退，那時唯一的損失將是我作為職業軍人的聲譽。」並威脅性地表示，如不允在仁川登陸，他寧願取消任何登陸作戰計畫。最後，他以其特有的戲劇性的誇張語氣宣告：反共前線不在柏林、巴黎、倫敦或華盛頓，而在南韓的洛東江。

「我幾乎聽到了命運秒針的滴答聲。仁川登陸不會失敗。我們必須現在行動，不然就是死路一條。」

由於麥克阿瑟的有力陳述和不妥協立場，美軍中的反對派只好放棄反對意見。美國總統杜魯門和參謀長聯席會議也只得一步三回頭地批准了美軍仁川登陸計畫。此後，依據麥克阿瑟的要求，美軍供仁川登陸作戰用的大批飛機、艦艇、兵員及一應物資裝備，迅速調往韓國前線。

仁川登陸作戰按期於一九五〇年九月十五日進行。參加仁川登陸的部隊包括隸屬於美軍第十軍的美陸戰第一師、步兵第七師、步兵第三師、空降一〇一師等部隊，以及一個英國旅和若干南韓部隊，共計七萬人，由麥克阿瑟的參謀長阿爾蒙德將軍直接指揮。支援登陸作戰的還有美海軍第七艦隊以及部分英國戰艦，總計包括兩百三十艘艦、船，四百餘架艦載機以及一些陸基航空兵飛機。

九月十二日，席捲太平洋的颱風撼天動地，海浪如山，洶湧咆哮，似要撕碎整個世界。麥克阿瑟照例戴一副大墨鏡，在日本軍港佐世保登上作為旗艦的「麥金利號」戰艦，隨同登陸艦隊，浩浩蕩蕩，殺奔仁川。在此期間，占壓倒優勢的美軍航空兵及巨型艦炮對仁川港所有軍事目標進行了地毯式轟炸，月尾島岸防工程首當其衝。守衛仁川港和月尾島的三千名朝鮮人民軍防守部隊及岸防炮兵損失慘重，基本已失去抵抗能力。九月十五日，各路美軍登陸部隊按部署分頭在標為「紅色」、「藍色」、「綠色」的三個地段登陸成功。站在「麥金利號」甲板上，叼著玉米芯煙斗的麥克阿瑟，透過大墨鏡觀看了登陸的全過程：黑壓壓的美軍飛機烏雲般遮蓋了仁川上空，而在海上，無數大小戰艦來往賓士；兩架朝鮮人民軍雅克式飛機剛從天邊鑽出，就毀於美軍炮火；月尾島和仁川港方向只有零零落落的射擊聲。美海軍陸戰隊官兵成群結隊，湧上海灘，登上月尾島，如入無人之境。

搶灘成功後，美軍登陸部隊一面迅速向內陸推進，一面搶卸人員和作戰物資。一星期之內，登岸部隊已達五萬人，另有兩萬五千噸物資和六千輛軍車隨部隊運抵灘頭。整個登陸作戰過程中，美軍傷亡共計不過五百三十六人。

仁川登陸戰打響後，在釜山前線與朝鮮人民軍主力苦苦相持的美第八集團軍立即調整部署，轉守為攻，強行突破朝鮮人民軍包圍線，向北進攻，呼應美軍仁川登陸部隊。苦戰達三個月、遠離後方基地的朝鮮人民軍，很快陷入美軍兩支優勢部隊的夾擊中，且後方供應斷絕，被迫停止圍攻釜山，急速後撤。九月二十六日，兩路美軍南北對進，實現戰場會師。同一天，美軍奪取南韓首都漢城。朝鮮人民軍因美軍仁川登陸一舉，不但功敗垂成，而且損失慘重，韓國戰局因而逆轉。

仁川登陸成功以及隨之而來的戰果，把麥克阿瑟五十五年軍人生涯推向輝煌之巔，賀電從世界各地紛至遝來；但是，仁川登陸成功也帶來了另一方面的影響，由於麥克阿瑟自始至終力排眾議，不按常規用兵，使登陸計畫得以貫徹，整個登陸戰役就蒙上了一道傳奇色彩。麥克阿瑟因此轉化成半人半神的「常勝將軍」、「戰神」，他的下屬再不敢提出任何違背將軍意願的作戰意見。華盛頓的參謀長也對麥克阿瑟噤若寒蟬，麥克阿瑟愈加雲天霧地，目空一切。此後，麥克阿瑟一意孤行，統率侵朝美軍，越過北緯三十八度線，一路向中、朝界河鴨綠江逼進，刺激中國投入韓戰。麥克阿瑟因仁川一役成功而急遽膨脹的驕狂之氣，不僅是其在三十八度線以北屢戰屢敗的基本原因，也為其日後不斷抗命、抗上，與杜魯門直接衝突，以致最後被杜魯門解除全部職務埋下了禍根。

74、驕兵必敗——清川江之役

【楚雲戰評】美軍仁川登陸成功後，大舉越過北緯三十八度線，迅速占領北韓全境，進抵鴨綠江南岸。一九五〇年十月，中國軍隊以志願軍名義參戰。不久中、美兩國軍隊在鴨綠江南岸決戰。中國軍隊利用美軍分散作戰，態勢虛弱之機，橫穿猛插，在清川江大敗美軍西線部隊，又在追擊中戰勝美軍東線部隊，取得勝利。美軍倉皇南撤，中國軍隊乘勢追擊，雙方在三八線附近又幾度血戰，戰線在三十八度線穩定下來，打擊了美軍氣焰。

仁川登陸成功以後，美軍全線進抵北緯三十八度線。驕狂之氣正熾的美軍五星上將麥克阿瑟，經美國政府授權，不顧中國政府的反覆警告，悍然統率打著「聯合國軍」旗號的美軍和一些其他國家軍隊，於一九五〇年十月一日突破三十八度線，向北韓境內全線推進。

針對美軍越過三十八度線、大舉進犯朝鮮民主主義人民共和國的軍事挑釁，中國政府於一九五〇年十月三日再度向美國政府發出警告，明確說明：如僅僅南韓軍隊越過三十八度線，中國將不干預；如美軍越過三十八度線，中國將出兵參戰。杜魯門總統雖然懷疑中國方面的警告可能是虛聲恫嚇，但不敢肯定。如中國參戰，蘇聯就有可能捲入；如蘇聯捲入，就等於拉開了第三次世界大戰的帷幕。一旦因美軍越過三十八度線又引發世界大戰，美國政府定難辭其咎。

鑒於此，杜魯門只得反覆徵求其前線司令官麥克阿瑟，對中國參戰可能性及其影響的看法。麥克阿瑟毫不謙虛，從戰略、戰術兩大方面明確排除了中國參戰的可能性。首先在戰略上，他認定中國干預韓戰的最佳時期，是北韓軍隊進軍釜山之時，而美軍仁川登陸成功後，中國已經錯失最佳干預的時機；其次在戰術方面，麥克阿瑟斷定中國在東北地區能調動的部隊不超過三十萬人，部署在鴨綠江的部隊不超過十二萬五千人，而有能力渡過鴨綠江投入朝鮮半島的兵力不過五六萬人；而且他認為中國沒有空軍，中國陸軍只有過時的輕武器，那種「打了就跑」的游擊戰術不適用於朝鮮半島；美國又擁有強大的海、空軍，如中國軍隊膽敢跨過鴨綠江，向平壤進軍，必將發生一場「最大規模的屠殺」，單憑美國空軍就能消滅中國軍隊。即是說，麥克阿瑟不但在政治上認定中國不會參戰，而且在軍事上認定中國軍隊即使參戰也只是自取滅亡，徒招軍事失敗和政治羞辱。

歷史幾乎立即證明麥克阿瑟判斷的荒謬；然而，沉溺於仁川神話的杜魯門及美軍上下，都對麥克阿瑟的判斷敬若神明。杜魯門吃了定心丸，愈加放手讓麥克阿瑟向北冒進，麥克阿瑟也依據這些判斷，部署在三十八度線以北的軍事行動。由於斷定中國不會出兵，朝鮮人民軍主力又在三十八度線以南，麥克阿瑟認為美軍在北韓作戰對象，只是人民軍野戰部隊殘餘、後勤部隊以及幾千名新招募的農民。美軍向北進軍充其量不過是一次武裝遊行。只消旬日，美軍即可直下平壤，飲馬鴨綠江，按美國的政治要求，武力統一朝鮮半島。

奉命向三十八度線以北進軍的「聯合國軍」計有五個軍共十餘個作戰師，其中包括美軍第一軍、第九軍、第十軍，南韓第一軍、第二軍，以及一個英聯邦旅、一個土耳其旅等少量其他國家軍隊，共二十餘萬人，並得到海、空軍大量戰艦、飛機的支持。目空一切的麥克阿瑟將其進攻部隊分為兩支，主力編為第八集團軍，包括美第一軍、第九軍、南韓第二軍，由美將沃克統一指揮，從韓國西海岸沿平壤軸心向北推進；在東海岸，部署美第十軍和南韓第一軍，由阿爾蒙德將軍統一指揮，經海路運抵元山、利原等處登陸，向北徑赴鴨綠江上游渡口楚山。美軍兩支進攻部隊側翼間距八十公里，正好被南北走向、奇峰聳立、森林密布的太白山脈隔開。

美軍進攻部隊初期進展順利，西路美第八集團軍在旬日內，連下北韓首都平壤及安州、定州諸城，渡過東西走向、在鴨綠江南側百餘公里與鴨綠江平行的清川江，迫近鴨綠江南岸；東路美軍在元山、利原等港口登陸成功後，按計畫北進，前鋒已占領鴨綠江上游重鎮楚山。

自韓戰爆發、美軍介入後，中國便向東北調兵遣將。三十萬中國軍隊的精銳之師雲集中、朝界河鴨綠江北岸，待命出征。美軍跨過三十八度線後，中國軍隊主力在志願軍旗號下，乘夜黑分批偷渡鴨綠江，向南移動。到十月底，已過江的中國軍隊計為兩個兵團，共六個軍、十八師，約二十餘萬人，由彭德懷將軍指揮。在朝鮮人民軍配合下，中國軍隊隱蔽集結於兩支敵軍之間、位於太白山脈北段的茫茫林海中，嚴密封鎖消息，靜待並設法抓住美軍薄弱環節，準備出擊。四萬北韓游擊隊也分散成無數支小部隊，滲入敵軍戰線後方，策應主力反攻。

十月二十五日夜半，西路美第八集團軍前鋒渡過清川江不久，中國軍隊的主力五個軍十六個師，由潛伏已久的隱密陣地突襲，分頭撲向已然分散的各路敵軍。部署在右翼、戰鬥力最弱的南韓第二軍首當其衝，慘遭中國軍隊打擊後，率先向南潰退。與其相鄰的美軍各部隊因側翼暴露，在中國軍隊的壓力下，也收縮兵力，趕緊回撤到清川江南岸，以防不測。出人意料的是，初戰告捷的中國軍隊並未尾隨美軍第八集團軍潰兵窮追，而是突然從各戰鬥點與敵軍脫離接觸，退回太白山崇山峻嶺中，消失得無影無蹤。在志願軍戰史上，這十餘天短暫戰鬥被稱作雲山戰役，是清川江戰役的序幕。

中國軍隊痛擊西路美軍前鋒後，又脫離接觸，突然消失蹤影，這使美國方面如墜雲裡霧中。美國方面透過雲山戰役，除知道中國已經介入韓戰外，對中國的意圖、參戰兵力、部署及集結地皆一無所知。美軍各級指揮機關憂心如焚的問題是：中國進入朝鮮的部隊有多少？意圖如何？是象徵性的示威行動，還是決心把美軍趕回三十八度線以南，甚至趕出朝鮮半島？

店麥克阿瑟又一次主觀推測，再次說服美軍、包括華盛頓。他們仍然斷定中國不會全面介入韓戰，參戰的中國部隊不超過幾個戰鬥團！其意圖不過是虛張聲勢，挽回顏面，或是企圖保全鴨綠江流域各水力發電廠。他的下屬按照其推斷，在東京發布新聞，稱有關中國參戰的消息是兩個戰俘的口供。「這兩個戰俘各講了六個不同的故事，加起來共十二個故事，其最後結果等於零。」

麥克阿瑟對中國參戰兵力和意圖的主觀推斷，略加收容、整理雲山戰役中潰敗的美軍部隊後，便令各部按既定部署繼續北進，爭取在耶誕節前占領北韓全境，消滅北韓殘餘軍隊。爾後，各路美軍依照麥克阿瑟的聖誕攻勢命令，再度越過清川江，向北冒進。

雲山一戰，彭德懷指揮中國軍隊小試牛刀，摸清了美軍作戰特點、規律和火力情況，又與敵突然脫離接觸，「能而示之不能」，以收縱其驕狂、迷其心智之效，麥克阿瑟果然中計，再度全師北進，終於落進中國軍隊布下的陷阱。當美軍主力再度越過清川江一線，兵疲將驕、陣形散亂、後勤補給線拉長、戰鬥力下降之際，得到第三野戰軍第九兵團十二個師援助的中國軍隊，以排山倒海之勢再度出擊。十一月二十五日夜半，西線中國軍隊十八個師，分數路沿清川江河谷卷擊，先後擊潰西線美軍右翼南韓第二軍、美第二師、第一騎兵師、第二十七英國旅等部隊，而後將打擊矛頭轉向左翼美第二十四師和第二十五師。得到北韓游擊隊接應的一些志願軍穿插部隊，搶先進抵敵軍撤退必經的山口隘道，構築陣地，據險阻擊，分割包圍各路敵軍。美第八集團軍愈發損失慘重，僅右翼美軍第二師，就在一天之內折損了三千人馬及全部重裝備。各路美軍恐被分割包圍，不待麥克阿瑟下令，便自行奪路突圍，又遇到中國軍隊穿插部隊阻擊，險象環生。在中國軍隊窮追下，美軍的聖誕攻勢變成了聖誕大潰逃。第八集團軍十餘萬殘兵敗將退過清川江後，混亂湧上各公路隘道，又一路退過平壤，而後繼續向南狂奔。

東線美軍因在雲山戰役中未受過打擊，較之西路美軍前進更快，陣形拉得更開，各部呈一字長蛇狀，首尾不能相顧。中國軍隊第九兵團十二個師的生力軍乘虛插進，一舉將美軍第十軍、南韓第一軍各部隊分割包圍於長津湖畔柳潭里、獨洞山、下碣隅里、古土里及津興里等孤立陣地中，日夜圍攻。東路美軍各被圍部隊困守在冰封雪飄、寒風怒號的荒山野嶺中，補給斷絕，苦苦等待救援部隊，而救援部隊永遠不會到來。於是，各支被圍美軍只得迎著中國軍隊據險構築在隘道上的火網，憑藉飛機、坦克掩護，冒死突圍。各戰場引擎轟鳴，炮聲隆隆，雙方短兵相接，血肉橫飛，陣地每每失而復得，得而復失，惡戰兼旬，曠古空前。由古土里向下碣隅里突圍的一支美軍千人縱隊，在一個叫地獄火的隘道遭中國軍隊伏擊，折損六成人馬；另一支人數更多的美軍雪地行軍，由下碣隅里向津興里突圍，且戰且走，三十八個小時勉強突圍了十餘公里，沿路拋屍無數。多虧擁有制海權和制空權，東線美軍各被圍部隊十餘萬人馬，方能在損兵折將後，歷盡千辛萬苦，逃脫中國軍隊層層包圍，向海岸線美海軍炮火威力圈集中，而後乘海軍艦船由海路逃脫中國軍隊的追擊。

一九五〇年十二月二十四日，歷時近一個月的清川江戰役正好在耶誕節結束。美軍大敗，東西兩支美軍累計損失兩萬四千人。單是東路美第十軍第一海軍陸戰師戰鬥傷亡就達四千四百人，另有七千人凍傷，失去戰鬥力。除美軍外，另有萬餘名南韓及一些其他國家編入「聯合國軍」的部隊被中國軍隊消滅。各戰場及北韓各隘道、公路上，敗軍遺棄的軍車、坦克、槍械、彈藥及其他裝備物資，不可計數。美軍一路退過三十八度線以南，中國軍隊一舉收復北韓大部分失地，包括平壤、元山、興南等城鎮以及三十八度線以南的部分領土。

清川江戰役後，美軍由進攻轉為防禦，最終在政治上放棄進軍三十八度線以北、武力統一朝鮮半島的計畫。

清川江戰役，中國參戰軍隊人數稍占優勢，戰場靠近中方補給基地。而美軍雖然人數稍少，卻裝備先進，擁有海空優勢，雙方戰力大體相當。美軍失敗的原因首先在於虛驕輕敵，美將麥克阿瑟一方面在戰略上錯誤地斷定中國不會派大部隊介入；另一方面又在戰術上嚴重低估了中國軍隊的戰鬥力，因而在戰役部署上分兵冒進，又不注意加強兩支部隊之間的偵察巡邏和聯絡。尤其雲山一役，中國軍隊初露鋒芒後，麥克阿瑟仍然熟視無睹，繼續分兵冒進，一頭闖進中國軍隊布下的陷阱中。可以說，美軍是在對中國參戰兵力、義圖、部署等一無所知和低估中國軍隊戰鬥力的情況下，盲目投入清川江戰役。

因仁川一役冒險成功大受褒獎的麥克阿瑟，在清川江之役慘敗後，積極鼓吹對中國全面開戰，甚至鼓吹對中國使用核彈。他還把美軍失敗責任推給杜魯門和華盛頓軍方，多次直接向美國政府決策挑戰，最後被杜魯門以抗命罪解職。從這個意義上說，正是清川江戰役擊碎了麥克阿瑟「常勝將軍」的神話，並埋下了其日後被解職的種子。

75、亞洲非殖民化運動的最後決戰——奠邊府之役

【楚雲戰評】經過第二次世界大戰，德、日、義殖民帝國垮台，殖民統治愈益不得人心，已成為「人人喊打」的過街老鼠。法國殖民者在戰後企圖捲土重來，恢復其在印度支那的殖民統治。越南人民在中國支持下，與法國殖民者決戰，在奠邊府大敗法國殖民軍，取得勝利。法國由於在奠邊府失敗，最終被迫放棄在印度支那的殖民統治。

熱帶季風挾帶著傾盆大雨自天而降，沖刷著被炮火深翻過的黃色泥沙，湧進一處處戰壕、坑道和前沿避彈所。苦戰兼旬、衣衫襤褸的守軍，困守在被泥水浸泡的陣地上，望眼欲穿，等待援兵。傷患們擠在泥濘的洞穴中呻吟不止，來不及掩埋的屍體漫山遍野，不堪入目。彈藥補給不足，糧食供應減半，企盼已久的援軍總也不來。正在絕望之際，進攻一方的機關槍、迫擊炮以及最新式火箭炮，再一次隆隆急射，透過雨幕，把成噸的爆炸物傾瀉到守軍陣地。守軍地堡被轟垮、壕溝被填平、彈藥庫在炮擊中爆炸。敵軍步兵伴隨炮聲、哨聲、號聲、喊聲從叢林衝擊，蜂擁而上。這就是奠邊府戰役的一幅幅畫面——千篇一律，殘酷而真實。其中防守方是曾經稱雄亞洲達一世紀之久的法蘭西帝國軍隊，而進攻方卻是新近從亞洲反殖民主義解放運動中，脫穎而出

的越南民主共和國軍隊。

奠邊府地處越南西北邊境地區的一道河谷中。這道河谷南北長約十八公里，東西寬約五公里，一條稱作南湧河的小河從中穿過。河谷中央地勢平坦，四周皆是布滿熱帶叢林的小山丘。小山丘往外，則是一望無際的崇山峻嶺和原始密林。由奠邊府往北一百二十公里，可達中國雲南；往西三十公里，可直通老撾；往東一百五十公里，便是越南政治中心河內。除通往河內的四十一號公路外，奠邊府與中國和老撾的邊境交通，只能仰賴崇山峻嶺中彎彎曲曲的叢林小路。由於地處中、越、老三國邊境，又東通河內，奠邊府便成為控制老撾北部和越南西北部廣大地域、直達中越邊界的戰略鎖鑰，歷來為兵家必爭之地。

一九五三年十一月二十日，一千八百名法國傘兵，根據駐越法軍總司令納瓦爾將軍的指令，由六十五架美製 C47 型運輸機載運，在奠邊府地域空投著陸。這支法軍傘兵部隊在奠邊府前線指揮官卡斯翠準將指揮下，迅速進兵奠邊府。駐守奠邊府的越南民主共和國軍隊寡不敵眾，且戰且退。僅幾個小時，奠邊府易手，奠邊府戰役序幕就此拉開。

占領奠邊府後，法軍指揮部空運來各種作戰物資。一個星期內，空運到奠邊府的法軍兵力已達四千五百人。參加奠邊府攻防戰的法軍總兵力最後達到一萬六千人，包括六個一百零五毫米榴彈炮營、四個一百五十五毫米榴彈炮營、三個一百二十毫米重迫擊炮營、一個坦克分隊以及數量更多的步兵營。這支部隊與其後方基地的聯絡，自始至終依賴飛越叢林的飛機——這些飛機從基地運來援軍及糧食、彈藥、各種裝備及其零件等補給品，又從陣地上接走傷患。法軍總司令納瓦爾將軍的意圖，是透過占領奠邊府，切斷越南民主共和國軍隊從邊界對面獲取各種補給品的補給線，並迫使越軍放棄其擅長的叢林游擊戰，轉向陣地攻堅戰。納瓦爾相信法軍可憑藉擁有現代化裝備的地面部隊固守奠邊府，並憑藉無可匹敵的空中力量保證後勤補給，最終在越軍戰線深遠後方建立一個強大穩固、能置越軍於死地的「空陸基地」。納瓦爾還相信越軍缺乏現代攻城武器系統和交通工具，沒有能力穿過熱帶叢林，集結和供應一支超過萬人的大軍，與奠邊府法軍長期爭鋒，並奪而占之。因此，奠邊府法軍「空陸基地」不僅將吸引和逼迫越軍不顧死活來攻，而且還將耗盡越軍最後一滴血，最終摧毀越軍在其邊界地區的叢林根據地。

越南民主共和國的領袖是胡志明，本名阮必成，是越南獨立同盟和印度支那共產黨的創始人。越軍總司令是當時四十四歲的武元甲，一個身經百戰的游擊戰專家。一九四一年五月，胡志明正式創立越盟。日本奪取法占印度支那後，越盟一直致力於爭取越南獨立的鬥爭。一九四五年九月日本投降時，胡志明代表越盟在河內的巴亭廣場，召集數達五十萬人的群眾集會，並在集會上以宣讀《宣言》的方式宣告越南民主共和國成立和獨立。

但是，新生的共和國沒有得到戰前宗主國法國的承認。十萬裝備精良的法國殖民軍，根據法國政府命令湧入越南，發動武裝進攻，以求拿回被日本人打爛的殖民帝國。共和國在胡志明和武元甲的領導下，奮起抵抗，多次打敗法軍進攻，並模仿中國革命，建立起正規軍、地方軍、民兵游擊隊三結合武裝力量，在西北和北部邊界地區建立起廣大的叢林根據地。

顯而易見，法軍冒著被圍殲的風險，將一支孤軍投入奠邊府，是一場孤注一擲的戰略性賭博。法軍如能鞏固其在奠邊府新建立的「空陸基地」，便如同深入越軍根據地腹地的大章魚，能以奠邊府「空陸基地」為依託，四面出擊，把觸角伸向越軍叢林根據地的邊邊角角，困死、纏死越軍力量，摧毀其立足之地；另一方面，法軍投入奠邊府的不僅是一支萬餘人的精銳之師，而是以整個法蘭西帝國的榮譽、信心和士氣作賭注。一旦奠邊府「空陸基地」被拔除，法軍如同一隻被斬斷所有觸手的大章魚，終因血液乾枯而死，從根本上動搖其在印度支那的殖民統治。簡而言之，奠邊府之戰對法、越雙方，具有戰略決戰性質。

問題的關鍵又是一個古老軍事命題的重複，究竟哪一方具備決勝實力和意志？一九五〇年五月，胡志明祕訪中國，取得了予以軍事、政治援助的明確承諾。中國稻米、槍械、彈藥及被服等一應作戰物資，隨即源源不斷地通過中、越邊界叢林，悄悄運交越南方面。中國軍事顧問從越軍司令部一直深入到連一級戰鬥部隊，參與從戰略到戰術幾乎全部的軍事活動。數以萬計的越南農民，徒手越界，抵達中國邊城昆明，在那裡接受中國教官的訓練，學習射擊、刺殺、投彈以及班、排、連進攻戰術，然後攜帶從中國戰鬥部隊調撥來的武器，編成師一級部隊，全副武裝返回越南前線。

有了強大後援，武元甲相信越軍有能力拔除奠邊府法軍「空陸基地」，中國顧問團的見解又使這一決心加強。從一九五三年十一月二十五日開始，亦即法軍向奠邊府大規模空運軍隊及供應物資的同時，遠在千里之外的各路越軍，也以晝夜強行軍一百六十里的驚人速度穿越叢林，向奠邊府進發，與法軍飛機競賽。到下一年一月中旬，五萬越軍精銳部隊抵達戰地，四面包圍了奠邊府。這些部隊編成四個步兵師、一個工炮師，擁有包括榴彈炮、重迫擊炮、新式高射炮及多管火箭炮在內的數百門火炮以及充足的彈藥。在他們背後，還有數萬後備部隊以及負責運送彈藥、糧秣等補給品和傷病員的十萬民工。法、越奠邊府決戰，箭已上弦，一觸即發。

親臨奠邊府前線指揮的卡斯翠準將，比遠在西貢的納瓦爾要現實得多。卡斯翠準將出身於飛行員、馬術明星、賽車駕駛員，當過德軍俘虜，又設法逃出戰俘營，在非洲、義大利重新投入對德作戰。這位沙場老手，精力充沛，頭腦清楚。他了解奠邊府周圍複雜的地形、地貌和法軍的弱點，意識到惡戰在即。一到戰地，即令各部隊搶占奠邊府周圍各高地，迅速築起一道周長五十公里的環形防線，包括兩個機場以及依傍地勢構築的四十九個據點。這四十九個據點又分別組成相對獨立的八個據點群。每個據點內部皆築有鋼骨水泥澆築的地下掩體，外部布有帶刺鐵絲網。各據點火力交叉，互為犄角，從四面八方屏護著奠邊府核心陣地。整個環形防線的配備和設計思想類似馬奇諾防線，堪稱固若金湯。

一九五四年三月十三日下午五點整，在經過連日前哨戰後，武元甲指揮進攻越軍對奠邊府法軍陣地發動了第一次大規模炮擊，正式拉開了進攻奠邊府的戰幕。參加炮擊的越方炮兵計有二十門一百二十毫米重迫擊炮、二十門七十五毫米榴炮彈、八十門一百零五毫米榴彈炮以及其他一些口徑稍小的火炮。與之對陣的法軍炮兵只有四門重炮、二十四門重迫擊炮和同樣數量的中程炮，其炮彈儲備也不如越軍充足。在越軍鋪天蓋地炮火的轟擊下，法軍據點的鐵絲網屏護被炸爛、壕溝頂蓋被掀開，守軍血肉橫飛。奠邊府一時濃煙蔽日，狼藉不堪。

炮擊過後，越軍步兵成群結隊，衝出叢林，如潮水湧來，與法國守軍短兵相接，拼死肉搏。法軍許多陣地得而復失，頻頻易手，陣前硝煙瀰漫，屍橫遍野。經過數日惡戰，越軍首先奪占了奠邊府法軍環形防線北門戶加布里埃據點群，繼後又奪占了法軍陣地西北門戶安妮—瑪麗據點群以及東北門戶，並切斷了法軍主陣地與其南翼伊薩貝爾據點群的聯繫，收攏對法軍的包圍圈。

法將卡斯翠在初戰失利後，趕緊收縮兵力，調整部署，同時不斷向法軍總部呼救，要求緊急空運炮彈、武器零件、救援部隊和各種生活補給。法軍飛機一批批飛到戰場上空，然而，熱帶暴風雨也鋪天蓋地而來，奠邊府終日籠罩在熱帶叢林的雨霧中。法軍運輸機低飛恐被越軍密集的對空火力擊中，高飛又常常把寶貴的補給品投到對方陣地。每天空投給法軍的補給品，或者幾噸，或者幾十噸，皆杯水車薪，不足以供應一支萬人大軍的每日作戰需要。越軍在戰鬥間歇期間，依賴精心組織的人力畜力，沿叢林小道，將各種補給品從數百公里外及時運到戰場。受到損失的越軍第一線部隊，還可由第二線生力軍輪換。結果，戰鬥每間歇一次，戰力就越有利於越軍。

三月下旬，得到加強的越軍發起第二輪進攻，把打擊矛頭指向奠邊府法軍中心據點群。越軍三個步兵師，即精銳的三〇八師、三一二師、三一六師，在充分的準備炮火後，採用剝皮戰術，分從西、北、東三面撲向法軍陣地。越軍將士迎著法軍自動火器，衝過雷區、壕溝和鐵絲網，勢不可當。又經過十餘日惡戰，越軍相繼奪取法軍艾蘭、班佩溫等據點群。法軍主力被壓縮在奠邊府周圍縱橫皆不過一千餘公尺的一隅之地。

經過連番惡戰，奠邊府法國守軍傷亡過半，陣地被連日暴雨泡成泥潭，傷患運不出去，補給送不進來，將士皆半饑半飽，氣息奄奄。到四月末，奠邊府主陣地有戰鬥力的法軍官兵僅存三千兩百五十人。往南距主陣地半日行程的伊薩貝爾據點群，有戰鬥力的法軍官兵減至一千四百人，同樣被越軍四面包圍，等待被消滅的命運。戰局全然無望，遠在後方的納瓦爾對發兵救援奠邊府已失去信心。除偶爾向奠邊府包圍圈內空投幾十名傘兵，作出象徵性救援姿態，振興士氣外，納瓦爾再無其他作為。他曾建議奠邊府法軍全師突圍，但被經驗老到的卡斯翠將軍徹底否定。要指望幾千名苦戰數月，缺糧少彈，疲憊不堪的士兵，掩護同樣數量的各種傷號，長途跋涉，突破優勢敵軍的叢林包圍線，無異癡人說夢。奠邊府的陷落，已只是時間遲早而已。

與守軍一樣，攻方此時也損失慘重，精疲力竭。然而，充足的後備軍迅速填補了越方損失，來自中國的補給幫助越軍迅速恢復攻擊力。四月二十九日，越方向法軍主陣地發動總攻。數百門越軍火炮，同時開炮，把數以萬計的炮彈傾瀉在縱橫不過幾千公尺的法軍陣地上，埋設在敵鋼骨工事下方的巨型地雷也同時引爆，法軍陣地頓時化為火海。三萬五千名越軍生力軍，從不同方向，衝進法軍壕溝線。法軍彈盡援絕，鬥志全失，經不起越軍泰山壓頂般的最後攻勢，終於崩潰。

一九五四年五月七日下午五點三十分，法將卡斯翠向上司作了最後一次絕望的報告後，率奠邊府法軍主陣地守軍殘部投降。企圖突圍的伊薩貝爾據點法軍殘部在突圍途中悉數被殲，僅漏網十餘人。

經過五十六天決戰，奠邊府易手。駐守奠邊府的一萬六千名法軍中，六千人被俘，六千人受傷，餘皆陣亡。除損失了全部人員和裝備外，法軍還損失了六十四架飛機。越南民主共和國是奠邊府之戰確定無疑的勝利者，但也損失慘重，人員傷亡甚至超過法軍。

法軍在奠邊府失敗的原因，在於高估了法軍戰鬥力和空運補給能力，同時又低估了越軍戰鬥力和穿越叢林維持萬人大軍供應的能力。實際上，奠邊府法軍不是一支真正的法國軍隊，它包括法國人、德國人、西班牙人、摩洛哥人、阿爾及利亞人等不下十餘個民族，語言龐雜，這限制了戰鬥力。法軍飛機也不足以長期供應一支萬人大軍保持戰鬥力不衰。越軍卻人力充裕，物資供應充足，炮火猛烈、準確，士氣高昂，與法軍對比強烈。法軍脫離實際的一高一低兩種估計，又導源於歐、美白種人對亞洲人盲目的優越感，以及對歐、美軍事技術、戰術的高度迷信。奠邊府之戰使法國政府認識到自身力量的限度，越南民主共和國不但要求徹底獨立，而且具備實現這一目標的雄厚實力。不久，法國政府在日內瓦會議上承認了越南民主共和國，並放棄了在印度支那重建其殖民帝國的計畫。從這個意義上看，奠邊府之戰是越南人民擺脫殖民統治，實現民族獨立的一場戰略決戰，同時也是亞洲各國反對殖民主義鬥爭的最後一場決戰。

76、中央情報局折戟古巴——吉隆灘事件前前後後

【楚雲戰評】中央情報局是美國政府的主要間諜與反間諜構，它一九四七年正式成立，其前身是第二次世界大戰時期的美國戰略情報局。在中央情報局成立前，美國陸、海軍和聯邦調查局等各有自己獨立的間諜與反間諜活動機構，不但機構重疊、相互競爭、缺乏協調、大量浪費人力物力資源，而且效率不高。二戰後，為適應美國全球超級大國地位的需要，美國政府決定建立一個統一的間諜與反間諜機構。一九四七年，美國國會通過了建立中央情報局的法案。據此法案，中央情報局正式掛牌成立。中央情報局成立後，在世界各地蒐集情報、暗殺、顛覆，插手他國事務，因而惡名遠揚，也失敗不少。美國近鄰古巴因堅持社會主義，與美國對抗，成為中央情報局的主要顛覆對象。中央情報局曾參與謀殺卡斯楚的陰謀，但未能成功。一九六一年，中央情報局派遣雇傭軍在古巴吉隆灘登陸，企圖策動政變，推翻卡斯楚政權，控制古巴。但這支千餘人的美國雇傭軍剛登上古巴海岸，就被徹底消滅。吉隆灘事件因之成為中央情報局惡名昭彰、到處干涉、顛覆其他國家，並到處碰壁的真實寫照。

一九六一年四月十七日夜，古巴吉隆灘海岸邊的叢林小路上，一隊古巴民兵正例行巡邏。此時，夜色如墨，萬籟俱寂，唯有海面上的浪濤聲洶湧不止。忽然，漆黑的海面上傳來異樣的聲音。這聲音時遠時近、時重時輕、時有時無，只有經過嚴格訓練、聽覺極為靈敏又保持高度警惕的人，才能在海濤聲中捕捉到這種捉摸不透的聲響。

這隊古巴民兵憑直覺意識到這個吉隆灘之夜不會平常。他們按戰術動作，沿海岸迅速埋伏下來，打開槍保險，推彈上膛，目不轉睛地盯住前方漆黑的海面。不久，海面上的異樣聲音越來越清晰。然後是鬼影幢幢，有一隊船舶鬼影般向海岸駛來，並企圖在港口登陸。「肯定是敵人！」據此判斷，民兵巡邏隊先敵開火，一排排憤怒的子彈射向鬼影，打破了夜空的寂靜。枕戈待旦、厲馬秣兵的古巴人民軍主力聞聲趕來，投入戰鬥。敵人偷襲失敗了。這就是著名的吉隆灘事件。在這次事件中，偷襲者是美國中央情報局出資招募、訓練、裝備的古巴雇傭軍，其目的是在古巴登陸，策動古巴政變，推翻卡斯楚政府。

一九五九年一月，古巴人民在卡斯楚領導下發動革命，推翻了美國長期扶持的巴蒂斯塔獨裁政權，建立了以卡斯楚為首的革命政府。古巴革命勝利後，新政府嚮往社會主義，對外與蘇聯、中國等社會主義國家關係密切，對內肅反和鎮反，逐步改造國家機器和國民經濟基礎，向社會主義過渡。一九五九年五月，古巴革命政府制訂了土地改革法令。法令規定，廢除大莊園制度，徵收本國和美國大莊園主的土地，廢除一切新租讓地，並把大批美資企業收歸國有。此外，古巴還派人到南美各國宣傳革命，擴大影響。

古巴革命的勝利及革命後的反美、親蘇政策激怒了美國。「臥榻之側，豈容他人酣睡？」這句中國格言對美國也適用。古巴是西印度群島島國，位於加勒比海北部，北距美國佛羅里達南端僅兩百公里，快船幾小時就可抵達。美國一向視古巴為禁臠，是控制加勒比海和拉丁美洲的橋頭堡。美國還擔心透過游擊戰奪取政權的古巴會向拉丁美洲輸出革命，在拉丁美洲開展「城市游擊戰」；更擔心古巴的社會主義制度和親蘇政策，會擴大社會主義陣營和蘇聯在南美的影響，並使蘇聯在古巴取得軍事立足點。美國因此千方百計要顛覆古巴革命政權。

美國對古巴下手，首先從經濟領域開始。古巴是單一經濟國家，國民經濟嚴重依賴食糖出口，而美國是古巴食糖出口的主要對象國。美國對古巴的經濟打擊首先從削減進口古巴糖開始，一九五九年年底，美國政府威脅要削減從古巴進口食糖的定額。此時正值世界糖價下跌，古巴糖大量過剩，美國減少古巴糖進口對卡斯楚政權無疑是一個極大的損害；同時，美國還對古巴實行嚴厲的禁運政策，除糧食和醫藥用品外，一切皆在禁運之列。為報復美國，古巴加速了在國內沒收美國財產的過程。雙方冤冤相報，關係更加緊張。一九六一年一月，卡斯楚下令大量減少古巴駐美大使館的人員數量，而美國則以與古巴斷交作答。

與美國的對抗關係，促使古巴不得不另尋戰略出路，積極加強與蘇聯的關係。而蘇聯也希望透過與古巴發展關係，擴大社會主義影響，在美洲獲得政治、經濟與軍事、情報立足點，改變只有美國能橫渡大洋，在蘇聯邊界附近威脅蘇聯，而蘇聯卻不能在美國邊界附近出擊的被動局面。一九六〇年二月，蘇聯部長會議副主席米高揚訪問古巴，與古巴簽訂了一項貿易和援助協議。根據協定，蘇聯同意以當時每磅三美分的世界市場價格，五年內從古巴購進五百萬噸食糖。此外，古巴還從蘇聯獲得一億美元信用貸款，用以向蘇聯購買重型機器。古巴與蘇聯的這項協議使美國大為恐慌。正是這年六月，美國國會授權艾森豪總統削減美國從古巴進口食糖的定額；七月七日，美國國會又正式砍掉了從古巴進口食糖的定額。

在施用經濟手段反對古巴革命的同時，美國還策劃武裝干涉古巴，企圖顛覆古巴革命政權。早在一九五九年四月，當時任美國副總統的尼克森就提出招募古巴流亡分子，為武裝入侵古巴做準備。一九六〇年二月和三月，古巴流亡分子在美國政府支持、操縱下，曾從佛羅里達的美國機場駕機起飛，多次轟炸古巴首都哈瓦那及古巴的一些經濟中心。一九六〇年，美國中央情報局提出了一個積極招募、訓練、裝備古巴流亡者，組織他們大規模入侵古巴，顛覆卡斯楚政權的計畫。該計畫得到美軍參謀長聯席會議的贊同，並在一九六〇年年初獲得艾森豪政府的批准。甘迺迪政府上台後，對該計畫討論激烈，最後也通過了該計畫。

根據該計畫，中央情報局在一九六〇年春、夏兩季，大量招募了流亡在美國的古巴反政府分子，組成「古巴旅」，送到瓜地馬拉一個偏僻的山谷，接受美國顧問的訓練。中央情報局原決定於一九六〇年十一月派遣「古巴旅」入侵古巴，後因艾森豪政府下台而延期。

一九六一年一月，甘迺迪政府上台。美國中央情報局局長艾倫．杜勒斯與美三軍參謀長一起，向甘迺迪和其他新政府成員詳細彙報了入侵古巴的具體作戰計畫。其要旨是趕在六月前出動已訓練好的一千四百名「古巴旅」成員，在古巴南海岸的豬玀灣登陸，在古巴政府內部的反政府力量配合下，推翻卡斯楚政權。杜勒斯等人強調必，須趕在當年六月一日以前實施該計畫，並陳述了三條理由，一是因為四月以後瓜地馬拉雨季來臨，「古巴旅」在瓜地馬拉的訓練基地將成為一片沼澤地，無法繼續進行訓練工作；二是卡斯楚即將從蘇聯得到一批噴射機，在六月一日以前就能編入現役，屆時「古巴旅」登陸會更困難；三是「古巴旅」鬥志高昂，渴望戰鬥，如拖延下去，士氣將低落下去。經杜勒斯等人遊說，甘迺迪批准了中央情報局擬訂的入侵古巴計畫。

一九六一年四月十日，美國雇傭軍「古巴旅」開始由瓜地馬拉基地，乘車前往尼加拉瓜卡貝薩斯港的上船地點。十三日，一千四百名入侵者開始登船。十四日黃昏前，由七條小船組成的船隊等候在卡貝薩斯港外。尼加拉瓜獨裁者路易斯．索摩查出現在碼頭上，他對古巴雇傭軍發表講話，叫囂他們「把卡斯楚的鬍子拔幾根來」。

四月十七日夜，「古巴旅」乘船駛抵古巴南海岸小港豬玀灣。這一千四百名「古巴旅」成員非老即小，最大的六十一歲，幾個年齡小的甚至不滿十六歲，大部分是在古巴舊政權中有一定地位的律師、醫生、地主和一些受欺騙的農民，沒有經過嚴格軍事訓練，有些人甚至連槍都不會用。他們的行動目標直到幾天前才由美國顧問透露：在豬玀灣占領灘頭陣地，同時由「古巴旅」的傘兵奪取位於古巴本島和大海之間的薩帕塔大沼澤地上的幾個據點。

但是，入侵者出師不利，剛一抵達豬玀灣海灘，就與一支百般警惕的古巴民兵巡邏隊發生惡戰。在古巴民兵巡邏隊的打擊下，「古巴旅」不但遭到第一批傷亡，偷襲的希望也破滅了。更糟糕的是，中央情報局原估計，只要「古巴旅」一登陸，古巴本土就會有兩千五百人直接參戰、兩萬人支持入侵，而且至少有占人口總數四分之一的古巴人會對入侵者給予各種形式的支持與同情。但是，「古巴旅」登岸後，卻發現古巴國內沒有任何人回應「古巴旅」的入侵行動。

四月十八日凌晨，卡斯楚得報「古巴旅」在豬玀灣登陸的消息後，立即召開緊急會議，部署迎戰事宜。當旭日初升時，激烈的反入侵戰鬥在吉隆灘海灘全面展開。在空中，古巴空軍的六架 B26 轟炸機由戰鬥機護航，飛臨吉隆灘上空，炸沉了入侵者的船隻，使入侵者失去了逃生工具，形成關門打狗之勢。稍後，古巴空軍二度出擊，阻斷了為入侵者提供後援的「古巴旅」後續船隊，並擊落了為入侵者提供空中掩護的四架 B26 轟炸機。而在地面戰鬥中，古巴軍隊的蘇製 T34 坦克，沿吉隆灘海岸排成密集隊形，一面開炮猛烈轟擊入侵者，一面帶著隆隆聲衝向入侵者據守的灘頭陣地。入侵者上遇飛機轟炸、下有坦克衝陣、後是波濤洶湧的加勒比海，真正是上天無路，入地無門，唯有滅亡一途。

為了使古巴旅不至於全軍覆滅，美國總統甘迺迪根據美國國務卿魯斯克、國防部部長麥納馬拉和中央情報局官員理查·比斯爾等人的建議，命令在加勒比海值勤的美國航空母艦「埃塞克斯」號出動無標記的戰鬥機，掩護從尼加拉瓜起飛的B26型轟炸機支援在吉隆灘受困的「古巴旅」。不過，為避免政治麻煩，他下令美國飛機不得直接參與對古巴的空中作戰和地面轟炸。然而，「埃塞克斯」號不痛不癢的救援行動，不僅無法挽救「古巴旅」全軍覆滅的命運，反而使四名美國顧問因此而喪生。

四月十九日，被古巴軍隊包圍的一千四百名美國雇傭軍全軍覆沒，其中一千一百一十三人被俘。卡斯楚政府不到七十二個小時，就徹底粉碎了美國中央情報局精心策劃了一年多的入侵活動。

在吉隆灘事件中，美國顏面掃地，甘迺迪惱羞成怒，立即撤換了中央情報局局長艾倫·杜勒斯。古巴人民能在七十二小時內戰勝美國雇傭軍，依靠的是萬眾一心，說明革命政權在古巴人民心中已經生根，得到人民的擁護。為了紀念在吉隆灘抵禦美國雇傭軍的輝煌勝利，古巴政府於一九六一年五月向吉隆灘作戰有功人員頒發了「吉隆灘」勳章，並把四月十七日定為古巴空軍節和防空節，四月十八日定為坦克兵節。吉隆灘事件後，古巴人民更加堅定了與美國鬥爭的勇氣與決心。

77、核時代膽略與智慧的較量——古巴導彈危機內幕故事

【楚雲戰評】古巴導彈危機，是人類歷史自有戰爭以來最嚴重的一場生死危機。對峙雙方是兩個「核超級大國」，它們不單有能力把對方毀滅數十次，還能把地球毀滅數十次。這不只是美蘇在勝利與失敗之間選擇，而是全人類在生存與毀滅之間作選擇，其勝利或失敗超越了歷史上任何

失敗或勝利的含義。甘迺迪面對核危機，顯示了超常的冷靜、理智。在局勢幾乎無望、多數下屬都主張空襲古巴、以直接軍事打擊解決危機時，他堅定地選擇了封鎖古巴一途，給自己，也給赫魯雪夫留下了迴旋餘地，留下了解決危機的生路，實現了美國利益的最大化。如果他不選擇封鎖，而是選擇空襲古巴及在古巴登陸的直接軍事行動，把赫魯雪夫逼到戰略死角，即使不爆發美蘇核大戰，局勢也會危險得多。赫魯雪夫莽莽撞撞地在古巴建立中程導彈基地，不但是不必要的戰略冒險，也是一種戰略愚蠢，他的愚蠢使他和蘇聯丟臉，也是他下台的重要原因。在核時代，孫子的話有比以往更強大的生命力：「兵者，國之大事，死生之地，存亡之道，不可不察也。」

一九六二年，十月二十二日，星期一。這天下午，美國總統甘迺迪在白宮他的書房裡，突然透過廣播向美國和全世界發表了一則公開聲明。聲明在陳述了蘇聯在古巴建立核基地、安裝核導彈的事實及美國決心對古巴採取「隔離措施」後，強硬地表示美國決心「消除這種核威脅」，並立即採取如下措施：

（1）海上「隔離」一切正運往古巴的進攻性軍事裝備；

（2）加強監督古巴本土；

（3）從古巴發射的任何導彈，將被認為是蘇聯對美國的攻擊；

（4）加強美軍在古巴關塔那摩基地駐軍的力量；

（5）立即召開美洲國家組織會議，討論對西半球安全的威脅；

（6）召開聯合國安全理事會緊急會議，審議對世界和平的威脅；

（7）呼籲蘇聯放棄「統治世界的方針」。

甘迺迪的強硬聲明，不僅震驚美國和蘇聯，也震驚了全世界。命運的時針在滴答作響，人們憂心多年的美蘇核大戰陰霾更濃了。美蘇核大戰幾乎到了一觸即發的最後關頭。世界主要報紙的頭版通欄標題是：美蘇真的要打核大戰嗎？世界和平走到盡頭了嗎？

至此，古巴導彈危機開始向高潮階段發展。

古巴導彈危機緣起的政治與戰略背景，與古巴革命和古美關係密切關聯，也與美蘇「冷戰」對抗密切關聯。一九五九年一月古巴革命成功後，反美親蘇的卡斯楚政府上台，古美關係日趨緊張，蘇聯乘機謀求在美古之間打進楔子，透過支持古巴在加勒比海獲得戰略立足點，加強對美戰略地位。為此，從一九六〇年開始，蘇聯不但逐漸增加了對古巴的經濟、政治與軍事援助，還決定向古巴運送中程導彈，在古巴建立針對美國的戰略基地。

一九六二年七月二日，古巴武裝部隊部長卡斯楚訪問蘇聯。在他訪問期間，蘇、古達成了一項祕密協定：蘇聯將在當年秋季，在古巴祕密部署核導彈。具體計畫分兩步走，第一步是向古巴運送薩姆防空導彈和米格-21戰鬥機等防禦性武器；第二步是待地對空導彈部署到位，再向古巴運送中程導彈，和能夠運載核彈的伊柳辛-28中程噴射機等進攻性武器。蘇聯的意圖是，透過在古巴建立中程導彈基地，威懾美國，抵消美國在歐洲、土耳其等地對蘇聯的威懾。蘇聯部長會議主席赫魯雪夫還認為，一旦蘇聯在古巴建立的中程導彈基地建成，美國將無可奈何，只能承認既成事實。

當年七月下旬，第一批經過偽裝的蘇聯裝備用商船運抵古巴。但是，隔牆有耳，自認為天衣無縫的蘇聯計畫很快被美國情報機關偵知。美國中央情報局的情報人員透過在古巴難民中的線人，獲悉了古巴港口比往常繁忙的情報，並研判情報、證實。三個星期後，中央情報局交給甘迺迪一份緊急報告，稱蘇聯大概已在古巴建立了薩姆型地空導彈發射基地。於是，甘迺迪下令立即加強對古巴的航空偵察活動。

八月二十九日，美國U2飛機在古巴上空，拍下了蘇聯在古巴建立的一個地對空導彈發射場，以及蘇式中程轟炸機的清晰照片。蘇聯在古巴建立戰略基地的情報得到明白無誤的證實。九月四日，甘迺迪就此向蘇方發出正式警告，明確宣稱美國不會容忍蘇聯在古巴部署進攻性武器，並稱如蘇聯違背這一「遊戲規則」，「將發生最嚴重的事情」。同一天，赫魯雪夫寫了一封信給甘迺迪，矢口否認有關蘇聯在古巴部署進攻性武器的說法，並稱他在十一月美國國會選舉前，不會挑起任何事端。

甘迺迪當然不會被赫魯雪夫的承諾所迷惑。他命令美國相關部門加強U2飛機對古巴的空中偵察。一九六二年九月五日、十七日、二十六、二十九日，以及十月五日和七日，U2飛機在古巴上空連續偵察飛行。十月十四日，一架美國U2飛機在對古巴西部聖克里斯托飛行偵察時，拍下了蘇聯建立中程導彈基地及中程導彈的清晰照片。美國國家安全事務助理喬治·邦迪在得知這一情報後，於十月十六日向甘迺迪彙報。

得此消息，甘迺迪當即暴跳如雷。蘇聯在古巴部署進攻性導彈，是對美國的戰略挑釁，如果任其部署而不做反應，不但有損他在政府中的威信，削弱他在國會的信譽，激起美國公眾對他的不信任感，而且還將削弱美國的全球戰略地位與國家安全，使美國遭遇蘇聯中程導彈的直接威脅。於是，他指示喬治·邦迪召集國家安全委員會會議，商討對策。

十月十六日，專門應對古巴導彈危機的美國國家安全委員會第一次會議如期舉行。與會人員有國防部部長麥納馬拉、國務卿魯斯克、副總統林登·詹森、中央情報局局長麥科恩、參謀長聯席會議主席泰勒、負責拉丁美洲事務的助理國務卿愛德華·馬丁和前國務卿迪安·艾奇遜等人。甘迺迪決定由這些人臨時組成國家安全委員會執行委員會，負責處理古巴導彈危機事務。會議一開始，就出現了兩種不同的主張。參謀長聯席會議主席泰勒將軍、國防部助理部長保羅·尼采、財政部部長道格拉斯·狄龍等人主張對在古巴的蘇聯導彈基地實行「外科手術式打擊」（指使用十分精準的巡弋飛彈或炸彈摧毀目標物，摧毀目標的效果可以達到如同外科手術切除的那樣精確乾淨），即透過轟炸摧毀古巴導彈基地；麥納馬拉則主張進行某種形式的外交試探，爭論沒有結果。

十月十七日，「執委會」繼續討論對策。會上共提出了六種可供選擇的方案：

（1）目前不採取任何行動；

（2）派使者去見赫魯雪夫，悄悄解決此事；

（3）把蘇聯人拉到聯合國安理會解決；

（4）封鎖；

（5）空襲；

（6）入侵古巴。

六條對策中，前三條是溫和解決方案，後三條是強硬解決方案，會議否定了溫和解決方案，選擇強硬對策。在強硬對策中，最後一條對策被暫時擱置，爭論的焦點集中到封鎖還是空襲兩種具體方案上。麥納馬拉等少數人主張海上封鎖古巴，認為轟炸和封鎖都是戰爭行為，但封鎖的好處在於，至少最初階段可以避免流血，給對方留下選擇時間、空間，較為靈活，但「執委會」多數成員贊成空襲方案。

十月十九日，「執委會」又開會討論了一天一夜。辯論後，空襲派成了少數派，封鎖派開始占上風。會議決定由甘迺迪於二十二日晚上發表一個措詞強硬的演說，向美國和全世界宣布蘇聯在古巴部署進攻性導彈的事實和美國的對策。甘迺迪原則上同意封鎖古巴，但在最後拍板前，他兩次召見空軍指揮官，仔細詢問空襲古巴是否可行。他得到的回答是：即使大規模空襲古巴，也未必能消滅蘇聯在古巴的全部導彈發射場和核武。即是說，空襲不能解決問題，還可能把局勢弄僵。於是，甘迺迪接受了封鎖古巴的建議。

此後，美國為封鎖古巴開始準備。當天下午六點，美國國家安全委員會召開會議，就封鎖古巴的細節部署。外交上，美國國務院官員開始拉攏美洲國家組織，艾奇遜被派到歐洲，向戴高樂和北約組織通報美國即將採取的行動；宣傳上，美國新聞署與各家私營電台安排專題節目轉播，準備把甘迺迪的談話以西班牙語向古巴和拉丁美洲播放；軍事上，美三軍加強戒備，海軍在加勒比海部署了一百八十艘艦艇；B52轟炸機部隊奉命滿載核子武器在空中飛行；第一裝甲師深夜從德克薩斯出發，開往喬治亞州的港口準備上船，美軍還有另外五師也處於戒備狀態。

十月二十二日下午六點，美國國務卿魯斯克會晤了蘇聯駐美大使多勃雷寧，以嚴厲口氣要求蘇聯從古巴撤走中程導彈等進攻性武器；三十五分鐘後，甘迺迪就向美國和全世界發表了那篇嚴厲的聲明，披露蘇聯在古巴部署中程導彈、宣布美國的封鎖對策。次日，甘迺迪簽署了美國海上封鎖古巴的公告。

甘迺迪的聲明引起克里姆林宮一片混亂，赫魯雪夫沒有料到美國能在古巴導彈基地還未建成時就發現，並迅速反應，作出封鎖古巴的強硬對策。直到十三小時後，即莫斯科時間十月二十三日下午三點，蘇聯才以塔斯社的名義發表了蘇聯政府的第一個聲明，譴責美國的海上封鎖是「海盜行為」。

十月二十四日上午十點，美國的封鎖聲明生效。一支以「特遣 136」為編號的美國艦隊，按既定部署，在西距古巴三百多公里的一條巨大弧線上擺開，迅速封鎖了由大西洋通往古巴的五條航道。十點三十二分，向古巴方向行駛的二十條蘇聯貨船停了下來，其中的十八條陸續掉頭開回蘇聯。蘇聯妥協了，但美國不肯就此止步。根據 U2 飛機偵察的結果，古巴導彈發射場的工程還未停止。美國認為，如果工程不停止，事情就不算完，危機就不算結束。

十月二十五日，局勢仍在僵持狀態。有一艘蘇聯貨船「布加勒斯特號」通過了封鎖線，美國軍艦只是尾隨它航行，進行監視，但沒有登船檢查。這樣做的目的，用甘迺迪的話來說，是「不想把他（指赫魯雪夫）逼得走投無路」。

次日下午一點，局勢開始有了轉機。蘇聯駐美大使館參贊、克格勃華盛頓站站長亞歷山大·佛萊明主動與美國廣播公司駐國務院記者約翰·斯卡利接觸，並轉達了赫魯雪夫的建議：如果甘迺迪總統願意公開宣布不入侵古巴，那麼，他準備在聯合國的監督下把導彈撤出古巴。斯卡利將這個資訊轉告了國務卿魯斯克，美國政府意識到蘇聯已有意從古巴撤回導彈。華盛頓時間晚上九點，赫魯雪夫又寫了一封信給甘迺迪，重提了佛萊明轉達給美國政府的建議。

但在十月二十七日，莫斯科廣播電台播放了赫魯雪夫致甘迺迪的另一封信。在這封信中，赫魯雪夫要求美國以撤除在土耳其的導彈，換取蘇聯撤除在古巴的導彈。正在這時，一架美國 U2 飛機在古巴上空被擊落，機毀人亡。美國判斷，U2 飛機被擊落，說明古巴導彈發射場的薩姆導彈基地已開始使用。聯邦調查局也報告說，駐紐約的蘇聯外交官正準備銷毀文件。這三件事使得「執委會」成員一致認為除了接受三軍參謀長的建議，空襲、入侵古巴外，危機將無法解決。但甘迺迪拒絕了空襲，他接受司法部部長羅伯特．甘迺迪的建議，決定不理睬赫魯雪夫的第二封信，只回覆了第一封信，要求蘇聯先從古巴撤出進攻性導彈，美國才同意撤除對古巴的封鎖，並保證不進攻古巴。

對甘迺迪的覆信，赫魯雪夫積極反應。他在覆信中表示，古巴導彈發射場的工程將予停止；被認為是「進攻性」的導彈將在聯合國的監督下裝箱運回蘇聯；立即在聯合國談判，以便最終解決危機。當天中午，甘迺迪發表了一個聲明，表示歡迎赫魯雪夫的「政治家風度的決定」，認為這是「對和平的一個值得歡迎和建設性的貢獻」，但同時表示封鎖不是在導彈撤走之前，而是在撤走之後結束。

十一月八日至十一日，在美國軍艦監督下，蘇聯船隻從古巴運走了導彈。十一月二十日，美國國防部部長麥納馬拉根據甘迺迪總統的指示，下令解除對古巴封鎖；次日，蘇聯也對軍隊下達了「解除動員令」。至此，一場瀕臨核大戰邊緣的危機終於平息。

78、世界屋脊上的戰爭——中印邊界之戰

【楚雲戰評】中、印兩國邊界全長一千七百三十公里，共分為三段，其中由喀喇崑崙山口到西藏阿里地區、喀什米爾印控區、印度喜馬偕爾郡三地之間稱作中印邊界西段，長約六百八十公里；由西段南端點往南到中、印、尼三國交界處，稱作中印邊界中段，長約四百五十公里；由

中、印、不三國交界處往東南到中印緬三國交界處的邊界線，稱作中印邊界東段，長約六百公里。歷史上，中、印邊界因地處高寒地帶，地形複雜，從未曾正式劃定，因而存在爭議；後又捲入英國殖民者，使爭議複雜化。一九六二年，中國陷入經濟困難，美國、蘇聯兩大國競相孤立中國。印度乘機用武力改變中印邊界現狀，挑起中印邊界戰爭，中國被迫還擊。雙方軍隊苦戰近一個月，才取得了最後勝利。

一九六二年十月，白雪皚皚、素有世界屋脊之稱的喜馬拉雅山麓地帶，爆發了一場全世界關注的戰爭，這場戰爭緣起於中、印兩國的邊界糾紛。

中印邊界地處「世界屋脊」，橫亙著屬於喜馬拉雅山及喀喇崑崙山系的無數雪峰、冰川以及叢林和戈壁沙漠，地形複雜，氣候酷寒，雙方對邊界線只有大致的概念，但雙方既無正式的邊界劃界協議，邊界線上又無明確的人工或天然界標。像許多原始國家一樣，相當長的一段時間，雙方的邊界線實際上是一條心照不宣的傳統習慣線。在古代，中印雙方似乎既無必要，也缺少相應的技術劃分一條比傳統習慣線更精確的邊界線。及至近代，劃分精確邊界線成為近代國家和國際法的需要，但此時印度已淪為英國殖民地，而中國正處於封建社會的雙重末世，面臨西方列強一波接一波的衝擊。

到十九世紀中葉，已控制印度的英國殖民者，為鞏固和擴大其在印殖民侵略成果，曾考慮過形形色色、具有侵略色彩的中印邊界劃界方案。在中段，英印殖民政府設想以各山口和分水嶺定界；在西段，英印殖民政府更設想過若干種雜亂無章的劃界方案，其中最富侵略性的是英國情報軍官約翰·阿爾達方案，即通稱的阿爾達線。這個劃界方案把中、印西段邊界線劃在崑崙山脈，從而企圖把中國新疆的阿克賽欽等大片地區劃歸印度。

所幸這些劃界方案皆處於設想階段，未付諸貫徹，更未得到中國政府認可，因而不具備法律效力。到十九世紀終了時，英國官方地圖關於中、印西段和中段邊界線的劃法，仍然與傳統習慣線一致。

在中印邊界東段，一個叫麥克馬洪的英印殖民政府官員，於一九一三年藉中、英西姆拉會議之機，偷天換日，炮製西姆拉條約，並在該約中私下塞進一份中、印東段邊界線的劃線附圖，擅自將中、印東段邊界線，沿傳統習慣線向北往中國境內平移百餘公里。這條擬議中的新線就是麥克馬洪線。麥克馬洪線如得到貫徹，將導致屬於中國西藏的門隅、洛渝、下察隅三地九萬平方公里的領土成為印度領土。由於中國政府代表未在西姆拉條約正式文本上簽字，中國政府更未批准該條約，麥克馬洪線也與阿爾達線及其他形形色色的英印殖民政府的劃界方案一樣，只是英國殖民者的一廂情願，沒有法律效力。

簡而言之，二十世紀中葉印度獨立和中華人民共和國成立後，中印邊界懸案的基本情況是：第一，兩國以傳統習慣線為大致邊界，從未正式劃定。這條傳統習慣線西段沿喀喇崑崙山脈；中段沿喜馬拉雅山脈；東段沿喜馬拉雅山南麓。第二，英印殖民者曾單方面提出過種種侵略性劃界方案，企圖把中印邊界西段傳統習慣線中國一側的阿克賽欽地區、中段傳統習慣線中國一側的各山口及其附近牧場、東段傳統習慣線中國一側的門隅、洛渝、下察隅等地劃歸印度，但沒有得到中國政府認可，因而不具備法律效力。

一九四七年新獨立的印度政府，不但繼承了英帝國在南亞的殖民遺產，也繼承了其侵略政策。一九四九年，即印度獨立後第三年，印軍在麥克馬洪線東端靠近中、印、緬邊境的中國村鎮瓦弄，建立了一個非法軍事哨所，強行貫徹麥克馬洪線。次年，印度政府下令把印度的行政管轄範圍擴大到整個麥克馬洪線以南的九萬平方公里中國領土，並將其更名為「東北邊境特區」。不久，印度憲法把這片土地正式列為印度領土的一部分。

此後不到一年，印軍在麥克馬洪線以南的中國領土上，陸續建立了二十個軍事據點和哨所，從而以武力單方面把麥克馬洪線由非法地圖上移到了實地。一九五四年，印度官方地圖把此前標為未定界的中印東段邊界改為已定界，以麥克馬洪線為界；把此前塗為一片淡色，標有未定界字樣的中印中段和西段邊界也改為已定界。印度新地圖示出的中印中段和西段邊界從喀喇崑崙山口折而向北，跳上崑崙山，恰好是一個世紀前英印殖民政府時期阿爾達線的再現，從而把傳統習慣線以東直抵崑崙山的中國阿克賽欽地區等大片領土劃歸印方。

印度政府單方面劃定了中印中段和西段邊界走向後，也像在中印邊界東段做過的那樣，企圖以武力將圖上座標貫徹到現實。一九五四年九月，印度外交、內政和國防三部召開聯席會議，提出「只要有可能，就應把邊境哨所推進到有爭議的地方」。此後，印軍在中印邊界中段和西段相繼占領中國領土巴里加斯、巨哇、曲蒽、什布奇山口、香劄、拉不底、波林三多等地，並侵入阿克賽欽、班公錯地區。一九五五年，雙方軍隊在中國領土烏熱展開第一次武力對抗。

在自行修改邊界地圖，連續蠶食中國領土的同時，印度政府多方要脅中國政府接受印方武力造成的既成事實。印度總理尼赫魯在一九五〇年宣稱「過去三十年來，中國的所有地圖都把現在屬於印度東北邊境的一部分領土，標成不屬於印度」。一九五四年十月，尼赫魯訪問北京期間，就中國地圖對中印邊界的畫法向中國方面提出異議。中國方面認為，麥克馬洪線是一條非法界線，從未被中國歷屆政府承認。為了保證中印邊境安寧和照顧中印友好，中國軍政人員將嚴格不越過該線，但中國政府希望能找出解決東段邊界問題的適當辦法。

一九五六年三月到一九五七年十月，中國動用三千民工，費時一年半，修築了新藏公路，這條公路全長一千兩百公里，其中一百八十公里縱貫阿克賽欽地區。印度方面從一本中國畫報上知悉中國修築新藏公路的情報後，即於一九五八年七月派出兩支武裝巡邏隊潛入中國阿賽克欽境內，偵察公路的具體座標，其中一支被中國邊防部隊扣留。一九五八年十月，印度政府向中國提交一份備忘錄，指責中國政府未通知印度方面，擅自在印度領土上修築公路。這就是說，印方在侵占了麥克馬洪線以南的中國領土後，又覬覦中印邊界西段，阿克賽欽地區的領土。次年三月，中國西藏地區發生農奴主叛亂，尼赫魯乘機致信中國總理周恩來，根據印度單方面修改後的中印邊界地圖，向中國提出了綜合性領土要求，計有東段門隅、洛渝、下察隅等地九萬平方公里領土。中段各山口牧場兩千平方公里領土；西段阿克賽欽地區三萬三千平方公里領土。這些印方已占或未占的中國領土總計十二萬五千平方公里，約相當於四個比利時或三個荷蘭。

一九五九年八月，印度越過麥克馬洪線，侵入麥克馬洪線以北的中國領土馬及敦地區。馬及敦地處香客去拉薩朝聖的交通要道，就連麥克馬洪這樣侵略成性的英國爵士，當年也沒有任何理由能把此地劃歸英屬印度。因此，麥克馬洪線在此處有一個向南凹進的大彎，即使依據麥克馬洪線劃界，馬及敦也確定無疑地歸屬中國。入侵麥克馬洪線以南的印軍，覺得裁去這個大彎更適於貫徹麥克馬洪線標出的實地邊界。於是印方又一次單方面行動，在屬於馬及敦地區的朗久建立了一個新哨所。尼赫魯直言不諱地表述說，雖然麥克馬洪線大體上是固定的，但「在某些地區，我們認為這條線畫得並不好，隨後我們，也就是印度政府，就作了變動」。

印方這些行為顯然大大超出了中國邊防軍的忍耐限度。一九五九年八月二十五日，侵占朗久的印軍與駐防馬及敦的中國邊防軍發生槍戰，印軍一死一傷。兩天後，理虧的印軍撤出朗久。兩個月後，一支六十餘人的印軍巡邏隊，在中印邊界西段侵入空喀山口中國一側，打死中國邊防軍一名副班長。中方回擊，雙方再度槍戰，印軍九人死亡，七人被俘。

朗久事件和空喀山口事件引起中國政府密切關注。周恩來於一九五九年十一月七日致函印度總理尼赫魯，提出了緩和中印邊界局勢的三點具體建議，包括雙方武裝力量立即從各自實際控制線後撤二十公里；雙方在撤出地區不再派員巡邏、駐守；兩國總理盡快會談。一九六〇年四月，周恩來飛赴新德里與尼赫魯會談，但未能達成協議。會談結束時，中國總理把兩國立場的共同點或接近點歸結為六點予以肯定。這六點包括：雙方邊界存在爭議；兩國間存在一條各自行政管轄所及的實際控制線；在確定兩國邊界時，分水嶺，河谷、山口等地理原則，應同樣適用於邊界各段；應先關心兩國人民對喜馬拉雅山和喀喇崑崙山的民族感情；在談判解決邊界問題前，雙方應恪守實際控制線，不以提出領土要求作為先決條件；雙方在邊界各段應停止巡邏。但中方建議再次為印度政府拒絕，印方的立場可以歸結為四點：中印邊界早已確定，不存在實際控制線這一概念；麥克馬洪線以南的領土為印度所有；因而，麥克馬洪線就是國際邊界，不容談判；在中印邊界西段和中段的領土要求必須以斷然方式提出，正如堅持麥克馬洪線合法一樣。

新德里總理會談失敗後，雙方雖然又有多次外交談判，終因印方立場僵硬一無所獲。一九六一年，中、蘇關係破裂，中國遇到連年自然災害；臺灣的國民黨政權鼓吹反攻大陸，中國因而進入政治、經濟困難時期。印度乘機掀起蠶食中國領土的新浪潮。自一九六一年到次年十月邊界戰爭爆發，印度在中印邊界西段、中國境內設立了四十三個軍事哨所，在東段麥克馬洪線以南的中國領土上增設了二十四個哨所。一些印度哨所的位置距中國哨所僅幾公尺，有些乾脆設在中國哨所與後方交通線之間。印軍不斷射擊中方人員，伏擊中國運輸隊，印軍飛機也連續侵入中國領空，中印邊界局勢日益緊張。

一九六二年六月，印軍繼在麥克馬洪線以北的中國領土上建立非法的兼則馬尼哨所後，又在屬於中國的克節朗河南岸扯冬建立另一個哨所，以後又在麥克馬洪線以北的扯果布、絨不丟、卡龍等地建立哨所，企圖奪取由中國軍隊駐守的塔格拉山脊。印度再次大規模越過麥克馬洪線的侵略行為，成為中印邊界全面爆發的導火線。

一九六二年秋開始，印軍在中印邊界全線調兵遣將，準備進攻中方。九月，印軍制訂了奪取中國塔格拉山脊的「里窩那行動」計畫，調一個旅進駐克節朗河南岸。十月初，印軍新成立一個第四軍，統一指揮東段中印邊界的印軍行動。到十月十日，雲集東段邊界的印軍已達十個旅，計為第五、第七、第十一、第四十八、第六十二、第六十五、第六十七、第一八一步兵旅；第四炮兵旅；警衛旅共三萬餘人。印度總理尼赫魯宣布他已向前線印軍下令「解放」印度領土。《紐約先驅論壇報》正確地把尼赫魯的談話解釋為「尼赫魯對中國宣戰」。

一九六二年十月九日，一支印軍乘夜間溜進中國邊防軍塔格拉山脊陣地的側翼要點僧崇。十月，印軍向駐守塔格拉山脊的中國邊防軍發動了準備已久的進攻，中國邊防軍傷亡三十三人，揭開了中印邊界戰爭序幕。一九六二年十月二十日，印軍依照尼赫魯的命令，在中印邊界全線大規模進攻。中國軍隊別無選擇，奮起應戰。

就雙方前線軍力對比而言，中國明顯占有優勢。首先是交通線，喜馬拉雅山北坡緩平，南坡陡峭。中國軍隊駐守北坡多年，築有與麥克馬洪線平行的全天候公路，其向南延伸的公路支線終端距戰場僅三小時行程；印度駐守陡峭的南坡，不但難以修築貫通各河谷的橫向公路，即使沿河谷而上的縱向公路也難以修築，印方公路終點距戰場達數日行程；其次是裝備，印方先進的重武器在高原地帶難以施展威力，輕武器的發展又受到輕視，中方卻以最新式的輕武器裝備邊防軍，尤其適於高原地帶作戰；最後是士兵水準，中國邊防軍各級指揮官大多經歷過國共內戰、韓戰，經驗豐富，適於在廣闊、分散的戰場上獨立指揮作戰，士兵訓練有素，已適應高原氣候，遠非印軍可比擬。

戰爭開始不久，印軍攻勢便被中國邊防軍粉碎，損失慘重。兩天後，中國軍隊轉為反攻。在西線，中國軍隊以迅雷不及掩耳之勢，全部拔除了印軍設在中國境內的四十三個哨所。在東線，中國軍隊分兵三路，跨過麥克馬洪線，基本肅清了麥克馬洪線以南中國領土上的印度軍隊。各路印軍潰不成軍，倉皇後撤，基本上已失去了作戰能力。十一月十九日，中國軍隊襲占印軍後方補給中心邦迪拉，最後摧毀了印軍抵抗意志。印度政府聞報前方大敗，亂成一團。印度政治中心德里陷入極度驚惶之中，甚而傳言中國傘兵即將降落。

就在此際，作為勝利者的中國政府於十一月二十一日零時發表了單方面停火聲明，再次向印方提出三條建議：

（1）從一九六二年十一月二十二日零時起，中國邊防部隊在中印邊界全線停火；

（2）從一九六二年十二月一日起，中國邊防部隊將從一九五三年十一月七日存在於中、印雙方之間的實際控制線後撤二十公里；

（3）在邊防部隊撤出後，中國將在實際控制線本側設置檢查站，由民警管理，維持邊境治安。

印度政府除默認停火聲明外，別無選擇。歷時一個月的中印邊界戰爭以中國獲勝告終。根據一九五五年印度國防部統計，印軍死亡一千三百八十八人，失蹤一千六百九十六人，被俘三千九百六十八人。如不計傷患，印軍損失總數為七千零四十七人。而據中方統計，印方斃、傷、俘總數為八千七百人，包括一名準將旅長。

一九六二年十二月一日，中國邊防部隊根據中國政府十一月二十一日零時聲明自動承諾的義務，開始從中印邊界全線撤軍。到一九六三年二月二十八日，中國邊防軍按計畫撤至實際控制線中國一側二十公里以外地區。從一九六二年十二月六日至十二月十九日，中方又分五次向印方交還了所繳獲的印軍裝備，包括一百六十五門大炮、三十七具美製火箭筒、兩百八十九支各型機槍和數千支其他槍械，以及飛機、坦克、軍車和其他大量軍需物資、裝備。從一九六三年四月十日到五月二十五日，中方又分批遣返了印軍全部被俘人員。

此後，印度開始大規模重整軍備，迅速建立起一支遠超過其防務需要的現代化軍隊；在外交方面，印度開始偏離不結盟外交原則，奉行既聯美又聯蘇的雙向結盟政策，開始親近美、蘇兩大國，以求孤立中國。進入二十一世紀，中、印兩國都致力於和平與發展，以崛起為世界大國為最高戰略目標，因而渴望有一個和平的國際環境，特別是渴望改善中印關係。但是，中印邊界問題懸而未決，成為妨礙中印關係發展的一道門檻。目前，兩國放眼於戰略大局，就邊界問題積極談判，努力尋找雙方都能接受的解決方式。

79、「馬克多斯號」事件——美國直接捲入越戰的轉捩點

【楚雲戰評】「馬克多斯號」是一艘美國驅逐艦，「馬克多斯號」事件也就是中國、越南等慣稱的「北部灣事件」。這是一段塵封多年的往事，它包含不少戰略與情報方面的祕密。事後評判，「馬克多斯號」無疑以軍事支持了南越海軍突擊隊對北越的「34A 行動計畫」。因此，即使「馬克多斯號」受到北越魚雷艇攻擊，也可以說是罪有應得。從美國國會後來關於「馬克多斯號」事件聽證會的證詞看，「馬克多斯號」在北部灣究竟是否遭遇過北越魚雷艇？是真遇到北越魚雷艇還

是美軍觀察哨的錯覺，或者乾脆是無中生有？是北越魚雷艇先開火還是「馬克多斯號」先開火？如遇到北越魚雷艇開火，「馬克多斯號」艦體為何沒有任何受到遇襲後應留下的痕跡？即使這些問題的答案都對美國有利，也不能證明美國直接捲入越戰的合理合法。實際上，美國當時決心捲入越戰已如箭在弦，是既定之策。「馬克多斯號」只是讓美國直接、全面捲入越戰，欺騙美國以及世界輿論的一個藉口而已。

一九六四年七月三十日夜晚，在北部灣越南民主共和國沿海的宇島和湄島附近的海面上，出現了一隊「鬼船」。這些「鬼船」來自南越重要軍港峴港，目的是執行代號為「34A 行動」的軍事任務，破壞越南民主共和國的海岸設施，向越南民主共和國挑釁。這隊「鬼船」靠岸後，南越海軍突擊隊員們登上海島，分頭奔向各自的預定目標，對島上各種設施大肆破壞，也就是為了破壞而破壞，以達到挑釁的目的。

次日凌晨，南越海軍突擊隊的「鬼船」——一隊南越魚雷艇，在完成「34A 行動計畫」後，沿北越海岸南返。中途，這隊距北越海岸約二十海浬的南越魚雷艇「巧遇」正在此地「巡航」的美國驅逐艦「馬多克斯號」，然後合兵一處，一起南駛。其實，「馬多克斯號」會合南越「鬼船」不算「巧遇」，而是侵越美軍總司令威廉·魏摩蘭將軍與南越當局的精心安排，由「馬多克斯號」驅逐艦掩護南越「鬼船」的活動。在此之前，「馬多克斯號」一直尾隨南越「鬼船」，在其後約一百二十海浬處活動，為南越海軍突擊隊助威，並乘機搜集北越雷達和海岸防務情報，提供給突擊隊。

北越方面遇襲後，按照正常的軍事反應，沿海岸截擊來襲的敵艦。「馬多克斯號」與南越執行「34A 行動計畫」的魚雷艇會合不久，就被北越方面發現。三艘北越魚雷艇成戰術隊形向「馬多克斯號」驅逐艦駛來。「馬多克斯號」立即猛烈射擊越方的魚雷艇，當場擊沉越方一艘。在「馬多克斯號」以南海面不遠處活動的美軍「提康得羅加號」航空母艦，得到「馬多克斯號」與越方交戰的情報後，立即出動艦載機出擊，炸傷了另外兩艘北越魚雷艇。

事過後很久，在華盛頓舉行的聽證會上，「馬多克斯號」驅逐艦上的軍官稱是越方魚雷艇首先進攻，「有準備進攻的危險動作」、用機槍向美艦掃射，並向「馬多克斯號」發射魚雷。但當時海面上濃霧遮蓋，觀察哨憑肉眼不可能看到越方魚雷艇發射魚雷。而在「馬多克斯號」驅逐艦的艦體上，沒有任何槍彈痕跡。在「馬多克斯號」事件中，不但是越方受到嚴重損失，是受害一方，而且沒有任何證據證明是越方首先向「馬多克斯號」發動攻擊。但這些都不能阻止美國擴大事態，因為美國是要以「馬多克斯號」為藉口，捲入越南的軍事活動，為美軍直接參與越戰製造藉口。在這一大背景下，即使沒有「馬多克斯號」遇襲事件，美國也會編造一個故事，製造出「馬多克斯號」事件。

華盛頓時間八月一日，是星期天。一大清早，白宮情報官員向美國總統林登·詹森詳述美國驅逐艦「馬多克斯號」在北部灣海面與越軍交戰的消息。第二天，詹森向美國公眾發表演講，他告訴美國公眾說，美國船隻在北部灣和平地航行，卻遭到來自北越守軍的襲擊，談話中完全沒有提及挑釁性的「34A行動計畫」和「馬多克斯號」與「34A行動」的牽連，同時下令「特納·喬埃號」驅逐艦立即開往戰區，增援「馬多克斯號」，並指示兩艘驅逐艦向北航行，重返北部灣巡邏，而不是向南回撤，又命令當時正在香港訪問的美國「星座號」航空母艦以最快航速西駛，與「提康得羅加號」會合。

八月四日夜，北部灣海面夜色如墨，風平浪靜。美國戰艦「特納·喬埃號」和「馬多克斯號」與越南民主共和國的魚雷艇再次相遇。美海軍前線指揮官從北越魚雷艇的活動跡象判斷，北越魚雷艇可能並非有意襲擊美國軍艦，因而致電華盛頓，建議「全面考慮後再採取進一步行動」，但此時詹森已決心參與越戰，因而不理會前線指揮官的客觀報告。在當天召開的美國國家安全委員會會議上，詹森決定報復、轟炸北越。美軍參謀長聯席會議根據早在五月底就擬訂好、越南民主共和國境內的九十四個空襲目標名單中，選擇了的鴻基、義安、清化和廣溪魚雷艇基地，以及榮市附近的一座油庫作為美軍轟炸目標。

此時，在古巴導彈危機期間力排眾議、堅決反對轟炸古巴境內的蘇聯中程道導彈基地，而代之以相對有緩衝餘地的「封鎖」方案的美國國防部部長麥納馬拉，仍希望謹慎從事，盡量不擴大事態。他要求在檀香山的美軍太平洋第七艦隊司令夏普海軍上將，查清美國戰艦在北部灣與北越魚雷艇再度相遇的真相。但美國總統詹森未等夏普將軍回話，就在四點四十九分向美軍發出了轟炸北越的正式命令。稍後，他在白宮會晤國會兩黨領袖，向他們通報了轟炸北越的決定，並要求國會決議，支持軍事行動。華盛頓時間當晚十一點三十六分，詹森透過電視，再次就「馬多克斯號」向美國全國發表演說，宣稱由於北越魚雷艇無端襲擊美國軍艦，美國決定轟炸北越，但這種反應是「有限度、恰如其分」，並說美國「不想擴大戰爭」。

八月五日，詹森話音未落，六十四架美國海軍轟炸機分別從「提康得羅加號」和「星座號」航空母艦起飛，猛烈空襲參謀長聯席會議選定的越方四個魚雷艇基地和油庫，一舉炸毀北越三十五艘魚雷艇和一座油庫。在當天舉行的一次記者招待會上，當有人問及麥納馬拉：「你知道有涉及南越船隻和北越人的任何事件嗎？」這位曾當過哈佛大學教授的國防部部長回答說：「沒有，我不知道任何事件。」但在次日，他宣布了美軍向西太平洋增兵的六點措施。

按照新的部署，美國海軍在越南附近海面集結的戰艦達到二十八艘，其中包括兩艘攻擊航空母艦，一艘反潛航空母艦。美空軍飛機也開始大批進駐越南，包括向峴港、大叻各派一個中隊，分別擁有十八架戰機；向邊和派駐兩個中隊，約四十架戰機；向柔佛巴魯、廓曼各派駐一個分遣隊，分別擁有十架戰機。

八月六日，美參眾兩院就「馬多克斯號」事件及其後續事態舉行了祕密聽證會，並起草了一項決議案。次日，美國眾議院以四百票對零票、參議院以八十一票對兩票通過了該決議，授權詹森總統在越南可採取包括使用美國武裝部隊內的一切必要手段。

「馬多克斯號」事件發生後，美國以「馬多克斯號」在北部灣遭遇到北越魚雷艇襲擊這證據不足的「事件」為藉口，直接介入越南戰爭，把戰火從越南南方擴大到北方，不斷擴大對越南北方的轟炸行動，並逐次向越南增兵。越南戰爭由此不斷升級。一九六五年三月，詹森下令向越南增派美海軍陸戰隊兩個營，用以保護美在越南的空軍基地；四月，美國向越南增派九個營及附屬後勤部隊，使侵越美軍達到八萬兩千人；一九六五年七月，美軍向越南第三次增兵，使侵越美軍達到十二萬五千人；到當年年底，侵越美軍更是多達十八萬四千三百人。此後，越南戰爭步步深入，從「特種戰爭」過渡到「局部戰爭」，又從「局部戰爭」過渡到「全面戰爭」，戰場並從越南擴大到印度支那半島。美軍兵力更是一增再增。侵越美軍人數一九六六年年底達到三十八萬五千人；一九六七年底達到四十八萬五千三百人。到一九六九年一月，侵越美軍人數達到最高峰：五十四萬兩千四百人。儘管如此，美國侵越失道寡助，不但受到越南人民、印度支那人民以及全世界人民的反對，也受到美國人民的反對。越南人民在全世界人民支持下，以全民游擊戰爭反對美國入侵，美軍在越南陷入人民戰爭的汪洋大海。派兵越多，損失越大，政治上越不得人心，戰略上也越加被動。

80、兵貴神速——第三次以阿戰爭

【楚雲戰評】一九四八年五月，根據聯合國分治決議，以色列國在巴勒斯坦地區宣布成立，引起阿拉伯各國群起反對。由於中東地處戰略要津，是連接歐、亞、非三大洲的交通樞紐，又盛產石油，大國因而競相捲入中東的以阿衝突。一九四八年和一九五六年，中東相繼發生兩次戰爭。以阿雙方一直劍拔弩張，相互虎視眈眈。一九六七年，以色列又先發制人，發動第三次以阿戰爭，大敗阿拉伯各國聯軍，奪取了中東地區的戰略優勢。

一九六七年六月五日，在中東地區，又是一個平淡的星期一。

在陽光照射下，籠罩在尼羅河和蘇伊士運河上空的濃雲薄霧正悄然散去。開羅街頭的報時鐘，指在九點差一刻的地方，拂曉升空的埃及空軍值班巡邏飛機，在完成巡航任務後返航歸來，已平安降落，空軍基地忙碌緊張一夜後，現已解除警報；值夜班的空勤人員，經過徹夜辛勞後，鬆懈下來，正輕鬆愉快地離開值班崗位，準備吃早餐；而按規定九點上班的軍官們，剛吃過早飯，正在接班的途中。

就在這時，塗有以色列空軍徽記的大群飛機，按戰鬥編隊，黑壓壓飛臨埃及各空軍基地上空，無情的炸彈雨點般傾瀉下來。霎時間，火光沖天，濃煙蔽日。在驚天動地的爆炸聲中，埃及各空軍基地上的飛機跑道被摧毀、建築物被炸塌、整整齊齊排列在停機坪上的各型飛機被爆炸氣流炸得七零八落，又被熊熊烈焰吞噬，第三次以阿戰爭就在以色列的突襲下爆發了。

一九四八年五月建國的以色列國，從其立國的第一天起，就受到阿拉伯國家的聯合抵制。經過一九四八年和一九五六年兩次以阿戰爭，阿拉伯世界與以色列之間的矛盾不但沒有緩解，反而變成死結，更加水火不容。從一九五六年第二次以阿戰爭以後，以阿雙方一直在積極擴充軍備並推進外交活動，以求再戰，徹底打垮對方。到一九六七年第三次以阿戰爭爆發前夕，阿拉伯國家中直接與以色列對峙的埃及、敘利亞、約旦三個前線國家，因得到蘇聯支援，已建立起擁有四十萬正規軍、八百八十二架各型作戰飛機、兩千一百輛新式蘇製坦克和大量蘇製導彈的龐大軍隊。而得到美國全力支持的以色列軍隊，因剛從美國獲得兩百五十架新式作戰飛機和四百輛現代化坦克也大為加強。以色列軍隊總共擁有八萬正規軍以及二十萬預備役人員，裝備有四百架作戰飛機和一千一百輛坦克，雙方磨刀霍霍，虎視狼顧，一場惡戰只在朝夕間。

與對手相比，以色列軍隊的優勢在於士兵高水準，士氣旺盛，部隊教育、訓練水準高，指揮統一，又處在內線機動位置，可以以一當十。此外，以色列軍隊所擁有的美國裝備，性能上也較阿拉伯人手上的蘇聯裝備優勢，但它也有兩大致命軍事弱點，都涉及數量。首先是人少、兵少，單是與以色列直接對峙的埃、敘、約三個阿拉伯國家就擁有約五千萬居民，是以色列人口的十倍；而在衡量軍隊戰鬥力的兵員、坦克、飛機等項主要指標方面，阿拉伯方面的埃、敘、約三國軍隊總和對以軍分別占有五倍、兩倍和二點二五倍的優勢。以軍第二個弱點是其國土狹小，無法縱深。根據一九四七年十一月通過的聯合國一百八十一號巴勒斯坦分治決議案，以色列法定領土僅有一萬四千平方公里，連同前兩次以阿戰爭中從阿拉伯國家奪占的領土，也僅兩萬平方公里。且境內地勢平坦、開闊，無險可守。高性能飛機不到一小時便可縱貫以色列領空。現代化坦克也可以用一個日程穿越其國境線的任意兩點。埃、敘、約三國卻擁有百餘萬平方公里土地，且在外線，分別從東、南、西三個方向，把小小的以色列困在核心。

以色列國防部部長戴陽深知以色列軍事弱點所在：人少、兵少經不起持久戰；國土狹小，四面受敵，缺乏戰略迴旋餘地，不能允許敵軍踏進國門半步。因而他為以色列軍隊制訂了克制這兩大弱點的作戰原則：先發制人；內線機動和閃電速決。為貫徹這些作戰原則，戴陽把以色列軍隊編組成訓練有素、裝備精良、調動自如、反應敏捷、能應付任何突發事件的進攻型軍隊，時刻處在決戰決勝的臨戰狀態。

一九六七年四月七日，一位以色列農民在軍方鼓勵下，駕駛一輛曳引機到不斷發生糾紛的敘、以邊境地區耕地——他耕種的恰巧是一塊屬於阿拉伯人的土地，遭到敘利亞軍隊射擊。以色列乘機報復，派遣空軍飛機進入敘利亞境內，與敘利亞空軍激戰，一舉擊落敘利亞六架飛機。於是埃及根據埃、敘之間早先達成的一項協定，立即派空軍飛機進駐敘利亞，支持敘軍與以軍對抗。

五月，高度現代化的蘇聯通訊衛星攔截到一份以色列軍隊的加密通訊，並迅速破解，從中得知以色列準備動用十三個旅，全線進攻敘利亞，進攻日期是五月十七日，支持阿拉伯人的蘇聯，立即將這一機密情報十萬火急地轉交埃及。埃及總統納瑟接到這份情報後，一面通知敘利亞和約旦作準備，一面立即採取備戰行動，包括：發布動員令；宣布全國進入高度戒備狀態；要求聯合國「藍盔部隊」（聯合國維持和平部隊）從埃、以軍隊之間的緩衝區撤退，騰出戰場；調兩個精銳師開赴西奈前線；下令封鎖亞喀巴灣，不允許以色列及向以色列運送戰略物資的其他國家船隻通行，此舉使阿以局勢愈加緊張。

不料埃及雖然大舉動員，將士枕戈待旦，全國經濟生活也提前轉入戰時軌道，前後折騰了半個月，以色列軍隊卻安如磐石，沒有任何進攻行動的跡象。原來，蘇聯攔截的情報，是以色列情報機關精心設計的騙局，意在調動埃、敘、約方面，使其盲目動員，挫傷其軍隊士氣和精神狀態，並使其承擔挑起戰爭的罪責，蘇聯和阿拉伯方面果然中計。及至半個月過後，發現情報有誤，以色列並無五月十七日發動進攻的計畫時，埃、敘、約三國因提早動員，將士頻頻東遣西調，疲憊不堪。以色列情報機關卻乘機加強偵察活動，很快從埃、敘、約各國軍隊的頻繁調動過程中，摸清了三國空軍基地的位置、飛機跑道走向、雷達和導彈系統的配備情況、地面部隊集結地及軍隊活動規律等情報，並據此制訂出完備的進攻計畫，精心選擇了一條保證空軍出奇制勝的偷襲飛行路線。

一九六七年六月五日，以軍乘埃、敘、約各國虛驚半個月，心理疲憊，戒備放鬆之機，突然出擊，矛頭首先指向實力最強的埃及。這日凌晨，四百架以方作戰飛機，按四機編隊，從以色列特拉維夫和中部各機場祕密起飛。飛行員按預定方案，巧妙地利用國土東部朱第安山的掩護，躲過約旦雷達網搜尋系統，西出地中海，在距海面十公尺的超低空沿地中海往西飛行一段距離後，再按距地面二十公尺的超低空飛行高度，折回陸地，躲開埃及雷達搜尋網，切入埃境尼羅河三角洲，然後突然掉頭向南，躍升至一百五十公尺的高度，按先炸跑道、後打飛機的戰術原則，從埃及各主要空軍基地背後出現，進入攻擊位置。埃軍猝不及防，十個埃軍主要空軍基地遭到以色列飛機的毀滅性打擊。多數泊於基地的埃及空軍飛機連同飛機跑道、雷達系統和導彈系統一起被摧毀，少數幾架強行起飛的埃方飛機也在達到作戰高度前被以軍擊落。受攻擊的埃及各基地一時間黑煙滾滾，狼藉不堪，慘不忍睹。

第一輪攻擊成功後，以軍飛機立即返航，飛行員不顧疲勞，待飛機加注燃料，重新裝填彈藥後，再次駕機升空，連續投入攻擊。一些以軍飛行員一天之內反覆起降。繼第一輪攻擊埃軍十個主要空軍基地後，以軍飛機又持續進行了另外三輪攻擊，第二輪攻擊重點指向埃及剩餘的八個轟炸機基地和混合機種基地；第三輪主要攻擊東線約旦、敘利亞各國空軍基地和防空導彈發射場；最後一輪攻擊目標是埃及開羅國際機場，和另一個新發現的祕密空軍基地。

經過一天之內連續四輪攻擊，以空軍摧毀了埃、敘、約三國二十五個主要空軍基地。三國大部分作戰飛機和主要導彈基地、防空雷達設施皆被摧毀，包括占其總後力百分之百的三十架約旦飛機，占百分之九十的三百二十架埃及飛機和占四分之三的五十八架敘利亞飛機。僅一天時間，以色列就以迅雷不及掩耳的動作，奪得戰區制空權。以方僅損失二十六架作戰飛機。

第一輪空中攻擊發動稍後，以軍地面部隊也大舉出擊。在西線，十四個旅的以軍精銳部隊，以六百輛先進坦克開路，向埃境全線推進。駐西奈半島的埃軍兩個裝甲師、五個步兵師計十二萬官兵並一千輛坦克倉皇堵擊。擁有制空權的以色列空軍先狂轟濫炸，打亂了埃軍防禦體系，以軍裝甲兵乘機突破埃軍陣地，在其深遠後方穿插迂迴，大隊步兵隨後跟進，只一天時間，就占領加薩，進入西奈半島的埃及城鎮艾里斯、阿布奧格拉等地。然後，以軍分為北、中、南三路，由飛機、坦克開路，繼續向西高速推進。開戰第三日，以軍北路進抵戰略要津坎塔拉，中路進抵賈法，南路進抵吉迪山口和米特拉山口，切斷了埃軍退路。又過了一天，以軍在圍殲了包圍圈內的埃軍五師殘部並俘獲七百輛坦克後，全線進入蘇伊士運河東岸，完全占領了西奈半島。

在西線得手的同時，東線以軍也發動攻擊。以軍先以少量部隊牽制駐戈蘭高地的敘利亞軍隊，調集包括三個坦克旅在內的九個旅，集中於東線南翼與約旦軍隊會戰。經過猛烈的坦克交戰後，以軍擊潰了約旦裝甲部隊，奪占了戰略要地納布盧斯城。下一日，以軍出動傘兵旅，在敵後空降，配合作戰，再次擊敗約軍抵抗，奪取聖城耶路撒冷。到六月八日，耶路撒冷東區和約旦河西岸廣大地區，皆被以軍占領。

六月九日，在西奈半島和耶路撒冷連連得手，相繼打敗埃及、約旦地面部隊的以色列軍隊，不理睬聯合國的停火決議案，調重兵強攻戈蘭高地，猛烈打擊敘利亞軍隊。戈蘭高地位當敘利亞西南邊境，呈狹長狀，南北長約六十公里，東西寬約二十公里，面積一萬平方公里稍多，其高處達海拔一千公尺，且山勢陡峻，居高臨下，在地理上是以色列一大天然威脅，以軍決心奪而占之。六月九日中午時分，以軍六個旅在大批飛機掩護下，三個旅在北，兩個旅在南，一個旅機動，向戈蘭高地進兵。經過兩天激戰，以軍摧毀敘利亞軍隊高山防線，趕走敘利亞守軍，占領戈蘭高地。其前鋒衝過戈蘭高地，控制了通往大馬士革的各公路樞紐。六月十一日，第三次以阿戰爭在以軍占領戈蘭高地的祝捷號音中降下帷幕。

第三次以阿戰爭從六月五日以軍空襲埃軍空軍基地開始，到六月十一日以軍奪取戈蘭高地止，歷時僅六天，又稱六日戰爭。以軍採用突襲、內線機動、速戰速決等戰術，連續進攻，接連打敗有很大數量優勢的埃及、敘利亞和約旦各國軍隊數十萬人，取得豐碩的戰果。經過六天戰鬥，埃、敘、約三國共損失六萬兵員、四百餘架飛機和近千輛坦克，另有後期趕來參戰的二十五架伊拉克飛機也被以軍擊毀。而以色列僅陣亡八百人，裝備損失包括四十架飛機、兩百輛坦克。以阿雙方損失比是，人員傷亡十比一；飛機損失十比一；坦克損失四比一。大獲全勝的以色列人還透過這場戰爭從埃、敘、約三國分別奪占西奈半島、戈蘭高地、約旦河西岸和聖城耶路撒冷等共約七萬平方公里的大片領土，相當於以色列法定領土的五倍，以色列不但因此控制了大量資源，而且擴大了本國戰略空間，其戰略環境大為改善。

81、勝負憑誰問？——新春攻勢與侵越美軍的困惑

【楚雲戰評】美國從一九六一年五月捲入越南戰爭到一九七三年從越南撤軍，歷時十二年，在越南先後經歷了「特種戰爭」、「局部捲入」和「全面捲入」等階段。在越戰中，美國先後投入數百萬軍隊，使用了除核武以外的所有武器，包括其百分之七十五的步兵和傘兵、百分之五十以上的戰術空軍、百分之六十八的海軍陸戰隊、百分之四十以上的航空母艦、百分之五十二以上的巡洋艦，南打北炸，企圖消滅越南反美武裝，控制越南。但越南人民不畏強敵，萬眾一心，對美展開全民游擊戰，不斷殺傷美軍，積小勝為大勝。美軍在越南損耗巨大，先後戰死五萬六千五百五十五人、傷三十多萬人、損失八千七百多架飛機、耗費戰費三千億美元，戰略上陷入慢性流血的困境之中。一九六八年，侵越美軍達五十餘萬人。但美軍侵越不得人心，不但遭到全世界人民的反對，美國國內也開展了反越戰運動。美國政府內外交困，焦頭爛額，一九六九年以後，不得不認真考慮從越南撤出問題。一九七三年，美與越方簽署《巴黎協定》，被迫撤出越南。

對於美國海軍陸戰隊少校湯姆．海頓而言，一九六八年一月三十日夜晚並無特定意義。但他知道，世世代代在儒教文化圈內生活的越南人卻不同——這一夜正是盛行於東方各國的農曆猴年除夕。過了除夕夜，是一月三十一日，也就是農曆猴年春節。

在這東方除夕之夜，海頓漫步在南越，也就是美國支持的越南共和國永平省省會城市富榮的大街上，他想

看看東方人如何過除夕：異國情調，一定風趣無限。但他什麼也沒有看到，街道冷冷清清，沒有巡邏隊，沒有哨兵，也沒有行人。走過第一條街，杳無人跡；走過第二條街，還是杳無人跡。無聊之餘，海頓少校只好回到省府大院內的寢所，昏昏然睡去。

午夜剛過，也就是農曆新、舊年交替之際，疾如爆豆的槍炮射擊聲驚醒了睡夢中的海頓少校。他從床上猛然躍起，一步跨到窗前，推開百葉窗，發現臨街的省府大院內，人影晃動，足有一個排的武裝人員，皆穿著中國樣式的草綠色軍上衣和軍短褲，正用自動火器向省府大院各目標猛烈射擊。「越共何時摸進了省府大院？」海頓納悶不已。軍人的本能使他匆匆套上衣服，披掛好配有手榴彈、備用彈藥的武裝帶，抱起偽裝服、鋼盔、武器，再一把抓起軍靴，溜出房門，悄悄隱入黑暗中。

這一夜，不只是省府大院，實際上是整個省城都被北越人民軍和南越解放軍部隊控制。大街上一片混亂，守軍正與偷襲者惡戰，逐屋逐巷爭奪。全城到處都是槍聲、炮聲、手榴彈爆炸聲以及混亂的腳步聲和　喊聲。

清晨六點，街頭傳來坦克和裝甲車的引擎聲。美軍機動部隊趕到，把美製五十毫米口徑機關槍和M79榴彈發射器的火力射向進攻者。北越人民軍和南越解放軍也以中國造四十火箭筒還擊。一輛美製裝甲運兵車中彈起火，發出猛烈爆炸聲，熊熊烈焰映紅了半條街。

正在此時，不知從何處飛來一發炮彈，爆炸產生的氣浪把海頓少校從隱身處拋到幾丈開外的街上。海頓全身灼痛，右半邊身子顫抖不止，鮮血由左額、脖子和左臂流淌，滴落在馬路上，然後海頓便失去了知覺。

海頓醒來時，猴年第一天的太陽已升上當空。槍聲稀疏了，進攻部隊不知何時已經悄然撤走。陽光透過硝煙，映照著街上的斷垣殘壁。戰死者血肉模糊的肢體、屍身隨處可見，分不清誰是美國佬，誰是越南人。不知從哪個角落偶爾傳來三兩聲呻吟聲，那是瓦礫堆下重傷患發出的痛苦哀號。

這就是一個美軍少校農曆春節在南越經歷的一場戰鬥，這場戰鬥又是一九六八年越南戰場「新春攻勢」過程中的一個小插曲。

新春攻勢是越南民主共和國國防部部長兼人民軍總司令武元甲大將所籌畫、指揮的以河內為都城的大規模進攻戰役。十萬參戰部隊除部分隸屬於南越民族解放陣線的解放軍外，主要是來自北方的人民軍正規軍，進攻對象主要是入侵越南的美國人。

法國人一九五四年從印度支那撤退後，美國人就替代法國人逐步捲入越南，在越南南方扶植以西貢為都城的越南共和國，與北方以胡志明為領袖的越南民主共和國並立，形成南北兩個政權對峙局面。南越人民為趕走美國人，推翻美國扶植的西貢政權，統一越南，成立了越南南方民族解放陣線和解放軍，積極展開武裝鬥爭。南方民族解放陣線得到北方越南民主共和國的全力支持。而在北越背後，又有中國和蘇聯兩個社會主義大國做堅強後盾。

美國深恐南越政權倒台，從一九六五年開始，派遣美軍開赴越南，直接以武力支持西貢政權。到新春攻勢發動時，侵越美軍已擁有五十四萬官兵以及令人生畏的大量艦艇、飛機。越南人民統一越南的關鍵，是趕走美國侵略軍。武元甲調重兵發動新春攻勢，意在消滅美軍和西貢政權的有生力量，摧毀其意志，造成全民武裝總起義的政治局面，一舉趕走美軍，實現南北統一。

新春攻勢發動前，武元甲做了大量複雜的戰略調動和偽裝。幾萬名北越精銳部隊及大量作戰物資，經胡志明小道祕密調往南方，隱蔽於各預先確定的進攻目標近側，伺機而動；偵察人員深入敵占區，反覆偵察美軍與西貢政權軍隊的兵力、火力和其他防務情況；選農曆春節為進攻日，同時宣布將春節提前三天，從一月三十一日提前到二十八日，亦即把一月二十八日當做農曆新年第一天，提前過節，而在正式新年到來的一月三十一日發動進攻，以便二利兼得，既保證軍民歡度春節，又達成進攻的突然性。

進攻發動前的一月初，武元甲動用十餘個正規師，突然跨過劃分南北邊界的北緯十七度線，猛攻駐有六千軍隊的溪山美軍基地。這一聲東擊西戰術果然使侵越美軍總司令威廉．魏摩蘭將軍上當。他斷定武元甲是要把溪山變成第二個奠邊府，與美軍進行戰略決戰，因而趕緊應戰，將半數侵越美軍調往溪山前線。結果，在武元甲真正要進攻的各戰略目標，美軍兵力大為削弱。

一九六八年一月三十一日凌晨，北越人民軍和南越解放軍十萬將士同時出擊，撲向各既定戰略目標。西貢政權治下六個自治市中的五個、四十三個省會城市中的三十六個、兩百四十二個區府中的六十四個以及五十個戰略村、鎮，都遭到猛烈打擊。在南部湄公河三角洲，進攻部隊攻入了芹苴、美荻、永隆等省會；在中部，進攻部隊攻擊了芽莊、歸仁、綏和、金蘭灣等美軍基地；在北部，進攻部隊圍困了峴港、朱萊、芙拜等美軍各基地，並強攻順化、廣治等城。而在南越政權首府西貢，幾個營的北越正規軍向西貢政權總統府、聯合參謀總部發動了猛烈攻擊。一支十九人的突擊隊甚至乘虛衝進了美國駐西貢大使館。

越軍放棄擅長的游擊戰術，以缺乏現代攻城裝備和攻堅戰術訓練的部隊投入攻堅決戰，確實大出美軍意料之外。不過，美軍在南越的兵力、火力擁有很大的優勢。儘管半數美軍野戰部隊已調往溪山，美軍總司令威廉．魏摩蘭將軍仍有二十餘萬美軍官兵可資調用，另外還有上百萬西貢政權部隊和一些其他國家派來的部隊任由他調遣。更要緊的是，威廉．魏摩蘭擁有大量現代化交通工具，包括坦克、裝甲車、卡車、運輸機和直升機，具有把大批救援部隊從一個戰區遠距離調往另一個戰區的快速機動能力。從最初的打擊中恢復過來後，威廉．魏摩蘭一面電令各處守軍據險死守，一面動用各種交通工具，組織機動部隊，急如星火般趕往各處救援，戰局因此而迅速逆轉。

都城西貢是美軍首要救援目標。根據威廉．魏摩蘭將軍的命令，七個美軍加強營，以坦克和裝甲車為先導，兼程車運到現場，一舉將攻城部隊四面合圍，企求聚而殲之。美軍直升機直接在美駐西貢大使館樓頂平台上起降，把救援部隊送到大使館內，與衝進大使館內院的北越部隊肉搏。北越進攻部隊不但未能奪取西貢，反而陷入重圍，遭到重創。進攻美國使館的十九名越軍突擊隊員無一生還。

最激烈的攻防戰，發生在南越北部距海八公里的歷史名城順化。這是座曾做過三百年皇城，因城內皇宮、皇陵、皇城、天壇等歷史名勝而著稱。為奪取順化，越南人民軍一共投入了二十個營的精銳部隊，與據城死守的西貢政權一師軍隊惡戰。起初，人民軍幸運地占領了大部分城區。不料美海軍陸戰隊第一師乘車趕到，攻城部隊腹背受敵。美軍坦克、戰車、海軍艦艇、巡航的直升飛機和各種戰鬥機及步兵的五十毫米口徑大威力重機槍和野戰炮一齊開火，立體交叉，把成百噸致命的爆炸物拋向人民軍部隊陣地。順化城籠罩在無情的烈焰中，所有的歷史古跡一概化為灰燼，進攻部隊與城俱毀，生還者十不及一。

向各處美軍基地進攻的北越部隊情形更慘烈，成千上萬的北越步兵，憑高昂士氣，呼嘯而來。美軍卻沉著應戰，憑藉最現代化的各種火器和精心設計的防禦體系，一次次挫敗進攻部隊。威力巨大的五十毫米口徑重機槍不停掃射，成為守方最兇狠的屠殺工具。任憑進攻方意志堅定，將士前赴後繼，視死如歸，美軍陣地依舊穩如磐石。一輪又一輪惡戰過後，陣前屍山血海，戰場變成屠場。在西貢政權軍隊防守的陣地上，每當戰鬥白熱化時，美軍機動部隊總是憑快速交通工具，及時趕到現場，配合守軍，夾擊進攻部隊，扭轉戰局。

北越人民軍和南越解放軍聯合部隊憑著堅強的意志和高昂的士氣，把進攻戰苦苦支撐了整整十二天，終因無力打破美軍兵力、火力的巨大優勢，損失慘重，勢衰力竭。二月十一日，越軍各部隊放棄進攻戰，撤出戰鬥，新春攻勢以越軍主動收兵告終。

新春攻勢結束後，戰爭史上一個最古老、也最簡單複雜的軍事命題又被提出來：哪一方是這場戰鬥的勝利者？越軍投入進攻戰的十萬部隊折損過半，其中三萬兩千人陣亡，五千八百人被俘。在防守一方，美軍陣亡一千零一人，西貢軍隊及其他國家參戰部隊陣亡兩千零八十一人，攻守雙方陣亡比是十比一。越軍不僅損失了半數進攻部隊，也未能實現動員和鼓舞南越幾千萬同胞發動總起義的政治目標。新春攻勢過後，美軍聯合西貢政權軍隊四面出擊，擴張戰果，深入解放區，摧毀了大量民族解放陣線基層政權，捕殺民族解放陣線基層幹部不下兩萬五千人。北越人民軍和南越解放軍元氣大傷，因而大大減弱了對美軍和西貢政權軍事行動的強度和頻度。概而言之，越軍在新春攻勢中遭到軍事慘敗，而美將威廉·魏摩蘭在軍事上是確定無疑的勝利者。

然而，對新春攻勢結局的政治結論與軍事結論完全不同。北越人民軍和南越解放軍是為趕走侵略者，實現民族獨立、統一而戰，這種明確的政治目標，與東方文化特有的集體主義、取義成仁、寧折不彎的價值取向結合，產生強大的精神力量，正是進攻者前赴後繼、視死如歸的動力所在。目睹進攻者迎著火網冒死衝鋒、留下屍山血海的美軍官兵，被進攻者的頑強意志所震撼。一個為統一、獨立而戰的民族，不是任何優勢武力可以征服。獲勝的美軍官兵不能不深思，美軍遠涉重洋，與一個不屈的民族戰鬥，意義何在？這種情緒，又透過新聞界、家書和各種途徑，像傳染病一樣迅速擴散，並傳回美國國內。

威廉．魏摩蘭是戰場上的勝利者，但他不能以犧牲一千零一名士兵換取敵軍十倍的損失向美國國會請功。美國議員關心的是美國官兵傷亡名冊，而不是戰果。美國公眾則不住質詢他們的子弟為何而戰？為何犧牲？當他們從電視錄影上看到越南人迎著火網衝鋒，視死如歸，不可戰勝時，便愈是疑慮，不肯支持政府，新春攻勢影響了美國民心向背。面對反對越戰的民眾情緒，美國總統詹森解除了取得軍事勝利的威廉．魏摩蘭的職務，詹森本人則宣布退出新一輪總統競選。

「新春攻勢」的直接政治後果，是加劇美國國內政治分裂，美國人普遍失去了在越南取勝的信念和意志，而這二者正是決定戰爭勝負的首要因素。當從政治學分析新春攻勢時，真正的勝利者是具有決勝意志的越南民主共和國，而威廉．魏摩蘭和美國雖然在軍事上獲勝，卻失去最後決勝意志，因而在政治上徹底失敗。新春攻勢結束一年後，新上台的美國總統尼克森當即調整政策，準備從越南撤退美軍。再過三年，美軍全部撤出越南。一九七五年四月三十日，越南民主共和國軍隊直下西貢，最終完成了民族統一、獨立大業。

82、珍寶島之戰——小戰爭挪動大格局

【楚雲戰評】珍寶島之戰是中國與周邊鄰國不多的幾場邊界自衛反擊戰之一，規模較小，發生在冰封雪飄的北國，但這些都不是它的主要特點。珍寶島之戰的最大特點，是中國與對手在裝備技術水準、戰爭總實力與總潛力之間有極大的差距，蘇聯坦克的優良戰鬥性能讓人聞之色變。儘管如此，中國軍隊憑著「一不怕苦，二不怕死」的高昂士氣和頑強戰鬥精神，把舊式火器的

威力發揮到極致，控制戰場，並取得勝利。珍寶島之戰雖然規模極為有限，但它說明即使在現代戰爭條件下，高昂的士氣，敢於犧牲、敢於勝利的戰鬥精神，依然是軍隊的靈魂。裝備先進可以使一支軍隊更有把握取得戰爭勝利，但先進的裝備不是勝利的唯一因素，甚至不是決定性的因素。

一九六九年三月，是中國最寒冷的春季之一。此時的中國東北邊境，仍然冰封雪飄，但在冰雪封凍的中蘇界河烏蘇里江主航道中心線、中國一側的珍寶島，中蘇兩國邊防部隊展開了一場血與火的較量。蘇聯數十噸重的T64坦克，隆隆駛過烏蘇里江厚厚的冰面，強行在屬於中國的珍寶島登岸。而中國軍隊長時間埋伏在冰天雪地裡，以超常毅力忍受零下數十度的嚴寒，靜待蘇聯坦克鑽進伏擊圈，然後以老式火箭筒、迫擊炮與蘇聯先進坦克惡戰。

中蘇是兩個社會主義大國，蘇聯國土面積世界第一，中國人口總量世界第一，兩國常備軍總數分別居世界第一與第二，兩國邊界總長度達七千餘公里，這樣兩個大國直接武裝衝突極其危險，兩次世界大戰都是由於大國衝突而引發。中蘇為什麼會在兩國邊界打仗？中蘇在珍寶島的邊界衝突，會不會升級為兩國間的一場全面戰爭？對國際戰略形勢與格局又將產生什麼樣的影響？這些就是當時縈繞於人們心頭不得不問的問題。

一九六九年的中、蘇珍寶島之戰的直接起因，是兩國對珍寶島主權的歸屬存在爭議，而兩國有關珍寶島主權的爭執又是整個中蘇邊界爭端的縮影。

中蘇邊界問題，是歷史上遺留下來的長期未得到解決的問題，現有中蘇邊界是由沙俄政府與中國清政府簽訂的一系列雙邊條約。這些條約主要包括一六八九年簽訂的中俄《尼布楚條約》、一八五八年簽訂的中俄《璦琿條約》、中俄《天津條約》和一八六〇年簽訂的中俄《北京條約》、一八八一年簽訂的中俄《伊犁條約》等等。透過這些強加給中國清政府的不平等條約，沙俄先後以各種方式侵占了中國總數一百五十萬平方公里的土地，包括黑龍江以北、烏蘇里江以東、大興安嶺以南直達庫頁島的大片領地。十月革命勝利後，列寧領導的蘇維埃政府曾先後在一九一九年和一九二〇年，發表了平等解決中俄邊界問題的宣言，表示要把沙俄歷代政府從中國掠奪的領地歸還給中國。一九二四年五月，當時的中國北洋政府與蘇聯政府簽訂了《中俄解決懸案大綱》，其中規定，在雙方商定的會議上，「將中國政府與前帝俄政府所訂立的一切公約、條約、協定、議定書及合約等項概行廢止，另本平等、相互公平之原則，及一九一九年和一九二〇年兩年蘇聯政府各宣言之精神重訂條約、協定」，並「將彼此疆界重新劃定，在疆界未行劃定以前，允仍維持現有疆界」。據此，中蘇兩國在一九二六年舉行了會談。但因當時的中國處於分裂內亂狀態，中國當權政府腐敗無能，中蘇之間未能就兩國邊界的具體解決方案達成任何協議，直到一九二七年蔣介石南京政府上台後，中蘇邊界問題仍然一直懸而未決。

一九四九年十月一日，中華人民共和國成立，蘇聯率先承認，兩國於十月三日建交。在一九五〇年代初期，中蘇關係友好，因此中蘇邊界安寧；但從一九五六年蘇共「二十大」以後，蘇聯領導人赫魯雪夫等人為了控制中國，從政治、軍事、經濟等方面向中國施壓，蘇聯向中國提出了建立兩國「聯合艦隊」、蘇聯出資在中國建立長波電台等要求，遭到中國政府抵制。兩國圍繞國際共產主義運動的理論與實踐問題也存在激烈衝突，中蘇關係開始疏遠。在中蘇邊界，從一九六〇年開始，蘇聯多次騷擾中國境內，在兩國政治關係惡化的大背景下，潛伏已久的邊界問題開始浮上檯面。一九六〇年，中國政府兩次主動提出就邊界問題談判，但蘇聯政府不承認中蘇之間存在邊界問題，拒絕談判。直到一九六四年二月，蘇聯政府才勉強同意雙方在北京舉行邊界會談，但在具體會談展開後，蘇聯方面又拒不承認沙皇政府與中國清政府簽訂的有關中俄邊界問題的條約是不平等的條約，致使談判一直沒有進展。

在此期間，蘇聯向中蘇邊境調兵遣將，駐紮在中蘇邊境的蘇聯軍隊急遽增加。一九六四年以前，駐紮在中蘇邊境附近的蘇聯軍隊只有十個師，但到了布里茲涅夫時期，駐紮在中蘇邊境的蘇聯軍隊急遽增至五十四個師，一百多萬人，並配備著大批當時在世界上最先進的坦克、飛機、火炮，蘇聯的核武也瞄準中國。一九六六年一月，蘇聯與蒙古人民共和國簽訂了具有軍事同盟性質的《蘇蒙友好合作互助條約》。據此條約，蘇聯軍隊進駐蒙古，其駐蒙古的坦克部隊距北京只需一日行程。與此同時，蘇聯軍隊不斷在中蘇、中蒙邊界舉行以中國為假想敵的大規模軍事演習。蘇方在中蘇邊界的挑釁性事件也急遽增多。據不完全統計，從一九六四年十月布里茲涅夫上台，到一九六九年三月中蘇珍寶島衝突前夕的四年半時間，蘇聯在中蘇邊界挑起邊界事件達四千餘起。一九六九年三月，蘇聯邊防軍公然武裝進攻珍寶島，中國邊防部隊忍無可忍，軍隊除被迫自衛還擊外，已經別無選擇。

珍寶島位於中國黑龍江省虎林縣境、完達山東側，原來是烏蘇里江南岸中國江岸的一部分，歷來是中國的領土。後因江水的長期沖刷作用，珍寶島這片土地才成為江心島。即使如此，它仍然在烏蘇里江主航道中心線的中國一側，而依據國際法關於按河流中心線劃界的基本準則，它依然是確定無疑的中國領土。

在地形上，珍寶島面積不足一平方公里，四周叢林環繞，中部為沼澤地。島以東為主航道，水道寬約三百公尺；島以西為江汊，寬僅幾百公尺，不能通航。中蘇軍隊的交戰地區多為深山老林、沼澤地，不但人煙稀少，交通不便，而且氣候嚴寒，一年降雪期長達七個月，封冰季節長達半年，積雪常達半米，冬季氣溫一般在零下三十度左右，封冰期間，烏蘇里江冰面上可以通行坦克、裝甲車等各種重型戰鬥車輛。

從一九六七年開始，蘇聯邊防軍不斷出動飛機、裝甲車輛、汽車等武裝入侵珍寶島，干擾島上中國漁民，甚至強行搶走中國執勤人員的槍支、彈藥，前後累計達十餘次之多。一九六九年一二月間，蘇聯邊防軍在不到兩個月時間武裝登島達八次之多。一九六九年三月二日清晨，七十餘名全副武裝的蘇聯邊防人員，在四輛裝甲車的掩護下，從下米海洛夫卡和庫列比亞克依內出動，從南北兩個方向，越過冰凍的烏蘇里江主航道，進攻在島上巡邏邊防的中國邊防軍。中國巡邏隊被迫自衛還擊。從九點十七分戰鬥開始，到十點三十分戰鬥結束，雙方激戰達一小時十三分，雙方互有傷亡。

三月二日戰鬥後，蘇聯向珍寶島增調大量坦克、裝甲車和武裝部隊，並多次出動裝甲車輛和邊防軍人員入侵珍寶島。三月十五日蘇聯方面出動數十輛坦克、裝甲車，以及一百餘名步兵，在飛機掩護下，全面進攻珍寶島中國守軍。中國軍隊沉著應戰，連續擊退蘇軍的三次進攻，擊退並重創蘇聯邊防軍。三月十七日，蘇軍出動五輛坦克、七十餘名步兵又一次入侵珍寶島，企圖強行拖走被中國軍隊擊毀在江汊的一輛蘇軍坦克，也被中國守軍擊退。

珍寶島之戰雖然規模極為有限，軍事上甚至不值一提，但其政治與戰略意義極為深遠。第一，經過珍寶島事件，中蘇兩國都明確把對方看成是主要假想敵，中國尤其以珍寶島事件為轉捩點，將蘇聯視為中國國家安全的最大威脅，並防禦蘇聯對中國先發制人的突襲和全面戰爭。蘇聯不但向中蘇邊界地域大規模增兵，而且企圖對中國的核設施發動「外科手術式打擊」。一九六九年九月十一日，中國總理周恩來，與訪問越南途中、從中國過路的蘇聯部長會議主席柯西金在北京機場會晤，就兩國邊界問題和兩國關係問題達成一些共識，主要精神是：同意兩國間的原則爭論不應妨礙兩國關係正常化；兩國不應為邊界問題打仗；雙方應首先簽訂一個關於維持邊界現狀、防止武裝衝突、兩國武裝力量在邊界爭議地區脫離接觸的臨時措施協議，並透過談判解決邊界問題。雙方並商定在北京舉行邊界談判。儘管如此，兩國戰略上互為主要敵國的戰略總態勢並無任何改變。

第二，中國為防禦蘇聯可能發動的對華全面入侵，不但全面加強戰備與國家戰略，而且在外交上積極調整與美國及西方的關係。中國的戰略調整又成為促成尼克森訪華、美國承認中華人民共和國、中美關係全面解凍並正式建交的積極因素。而中美關係解凍又為中、美、歐、日建立聯合反對蘇聯霸權擴張的國際合作局面提供了政治基礎。

83、第四次以阿戰爭——內線機動的傑作

【楚雲戰評】第四次以阿戰爭，也稱「贖罪日戰爭」、「十月戰爭」或者「齋月戰爭」，這場戰爭有很多特點。首先，它由阿拉伯國家主動開戰，首次顯示出阿拉伯國家也有從事現代戰爭的能力。其次，它是軍事史上集結先進技術兵器最多、密度最大的大規模現代化戰爭，戰爭過程中出現了歷史上規模最大的坦克大會戰。在西奈戰場一隅之地，埃以雙方共投入一千八百輛坦克交戰。在北線，以、敘兩軍也在一次會戰中投入了一千五百輛坦克交戰。在這兩次坦克戰中，坦克密度與坦克戰規模、強度，都超過了第二次世界大戰時期的庫爾斯克會戰。後者在高潮時期只有一千兩百輛坦克同時投入同一戰場。在戰術上也有不少創新，如埃軍用高壓水柱沖刷以

軍駐守的沙堤，為進攻部隊打開通路；以軍在蘇伊士運河安裝油管，以古老的火攻阻止埃軍渡河等；但是第四次以阿戰爭的最高成就，是以軍把內線機動戰術運發揮得爐火純青。在第一階段，以軍在西、北兩線同時遭遇突襲，陷入被動。但從第二階段開始，以軍穩定了戰線、摸清了雙方態勢與阿方意圖後，充分利用內線作戰的戰略優勢和以軍的高度機動能力，先集中主力於北線，在戈蘭高地擊敗阿軍中較弱的敘軍。而後，以軍揮師西指，集中兵力進攻埃軍，最終戰勝。在內線機動過程中，以軍在整體劣勢中尋求一翼優勢，避免兩線平均用力，對敘、埃各個擊破，使以軍反敗為勝。

對一個恪守宗教法規的穆斯林來說，一九七三年十月六日是個很特殊的日子。按照穆斯林的宗教習俗，這一天正當穆斯林的齋月節。在齋月節，一個虔誠的穆斯林應舉行莊嚴的宗教儀式，白天不吃飯，縮短工作時間，減少活動，以表示對阿拉的忠誠。

對以色列人而言，十月六日也很特殊，因為這一天是猶太教的「贖罪日」。在這一天，猶太人進入絕對休息狀態，從日出到日落，必須不吃、不喝、不抽菸、不廣播，公務員也不進行公務活動，因此以軍大多數官兵都依宗教習慣留駐軍營，前沿陣地上只留少數士兵看守。

但就是在這一天，駐守蘇伊士運河西岸、「巴列夫防線」上的以色列軍隊遭到了埃及軍隊的突然進攻。進攻一開始，數百架埃軍戰鬥機、轟炸機以迅雷不及掩耳之勢，隆隆飛過運河，對以軍陣地狂轟濫炸。以軍猝不及防，被炸得人仰馬翻。緊接著，埃軍地面部隊在飛機與防空導彈掩護下，乘大批兩棲裝甲車和橡皮艇，分別從坎塔拉、伊斯梅利亞、德維斯瓦、沙盧法和蘇伊士城等渡河點同時強渡蘇伊士運河。埃軍前鋒抵岸後，奮勇攀登河堤，以強大炮火摧毀以軍前沿工事、火力點，並用爆破筒炸、用高壓水柱沖，迅速在運河東岸以軍精心修築、設置有鐵絲網和雷區、用以阻止埃軍坦克衝擊的沙堤上開闢出六十多條通道。埃及工兵則以最快速度，在寬闊的運河上架設起十座浮橋和五十座門橋。緊接十萬埃軍主力由上千輛坦克以及上萬輛後勤保障車輛支持，在短短二十四小時內，通過臨時搭建的浮橋、門橋，全部渡過蘇伊士運河，並通過從沙堤上開闢的一條條通道，楔入以軍陣地，再分兵多路，向以軍防線縱深卷擊，圍攻以軍各據點。不到三天，埃軍就控制了蘇伊士運河東岸縱深十至十五公里的以軍陣地，被稱為固若金湯的以軍「巴列夫防線」被打得七零八落，損失慘重。

這就是一九七三年十月六日第四次以阿戰爭的第一幕。

第四次以阿戰爭，也稱作「贖罪日戰爭」、「十月戰爭」或「齋月戰爭」，是埃及、敘利亞、伊拉克、約旦、阿爾及利亞、利比亞、摩洛哥、沙烏地阿拉伯、科威特、蘇丹等主要阿拉伯國家為收復巴勒斯坦失地，經過周密準備之後，對老對手以色列發動的一次主動進攻。

在一九六七年的第三次以阿戰爭中，阿拉伯聯軍慘敗，喪失了大片土地，被阿拉伯國家視為奇恥大辱。在第三次以阿戰爭中，埃及尤其損失慘重，因而一心要以武力收復失地，報一箭之仇。經過多次較量，埃及深感阿拉伯國家在幾次作戰中敗給以色列，敗就敗在武器、裝備與人員水準不如人，因而不惜鉅資，從蘇聯購進了大批先進的薩姆防空導彈、米格戰鬥機、坦克等武器裝備，並請來大批蘇聯顧問，以現代化手段的嚴格訓練埃軍官兵，提高埃軍官兵水準及使用現代化武器的能力。同時，埃及還向阿拉伯國家尋求援助。在埃及推動下，阿拉伯國家決定乘聯合國召開第二十三屆年會之際，再次聯手突襲、消滅色列，恢復阿拉伯人的民族權力。為爭取對以戰爭勝利，阿拉伯國家做了嚴密細緻的政治、外交與軍事準備。

一九七三年年初，所有阿拉伯國家軍事首腦在埃及首都開羅開會，商討未來對以的戰略。會後，埃及成立了武裝部隊聯合司令部。四月，阿拉伯各國參謀長又在開羅開會，訂下了對以作戰的基本原則。六月間，承擔對以作戰主要突擊任務的阿拉伯前線國家敘利亞，與埃及兩國軍政領導人頻頻互訪，具體商定了兩國對以聯合行動的戰略目標與作戰方案：先把以色列趕出它所占領的部分阿拉伯領土，然後利用石油武器施加壓力，迫使以色列撤回「六五戰爭」前的邊界。八月，埃、敘最後確定了兩國從西、北兩線對進，夾攻以色列的聯合作戰計畫。

為爭取更多的阿拉伯國家直接參加對以作戰，埃及和敘利亞合作的同時，也致力於改善和發展與其他阿拉伯國家的外交關係。同時，埃、敘還派遣外交官去歐洲，爭取歐洲國家對埃、敘和阿拉伯國家對以作戰的理解與支持。

在新一輪以阿戰爭中，埃及和敘利亞軍隊要戰勝以色列軍隊，關鍵是如何突破以軍在西線沿蘇伊士運河精心構築的「巴列夫防線」和東線在戈蘭高地上的防禦工事。

所謂「巴列夫防線」，是以軍沿蘇伊士運河東岸修建的一條長一百二十三公里、以當時的以軍參謀長巴列夫命名的戰略防線。「巴列夫防線」的骨幹工程，是把原來沿蘇伊士運河東岸的沙堤從六公尺加高到八公尺半，並把沙堤面對運河的一面削成五十五度陡坡，再在坡上設置綿密的蛇腹形鐵絲網和地雷區，並鋪設通向運河的凝固汽油管，以備一旦開戰，可在河面上燃起一道火障，阻止埃軍渡河。在「巴列夫防線」上，以軍還沿運河構築了三十一個核心堡壘，形成交叉火力網。為擴大防禦縱深，以軍另在「巴列夫防線」以東的西奈半島腹地，修建了祕密機場和若干個「霍克」防空導彈陣地。在北戰場的戈蘭高地，以軍利用戈蘭高地的天然屏障作用，構築了由堅固支撐點、反坦克壕、地雷場組成的多道防線，並在縱深地區依託有利地形，構築了若干反坦克陣地。

為開戰時順利摧毀「巴列夫防線」和以軍在戈蘭高地設置的障礙，埃、敘兩國進行了針對性的臨戰模擬訓練。從一九七三年開始，為克服蘇伊士運河障礙，以及解決部隊渡河後突破以軍「巴列夫防線」的沿河沙堤、攻占以軍防守嚴密的據點等戰術問題，埃軍在尼羅河支流選擇了一處類似地形，模擬蘇伊士運河和「巴列夫防線」並實戰演練；敘軍則選擇了與戈蘭高地相似的地形，反覆演練如何在山區為進攻部隊開闢通道、如何強攻敵軍據守的高山防線等戰術。同時，埃、敘兩國還增購先進裝備，在預設戰場增建炮兵、導彈陣地，改造、擴建道路系統，修築戰鬥工事，儲備作戰物資。敘利亞特別在前沿陣地上重新構築了三道反坦克防線，包括設置大量混凝土反坦克障礙等，用以削弱以軍坦克部隊的機動優勢。

此外，埃、敘軍隊還出色的偽裝了進攻行動，以求達到出其不意、攻其不備的戰術目的。一九七二年年底，埃及藉防禦以軍進攻的名義，不惜耗資四百萬美元，在蘇伊士運河西岸修建了一道巨大河堤，用來掩護炮兵和坦克的集結活動。埃及還從一九七三年年初開始，祕密徵召後備役人員服役，然後又大張旗鼓地公開復員，給以色列製造埃及不準備打仗的錯覺。臨戰前兩小時，埃及前線指揮部還製造一些「理由」，派遣一些士兵下蘇伊士運河游泳，在沙灘上晾衣服，使前線保持一派「歌舞昇平」、「運河無戰事」的太平景象。

為保守祕密，確保達成進攻的突然性，埃、敘還對備戰活動採取了特別嚴密的保密措施。如埃及除了總統、國防部部長等少數幾個人外，其餘的人對作戰意圖、計畫皆一無所知。敘利亞也只有總統等十幾個高級軍、政人員了解這次戰爭的各種計畫。在備戰過程中，埃、敘都規定重要文件只能手抄或派專人傳送，不得使用電話或無線電傳送高級機密。作戰命令直到在開戰前六小時才下達到師一級、開戰前三小時才下達到營一級。

一九七三年十月六日下午兩點，蘇伊士運河東岸以軍據守的「巴列夫防線」一處沙壘中，突然傳出隆隆兩聲巨響。埃及蛙人前一天晚上乘夜黑潛過蘇伊士運河、埋在以軍陣地上的兩個定時炸藥包按預先設定的時間引爆，揭開了第四次以阿戰爭的序幕。緊接著，埃、敘兩軍從西、北兩線同時出擊，對以軍陣地突然發動了準備已久的全線進攻。

戰爭開始時，阿拉伯方面直接參戰國，除埃及、敘利亞外，還有伊拉克、利比亞、約旦、阿爾及利亞、蘇丹、科威特、沙烏地阿拉伯、摩洛哥等國。阿拉伯聯軍計有五十二萬人、四千一百輛坦克、一千零四十二架飛機、一百四十艘戰艦。以軍共有十一萬五千人、一千七百輛坦克、三百六十架飛機、四十艘戰艦。在數量上，阿軍在人員、坦克、飛機、艦艇等方面，對以軍分別享有四倍半、兩倍半、三倍與三倍半的優勢。但以軍在裝備品質和人員水準、部隊訓練水準、協同、機動能力等方面對阿軍仍占有很大優勢。由於以軍失去先手，戰爭開局顯然對以軍不利。

作為阿軍的主要突擊力量和第四次以阿戰爭的主要謀劃者，埃軍作戰計畫的第一步是強渡蘇伊士運河，突破以軍「巴列夫防線」，控制運河東岸；第二步是攻占米特拉山口、克迪山口和哈特米亞山口一線，保障運河東岸埃軍新占陣地的安全，然後向縱深發展進攻。為此，埃軍在蘇伊士運河西岸集結了兩個軍團、九個師的地面部隊，總兵力約十二萬人，分為南、北兩路。北路第二軍團共五個師擔任戰役主攻，南路第八軍團四個師助攻。海、空軍及各類特種兵負責掩護、協同地面部隊突擊。

戰爭一開始，西線埃軍就出動了兩百多架飛機，分為多個戰鬥集群，地毯式轟炸以軍在西奈半島的前線指揮部、炮兵陣地、部隊集結地域、防空導彈系統、通訊雷達設施和機構、各交通樞紐、補給中心、油庫等軍事目標。與此同時，隱蔽在運河西岸沙壘後面的兩千門埃軍榴彈炮和重型迫擊炮也一齊開火，把無數復仇的大口徑炮彈傾倒在以軍「巴列夫防線」的前沿工事及後方目標，把以軍打得暈頭轉向。

為配合正面作戰，埃軍傘兵分成多路突擊分隊，分乘直升機在以軍控制的西奈半島縱深地區降落，到處破壞以軍交通線、通訊和補給設施、捕捉以軍零散人員。為牽制以軍，海軍封鎖了蒂朗海峽和曼德海峽以及亞喀巴灣和紅海出口，並在沙姆沙伊赫地區海上登陸，給以軍後方製造恐慌，牽制以軍主力。

當埃軍在西線向以軍發起攻擊的同時，北線的敘利亞軍隊也向戈蘭高地的以軍陣地發起猛攻。敘軍首先出動一百架飛機對以軍在戈蘭高地的前沿指揮所、炮兵與導彈陣地、屯兵點、通訊雷達設施、各交通樞紐、補給中心、油庫等軍事目標，進行猛烈轟炸。一千五百門敘軍大炮也壓制性射擊以軍。隨後，敘軍地面部隊第一梯隊三個師，在一千多輛坦克以及空軍和地空導彈部隊掩護下，分三路向戈蘭高地以軍陣地發起總攻。

前三天，敘軍進攻也很順利。中路與南路是敘軍主要突擊方向。戰鬥第一天，敘軍第九步兵師就突破了以軍第一八八裝甲旅的防線，攻占戰略要地艾哈邁里亞，並利用夜晚頻頻發起攻擊，把以軍第一八八裝甲旅圍困在庫奈特拉。隨後，敘軍出動二線坦克，與以軍增援部隊決戰。敘以一千五百輛坦克來往衝撞，激戰近四十八小時。以軍第一八八裝甲旅僅剩十餘輛坦克逃生，其餘悉數被殲。在混戰中，敘軍突破一九六七年停火線約七十五公里，進至敘、以邊境的太巴列湖附近。

在北路，敘軍的進攻目標是謝赫山、馬薩達等地。敘軍進攻部隊首先出動推土坦克和架橋坦克，克制以軍反坦克壕。又出動掃雷坦克，排除以軍雷場。然後再以戰鬥坦克掩護步兵衝鋒，對以軍發起多輪攻擊。

以色列方面經過第三次以阿戰爭，侵占了阿拉伯國家大片土地，土地縱深擴大。在北面，以軍因占領了敘利亞的戈蘭高地，戰略態勢大為改善；在西南面，以軍占領了西奈半島和加薩地區，縱深增加兩百公里以上；在東面，以軍占領了約旦河西岸，縱深增加九十公里以上。戰略縱深的擴大，使以色列的戰略由攻勢轉為守勢，以保住其新獲得的「戰略邊界」為目標。在這一防禦型戰略思想指導下，以軍在西奈半島和戈蘭高地構築了堅固的防禦陣地，特別是沿蘇伊士運河東岸修築了「巴列夫防線」。

因戰略上轉向防禦，以軍開始麻痺，戰術上嚴重依賴防禦工事，前沿駐兵不多。戰爭開始前，以軍對阿拉伯聯軍的種種戰備活動和進攻跡象一無所知。因此在戰爭前三天，一向以枕戈待旦而著稱的以色列軍隊被打得措手不及，陷入被動。儘管如此，以軍終究是一支反應敏捷、能征善戰、戰鬥水準很高的軍隊。在最初的挫敗、驚慌後，以軍戰線開始穩定下來，很快遏止了阿拉伯聯軍的攻勢，並在防禦中發現了埃、敘軍隊的弱點。從第四天開始，戰局開始變化，以軍開始擺脫被動局面，第四次以阿戰爭進入第二階段。

埃軍初戰得勝，占領了運河東岸的部分土地，達到了預期目的。而且，埃軍經過三天的進攻戰，也已疲勞。所以，從十月十日起，埃軍調整部署，停止進攻西奈半島，重點轉向鞏固新占陣地，這使以軍獲得了寶貴的喘息機會。以軍利用這一短暫的戰鬥間歇，調整戰略，制訂了先北線、後西線、各個擊破的戰略方針，決心先集中主力於北線，解決敘利亞軍隊，然後回師西線，擊敗埃軍，徹底扭轉戰局。

十月十日，以軍在北線集中了十五個旅和一千輛坦克，由飛機掩護，主動進攻敘軍。以軍突破敘軍防線後，又採取正面突擊與迂迴包圍的結合戰術，分三路反擊敘軍，很快突破敘軍防線，解除了庫奈特拉之圍，救出了第一八八裝甲旅殘部。十一日，以軍繼續向戈蘭高地增兵，使北線以軍達到二十二個旅，近十萬人。以軍坦克五百輛，分多路向大馬士革方向快速推進。十二日，以軍越過一九六七年停火線，深入敘利亞境內三十公里地。敘軍主力全部回撤至首都大馬士革及其周圍地域，沿公路兩側建立防禦陣地，阻止以色列繼續向大馬士革推進，完全陷入被動挨打的艱難處境。

當以軍在北線集中主力反擊敘軍時，埃軍為策應敘軍，在西線發起了新攻勢。十月十四日，埃軍出動八十架飛機、兩百門火炮，對以軍發動第二輪全面進攻。埃軍在對以軍防線進行了持續九十分鐘的火力突擊後，出動裝甲師、機械化師的一千輛坦克，向以軍發起突擊，雙方在蘇伊士運河東岸展開了一次大規模坦克會戰。埃軍坦克第一次脫離防空網和反坦克防禦系統，分三路向哈特米亞、吉迪和米特拉山口的以軍陣地猛烈進攻。以軍則利用埃軍坦克部隊脫離其防空網和反坦克陣地掩護之機，並利用各山埡口兩側的有利地形，集中一切能調動的部隊，步、坦、炮協同，還出動飛機發射空對地導彈，打擊埃軍坦克。在這次坦克會戰中，以軍共投入約八百輛坦克。經過數小時激戰，以軍損失五十輛坦克，卻擊毀了埃軍兩百輛坦克。埃軍因損失慘重，被迫退回進攻出發陣地。此後，以軍將作戰重點移至西奈半島，使西奈戰線的以軍迅速增至十二個旅，並向西奈調去了大批飛機和坦克。

十月十五日，西線以軍開始全線反攻埃軍，第四次以阿戰爭進入第三階段。十月十六日，以軍三個旅向埃軍發起了主力會戰前的試探性進攻，雙方展開了激烈的坦克戰和炮戰。同時，以軍根據美國偵察衛星提供的情報，發現在大苦湖地區的埃軍第二、第三軍團接合部出現了約三十公里寬的間隙，便抓住埃軍在運河西岸兵力空虛之機，派精銳從埃軍兩個主力軍團的接合部突入運河西岸，建立橋頭堡，摧毀埃軍防空導彈陣地，並迅速調集五個旅，組成突擊兵團，在空軍的支援下，源源不斷地渡過運河。

以軍進入蘇伊士運河西岸埃軍腹地後，不斷擴大攻勢，朝南、北卷擊，猛攻埃軍後方的公路、鐵路和運河沿岸的交通網、埃軍導彈基地、補給中心、雷達站等，並切斷了運河東岸埃軍第二、第三軍團的後路。東岸以軍配合行動，發起攻勢，使埃軍第二、第三軍團腹背受敵，戰略上完全陷入被動。

十月二十二日，正當作戰雙方相持不下時，聯合國安理會通過了《三三八號決議》，呼籲埃、以雙方「就地停火」。埃、敘等雖表示接受停火，但以色列卻繼續攻擊。二十三日凌晨，西線以軍沙龍旅向阿塔卡地區猛攻。當日晚，以軍占領蘇伊士城郊外的煉油廠，基本上包圍了埃軍第三軍團。在北線，以軍於十月二十二日出動一個傘兵旅，奪取了敘軍在戈蘭高地的最後一個陣地老頭山。敘軍隨後發動多次反擊，收復了一些失地，但成效不大，雙方仍處於對峙狀態。

為迫使以色列停火，在十月二十四日舉行的聯合國安理會緊急會議上，埃及外交部長要求美、蘇派軍隊監督中東停火。蘇聯為把軍隊開進中東地區，立即命令七個空降師進入戒備狀態。美國則針鋒相對，宣布全軍進入緊急狀態。蘇美雙方劍拔弩張，大有一觸即發之勢。但聯合國安理會經過協調，通過了幾內亞等八國提出的決議草案，決定成立一支「聯合國緊急部隊」，派往中東監督停火，美蘇戰爭危機才告結束。

一九七三年十月二十四日，交戰雙方均表示接受停火，第四次以阿戰爭方告結束。在這場歷時十八天的戰爭中，阿拉伯國家聯軍損失八千五百人，裝備損失包括兩千兩百輛坦克、四百五十架飛機以及十艘戰艦；以軍損失兩千八百人，裝備損失包括八百五十輛坦克、一百一十架飛機、一艘戰艦。雙方戰爭消耗在五十億美元以上，領土方面各有得失。埃軍收復了蘇伊士運河東岸縱深十～十五公里、南北長一百九十二公里的土地，總面積約三千平方公里。以色列新占的領土則包括蘇伊士運河西岸一千九百餘平方公里的埃及領土和戈蘭高地以東四百四十平方公里的敘利亞領土。這次戰爭雖然表明以軍整體上仍保持優勢，但阿拉伯國家的軍事能力有明顯升躍。以軍在第三次以阿戰爭中享有的絕對優勢已經一去不復返，這勢必對以阿關係、以阿矛盾的解決方式影響深遠。

84、中越邊界戰爭——再演圍魏救趙

【楚雲戰評】中越邊界戰爭不僅僅是一場邊界戰爭。它的起因除了邊界爭端外，還包含極為複雜的國際背景和戰略內涵。中國之所以出兵越南，一個主要戰略原因是越南的霸權主義入侵了柬埔寨。中國在戰略上是以出兵越南的方式牽制越軍侵柬迫其回師；但越南是蘇聯的盟友，而中、蘇則尖銳對立，互為敵國。中國出兵越南觸動了蘇聯的戰略神經，促使蘇聯在中、蘇邊境加緊戰略調動，對中國施壓，蘇聯及東歐一些國家甚至準備派志願人員到越南助戰。但當時中、美是戰略合作關係，兩國以蘇聯為戰略對手。這樣，在柬、越、中、蘇、美之間就形成多層制約、內線與外線犬牙交錯的複雜戰略關係。小小的柬埔寨處在戰略核心位置，受越南包圍，是內線作戰，這是第一層包圍；中、柬合作，使越處於內線，受中、柬包圍，這是第二層包圍；蘇聯支持越南，使中國也陷入內線，南北兩線分別受蘇、越包圍，這是第三層包圍；但中國與美、歐、日、東盟間存在戰略合作關係，蘇聯支越侵柬受到中、美、歐、日及東盟的反

對，蘇聯因而陷入更廣泛的第四層包圍中。在這種包圍與反包圍交相重疊的複雜戰略關係中，中國處於相對有利的戰略地位，這也是中國即使面臨蘇聯威脅，仍決定出兵越南的基本戰略背景。

一九七九年二月十七日凌晨，一向被視為國際友好邊界的中越邊境，突然升起了一串串紅色信號彈。信號彈未落，從中越邊界中國一側的熱帶叢林中，突然間萬炮齊發，在山搖地動聲中，無數炮彈、火箭彈沿中越邊界線，雨點般落向越軍陣地。炮火映紅了半邊天，把中越邊界沿線的叢林、山嶺、河流、道路照得通明。火炮沿邊境急射後，又縱向延伸。與此同時，一隊隊披著偽裝的坦克、一隊隊身穿迷彩服的士兵，分成無數路，魔術般從叢林中鑽出來，跨過一條條山溪，衝過邊界，越境推進，中國對越的自衛反擊戰開始打響。

中國和越南本是山水相連、唇齒相依的兄弟之邦，兩國在地理、歷史、文化上存在難以分割的淵源。在越南抗法、抗美戰爭期間，中國曾向越南提供過有力援助，是越南在抗法戰爭期間取得奠邊府大捷的重要國際因素。在越南抗美救國戰爭中，中國向越南提供過總價值達數百億美元的各種援助，並祕密派出三十餘萬軍隊到越南助戰，越南領導人胡志明曾多次盛讚中越兩國的關係是「同志加兄弟」。

胡志明去世後，越南抗美救國戰爭取得勝利，國家統一。時過境遷，此時的越南，在蘇聯支持下向印度支那全境擴張，尤其公開侵略柬埔寨，中越關係突然降溫。不僅如此，越南還蓄意挑起中越邊境糾紛，越方武裝人員不斷侵犯中國廣西、雲南邊境，摧毀中國邊境地區的學校、民舍、農田，傷害中國邊民。中國政府雖多次警告，越方仍置若罔聞。在此情況下，中越一戰已經難以避免。

中國對越自衛反擊戰的目標很明確，第一，打擊越南的領土野心；第二，遏制越南霸權主義膨脹；第三，以軍事行動支持柬埔寨人民抵抗越南侵略，目標的有限性也規定了中國對越自衛反擊戰規模的有限性。

從時段上看，中國對越自衛反擊戰大體分為兩個階段。在第一階段，中國軍隊的目標是從廣西、雲南兩個突擊方向，突破當面的越軍第一線陣地，摧毀越軍壕溝、據點、堡壘、火力網，攻占高平、老街等城鎮。

二月十七日凌晨，千里中越邊境，春寒正重，雨霧蒙濃，中國雲南、廣西兩地的邊防軍，藉夜幕掩護，紛紛隱蔽接敵，進入前沿出發陣地。隨著中國軍隊強大炮兵火力向敵戰線後方延伸，潛伏待機的大隊步兵，在坦克部隊掩護下，潮水般越過邊界，分頭向越軍據點迫近。中國雲南邊防軍的直接進攻目標是殲滅正面越軍主力，盡快攻占越南原黃連山省省會老街及孟康、谷柳、發隆、壩灑、巴南棍等越方前沿據點。在這一方向與中國軍隊對峙的越軍包括其所謂「王牌師」316A 師及 345 師。

從雲南出擊的中國軍隊突破邊境線後，立即兵分兩路，於當夜藉夜幕掩護，強渡水流湍急、冰寒刺骨的紅河與南溪河，然後多路並進，在敵後穿插迂迴。越軍第一線部隊還在睡夢之中，就被中國軍隊鋪天蓋地的炮火打得暈頭轉向。隨後又遭到中國步兵的圍攻，死傷累累。但越南戰場山巒重疊，叢林密布，地形極其複雜，不利於人力物力上占優勢的中國軍隊大兵團作戰。越軍殘部憑藉倚靠山區、叢林、河流等複雜地形、地貌構築的永久性工事，以及熟悉地形、地物，適應氣候環境等優勢，負隅頑抗。在老街周邊，戰鬥尤其激烈。越軍憑藉以鋼筋混凝土築成環形防線，頑強抵抗中國軍隊進攻。不少陣地反覆爭奪、反覆易手，常常是中國軍隊白天奪過來，但到了夜間，越軍又利用夜暗及熟悉地形、地物等優勢，乘夜奪回。經過兩天血戰，中國軍隊完全摧毀了越軍第一道防線，於二月十九日攻占老街、孟康、谷柳等地，打開了通往越軍腹地的門戶。爾後，中國軍隊主力沿紅河兩岸向縱深突擊，在行進中攻占越軍 316A 師與 345 師的接合點代乃，切斷了 316A 師與 345 師的聯絡，並大包圍駐守柑糖的越軍345師。為援救345師，越軍316A師強攻與偷襲相結合，進攻代乃的中國邊防部隊二十餘次，均被中國軍隊擊退。與此同時，中國軍隊強攻柑糖，重創越軍345師，終於在二月二十五日奪取柑糖，初戰告捷。

在廣西方面，中國廣西邊防軍的主要任務，是奪取越方省會城市同登與高平等地。在此處與中國邊防軍對峙的越軍是其主力第346師、第三師等部隊。中國軍隊主力從廣西邊境突入越南後，分從南北兩個方向，鉗形突擊駐守高平的越軍第346師主力，另以部分兵力攻擊同登越軍，以使越軍首尾不能相顧。越軍雖拼死抵抗，並輔以特工隊潛入中國軍隊後方襲擊，企圖阻止中國軍隊在高平、同登地區的攻勢，但在中國軍隊的強大攻勢下，仍遭到失敗。經過九天連續作戰，中國廣西邊防部隊攻克高平、同登等地，殲滅越軍346師及越軍若干獨立部隊，並予越軍第三師以殲滅性打擊。

在第二階段，中國軍隊的總目標是奪取越南省會城市涼山以及鋪樓等地，向越軍縱深發展，威逼安沛、河內。

經過第一階段作戰，越軍第一線陣地被摧毀，軍事指揮陷入混亂，越南首都河內陷入一片混亂。越南當局緊急宣布全國總動員，繼續負隅頑抗。中國廣西邊防部隊在完成第一階段突破任務後，從同登、阪然、祿平三個方向向心突擊越軍重鎮涼山，二月二十八日攻占祿平，三月二日至四日占領了奇窮河南岸諸要點，威逼河內。雲南邊防部隊在突破越軍第一線陣地後，繼續沿紅河兩岸攻擊，向越軍縱深突擊，勢如破竹。中國軍隊與越軍316A師在巴沙相遇，經過激戰，中國軍隊重創越軍316A師主力，並於三月三日占領巴沙。沿紅河東岸突擊的中國軍隊，連續突破越軍陣地，直插越軍第二軍區駐地鋪樓，威逼安沛、河內。至此，中國邊防部隊已深入越境縱深二十～四十公里，攻克了涼山、高平、老街三個越南省會城市以及河廣、茶靈、柑塘、鋪樓等二十多個重要城鎮，基本實現了第二階段作戰目標。

一九七九年三月五日，中國政府在對越自衛反擊戰達到了預期目的後，便宣布中國邊防部隊將從一九七九年三月五日起，分批從越南境內回撤。新華社發表聲明重申，中國「不要越南的一寸土地，也絕不允許別人侵犯我國領土」。同時警告越南當局：「在中國邊防部隊撤出以後，不得再武裝挑釁和入侵中國邊境。」此後，中國邊防部隊立即回撤。至三月十六日，中國邊防部隊克服困難，從越南戰場撤回中國境內。

中國對越自衛反擊戰從一九七九年二月十七日開戰，到一九七九年三月十六日中國軍隊撤回國境，歷時一個月。經此一戰，中國軍隊共殲滅越軍三萬九千人，摧毀了越軍沿中越邊境構築的針對中國的各種軍事設施，保障了中國邊境的安寧，並達到了牽制侵柬越軍的目的。

85、蘇軍折兵阿富汗——蘇聯盛極而衰的轉捩點

【楚雲戰評】阿富汗位於東西方十字路口，歷史上曾多次遭外族入侵。成吉思汗的鐵蹄、唐將高仙芝的弓箭，都在阿富汗留下過痕跡，但阿富汗從未屈服於外敵。十七世紀以後，俄國殖民者越過烏拉山東侵，相繼征服了中亞諸國，卻未能征服阿富汗。十九世紀英國殖民者征服了印度後，出兵入侵阿富汗，受到阿富汗人的頑強抵抗，也鎩羽而歸。到了二十世紀末，蘇聯自恃國勢鼎盛，擁有強大的軍事實力和先進軍事裝備與技術，因而違背基本軍事信條，冒險入侵阿富

汗，從此在阿富汗陷入人民游擊戰的汪洋大海，國力在阿富汗損耗殆盡。一九八九年，蘇聯不得不從阿富汗撤軍時，已經精疲力竭，從一個不可一世的強大帝國衰落為一個一推就倒的紙老虎；兩年後，蘇聯宣布解散。可以說，在阿富汗受困掙扎的過程，同時也是蘇聯由盛轉衰的過程。

一九七九年十二月二十七日夜，在阿富汗首都喀布爾市中心的豪華國際旅館裡，一場盛大的宴會正進入高潮。參加宴會的是蘇聯農業代表團與作陪的東道國、阿富汗政府的高級官員，賓主頻頻舉杯，為蘇阿的「友誼與合作」痛飲。然而就在此時，蘇聯軍隊兩個空降師突然在喀布爾機場及阿境其他主要軍事目標降落，在原駐阿蘇軍的接應下，迅速占領了阿巴格蘭姆、興丹空軍基地及有戰略價值的阿境薩蘭隧道，同時還占領了阿富汗首都喀布爾的電報大樓、總統府、廣播電台及其他政府部門。經過三小時激戰，蘇軍就完全控制了阿富汗首都喀布爾。一支蘇軍突擊隊還占領了阿富汗政府總理阿明的官邸，當場打死了阿明及其家人。

次日凌晨，設在蘇聯中亞的祕密電台，使用喀布爾電台的頻率，播發了阿人民民主黨旗幟派頭目巴布拉克·卡爾邁勒的一份聲明，宣告由他組織阿富汗新政府。蘇軍地面部隊分為東西兩路，在空軍掩護下，向阿富汗全面推進。幾天之內，東路蘇軍地面部隊進至喀布爾，並相繼占領阿重鎮賈拉拉巴德、加德茲、加茲尼等要鎮；西路蘇軍地面部隊相繼進抵興丹、法臘等地。一九八〇年一月二日，兩路蘇軍在坎達哈會師，而後又分兵多路出擊，在一月三日進抵阿富汗與巴基斯坦和伊朗邊境，封鎖了阿與巴、伊聯絡的各山口、隘道，基本實現了對阿富汗的全面軍事占領，實現了控制阿富汗的世紀夢想。這就是蘇聯入侵阿富汗的全過程，不過，蘇聯透過政變占領阿富汗，只是這齣戲的序幕，好戲在後頭。

阿富汗位於亞洲中西部，介於帕米爾高原與伊朗高原之間，是一個典型的內陸國家。阿國土面積六十五萬兩千三百平方公里，北與蘇聯土庫曼、塔吉克和烏茲別克三個加盟共和國接壤；東北部通過狹窄的瓦罕走廊與中國交界；西鄰伊朗；南及東南面與巴基斯坦為鄰。從地形上看，阿境多山，因而號稱「多山和沙漠之國」。在阿富汗，海拔公尺以上的山地占阿國土總面積的百分之九十。海拔四千～五千空尺的興都庫什山自東北伸向西南，縱貫阿全境，這種複雜的地形也正是歷代侵略者不能征服阿富汗的地理原因。阿富汗由於地處亞洲十字路口，是中東通往亞洲東部和南亞的陸上交通要衝，更是蘇聯前出波斯灣，南下印度洋的捷徑，因而其戰略位置極為重要，對蘇聯實現南下印度洋的戰略目標命運攸關。

為實現對阿富汗的控制，從一九五〇年代起，蘇聯透過金援、軍援，控制了阿富汗的經濟命脈與軍隊。與此同時，蘇聯於政治上在阿扶植親蘇政權。一九七三年，蘇聯支持達烏德推翻查希爾沙王朝，初步實現了對阿富汗的政治控制。一九七八年四月，蘇聯又支持塔拉基發動政變，推翻達烏德政府，並在同年十二月與塔拉基政府簽訂了具有軍事同盟性質的《蘇阿友好睦鄰合作條約》，為入侵阿富汗製造了政治依據。

塔拉基靠蘇聯支持上台，因而對蘇聯言聽計從，與欲對蘇聯保持一定獨立性的阿富汗政府總理阿明產生了矛盾。一九七九年，塔拉基曾企圖除掉政敵阿明，不料事情敗露，阿明先下手為強，剷除了塔拉基。此後，阿明改變阿富汗政府的對蘇「一邊倒」政策，要求蘇聯撤換駐阿大使，限制蘇聯軍事人員入境，並表示要與美國實現關係正常化。與此同時，阿明改組政府，在各部門安插親信，撤換親蘇分子，並暗中派人監視蘇聯在阿人員的活動。蘇聯為拉攏阿明，曾邀他訪蘇，但遭到拒絕。這一切引起蘇聯不滿。蘇聯唯恐阿富汗從一個「親蘇派」掌權的附庸國，變成一個由「獨立派」掌權的親美國家，因此決定出兵侵占阿富汗，除掉阿明。

此時，國際形勢似對蘇侵阿有利。伊朗因「人質」危機與美關係惡化，國內出現動亂。巴基斯坦、伊拉克等國均有內部困難，無暇他顧。美國和西歐則遠隔重洋，鞭長莫及，蘇聯認為這是它出兵侵占阿富汗的最好時機。

為入侵阿富汗，蘇聯在戰前在進行了周密準備。在政治與外交方面，為製造進攻的突然性，蘇聯在入侵前對阿富汗阿明政府擺出了少有的「友好」姿態。在《蘇阿友好睦鄰合作條約》簽訂一周年之際，蘇共總書記布里茲涅夫親自致電阿明祝賀，並稱要向阿繼續提供「全面無私的援助」，蘇聯電台、報刊也大肆宣傳「蘇阿友好」，甚至突出報導了阿明當選為阿富汗「保衛革命全國組織」中央委員會主席的消息。與此同時，蘇聯還對美國與西方擺出和平姿態，大力宣揚蘇從東德部分撤軍的意義；抨擊北約在西歐部署中程導彈；渲染美伊「人質」危機的嚴重性以轉移國際視線。此外，蘇聯還詭稱美國、中國以及巴基斯坦對阿富汗有野心，企圖「破壞」和「顛覆」阿明政權，混淆視聽。

在軍事上，蘇利用與阿富汗的「友好」關係，不斷派遣高級軍事官員，以各種名義進入阿富汗，收集阿富汗的政治、經濟、軍事情報，並控制阿境各重要軍事目標。曾任一九六八年侵捷蘇軍總司令的蘇聯國防部副部長、陸軍總司令伊萬．巴夫洛夫在侵阿戰爭前夕率團訪問了喀布爾；當時的蘇聯內務部第一副部長普京也曾率大批蘇聯特工人員到阿富汗活動。入侵前，蘇聯以各種名義派往阿富汗的軍事人員達三千多人。這些人以軍事專家和顧問的名義，滲透到阿軍各主要部門、軍事基地和野戰部隊營以上的單位。一九七九年六月，駐阿蘇軍藉口保衛在阿境的蘇聯軍事設施和聯合清剿阿反政府武裝，先後派遣一個團又一個營的作戰部隊，進駐巴格蘭、興丹等空軍基地。十二月，蘇軍在蘇阿邊境集中了四個摩托化師，卻利用顧問職權，將駐喀布爾的阿軍四個師調離喀布爾，且以清查武器、彈藥、檢查坦克技術狀況、對火炮等重型裝備進行冬季檢修為由，集中拆卸了駐喀布爾其餘阿軍的主要武器裝備，使阿軍臨戰失去應變能力。

為入侵阿富汗，蘇軍於一九七九年十二月十二日在蘇阿邊境重鎮捷爾梅茲建立了前方指揮部，統一指揮入侵行動。與此同時，蘇軍還就近進行軍事動員，共調集七個師八萬餘人的精銳部隊，用於侵阿軍事行動，其中包括三個空降師以及大批坦克、裝甲運兵車和各種作戰飛機。

在各種準備到位後，蘇聯就於一九七九年十二月二十七日突襲，並在幾天之內達成了初期目標。

蘇聯入侵阿富汗，遭到阿富汗人民的反對。阿各民族、部族，面對蘇聯強大的軍事力量，不畏強暴，利用阿境多山的有利地理條件，組織人民游擊武裝，廣泛開展人民游擊戰爭，與侵略者展開了殊死搏鬥。

與此同時，蘇聯入侵阿富汗也遭到國際社會的強烈反對。一九八〇年一月，聯合國召開緊急會議，要求蘇聯立即、全部和無條件撤軍。一月底，三十七個伊斯蘭國家的外交部長再次開會，又通過了同樣決議，一致強烈反對蘇聯入侵阿富汗。西方各國反應也十分強烈，一九七九年十二月二十七日，美國宣布建立快速應變部隊，主要對付中東地區的軍事衝突。參議院宣布取消《美蘇第二階段限制戰略性武器條約》的辯論。在經濟上，美宣布禁運蘇的糧食、先進設備和戰略物資，英、法和西德等國均表示要重新考慮與蘇聯的關係，並與美國配合，加強與巴基斯坦等國的關係。

蘇軍入侵阿富汗也嚴重威脅到中國的戰略安全，蘇軍占領瓦罕走廊，直接對中國新疆等地構成軍事威脅，中國政府因而多次嚴正聲明，要求蘇軍立即、全部、無條件地撤出阿富汗。

不僅如此，國際社會，包括中國、美國、歐洲以及伊朗、巴基斯坦、沙烏地阿拉伯等伊斯蘭國家，還向阿抵抗力量提供了大量經濟、軍事援助，其中美國僅在一九八〇年至一九八七年，就提供了十八億美元軍援。一些伊斯蘭國家甚至組織各類「聖戰者」組織，到阿富汗進行「聖戰」，直接參加阿富汗抗蘇戰爭。蘇聯侵阿戰爭演變為侵阿蘇軍與阿富汗人民、伊斯蘭世界以及與中、美、歐、日等世界人國的軍事對抗，蘇軍聲名狼藉，在阿富汗陷入泥潭，進退失據，損失慘重。

蘇聯入侵阿富汗給阿富汗人民造成了極大的痛苦，在歷時近十年的戰爭中，阿富汗方面死傷一百萬人以上，因戰亂淪為難民、逃往巴基斯坦和伊朗的阿富汗人達六百萬人之多，這又給這些國家造成巨大的政治、經濟與安全壓力。蘇聯為征服阿富汗，先後投入了九十萬大軍，高峰時達十一萬五千人。在歷時九年的戰爭中，侵阿蘇軍陣亡一萬三千三百人、傷殘約三萬人、被俘和投降三百一十一人。蘇軍上千架飛機被擊落、兩千多輛坦克和裝甲車被擊毀、消耗戰費兩百多億美元。不僅如此，因長期陷入阿富汗戰爭，蘇聯政治、經濟發展滯後，國際形象受損，被國際社會視為侵略者。在內外交困中，蘇聯不得不於一九八八年四月十四日，與阿富汗、巴基斯坦、美國等在日內瓦簽署關於政治解決阿富汗問題的協議。根據協定，蘇聯從一九八八年五月十五日開始從阿富汗撤軍，九個月內全部撤軍完畢。一九八九年二月十五日，蘇軍按照協定全部撤出阿富汗，阿富汗戰爭以蘇聯的失敗告終。

86、現代海空力量的一場示範戰——英、阿的福克蘭爭奪戰

【楚雲戰評】第二次世界大戰結束後的數十年間，雖然沒有爆發新的世界大戰，但局部戰爭從未間斷。福克蘭之戰在戰後局部戰爭中的典型意義在於，雙方爭奪目標是荒涼、偏僻卻擁有豐富

資源的一群海島。一方是擁有各種現代化軍事裝備的英國，另一方阿根廷雖然較弱，卻準備已久，大量採購了西方先進武器，且在家門口開戰，擁有天時地利。雙方使用西方先進武器在南大西洋的無人海域進行的這場海空大戰，成了西方各種先進武器的一次實戰測試，因而備受各國關注。

西元一九八二年四月二日凌晨，浩瀚無垠的南大西洋巨浪排空，夜幕正沉，一支龐大的阿根廷海軍特混艦隊乘夜悄然駛向英國軍隊駐守的馬維納斯群島（英國稱為福克蘭群島）首府史丹利港，準備一鼓作氣。這支阿根廷艦隊以兩艘新式英製四二型導彈驅逐艦為前導，以被視為阿根廷海軍驕子的「五月二十五日」航空母艦為核心，輔以坦克登陸艦、布雷艦、護衛艦及舊式驅逐艦和海上供應艦若干，浩浩蕩蕩。各艦還搭載登陸部隊數千人，計有海軍陸戰隊兩個步兵營、一個野戰炮兵營、一個兩棲直升機空降營及若干導彈兵、工兵、炮兵分隊等等。與此同時，另一支較小的阿根廷海軍分艦隊，也搭載若干登陸部隊，正在駛向另一處作戰目標——福克蘭群島以東英軍駐守的南喬治亞群島的途中。

伴隨著阿根廷艦隊出擊的號角聲，轟動一九八〇年代戰略界的一場現代海空戰序幕隨即拉開。

阿根廷艦隊此行的目的十分明確：奪取英國控制的南大西洋三大群島——福克蘭群島、南喬治亞群島、南桑德韋奇群島及其附近海域的主權。

福克蘭群島、南喬治亞群島、南桑德韋奇群島三大群島皆位於阿根廷以東的大洋上，自西北而東南依次呈線狀散開，正好形成了南大西洋通往南極大陸的天然踏腳石。其中福克蘭群島西距阿根廷海岸約五百公里，是三群島之首。由福克蘭群島向東南航行一千三百公里，可達南喬治亞群島；由南喬治亞群島再向東南航行七百公里，即達南桑德韋奇群島。而由南桑德韋奇群島向南航行兩百公里，便是世人矚目的南極大陸。

南大西洋三群島以福克蘭群島最大，共包括三百四十六個大小島嶼，總面積一萬五千八百平方公里，有居民兩千人，首府是史丹利港；南喬治亞群島次之，總面積三千七百平方公里，居民人數隨季節增減，或數十人，或數百人不等，首府是古利德維肯港；南桑德韋奇群島最小，由大小七個島嶼組成，面積只有三百一十平方公里，且無常住居民。三群島總計面積約兩萬平方公里，居民不過數千人。

這三個南大西洋群島雖然人煙稀少，氣候酷寒，堪稱不毛之地，卻蘊藏有極豐富的多種資源。其附近海域是巨大的高產漁場，海底石油蘊藏量更高達兩千億桶；戰略上又居海上交通要津，不但扼制歐美石油運輸線，且扼制通往南極大陸的通道，而南極大陸又是人類最後一個尚未開發的最大資源庫。日本人甚至斷定爭奪三群島的戰爭，是爭奪南極資源的前哨戰，可以說，控制了三大群島，就取得了通往南極資源庫的通道。而控制三大群島的關鍵，又在於控制福克蘭群島。

早在西元一五〇二年以前，人類已涉足南大西洋這三個遠離南美大陸的群島。西元一六九〇年，一個叫約翰．斯特朗的英國人，不幸被大西洋颶風刮到一個當時還無名的海島上，他由此無意發現了兩個無名大島及其中間的一道海峽，並命名為福克蘭海峽，英國人從此知道了這一群島的存在，並將其命名為福克蘭群島，並據此認定其主權歸屬英國。到西元一七六四年，法國人搶先在福克蘭群島建立定居點，並按法語稱之為馬維納斯群島。同一群島於是就有了兩種稱呼，英國人和法國人各不相同，而阿根廷人則沿用法國人的稱呼。

西元一七六七年，當時擁有海上霸權的西班牙宣布南大西洋為其獨占勢力範圍，從法國人手中接管了該群島。一八一六年，在拉丁美洲獨立浪潮中，阿根廷擺脫西班牙統治獲得獨立，也順理成章地繼承了西班牙對馬維納斯等群島的主權。時隔十七年，海上新興強國英國以其公民最早發現該群島為由，武力驅逐了守島的阿根廷駐軍及總督和島上居民，強占了福克蘭群島——亦即阿根廷人所稱呼的馬維納斯群島。

英據福克蘭後，英、阿雙方就福克蘭主權歸屬問題爭議不止，雙方進行過一輪又一輪毫無結果的外交談判。阿因國力有限，對英無可奈何。第二次世界大戰後，英國國力嚴重衰落，阿根廷經濟卻迅速發展，雙方國力差距大大縮小。進入一九七〇年代以後，阿鑒於英、阿外交談判毫無進展，開始祕密備戰，發展軍事力量，從國外大量採購各種先進軍事裝備，包括法製「幻影」飛機和「飛魚」導彈，準備以武力重拾福克蘭的主權。到開戰前，阿軍已擁有現役兵員十八萬六千人，各型作戰飛機五百架，包括一艘航空母艦在內的大型戰艦二十餘艘共十二萬噸，成為南美最引人注目的力量。

英國政府雖然慮及阿根廷可能武力進攻福克蘭群島，但苦於距離過遠，補給困難，費用高昂，不能在福克蘭群島常駐大批有力部隊。其駐守福克蘭群島的部隊只有兩百人，另有二十二人駐守南喬治亞群島，皆只有象徵意義。

一九八二年四月二日，阿軍向福克蘭群島發動了期待已久的進攻，其海軍陸戰隊藉夜幕掩護悄然登陸，以迅雷不及掩耳之勢，向各預定目標發起全面突擊。一群阿根廷海軍「蛙人」首先奇襲奪取了福克蘭群島首府史丹利港的燈塔，切斷了英軍與外界的聯絡訊號。而後阿軍主要突擊部隊分兵奪取了史丹利機場、港區，圍困了駐守總督府的英軍主力。英軍在短暫抵抗後，因寡不敵眾，只得繳械投降。是役攻方兩死一傷，守方無一傷亡，福克蘭群島就此易手。阿根廷在一百五十年以後，重新在馬維納斯群島上升起了自己的國旗，並重建行政機構，重拾馬維納斯群島的主權，阿因初戰勝利，舉國歡騰。

在此期間，奔襲南喬治亞群島的阿根廷海軍分遣隊，也成功地制服了少量英國駐防軍，控制了南喬治亞群島。

經歷過第二次世界大戰的大英帝國，其綜合國力在世界排名雖然急遽衰落，但仍有相當實力。享有幾世紀海上霸主地位的英國海軍不但訓練有素，裝備精良，而且在數量上僅次於美、蘇兩個超級大國，居世界第三。其陸、海、空綜合戰力，尤其是海、空軍遠洋作戰能力和快速反應能力，對阿軍享有很大優勢。但英軍有兩大弱點，一是其本土遠離戰區，由英倫三島到史丹利港的海上航程約為一萬三千公里，由英國在大西洋中部中轉基地亞森欣島到戰區的距離也有六千公里。快速戰艦即使以時速三十海浬的極限航速，晝夜航行，也需費時半月，方能由英國本土抵達戰區，這給艦隊活動能力和後勤保障工作造成極大困難。英軍另一個弱點，是其海、空軍以蘇聯為其主要假想敵，在北約編成內，以在北大西洋反潛作戰為基本任務，因而在多霧、潮濕和酷寒的南大西洋作戰非其所長。可以認為，福克蘭之戰是一個遠離戰區的中等海軍強國與一個享有天時、地利的中等海軍次強國間的較量。

四月二日，阿根廷占領馬維納斯群島的消息傳到倫敦後，英國立即宣布與阿根廷斷交。英軍統帥部迅速調集三軍主力並徵用大量商船，迅速組成一支特混艦隊，開赴南大西洋戰區。其編成內包括小型航空母艦和其他大、中型戰艦七十餘艘，輔以補給艦船共一百餘萬噸，搭載各型作戰飛機兩百七十餘架，地面部隊九百餘人。四月五日，英軍先鋒艦艇離港出航，主力隨後跟進，浩浩蕩蕩殺奔南大西洋戰區。在此同時，英軍一個「火神」式戰略轟炸機大隊轉場調往臨近戰區的亞森欣島；在大西洋活動的核潛艇也調頭駛向戰區，並在四月十二日進入陣地，執行海上封鎖任務。

阿根廷方面聞報英國艦隊出動後，斷定惡戰在即，趕緊向福克蘭搶運支援兵力和作戰物資。駐福克蘭阿軍迅速增至一萬三千餘人。阿還建立了南大西洋戰區司令部，統一指揮戰區防務，嚴陣以待。

四月二十二日，英海軍特混艦隊先遣部隊經半個月遠航，進入戰區，並於二十五日突襲南喬治亞群島首府古利德維肯港，首戰告捷，迫降阿根廷守軍百餘人，並擊傷駐泊該港的阿海軍潛艇「聖菲號」，奪取了進攻福克蘭的前進基地。四月二十八日，英艦隊主力進入戰區，並宣布封鎖福克蘭周圍海域。

從五月一日開始，英阿福克蘭之戰進入第二階段。英軍以其優勢的海空力量，嚴密封鎖駐福克蘭阿根廷守軍與其本土的聯繫，並在封鎖與反封鎖的纏鬥中，逐步消耗阿方海、空軍實力，奪取制海權和制空權。阿根廷也力圖打破英軍海、空封鎖，盡量消滅英軍海上作戰平台，因而一面出動海軍艦艇伴動，調動英國海、空軍，同時集中岸基航空兵，對英軍發動一波接一波的連續空中攻擊。雙方陷入混戰。阿飛行員不畏犧牲，駕駛法製「超級軍旗」飛機貼水線超低空飛行，發射「飛魚」導彈，相繼擊沉英軍主力艦艇六艘，其中包括英國最新式的導彈驅逐艦和護衛艦各兩艘，萬餘噸的大型補給艦一艘。另有幾艘英艦受重創。但阿空軍也在冒死攻擊中付出了巨大代價，先後損失了主力戰機七十餘架和數十名頂尖飛行員，基本上已失去攻擊能力。英方雖然損失慘重，終因實力雄厚奪取了戰區海、空控制權。

經過序戰和封鎖戰兩階段後，自五月二十一日起，福克蘭之戰進入了第三階段的決戰。英方取得制海權和制空權後，對福克蘭發起總攻。進攻開始前，英軍遠端轟炸機和艦炮先飽和轟炸福克蘭阿軍陣地。五月二十一日，其登陸部隊分乘登陸舟、艇和直升機在阿軍陣前多處同時登陸。阿軍顧此失彼。僅四個小時，英軍便在福克蘭主島建立起一個大登陸場。四十八小時內，已有五千英軍登岸，隨軍登岸的作戰物資達三萬兩千噸，英軍甚至在岸上建立起供獵鷹式飛機起降的簡易機場。

幾天後，登陸成功的英軍分兵向福克蘭內陸推進，將阿根廷守軍分割為數段。阿軍因補給斷絕，逐步喪失戰鬥力，節節敗退。六月十一日，英軍向阿軍核心陣地史丹利港發動最後攻擊。經三天激戰，阿軍損失慘重，被迫於六月十四日投降。英軍俘獲阿軍達九千人。六月十九日，一支英軍分遣隊登上南桑德韋奇群島，解除了島上象徵性的阿根廷武裝，為福克蘭之戰打上了完整的句號。歷時七十八天的福克蘭之戰以英軍全勝告終，南大西洋三群島重新易手。

福克蘭之戰為時雖然短暫，卻是一個中等海軍強國和一個中等海軍次強國之間的對抗。雙方使用的作戰裝備都出自西方武器庫，其中尤以英國裝備最為先進，因而這場戰爭具有現代海、空戰和兩棲作戰的基本特徵，對抗劇烈，人員和財物的損失引人注目。阿根廷空軍單是損失的「幻影」式飛機一項，就價值約三億美元；而英國僅特混艦隊航行一天的燃料費，其價值就大大超過四千萬美元。

福克蘭之戰還在軍事技術、戰術、戰略諸方面，引出了諸多發人深思的問題。一枚造價不過二十萬美元的「飛魚」導彈，可以擊沉一艘造價超過兩億美元的導彈驅逐艦，這對現代艦艇的生存能力提出了新的挑戰。阿根廷空軍在戰爭進程中表現出色，而其水面艦隊卻懾於英國核潛艇的威力，始終無所作為。如果阿根廷海軍艦種以潛水艇為主力，而不是盲目發展水面艦艇，英國特混艦隊還能在福克蘭水域任意遊弋嗎？這裡提出的顯然是一個海軍戰略問題，一個類似阿根廷這樣的開發中國家，建立一支強大的潛艇部隊可能是最經濟、最令人生畏的力量。

最後一個問題涉及國家的政策。阿根廷顯然低估了英國以武力維護福克蘭群島占有權的決心，才貿然向一個海上強國挑戰，這種政治判斷失誤招致了軍事失敗和政治屈辱。英國在戰前也低估了阿根廷武力奪取福克蘭主權的決心，只在福克蘭駐紮少量象徵性部隊，這是阿根廷發動進攻的誘因之一。但由此引出的另一個帶根本性的問題是：像英國這樣一個在國際經濟競爭中處境日趨不利的中等強國，面對阿根廷這樣一個決心收復臨近領土主權的新興國家，要在一萬三千公里以外的不毛之地，維持足夠的威懾力量，在政治上是否明智？在財政負擔上是否合理？在軍事上是否力所能及？

歷史結論應該是：一旦英阿力量對比又起變化，阿根廷再度採取軍事行動，英國很難再次組織類似的大規模軍事遠征。

87、沙漠風暴——為石油而戰

【楚雲戰評】有人爭論說，一九九〇年柏林圍牆被推倒不算「冷戰」結束，一九九一年蘇聯解體才是「冷戰」結束的代表。即使如此，柏林圍牆被推倒，至少表明蘇聯已放棄與美國對抗，冷戰本質上已經結束。所以，一九九一年的波斯灣戰爭就其所處時代而言，當然是後冷戰時代的第一場戰爭，帶有後冷戰時代的印記。伊拉克為什麼失敗？與伊拉克國家規模不相上下的越南和阿富汗為什麼能分別戰勝美國和蘇聯，而伊拉克卻不能？唯一可以解釋的原因在於時代不同。前兩場戰爭發生在「冷戰」時代，越南與阿富汗都不是單獨與大國對抗，越南在對抗美國時，它的背後有中國和蘇聯兩個大國支援；阿富汗在與蘇聯對抗時，它的背後不但有中、美

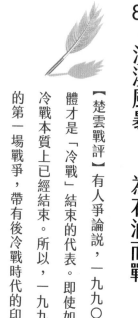

兩個大國支持，還有歐洲、日本和廣大伊斯蘭世界支持。而伊拉克卻是孤軍與美國及其盟國作戰，沒有像越南和阿富汗那樣得到大國的支援。一個像伊拉克這樣的中等國家，要想單槍匹馬戰勝美國這樣的超級大國，基本上不可能。伊拉克總統海珊就是缺乏對世界大勢的了解，誤判形勢，貿然發動侵科戰爭，給伊拉克帶來了滅頂之災。

一九九〇年八月二日凌晨，一向寧靜的石油王國科威特，忽然被突如其來的隆隆坦克聲所驚醒。一百九十萬科威特人民尚在酣睡之中，戰爭的厄運卻神不知鬼不覺地突然降臨。伊拉克十萬大軍以及數千輛坦克，帶著滾滾沙塵，噴煙吐火，從巴斯拉、魯邁拉、布賽亞等方向鋪天蓋地而來，越過科伊邊境，向科威特首都科威特市進逼。

科威特是波斯灣小國，國土面積只有一萬多平方公里，縱橫不過百餘公里，且地勢平坦，沒有迴旋之地。科威特全國人口不到兩百萬人，人少兵少，無力抵抗伊軍進攻。而且在兩伊戰爭中，科威特曾向伊拉克提供了大量財政支援，未曾想到伊拉克會「恩將仇報」，因此對入侵沒有任何準備。儘管如此，科威特軍民依然英勇抵抗，有五架科軍飛機及時起飛，勇敢迎戰黑壓壓的伊軍機群，一位科威特士兵甚至用步槍擊落了一架伊拉克武裝直升飛機。在保衛科威特王宮的戰鬥中，科軍異常頑強，住在王宮附近的亞奧理事會主席法赫德親王得知王宮被圍，急忙抓起手槍，帶著兩個兒子直趨王宮，為保衛國王而戰，最後與兩個兒子戰死在王宮的樓梯旁。當日上午十一點，科威特王宮陷落，科威特市被伊軍占領，伊拉克軍隊只用了一天時間，就占領了科威特全境。科威特國家元首賈比爾戰敗後，乘直升機飛往巴林，隨後又飛往沙烏地阿拉伯，在沙特建立起臨時政府，並聲明將抵抗伊入侵。

伊拉克為什麼入侵科威特？為了科威特的石油。

科威特雖然是中東小國，卻是個漂在油海上的國家。其石油儲量達上千億桶，是世界上石油儲量最多的國家之一。伊拉克如果兼併了科威特並控制科威特的油田，其直接控制的世界石油資源將超過沙烏地阿拉伯，而居世界第一。

伊拉克入侵科威特的另一個動機，是為了掠奪科威特的財富。因盛產石油之故，科威特也是世界上最富裕的國家之一，其人均國民收入超過一萬四千美元。伊拉克與伊朗打了八年仗，戰爭損失達兩千億美元之巨，外債高達八百億美元，其中欠科威特兩百億美元。伊拉克自認為它發動兩伊戰爭是為保衛阿拉伯世界「兩肋插刀」，為阿拉伯世界貢獻和犧牲，因而要求科威特勾銷其債務，但遭到科拒絕。伊拉克還指責科威特不遵守石油輸出國組織規定的石油開採配額，大量超採石油，使世界石油市場油價下跌，造成伊拉克上百億美元的經濟損失。此外，伊拉克還指責科威特自一九八〇年以來，在兩國邊境有爭議的地區偷採石油，使伊拉克損失二十四億美元，要求科威特賠償。

伊拉克占領科威特後，立即採取行動，從政治上鞏固入侵科威特的成果。八月四日，伊拉克宣布建立「自由科威特臨時政府」，由一個叫阿里的上校出任科威特政府首腦兼武裝部隊總司令、國防部部長和內政部部長。接著，伊又宣布成立科威特「新人民軍」，但其骨幹是十四萬「自願」加入科威特「新人民軍」的伊拉克軍隊。七日，伊又宣告成立「科威特共和國」。八日，伊拉克革命指揮委員會在巴格達宣布，伊拉克和科威特「兩國永久合併」，「科威特國家永遠消失」。九日，伊拉克勾銷了原來欠科威特的兩百億美元債務，並從科威特的銀行與商業機構中，獲得了數十億美元財富。二十八日，伊拉克總統海珊發表總統令，宣布科威特為伊拉克的第十九個省。九月二十三日，伊拉克宣布停止科威特貨幣流通，而以伊拉克貨幣代之。伊拉克迅速完成了吞併科威特的政治程序，初步達到了戰爭目的。

伊拉克公然吞併一個主權國家，破壞了基本的國際法準則，受到國際社會同聲譴責。伊拉克侵科威特當日，即一九九〇年八月二日，聯合國安理會召開緊急會議，通過《六六〇號決議》，要求伊拉克立即從科威特撤軍。六日，安理會又通過《六六一號決議》，決定對伊拉克實行經濟制裁和武器禁運。九日，安理會通過《六六二號決議》，宣布伊拉克對科威特的吞併無效。二十五日，又通過《六七〇號決議》，決定空中封鎖伊拉克和被占領的科威特。聯合國安理會在如此短的時間內作出如此多的決議，前所未有。

伊拉克入侵科威特尤其觸動了美國的石油神經，侵犯了美國的根本利益。中東石油儲量占世界總儲量的百分之六十，石油出口量占世界總出口量的一半以上，歐美和日本的石油進口主要來源於中東，若無法控制中東石油，將沉重打擊歐美。除了石油利益外，美還需要維護其在中東的主導地位與威望，伊入侵科威特恰恰挑戰了美在中東的威望與影響力。此外，美還有一個更廣大的政治目標，就是要乘「冷戰」結束，確立美國主導的新世界秩序，而伊拉克入侵科威特恰恰是對美「新秩序」的打擊；同時，伊拉克入侵科威特也為美確立新世界秩序提供了契機。美因而決心出兵中東，從伊拉克占領下「解放」科威特，美伊一戰已不可避免。

為打敗伊拉克、「解放」科威特，美國擬定了一系列周密的戰爭準備。一九九〇年八月二日，即伊拉克進攻科威特的當天，美國「獨立號」航空母艦立即駛向波斯灣，偵查戰場。八月四日，美國制訂了代號為「沙漠盾牌」行動的計畫。七日，美國總統布希正式簽署該計畫，下令向中東大量增調軍隊，準備「解放」科威特。到十一月十日，根據「沙漠盾牌」計畫到達波斯灣的美軍陸、海、空部隊已達二十三萬人。美還把最新式的武器，如「F117隱形戰鬥機、M1坦克、「阿帕契」式反坦克直升機、「愛國者」式防空導彈、「哈姆」式反雷達導彈等，大量調往中東，並出動了五六艘航空母艦在波斯灣地區遊弋，掩護備戰活動，對伊拉克施壓。到一九九一年一月十五日，即正式開戰前兩天，美軍在波斯灣地區的總兵力達到四十三萬人、裝備坦克和裝甲車各兩千餘輛、飛機一千兩百餘架、直升機一千五百餘架、艦艇一百餘艘。美軍最終到波斯灣參戰的部隊達五十四萬餘人，與參加越戰高峰時期的兵力相當。

外交上，美還派高級官員四處遊說，要求其盟國出人、出錢，助其「解放」科威特。自八月十三日起，英國、比利時、澳洲、加拿大、法國、荷蘭、義大利、蘇聯、孟加拉等國相繼表態加入以美國為首的多國部隊，海上封鎖伊拉克。一些阿拉伯國家，如埃及、摩洛哥、敘利亞等，也派兵參與以美國為首的多國部隊。美國國防部宣稱：直接參與「沙漠風暴」行動的除美軍外，還包括來自英、法、埃、敘、沙、科、阿聯酋、巴林、阿曼、卡塔爾、阿富汗、阿根廷、澳洲、孟加拉、比利時、加拿大、捷克斯洛伐克、丹麥、德國、希臘、匈牙利、義大利、摩洛哥、荷蘭、挪威、紐西蘭、巴基斯坦、波蘭、南韓、塞內加爾、塞拉內昂、新加坡、西班牙、瑞典、敘利亞、洪都拉斯、土耳其等三十八個國家的近四十萬軍隊。它們中出兵最多的如英國，參戰部隊達四萬兩千人，還有二十二艘戰艦、八十五架飛機、三百多輛坦克、近三百輛裝甲車；最少的如希臘派出了一艘護衛艦。而匈牙利、新加坡、塞拉內昂各派出了一支醫療隊，只有象徵意義。

國際社會的強大壓力，尤其是多國部隊源源不斷向海灣調動，使伊拉克非常緊張，危機重重。聯合國的經濟制裁使伊拉克經濟陷入困境。美、法、英、土、日、澳等國先後宣布凍結伊拉克和科威特的全部資產，並經濟封鎖伊拉克。在海上，多國部隊封鎖了伊拉克的海上通道，使伊拉克成了與世隔絕的孤島，而陸上所有輸油管道都被關閉。

為對抗多國部隊，保住科威特，伊拉克備戰充足。軍事上，伊拉克新組建了二十五個師的陸軍，使伊軍增至一百二十萬人，連同四十八萬後備軍和八十五萬民兵，伊軍總兵力達兩百五十三萬人。伊軍裝備包括七百七十架飛機、五千八百輛坦克、五千一百輛裝甲車、三萬八千門火炮以及四十艘戰艦。伊軍雖然數量龐大，但能戰之兵只有大約三十萬共和國衛隊。伊軍飛機在兩伊戰爭中損耗，缺乏零件，狀態不佳，伊軍大部分坦克也已過時；戰略上，伊決心死守科威特。伊還準備在遭到進攻時使用化學武器和生化武器。它有實戰能力的八百枚「飛毛腿」導彈，射六百多英里，能攜帶化學彈頭。伊拉克揚言，一旦遭到進攻，它將首先使用導彈毀海灣地區所有的油田。

政治上，伊拉克總統海珊在八月十二日提出三點撤軍條件：如果以色列撤出被占的阿拉伯領土、敘利亞撤出黎巴嫩、美軍撤出沙烏地阿拉伯，伊拉克就從科威特撤軍。但美國斷然拒絕了伊拉克的撤軍條件，要求伊拉克從科威特無條件撤軍，伊拉克未爭取到外交主動。

一九九〇年十一月二十九日，聯合國安理會特別會議通過《六七八號決議》，授權以美國為首的多國部隊，在一九九一年一月十五日以後，可以「使用一切必要手段」迫使伊拉克撤出科威特。這是對伊拉克的「最後通牒」，是準備對伊拉克開戰的動員令。

此後，美國及多國部隊加速戰爭準備。開戰前幾天，美國以每天五千人的速度，向波斯灣急速增兵。到一月十七日，多國部隊在海灣的總兵力達到七十萬人，包括四十餘萬美軍。到高峰時期，多國部隊的總兵力達到八十餘萬人，如加上土耳其駐土伊邊境的部隊及波斯灣國家的部隊，則總兵力達到一百餘萬人。多國部隊的裝備，計有坦克三千七百輛、裝甲車四千多輛、各型飛機兩千七百九十架、直升機兩千餘架、各類作戰艦艇兩百一十餘艘，包括六艘航空母艦，對伊拉克形成絕對優勢的四面合圍，美軍並規定多國部隊對「解放」科威特的戰役代號為「沙漠風暴」。

一九九一年一月十七日，臺灣時間七點四十分，也就是當地時間凌晨兩點四十分，以美國為首的多國部隊正式發動了以「解放」科威特為目標的「沙漠風暴」行動。進攻開始前，多國部隊首先以密集的火力急襲伊拉克軍隊。兩百多枚「戰斧」式巡航導彈，分別從停泊在波斯灣與地中海的美國軍艦射向伊軍指揮中心、防空陣地、雷達站和炮兵陣地。以美國老式戰艦「密蘇里號」為首的艦隊，抵近海岸，用老式艦炮向伊軍前沿陣地、屯兵點、坦克群、炮兵陣地、交通樞紐等軍事目標傾瀉了數以千噸計的重型炮彈。接著，從沙烏地阿拉伯、巴林的美軍基地與美國航空母艦上起飛的數百架美軍飛機，一輪又一輪的轟炸伊拉克和科威特境內的伊軍目標。在空襲第二階段，美軍出動大批老式的B52飛機，地毯式轟炸伊軍精銳共和國衛隊，使伊軍有生力量傷亡慘重。

為對抗以美國為首的多國部隊，伊拉克在科威特駐紮了二十餘萬人，包括兩千零二十輛坦克、一千兩百四十輛裝甲車、一千一百三十門火炮。在包括部分伊拉克領土的科威特戰區，伊軍總兵力達五十四萬人、擁有四千餘輛坦克、兩千七百輛裝甲車、三千餘門火炮以及一百二十五架直升飛機和大量中、短程導彈。伊軍沿與科威特與沙特接壤的邊境線，築起了一條兩百六十五公里長的「海珊防線」，防線包括鐵絲網、雷區、反坦克壕、人工沙牆等設施，縱深七~八公里，呈「之」字形。其中在雷區埋設有五十萬枚各種型號和用途的地雷，沙牆高達四公尺，反坦克壕溝中可灌注石油，準備一旦需要時就點火形成火牆，阻擋多國部隊進攻。

伊拉克戰略方針表面上按持久戰原則制定，即在美國為首的多國部隊發動空襲時，避免與多國部隊正面交鋒，以求保存實力，堅持一天以上，然後利用熟悉地形及數量優勢，在地面部隊決戰中大量殲滅美軍人員，迫美因難以承受重大傷亡而罷兵。

但是，伊戰略的本質是一場戰略賭博，是指望以重兵集結科威特及準備與多國部隊決一死戰的姿態，威懾多國部隊，使多國部隊因恐懼傷亡而後退，承認伊拉克侵占科威特的事實。伊拉克政治上嚴重低估了美國與多國部隊恢復科威特主權和領土完整的決心，嚴重低估了多國部隊的軍事行動能力，特別是空襲後果，而高估了伊軍的能力。

在戰場上，前線伊軍幾個月來日夜等待多國部隊的進攻，精神、體能上皆極度疲憊。當多國部隊猛烈的攻擊驟至，伊軍手足無措，陷入極度混亂、恐慌之中。伊軍多數飛機幾乎來不及升空就被美軍炸毀在地面上。伊軍高射炮對空盲目射擊，把巴格達的夜空打得如白晝，但戰績不佳。

伊軍雖以「飛毛腿」導彈對美還擊，也未收到預期效果。一是誤差太大；二是遭到美「愛國者」地對空導彈的攔截。在伊軍發射的七十一枚「飛毛腿」導彈中，有四十五枚被美軍攔截。此外，伊拉克向波斯灣傾瀉一千一百萬桶原油，並點火焚燒科威特油井，但除造成嚴重的環境汙染，引起指責外，並不能改變戰爭態勢與戰場力量對比。

多國部隊對伊火力突襲前後持續了三十八天。在此期間，多國部隊空軍戰機出動了九萬四千架次，投彈量達二十萬噸，共摧毀伊軍一千三百輛坦克、一千輛裝甲車、一千一百門大炮、所有的防空雷達，並炸死炸傷數以萬計的伊軍官兵。伊軍在科威特戰區的第一線部隊十四個精銳師戰鬥力被削弱一半以上，第二線部隊各師的戰鬥力也僅剩百分之五十到百分之七十五。經此打擊，伊軍士無鬥志，基本上已失去整體作戰能力。

從一九九一年二月二十四日開始，波斯灣戰爭進入第二階段。多國部隊按計畫發動了期待已久的地面進攻。進攻重點是消滅駐守科威特的伊軍重兵集團。在地面戰中，多國部隊數十萬大軍兵分三路：第一路從海上向科威特東部實施兩棲登陸；第二路從陸地越過科威特、沙烏地阿拉伯邊境向科威特境進軍，配合登陸部隊；第三路從沙特出擊，越過沙伊邊境，向伊境幼發拉底河方向包抄，切斷駐科伊軍的退路。此外，多國部隊還出動大量空降兵在伊軍後方傘降，配合正面作戰。

在多國部隊的凌厲攻勢下，伊軍「海珊防線」迅速被突破，伊拉克駐科威特的重兵集團因斷糧缺水、後路被斷，失去抵抗意志，只極為微弱的象徵性抵抗。二月二十六日，伊拉克正式通知聯合國安理會，無條件地從科威特撤軍。大批伊軍從科威特沿沙漠公路向伊境回撤，人多路少，四面追兵，天上還有多國部隊飛機追蹤轟炸，伊軍的撤退變成了潰逃。從科威特到巴格達的沙漠公路上，到處是因遭多國部隊空軍轟炸而遺棄的伊軍屍體、車輛及各類軍事裝備。

一九九一年二十七日，多國部隊攻占科威特市，並在巴斯拉地區圍殲了伊軍五個師。鑒於科威特已經解放，美國總統宣布：美國東部時間二十七日午夜（當地時間二十八日八點、臺灣時間二十八日下午一點）多國部隊停止進攻，至此，波斯灣戰爭結束。

在波斯灣戰爭中，伊軍傷亡約十萬人，其中約兩萬人戰死。此外，有八萬六千人被俘，損失坦克三千八百輛、裝甲車一千四百五十輛、火炮兩千九百門、艦艇三十餘艘、飛機三百二十四架。根據美國國防部戰後發表的報告，多國部隊在戰爭中僅三百四十人陣亡、七百七十六人戰鬥負傷。其中美軍陣亡一百四十八人、戰鬥負傷四百五十八人。但美軍戰爭期間的非戰鬥死亡數達一百三十八人、非戰鬥負傷數達兩千九百七十八人。在裝備方面，多國部隊僅損失飛機四十九架，坦克和裝甲車二十餘輛。為取得波斯灣戰爭勝利，美國的戰費開支總計六百一十一億美元，但其中的五百四十六億四千九百萬美元由其盟國承擔。

伊軍慘敗的原因，除了實力懸殊、戰略部署失誤外，從根本上說，是由於對「冷戰」結束帶來的世界大格局和政治形勢的變化，缺乏正確的解讀，誤判了政治形勢，因而作出了入侵科威特的錯誤決策，使伊拉克投入了一場不可能獲勝的戰略賭博。

伊拉克政治決策失誤，不僅「賠了夫人又折兵」，而且給國家帶來滅頂之災。一九九一年三月三日，伊拉克宣布接受安理會第《六八六號決議》，放棄吞併科威特；三月十九日，伊拉克致函聯合國，表示將歸還從科威特掠取的全部財產、飛機以及藝術品。四月十日，伊拉克宣布接受聯合國《六八七號決議》的正式文本。次日，聯合國安理會正式宣布波斯灣戰爭結束。

而十年後，伊拉克還必須為其一九九〇年八月的政治決策失誤，承受更嚴重的第二次征伐。

五、第五代戰爭——高科技時代的戰爭

88、科索沃戰爭——第五代戰爭的雛形

【楚雲戰評】在第五代戰爭中，戰勝的關鍵不再是龐大的陸、海、空軍，不再是黑壓壓的坦克群、機群和望不見盡頭的艦隊和巨型戰艦，也不再是毀滅一切的狂轟濫炸或核武，而是從不同作戰平台遠距離發射的常規高精確度、威力強大的突擊武器或防禦武器、新物理原理武器以及資訊武器等等。在戰爭中擁有技術優勢的一方，可以「超視距」攻擊敵手，甚至能在己方零傷亡的情況下戰勝對手。科索沃戰爭就是第五代戰爭的雛形，初步展示了第五代戰爭的基本特徵。

一九九九年三月二十四日晚上八點，夜幕剛降臨南斯拉夫聯盟共和國首都貝爾格勒，勞累一天的南斯拉

夫人剛用過晚餐，小學生正準備做家庭作業、複習功課，忽然傳來震耳欲聾的隆隆爆炸聲。緊接著，刺耳的空襲警報聲、高射炮彈在高空的密集爆炸聲相互交織，使多瑙河畔這座美麗的都城愈加恐怖。在爆炸聲中，貝爾格勒濃煙四起，火光漫天，不少美麗的建築頃刻間變成阻塞街道的瓦礫場。全城到外都是死者、傷者與逃難者。以美國為首的北約軍隊，正式對南斯拉夫發動了代號為「盟軍行動」的攻擊。這一夜，北約一共出動了大約三百五十架高性能戰機，其中包括兩百二十架美國飛機，對包括貝爾格勒在內的南聯盟各主要城市的空防體系、猛烈打擊指揮控制中心等軍事目標。也是在這一夜，南聯盟首都貝爾格勒以及塞爾維亞北部的重要城鎮諾維薩德、庫爾舒米爾、烏日策、達尼洛夫格拉德、潘切沃、南聯盟蒙特內哥羅共和國的港口波德里查、克拉古耶瓦茨的紅旗車廠等，同時被北約戰機轟炸。與同此時，北約還從遊弋在地中海和亞德里亞海的戰艦上，向南聯盟各目標發射了大量巡航導彈。當夜，南聯盟有大約六十個包括防空、指揮和控制中心在內的目標遭到打擊，損失慘重，南聯盟駐紮在科索沃的部隊也受到損失。

南斯拉夫聯盟共和國簡稱「南聯盟」，位於巴爾幹半島的中部，北部和東北部與匈牙利和羅馬尼亞交界；東與保加利亞接壤；南與馬其頓和阿爾巴尼亞為鄰；西靠克羅地亞、波士尼亞與赫塞哥維納；西南部瀕臨亞德里亞海，有大約兩百公里長的海岸線。南聯盟全國國土面積略超過十萬平方公里，人口略超過一千萬人。

南聯盟的歷史可以追溯到西元六到七世紀，當時一支斯拉夫人越過喀爾巴阡山移居巴爾幹半島，爾後在西元九世紀建立起塞爾維亞國家。西元十四世紀，塞爾維亞曾是巴爾幹半島最強大的國家。從西元十五世紀開始，鄂圖曼土耳其人征服了塞爾維亞和巴爾幹半島。一八八二年，塞爾維亞才擺脫土耳其統治重新獲得獨立。第一次世界大戰後，相繼擺脫外族統治的巴爾幹斯拉夫人聯合成立了以塞爾維亞為核心的南斯拉夫國家，包括塞爾維亞、克羅地亞、斯洛文尼亞、蒙特內哥羅、馬其頓等自治共和國或自治體。一九六三年，南改名為南斯拉夫社會主義聯邦共和國。但到了一九九一年，在兩德統一、東歐劇變的大背景下，南發生內亂，斯洛文尼亞、克羅地亞、波士尼亞與赫塞哥維納等相繼宣布獨立。在這種情況下，南斯拉夫議會於一九九二年四月通過新憲法，宣布成立南斯拉夫聯盟共和國，包括塞爾維亞與蒙特內哥羅兩個共和國。

在南聯盟塞爾維亞共和國境內，有一個叫科索沃的自治省，位於塞爾維亞共和國西南部，南與阿爾巴尼亞和馬其頓為鄰，面積約一萬平方公里，人口約兩百萬人。科索沃原來的居民主要是塞族人，後因戰亂，塞族人外遷，阿爾巴尼亞人遂大量遷入。結果到科索沃戰爭前夕，該地居民中阿爾巴尼亞人達到百分之九十。在南斯拉夫社會主義聯邦共和國解體前，科索沃的阿族人在民族分裂主義者鼓動下，一直要求與南斯拉夫分裂，與阿爾巴尼亞合併，建立一個「大阿爾巴尼亞」國家，並多次掀起暴力活動。「冷戰」結束後，在全球極端民族主義浪潮高漲、西方以保護「人權」為名，到處支持民族分裂主義及蘇東劇變、南斯拉夫社會主義聯邦共和國解體的背景下，科索沃分裂主義浪潮更加兇猛。科索沃的阿族分裂主義者成立了「科索沃解放軍」，不斷挑起暴力事件，挑戰中央政府權威，企圖透過暴力活動使科索沃與阿爾巴尼亞合併，南聯盟中央政府與科索沃分裂主義分子因而不斷發生流血事件。

在科索沃的阿族分離分子與南聯盟衝突的過程中，以美國為首的北約介入調停，並在調停過程中明顯偏袒科索沃分裂主義者，不斷壓迫南聯盟向科索沃分裂主義者讓步。一九九九年一月十五日，塞爾維亞員警在科索沃首府普利斯提納南部的拉察克村，與阿族分裂主義者激烈交戰，互有傷亡。但次日，歐安組織駐科索沃觀察員，宣稱在拉察克村附近發現四十五具阿族平民屍體。西方媒體對此大加炒作，宣稱在科索沃發生了塞族屠殺阿族人的「大屠殺」，美國眾議院甚至通過決議，支持柯林頓總統派兵參加北約維和部隊進駐科索沃。但三月十七日，芬蘭法醫蘭塔在新聞發布會上公開宣稱，無法確定一月十五日發生在拉察克村的死亡事件是「大屠殺」。然而，以美國為首的北約根本不可能接受芬蘭女醫生的客觀和專業分析，它們名為保護科索沃阿族人的「人權」，實則是要藉科索沃危機擊垮親俄羅斯的南聯盟，擠占俄在巴爾幹的最後一個立足點，全面控制巴爾幹。

一九九九年三月十九日，科索沃問題和談破裂。次日，歐安組織駐科索沃觀察團的一千四百名成員全部撤出了科索沃。此時北約已對南聯盟重兵壓境。三月二十三日，美國參議員投票支持柯林頓總統轟炸南聯盟。同一天，南聯盟政府總理布拉托維奇宣布南聯盟已處於「直接戰爭危險狀態」。三月二十四日，以美國為首的北約正式對南聯盟發動戰爭。

在巴爾幹各國，南聯盟軍隊水準較高，但與北約相比，卻是小巫見大巫。南聯盟軍隊計有十一萬四千現役軍人，此外還有四十萬預備役人員。南軍裝備包括兩百三十九輛較先進的 M84 坦克、一百八十一輛過時坦克、八百餘輛裝甲車、一百餘架飛機、數千枚俄製「薩姆」防空導彈，以及四艘潛水艇和四艘驅逐艦。在南軍裝備中，M84 坦克是俄羅斯 T72 坦克的改良型，性能優越，堪與北約同類裝備對抗。南軍空軍除十五架米格 -29 戰鬥機能與北約飛機抗衡外，多數是過時的飛機。但南軍的數千枚俄製「薩姆」導彈對北約飛機構成一定威脅。

與小小的南聯盟相比，北約是世界上最強大的軍事聯盟，其軍事力量具有絕對壓倒優勢。北約有四百萬現役軍人，是南聯盟的近四十倍。北約國家的年國防預算總和達四千五百億美元，大約是南聯盟的三百倍。北約的優勢不僅在於數量方面，更在於品質和技術水準方面。北約擁有空前的大量高技術軍事裝備。為打敗南聯盟，北約使用的新式武器和作戰系統達一百多種。單以空軍而論，北約在戰區範圍內就集結了四百三十架高性能作戰飛機，後來增至一千餘架，其中美軍飛機占三分之二。在地中海靠近科索沃的海域，北約還集結了數十艘戰艦，包括航空母艦和能發射巡航導彈的潛艇。

北約的F117隱形戰鬥機，是世界上最高科技、突襲防禦能力最強的戰機。B2戰略轟炸機單機造價二十二億美元，航程一萬一千六百七十五公里，空中加油一次，航程增至一萬八千五百公里，可攜帶三十六枚集束炸彈及十六枚精確導引飛彈，從美國本土起飛，直接抵達世界上任一點，並在目標區數百公里外的幾萬公尺高空，發射精確導引飛彈，遠距離摧毀對方目標。由於有全球定位系統導引，北約飛機、導彈的攻擊精確度極高，大大提高了攻擊效果。在科索沃戰爭中，從地中海美國潛艇上發射一到三枚巡航導彈，其轟炸效果相當於越戰時期出動九十五架次戰機、投擲一百九十枚炸彈；相當於第二次世界大戰時期出動四千五百架次戰機、投擲九千枚炸彈。北約還使用EC130和EA106B型空中預警機，在南聯盟防區外與南軍電子作戰（泛指利用各種裝備與手段控制電磁波段的軍事行動），並引導己方飛機攻擊。

北約對南聯盟的軍事行動以空中攻擊為主，輔以海軍艦艇從地中海沿岸對南境目標的巡航導彈攻擊，其作戰方式可概略表達為「空中—太空—海上突擊」。北約對南「空中—太空—海上突擊」行動在時間上分為兩個階段。第一階段從三月二十四日至五月九日，持續六週，主要打擊目標是南聯盟空防系統、指揮和控制中心以及駐科索沃的南軍等軍事目標。在這一階段，北約十四個參戰國的一千多架戰機和數十艘戰艦不分晝夜，輪番出擊，向南軍發射了約一千五百枚精確導引的巡航導彈、一千三百九十二枚集束炸彈以及大量聯合直攻炸彈，攻擊南聯盟境內數百個目標。開戰第一個月，北約平均每天出動戰機達三百架次，其中約一百架次用於直接軍事打擊。但由於天氣不佳，南聯盟境內終日雲遮霧罩，能見度低，適於轟炸的日子不多，加上南軍巧妙而勇敢的抵抗，北約對南聯盟的空中進攻效果有限，未能摧毀南聯盟空防系統，達到迫使南聯盟屈服的目標。南聯盟在反擊過程中，擊落了兩架北約固定翼飛機，包括一架被認為不可能被擊落的F117戰機。

從五月十日至六月十日，是科索沃戰爭的第二階段。此時，北約平均每天出動戰機約六百到七百架，其中約兩百架用於直接軍事攻擊。在高峰時期，平均每天參與直接軍事打擊的北約戰機達三百架次。在第二階段，北約除繼續打擊南防空體系、兵營、彈藥庫、指揮中心、機場等軍事目標外，還打擊南境橋梁、發電廠、油庫等經濟目標，並計畫出動二十萬地面部隊占領南全境。在此過程中，北約使用了大量高科技裝備。如為破壞南電力供應，北約使用了CBU94石墨炸彈，石墨炸彈可使變電站和輸電線路大面積短路，而不用破壞發電廠；出動電子作戰飛機攻擊南電腦系統，削弱其抵抗能力；使用殺傷力極大的集束炸彈重點獵殺南軍人員與裝備，這種集束炸彈內裝兩百個彈頭，每枚彈頭爆炸後可以產生幾百個碎片，其殺傷範圍可覆蓋一個足球場大小。此外，北約還在南境投擲了三萬七千枚貧化鈾彈，使南領土上空瀰漫著二十三噸貧鈾兩百三十八顆粒。

在北約打擊下，南損失慘重。由於北約無論在人力、財力、軍力上都對南聯盟享有不成比例的絕對優勢，南孤立無援，繼續抵抗只能招致北約更殘酷的攻擊，因而不得不向北約屈服。

六月九日，北約與南聯盟代表簽署《軍事—技術協定》，規定塞族軍隊從科索沃全部撤出，國際維和部隊進入科索沃並盡快安置難民重返家園。六月十日，北約宣布停止對南空襲擊，歷時七十八天的科索沃戰爭以南聯盟失敗告終。

科索沃戰爭反映了第五代戰爭一些特點。第一，它是人類歷史上第一場超視距、「非接觸」戰爭。北約戰機通常在離目標兩百公里以外的五千公尺、甚至一萬公尺的高空發動攻擊，發射後立即返航，因此，北約人員損失很小，接近於「零傷亡」；第二，戰爭破壞力極大。在戰爭中，南聯盟有七千六百個固定目標和三千四百個移動目標被北約攻擊。南軍共損失一百餘架戰機、九十三輛坦克、一百五十三輛裝甲車、三百八十九門大炮和迫擊炮。南民用目標有九個機場，五十餘座橋梁，四分之三的地對空固定發射點，大部分供電、供水設施和通訊網路，大部分公路、鐵路以及一些骨幹工廠被毀。南傷亡人數達六千人，有百萬人淪為難民，財產總損失達兩千億美元，國民生產總值下降一半；第三，戰爭中使用了大量高科技軍事裝備，如能做環球不著陸飛行的遠端隱形飛機、全球定位系統、石墨炸彈、各種精確導引炸彈等；第四，第一次在不實施地面入侵的條件下，單憑優勢空軍征服一個國家，把空中力量的優勢發揮到極致。這預示著在第五代戰爭甚至二十一世紀的戰爭中，空軍以及從空中發射的精確導引武器將是戰爭騎子，將決定未來戰爭的樣式、特點。

89、阿富汗戰爭——二十一世紀第一場戰爭

【楚雲戰評】二〇〇一年的阿富汗戰爭，不僅是二十一世紀第一場戰爭，也是美國反恐第一戰。而且從戰爭型態來看，它與科索沃戰爭一樣，也屬於第五代戰爭，這些因素匯集了阿富汗戰爭的一些新特點。軍事史上，阿富汗一向被認為是不可征服的國家，英國、蘇聯都曾在侵阿戰爭中遭到失敗；但二〇〇一年，美國卻在阿富汗取得勝利。歷史在阿富汗的鐵定規律似乎被打

破，美國似乎憑藉高科技裝備，獲得了對付游擊戰的法寶。但仔細分析美國對阿戰爭的過程，未必便能得出如此顛覆歷史法則的結論。高科技裝備確實使游擊戰略遇到前所未有的困境，但擁有高科技裝備並不是美軍在阿富汗獲勝的全部原因，甚至也不是主要原因。實際上，美軍在阿富汗戰爭中獲勝有其特殊的歷史條件。首先，美國是以反恐名義投入阿富汗戰爭，因而師出有名，這在第二次世界大戰後美國參與的歷次戰爭中極為少見；第二，有效利用了阿富汗內部矛盾；第三，塔利班空前孤立，沒有任何國家支持、同情這個政權；第四，美國的戰爭目標很明確，也很有限，就是打敗支持恐怖頭目賓拉登的塔利班，並緝拿賓拉登，美對控制、占領阿富汗本身興趣不大。簡言之，美軍在阿富汗可以「打完就走」。美軍在阿富汗獲勝說明「弱國能夠打敗強國、小國能夠打敗大國」也是相對真理。弱國要想打敗強國、小國要想打敗大國，首先要有道義優勢。一個不占有道義優勢的小國、弱國，要想戰勝大國、強國，幾乎沒有任何可能性。

西元二〇〇一年九月十一日，是個令美國、令全世界都難以忘卻的黑色紀念日。這一天，美國世界貿易中心在兩架恐怖分子駕駛的民航客機的猛烈撞擊下坍塌，成為一片廢墟，近三千人在這次恐怖攻擊中喪生，就是震驚世界的「九一一事件」。正是這起恐怖攻擊，促使美國決心對阿富汗塔利班政權發動戰爭。

阿富汗不僅是個「多山和沙漠之國」，也是個多民族和伊斯蘭國家。據統計，一九八五年，阿富汗全國人口約一千八百萬人，分成大約三十個民族，其中以普什圖人為主體民族。普什圖人約占阿總人口的百分之六十，主要分布在阿富汗東部和南部各省。普什圖人又分為很多氏族部落，如杜蘭尼人、吉爾札伊人、潘季色人等等。阿人口居第二位的民族是塔吉克族，約占阿富汗總人口的百分之二十五。此外，阿富汗還有烏茲別克、吉爾吉斯、土庫曼等民族。儘管阿富汗人民族成分複雜，但他們中有百分之九十八信奉伊斯蘭教。阿富汗全境有一萬五千多座清真寺、二十五萬穆斯林神學和神職人員，伊斯蘭教在阿富汗享有至高無上的神聖地位。

蘇聯軍隊一九八九年二月從阿富汗撤軍不久，阿富汗各民族、部族為爭奪中央權力，陷入了長期內戰。在此過程中，塔利班迅速崛起為阿富汗一支主要政治、軍事力量。

「塔利班」在普什圖語中，是伊斯蘭學生民兵組織的簡稱。不過此處的學生指的是阿富汗宗教學校的學生，而不是一般國家、意義上的學生。一九九四年八月，塔利班在阿富汗與巴基斯坦邊境城市查曼成立，其最高領導人是穆罕默德·歐瑪。歐瑪是普什圖人，出身貧寒，曾是一位伊斯蘭教阿訇（古波斯語詞彙，意為「老師」或「學者」）。在反抗蘇軍侵阿的「聖戰」中，他是一名火箭炮手，親手擊毀不少蘇軍坦克，並在抗蘇戰爭中四次負傷，瞎了一隻眼。蘇軍從阿撤退後，歐瑪回到家鄉擔任了一家伊斯蘭學校的校長。

塔利班成員多數是抗蘇老戰士的後代，在巴基斯坦俾路支省的難民營中長大，並在巴伊斯蘭學校受教育，精研《古蘭經》和伊斯蘭教法，宗教色彩濃厚。塔利班成立後，攻城掠地，勢如破竹，力量與影響迅速擴張。在三年內，塔利班由八百人增加至三萬人，成為一支擁有上百輛坦克和幾十架飛機的精銳之師，並於一九九六年控制喀布爾以及阿富汗百分之四十的領土。一九九八年，塔利班又打敗主要對手、「潘傑希爾雄獅」馬蘇德領導的「北方聯盟」，控制了阿富汗九成的領土；到九一一事件前，塔利班已經控制了阿富汗三十二個省中的二十九個省。

塔利班在崛起過程中，得到了賓拉登的支持。賓拉登是沙烏地阿拉伯建築業大亨阿瓦得·賓拉登的兒子，在五十二個兄弟姐妹中排行第十七。他從父親那裡繼承了大筆財富，再加上經營有方，他的財富有數億美元之多。賓拉登身材修長，長相靦腆，說話輕言細語，極有禮貌；唯對美國人充滿仇恨，以抗美為天職。他曾放棄舒適生活，到阿富汗參加抗蘇「聖戰」，從此與阿富汗結下了不解之緣。在阿富汗抗蘇戰爭中，他不僅向阿富汗抵抗組織提供兵員和資金，還直接參加戰鬥。一九八八年，他在阿富汗創立了「基地」組織。在他的「基地」大本營裡接受過培訓的人數以萬計。蘇聯軍隊從阿富汗撤退後，他把攻擊矛頭指向美國。一九九六年，他在網路上發表了針對美國的戰爭宣言，號召穆斯林開展對美「聖戰」，九一一事件就是賓拉登策劃、並安排其屬下的「基地」組織人員一手製造的恐怖大案。

由於同樣的野心、利益上互有所求，歐瑪與賓拉登結成了同盟。賓拉登需要歐瑪在阿富汗提供地盤，供他立身；歐瑪需要賓拉登的金錢、武裝和影響，幫助他加速塔利班的發展。二人結成了同盟。賓拉登甚至把自己的一個女兒許配給了歐瑪為妻。

九一一事件後，美國很快查明案件為賓拉登及其下屬的「基地」組織所為，因而要求歐瑪交出在阿富汗境內活動的賓拉登，但遭到歐瑪拒絕。歐瑪之所以拒絕美國的要求，一是因為歐瑪離不開賓拉登；二是因為賓拉登在阿富汗有眾多追隨者，有強大的實力，歐瑪就是想交出賓拉登也沒有能力；三是因為他覺得阿富汗荒蠻偏僻、到處是崇山峻嶺，美國人對他無可奈何。但美國已把反恐定位為頭號任務，決心緝拿賓拉登，為九一一的死難者復仇，美國對塔利班之戰就不可避免了。

塔利班在阿富汗是一支令人生畏的力量。塔利班武裝力量中，有一支總數四萬五千人、久經戰陣的正規武裝，還擁有兩百五十架戰鬥機、數十架武裝直升機以及六百五十輛坦克。此外，塔利班還有一支由一千多輛小型豐田卡車組成的運輸隊，能載運六千名士兵在阿富汗崇山峻嶺中快速調動，使塔利班有能力在山地打游擊戰。與塔利班結盟的賓拉登也擁有一支精銳武裝，這就是阿富汗人及伊斯蘭世界談之色變的「〇五五旅」。「〇五五旅」約有五千人，由來自世界各地的穆斯林極端分子組成，官兵不但有宗教狂熱，唯賓拉登之命是從，而且不少參加過反對蘇軍入侵阿富汗的戰爭，富有作戰經驗。此外，賓拉登還有一支貼身侍衛隊，這支部隊主要由蘇丹人組成，也都是宗教狂熱分子。賓拉登的部隊裝備精良，從蘇製自動步槍、多管火箭炮到美製「毒刺」防空導彈，一應俱全。從作戰特點看，「〇五五旅」以擅長山地戰、伏擊戰、偷襲，以作戰手段靈活、殘忍而著稱。無論是塔利班的軍隊還是「〇五五旅」，都是適應阿富汗的特定軍事地理條件成長、壯大，天生適於山地游擊戰，是阿富汗的「高山與沙漠之王」。

但是，與美國的高技術裝備部隊相比，塔利班軍隊和賓拉登的「〇五五旅」就相形見絀。為消滅塔利班、緝拿賓拉登，美國動員了一支規模龐大的艦隊，集結在臨近阿富汗的阿拉伯海上。這支艦隊有數十艘戰艦，包括四艘航空母艦以及一批能發射「戰斧式」巡航導彈的驅逐艦。美國動用的空中力量擁有數百架戰機，包括艦載機、從印度洋迪亞哥加西亞基地、太平洋各基地和美國本土起飛的大批B1B、B2A、B52等先進戰略轟炸機，以及游擊戰的剋星——「食肉者」式飛機和性能優越的微型偵察機。為提高空中行動的效率，美國不但動用了大批精確導彈、炸彈，還專門設計了對付阿富汗無處不山、無山不洞的特定地貌，重達六餘噸、由鐳射導引、能鑽進六~七公尺厚岩層，在地層深處爆炸的鑽地炸彈。同時，美國還建立了覆蓋阿富汗上空的太空電子偵察資訊系統，包括「雪貂」無線電偵察衛星；「鎖眼」光學電子偵察衛星；「曲棍球」雷達偵察衛星；攔截通訊的「沙烈」、「流紋岩」、「水技表演」衛星，以及保障精確導引、精確轟炸的全球衛星定位系統等。在地面，美國使出看家本領，不惜集中陸、海、空三軍適於山地戰特種兵，投入阿富汗戰場，包括陸軍第十地師、綠色貝雷帽部隊、三角洲部隊、陸軍遊騎兵隊、第一六〇特種作戰航空營、海豹特種部隊、美國空軍特種部隊等，總數達兩萬五千人。

在開戰前，美軍在政治、軍事和外交精心準備。政治上，美軍展開宣傳、心理戰，透過各種功能強大、覆蓋全球的媒體，把賓拉登和塔利班描繪成十惡不赦、窮凶極惡、反人類的匪徒、渣滓，凝聚士氣，搶占輿論和道義制高點，並以反恐劃限，組建成包括全世界一百四十多個國家在內的反恐聯盟，孤立塔利班和賓拉登；外交上，美以反恐為由，爭取到北約等盟國同意支持美國打擊塔利班，並爭取俄羅斯及中亞各國及巴基斯坦的同意，使美軍在反恐名義下進駐中亞和巴基斯坦，取得了對阿富汗作戰的陸上基地。美還要求中國等與阿富汗相鄰的國家封鎖阿富汗邊界；軍事上，美國加緊向阿拉伯海集中海、空力量和加強太空軍事準備的同時，把大量作戰裝備和特種部隊祕密運進了與阿相鄰的中亞各國，全方位包圍阿富汗。此外，美還與阿富汗反塔利班武裝「北方聯盟」聯繫合作。

經過二十六天的精心準備，美國於二〇〇一年十月七日對阿富汗塔利班政權發動戰爭。戰爭一開始，美軍出動從阿拉伯海四艘航空母艦上起飛的大批戰機，以迅雷不及掩耳之勢，直撲阿富汗，以精確導引炸彈和各種特製炸彈，猛烈而精確的打擊預先鎖定的喀布爾和坎達哈等地的塔利班防空系統、空軍基地指揮中心、機場、訓練營地、兵營、據點、地下洞穴、交通中心以及「基地」組織的營地等。數以百計的「戰斧式」巡航導彈，也從阿拉伯海上的美國驅逐艦發射台上升空，飛向塔利班各軍事目標。隨後，從印度洋迪亞哥加西亞基地、太平洋各基地，以及從美國本土起飛的美軍各型戰略轟炸機，也猛烈攻擊阿富汗境內目標。進攻日開始的數十天，美軍每天都出動數以百計的飛機持續轟炸阿富汗。美軍老式的B52飛機以傳統的地毯式攻擊轟炸塔利班。塔利班空防部隊起初還對空還擊，但每次還擊都會招致更多、更猛烈的直瞄攻擊，遭受更嚴重的損失，直到完全失去抵抗能力。塔利班軍隊及「基地」組織如試圖逃跑、轉移，又會遭到美軍「食肉者」式掠地飛機及「黑鷹」直升機無處不在的追蹤攻擊。

在地面，「北方聯盟」在美軍支持下，乘勢自北而南，猛烈進攻塔利班軍隊防守的陣地。美軍特種部隊則進至塔利班控制區的腹地，打擊塔利班的中樞系統。歐瑪起初還按標準的游擊戰原則，為保存實力，放棄馬扎里沙里夫，一路向南、向西大步收縮。但「北方聯盟」窮追不捨，美軍特種部隊也已進入塔利班防線後方，控制了一些戰略要點，美軍的海空打擊更使塔後方一片混亂。塔不得不繼續後撤，又先後棄守首都喀布爾、西部要塞赫特拉特等地，退守坎達哈一隅之地。此時，美軍與「北方聯盟」部隊繼續跟蹤而至，窮追猛打，塔利班連續撤退、失敗，士無鬥志。歐瑪見大勢已去，只得在十二月七日與「北方聯盟」領袖卡爾札伊談判，簽署了「繳械協定」。根據協定，塔利班向「北方聯盟」交出全部武裝，「北方聯盟」部隊占領坎達哈。至此，阿富汗戰爭告一段落，塔利班土崩瓦解，賓拉登的「基地」組織和「〇五五旅」也被打垮。

塔利班垮台後，卡爾札伊為籠絡占阿富汗人口多數的普什圖人，曾有意網開一面，對歐瑪等塔利班領導人從輕發落，但遭到美國拒絕。美國警告卡爾札伊：如「北方聯盟」赦免歐瑪等塔利班骨幹，美將改變支持「北方聯盟」的政策。

美國取得阿富汗戰爭的勝利，除依靠其適於山地戰的高科技裝備外，主要是政治上借用了「北方聯盟」和中亞及俄羅斯、與巴基斯坦的力量，是美、俄及「北方聯盟」等聯合打敗了塔利班和「基地」組織。

美國雖在二〇〇一年的阿富汗戰爭中打垮了塔利班和「基地」組織及「〇五五旅」，但並非完美的勝利，因為美國未捕獲賓拉登和歐瑪，而這是美國的主要目標。此後一年多，美軍雖然結束了在阿富汗的大規模軍事行動，但為緝拿歐瑪和賓拉登，仍然不得不在阿富汗不間斷的零星戰鬥，在崇山峻嶺中與歐瑪、賓拉登、塔利班和「基地」組織殘餘，長期而痛苦的周旋。美軍特種部隊雖然多次大規模圍捕，但歐瑪和賓拉登總能像泥鰍一樣從大網中脫身。說明美軍能憑高科技打垮大隊游擊武裝，但作為游擊活動的一方，即使在對手擁有高科技裝備的困難條件下，仍有可能生存下來，而生存正是游擊戰的基本要抉。這冉一次證明了一個古老的真理：不論技術與裝備條件如何改變，一些最基本的軍事原則依然有其生命力。

十年後，美國終於在二〇一一年偷襲巴基斯坦，殺死了賓拉登，但已失去了原有的意義，此時美國已經再度捲入阿富汗戰亂。二〇一一年，駐阿富汗美軍已增至十萬人，與當年蘇聯駐阿富汗軍隊總數不相上下，每年在阿富汗戰爭經費開支不少於一千億美元。雖然美國歐巴馬政府已宣布將於二〇一四年從阿富汗撤軍，但美國已在阿富汗的崇山峻嶺中損兵折將，累計死傷近萬人，元氣大傷。在阿富汗，美國走過的路與英國及蘇聯沒有什麼兩樣，與越戰相比，美國在阿富汗不但政治上一定會失敗，而且軍事上也不一定能取勝。

90、伊拉克戰爭——猛虎對病貓

【楚雲戰評】伊拉克戰爭是波斯灣戰爭的延續，也可以說是波斯灣戰爭的第二階段，所以也有人把伊拉克戰爭稱作第二次波斯灣戰爭。雖然伊拉克戰爭比科索沃戰爭晚四年，比阿富汗戰爭晚兩年，但伊拉克戰爭不像科索沃戰爭和阿富汗戰爭，而有著更濃的第五代戰爭色彩。在科索沃戰爭中，美軍單靠空中行動，以「非接觸」方式打贏了戰爭；在阿富汗戰爭中，美軍憑藉空中行動加特種兵實現目標。但在伊拉克戰爭中，美軍作戰代號是「斬首」，即以空中行動打擊伊拉克首腦機關，打亂伊軍部署。美軍對伊作戰的空中行動並不猛烈，只是配合地面部隊的進攻，主要軍事行動仍然依賴於大規模地面進攻，以致伊拉克戰爭更像是第二次世界大戰時期，隆美爾與蒙哥馬利的裝甲部隊在北非沙漠拉鋸戰的重演，只不過是空中支援行動效果要好一些，有點像回歸傳統戰爭。美軍之所以在伊拉克戰爭中回歸傳統，依賴地面行動，是因為美軍在伊拉克戰爭中追求的政治目標，比科索沃戰爭和阿富汗戰爭要複雜得多。美軍必須占領、重建伊拉克。而占領、重建伊拉克又服從一個更大的目標：反恐、改造中東、改造伊斯蘭，所以美國在軍事戰略上不能不回歸傳統。「大炮不能上刺刀」，同樣，高科技軍事裝備以及海空行動也不能代替軍事占領。這說明第五代戰爭、高技術裝備並不能改變戰爭的政治內容，也不能從此就否定一切傳統的戰略原則。

西元二〇〇三年三月二十日上午十一點十五分，美國總統布希在白宮發表談話，向全世界正式宣布「解除伊拉克大規模殺傷性武器的第一階段戰鬥已經打響」，並宣布美軍已向伊拉克一些「具有軍事意義」的目標發起進攻。在談話之際，美英聯軍已發動了代號為「斬首」的行動，以導彈襲擊伊拉克，其導彈和戰機已飛抵伊拉克領空。下午一點半，伊拉克總統海珊發表電視談話，譴責美國對伊拉克動武，稱保衛伊拉克是每個伊拉克公民的「責任」，美國醞釀近一年的對伊戰爭打響了。

美國發動對伊拉克的戰爭，既有一些經不起推敲、堂而皇之的理由，也有一些不能公開的深謀遠慮。根據布希總統三月二十日發表的開戰文告，美國進攻伊拉克的直接目標是要「解除伊拉克的大規模殺傷性武器」，但美國並沒有掌握伊拉克開發、擁有大規模殺傷性武器的可信證據。戰後，美國在伊拉克全境掘地三尺，也未找到伊拉克開發、擁有大規模殺傷性武器的痕跡，說明美國攻打伊拉克的第一個理由和目標純屬子虛烏有。

美國打伊拉克的第二個理由，是伊拉克海珊政權支持恐怖主義，與「基地」組織相勾結，陰謀對美國與西方發動恐怖攻擊，所以美國打伊拉克的第二個目標是為了反恐。但美國也沒有證據證明海珊政權與「基地」組織和賓拉登有勾連。所以，美打伊的第二個理由和目標也同樣子虛烏有。

既不是為了「解除伊拉克大規模殺傷性武器」，又不是真的為了反恐，那麼美國為何不顧聯合國及俄、德、法、中等大國以及世界大多數國家的反對，執意發動對伊拉克的戰爭？分析家剖析說，美國發動伊拉克戰爭最少有四重原因、追求四重目標。

第一，是子報父仇，美國總統小布希的父親老布希，在波斯灣戰爭時期任美國總統，領導美國參與波斯灣戰爭。但那次美軍占領科威特後，未乘勢進兵伊拉克，推翻海珊政權。此後十年，伊拉克繼續與美國不屈不撓的鬥爭，老布希常為此扼腕歎息。小布希入主白宮後，立意替父出一口惡氣，完成老父的未竟之業；第二，是為了實現改造中東、改造伊斯蘭的政治計畫。美認為「九一一事件」中，美國遭襲擊的根源是伊斯蘭世界，尤其是中東國家穆斯林仇美反美，深層原因是這些國家政治、經濟落後，未按「美國模式」建立政治、經濟體制，因而要以伊拉克為突破口，先占領、改造伊拉克，再推而廣之，改造整個中東和伊斯蘭世界；第三，為了控制中東的石油。中東石油占世界石油總儲量的百分之六十，控制了中東石油就控制了世界經濟命脈；第四，在地緣政治方面，美國謀求透過戰爭控制伊拉克，實現對中東的全面控制，從而加強美國在歐亞大陸「軟腹部」的地緣戰略地位。

為了打伊拉克戰爭，美國精心準備。政治上，美國為獲得「打伊倒薩」的合法理由，散布假情報、假證據，宣稱伊拉克海珊政權擁有生化武器，具有在兩～三年內，甚至幾個月內獲得核武的能力；還稱伊獨裁統治，與「基地」組織有牽連。外交上，美國再三努力，仍未能得到聯合國及俄、德、法、中等大國認可其對伊動武，但美獲得了包括英國、東歐國家在內的約四十五個國家的支持。軍事上，美國不斷向中東調兵遣將，到開戰前十天，美國已在伊拉克周邊的戰區範圍內集結了二十二萬大軍、數十艘大型戰艦以及數百架高性能作戰飛機。

伊拉克戰爭是在美英聯軍占壓倒優勢的不對稱力量對比中展開，是一場「猛虎對病貓」的戰爭。美英聯軍方面，直接參戰部隊除美軍外，還包括四萬五千名英軍以及澳洲、波蘭等國的分遣隊。英軍還派出了十七艘戰艦、約一百架飛機參戰。參加對伊戰爭的美英聯軍近三十萬人，擁有六艘航空母艦以及大批其他艦艇和數百架飛機。不僅如此，因經歷過科索沃戰爭和阿富汗戰爭，美軍對高技術戰爭更加嫻熟，武器裝備的性能也更加先進。

伊拉克方面，先是經歷過兩伊戰爭消耗，而後是經受波斯灣戰爭打擊，再以後，又遭到美英聯軍持續十年之久的封鎖、制裁和空中打擊，早已如同一個久病的患者，虛弱而不堪一擊。表面上，伊拉克現役部隊尚有四十二萬人，其中陸軍三十五萬人，編為二十四個師十三個旅，裝備有兩千兩百輛坦克、四千兩百輛裝甲車以及兩千餘門大炮、六百架直升飛機和一定數量的中短程導彈；空軍擁有六百架各型飛機、五千門高射炮以及若干防空導彈；海軍擁有中、小型戰艦二十餘艘。但伊拉克大部分裝備已過時，而且因長期受制裁，無法有效維修、保養和補充零件，出勤能力極低。此外，伊拉克還有六十五萬預備役部隊和四萬多準軍事人員，但戰鬥力不強。更重要的是，因面臨美英重兵壓境、孤立無援、沒有勝利的指望，伊軍官兵普遍士氣低落。

美英聯軍對伊拉克的進攻，照例先從空中行動開始。美英軍「斬首」行動的目標，就是攻擊伊指揮控制中心和通訊、防空系統，追蹤轟炸海珊等伊拉克領導人。為此，美英首先精確打擊伊拉克境內主要目標。在戰爭第一天，從波斯灣美國戰艦上發射的「戰斧式」巡航導彈，連三輪打擊伊拉克的首都巴格達。

然而，讓軍事分析家跌破眼鏡的是：美英聯軍對伊空中行動，在戰爭初期並不像普遍預期的那樣猛烈和聲勢浩大。在第一天對巴格達的三輪空中打擊行動中，美英聯軍只對巴格達發射了七十二枚巡航導彈！在未飽和轟炸伊軍事力量和防線的情況下，美軍第三步兵師幾乎與空中行動同步，潮水般越過科威特與伊拉克邊境，沿伊南部的沙漠公路，自南而北，朝伊拉克腹地快速推進。伊軍為維持戰力，事先將主力回撤至幼發拉底河以北的中部腹地，在科伊邊境只留少量部隊，象徵性抵抗。美英聯軍地面部隊一路勢如破竹，如入無人之境，裝甲部隊一天甚至進軍上百公里。到三月二十四日，聯軍已跨過幼發拉底河，進抵距巴格達僅八十公里處布陣；聯軍另一路部隊向巴斯拉推進，也進展很快。

但在此時，美英聯軍地面部隊進攻受阻，前進速度驟然降低。伊軍雖然必敗無疑，但其部署符合基本的戰術原則。沙漠戰的基本規律是：敵對雙方在進行爭奪戰時，一方離自己的後方基地越遠，其戰鬥力就越弱；反之則越強。在伊科邊境，美英聯軍靠近科威特基地，戰鬥力最強，而伊軍則相反。伊軍因而虛守科伊邊境，將主力撤回沙漠公路西端靠近巴格達的幼發拉底河一線。美英聯軍沿沙漠公路進至巴格達近郊時，因供應線拉長，戰鬥力相應削弱，而伊軍因靠近後方基地，戰鬥力相應加強。再加上幼發拉底河一帶有水障，地形較為複雜，以及沙塵暴遮天蔽日，使美英聯軍裝備嚴重受損，行動不便，美英只得暫時降低進軍速度。

此時，伊軍加強了對美英聯軍的抵抗，一名伊拉克軍官甚至引爆一輛計程車，與十一名美軍士兵同歸於盡。在卡拉巴爾、納傑夫、納西里耶和巴斯拉等地，美英聯軍都遇到了伊軍頑強抵抗。伊軍還把全軍精銳、擁有兩百五十輛坦克的「麥地那師」調往巴格達近郊，準備與美軍第三步兵師決戰，美英聯軍輕取巴格達的計畫落空。在這種情況下，美軍指揮部不得不宣布放慢進攻速度，並調整部署，包括加強空中轟炸強度、規模以及擴大轟炸範圍；向前線緊急增調地面部隊，陸續把美軍第四步兵師等部隊投入戰場，並向伊軍後方空投傘兵，另闢戰線，牽制伊軍。三月二十八日，美軍把王牌飛機 B1、B2、B52 等型號的戰略轟炸機，全部投入對巴格達的空襲行動。數百架美軍飛機及巡航導彈同時出擊，「補課式」的飽和轟炸伊軍防線、屯兵點、交通線。美軍發射的精確導彈、炸彈達數萬枚，為摧毀伊總統府及阿拉伯復興社會黨總部大樓，美軍甚至使用了重達兩噸的特製鑽地炸彈。

在美英聯軍猛烈的空中打擊下，伊軍地面部隊損失慘重，防線動搖。美英聯軍趁機重新恢復攻勢。四月七日，美軍兵分兩路，從東、西兩個方向突擊巴格達市中心。四月九日，美軍占領巴格達，巴斯拉等伊抵抗中心也相繼被美英聯軍占領。四月十四日，美軍占領伊最後一個主要城鎮提克里特，伊拉克方敗局已定。同一天，美軍參謀長聯席會議，宣布美英聯軍對伊拉克的大規模軍事行動已經結束，但鑒於美英聯軍在伊還面臨危險，所以「在此刻」不會宣布戰爭結束。直到五月一日，美國總統布希才以總統名義，在「林肯號」航空母艦上發表演說，以總統名義宣布伊拉克戰爭的「主要作戰行動結束」，但仍然沒有明確宣布伊拉克戰爭結束。

在伊拉克戰爭中，美英聯軍僅三個半星期，就打敗了號稱是波斯灣地區軍事力量最強大的伊拉克，推翻了一個政權。為取得這一重大軍事勝利，美軍僅死傷數百人。這是「冷戰」結束以來，繼波斯灣戰爭、科索沃戰爭和阿富汗戰爭之後，美軍第四次輕取「一邊倒」式的軍事勝利。

但是，美國在伊拉克取得的軍事勝利，並不直接等同於政治勝利。歷史上，軍事上取得勝利而政治上遭遇失敗的戰爭不勝枚舉。一九六八年，在越南戰場的「新春戰役」中，美軍消滅越軍三萬餘人，自己僅損失一千人，雙方損失比是三十比一。從一般的軍事觀點看，美軍在「新春戰役」中是取得軍事勝利的一方，但美軍在政治上不能承受官兵死亡千人的損失，美國反戰運動持續高漲，最後不得不從越南撤軍。

在伊拉克，布希總統只宣布「大規模軍事行動已經結束」，而不宣布伊拉克戰爭「已經結束」，是因為意識到穩定、重建伊拉克必定困難重重，充滿不確定性。事實上，自二〇〇三年五月一日美軍宣布「大規模軍事行動已經結束」以後的一年間，美國在伊拉克麻煩不斷，伊拉克反對美軍占領的鬥爭一浪高過一浪，針對美軍占領、具有游擊戰特點的恐怖活動此伏彼起。巴格達街頭「幾乎天天有槍聲、爆炸聲」，即使在海珊二〇〇三年年底落網後也是如此。

從二〇〇四年四月初開始，美軍遇到更嚴重的困難。在費盧傑，因一些伊拉克人對美軍陣亡士兵鞭屍，美出兵報復，重兵圍城，與伊抵抗力量僵持；在伊拉克南部，什葉派激進領導人薩德爾揭竿而起，在什葉派聖地納傑夫等地與美軍對峙。在這種情況下，美軍死傷激增，僅四月份就達一百零四人。美軍在伊拉克戰爭「大規模軍事行動結束」後一年多時間，陣亡總人數已達一千餘人，數倍於其在「大規模軍事行動時期」的死亡數，美軍傷亡數更高達近萬人。美原定二〇〇四年年初從伊拉克撤軍兩萬人，但因伊局勢突變，不但未撤軍，反而又增派了兩萬大軍。與此同時，媒體又爆出了美軍虐待伊拉克戰俘的惡性事件，使美軍對伊戰爭及占領伊拉克的道義依據更加薄弱，並在伊斯蘭世界激起新的反美、仇美情緒，國際社會及美國國內對美軍「打伊倒薩」合法性的質疑進一步升高。

儘管當今世界與「冷戰」時代不同，美國因擁有高科技武器，技術上比當年在越南擁有更大的軍事優勢。伊拉克地勢平坦，不適於開展游擊戰，且伊得不到世界大國支持，戰略上陷入孤立，因而也不同於越南。但伊拉克得到世界上不少伊斯蘭國家的支持，「我戰故我在」已滲入伊斯蘭教義，美國在伊拉克的所作所為，被伊拉克人民認為是伊拉克動盪、戰亂不止和貧困落後的根源，美國由此也成為在伊拉克最不受歡迎的國家。

更重要的是，美國雖然在伊拉克取得了一時的軍事勝利，但阿富汗塔利班捲土重來，迫使美國不得不在未擺平伊拉克的情況下增兵阿富汗。二〇一一年，在「阿拉伯之春」的影響下，利比亞再起戰事，美國雖然不得不節約力量，把戰爭負擔轉嫁給歐洲國家和波斯灣國家，但美國也不能完全置身事外。又由於中國及亞洲新興國家崛起，美國不得不在伊拉克依然動盪不止、大中東依然是一團亂麻的困難情況下，決心「戰略東移」，宣布從伊拉克全部撤軍。結果，美國不遺餘力打贏了伊拉克戰爭，卻又在幾年後一無所獲地從伊拉克狼狽撤出。

如果把從二〇〇三年三月二十日美國出兵攻打巴格達，到二〇一一年十二月十五日駐伊美軍在巴格達舉行降旗儀式、宣布結束伊拉克戰爭的八年九個月綜合分析，伊拉克戰爭不是一場只打三個半星期的短期戰爭，而是一場打了八、九年的持久戰。在此八年多時間裡，美國戰死約四千五百人，另有三萬餘人負傷，付出了大約一萬億美元的戰費。諾貝爾經濟學獎得主斯蒂格利茨，甚至認為美國的全部戰費開支不少於三萬億美元，伊拉克則因為戰爭承擔了死亡約十萬人的巨大代價。對美國而言，伊拉克戰爭是越戰「新春戰役」的重演，美國

「贏得了戰爭，卻輸掉了勝利」，正是在此期間，中國及新興國家迅速崛起，美、歐、日等西方國家的國際權柄不斷下滑，快要失去全球霸權地位。

權力的影子，戰爭背後的故事，征服與貪婪的權力遊戲：

用罐頭鵝肉打勝仗，靠，都是為了鳥事……搶錢，搶糧，搶女人

作　　者：楚雲
發 行 人：黃振庭
出 版 者：沐燁文化事業有限公司
發 行 者：沐燁文化事業有限公司
E-mail：sonbookservice@gmail.com
粉 絲 頁：https://www.facebook.com/sonbookss/
網　　址：https://sonbook.net/
地　　址：台北市中正區重慶南路一段六十一號八樓 815 室
Rm. 815, 8F., No.61, Sec. 1, Chongqing S. Rd., Zhongzheng Dist., Taipei City 100, Taiwan
電　　話：(02)2370-3310
傳　　真：(02)2388-1990
印　　刷：京峯數位服務有限公司
律師顧問：廣華律師事務所 張珮琦律師

定　　價：499 元
發行日期：2024 年 03 月第一版
◎本書以 POD 印製

國家圖書館出版品預行編目資料

權力的影子，戰爭背後的故事，征服與貪婪的權力遊戲：用罐頭鵝肉打勝仗，靠，都是為了鳥事……搶錢，搶糧，搶女人 / 楚雲 著 . -- 第一版 . -- 臺北市：沐燁文化事業有限公司 , 2024.03
面；　公分
POD 版
ISBN 978-626-7372-21-0(平裝)
1.CST: 戰役 2.CST: 戰史
592.91　113001343

電子書購買

臉書

爽讀 APP